工程结构随机最优控制理论与方法

彭勇波　李　杰　著

上海科学技术出版社

图书在版编目(CIP)数据

工程结构随机最优控制理论与方法 / 彭勇波,李杰著.
—上海:上海科学技术出版社,2017.1
ISBN 978-7-5478-3361-2

Ⅰ.①工… Ⅱ.①彭…②李… Ⅲ.①工程结构—随机优化—随机控制 Ⅳ.①TU3

中国版本图书馆 CIP 数据核字(2016)第 272060 号

工程结构随机最优控制理论与方法
彭勇波 李 杰 著

上海世纪出版股份有限公司
上 海 科 学 技 术 出 版 社 出版
(上海钦州南路 71 号 邮政编码 200235)
上海世纪出版股份有限公司发行中心发行
200001 上海福建中路 193 号 www.ewen.co
上海中华商务联合印刷有限公司印刷
开本 787×1092 1/16 印张 15.25
字数:360 千
2017 年 1 月第 1 版 2017 年 1 月第 1 次印刷
ISBN 978-7-5478-3361-2/TU·240
定价:98.00 元

上海市科学技术协会
“晨光计划”资助出版

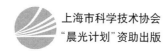

内容简介 SYNOPSIS

本书较为系统地论述了基于物理随机系统思想的工程结构随机最优控制理论、方法与最新研究成果,主要内容包括:结构随机最优控制的理论基础,随机最优控制的概率密度演化理论,物理随机最优控制的概率准则,广义最优控制律,非线性结构随机最优控制,结构风振舒适度随机最优控制,结构半主动随机最优控制,受控结构振动台试验等。

本书可供土木工程、机械工程、航空航天工程等领域的工程师、科学技术人员与相关专业的高等院校师生参考。

前　　言 PREFACE

工程结构的动力灾变控制是土木工程领域最具挑战性的课题之一。自 20 世纪 70 年代提出结构振动控制的概念以来,结构减震或振动控制理论和方法在工程实践中得到了广泛关注和迅速发展,成为有效改善结构性态、提高结构安全性和增强结构功能性的重要手段之一,并形成了以被动控制、主动控制、半主动控制和混合控制模式为代表的新兴结构振动控制技术。然而,由于工程激励和结构系统内秉的随机性,按照传统的确定性控制思路,或仅考虑白噪声激励而设计的控制系统,很难实现对结构反应性态的精细化控制。以结构地震反应控制为例,实践中通常以某一条或某几条实测或人工地震动过程为输入设计控制律或控制装置参数。然而,由于地震在发生时间、空间和大小上均具有明显的随机性,地震作用下结构反应性态的随机性与非线性,使得按某一地震动过程分析、设计的结构控制系统在另一地震动过程作用下可能出现控制效果欠佳,甚或响应放大。因此,随机动力系统的最优控制问题,仍然是结构振动控制亟待突破的关键科学问题!

事实上,早在 1972 年 J. T. P. Yao 提出结构控制概念时,就曾开宗明义地指出:结构控制的目的是增强结构安全性,改善结构的性态。因此,研究与设计结构随机最优控制策略,应是结构控制真正走向工程实践的必由之路。令人遗憾的是,囿于经典随机最优控制的理论框架,对于一般非线性结构系统仅能获得矩特征值解答(获得可靠度需对跨阈过程做出假定),且其中关于随机激励的 Gaussian 白噪声过程假定与工程激励(如地震动、强风等)随机过程相去甚远,使得这类研究的工程应用并没有得到推广。

作为物理随机系统思想的重要组成部分,过去 10 余年来,概率密度演化理论在土木工程、机械工程、船舶与海洋工程、水利工程、航空宇航科学与技术、控制科学与工程、大气科学和生物学等学科领域中得到了实质性应用和推广,成为随机动力学领域最为活跃和极具发展前景的新理论之一。在这一框架下,本书较为系统地发展了工程结构随机最优控制理论与方法。其中,第1章的绪论部分,论述了工程结构振动控制的研究进展和经典随机最优控制理论的历史与现状,由此引入物理随机最优控制的理念,并介绍了本书的基本内容。第2章为理论基础,简要介绍了经典随机最优控制理论、结构随机振动、结构动力可靠度分析与随机动力作用建模的基本理论等相关知识,为本书阐述的工程结构随机最优控制理论与方法奠定了学术基础。第3—第5章集中阐述了物理随机最优控制的基本理论、概率准则和广义最优控制律,这些是本书所介绍的工程结构随机最优控制理论的关键要素,也是本书的核心内容。第6章阐述了非线性结构的随机最优控制。第7、第8章分别阐述了物理随机最优控制理论在结构风振舒适度黏滞阻尼器控制和结构地震反应磁流变阻尼器控制中的应用。第9章通过受控结构振动台试验分析,系统介绍了工程结构随机最优控制理论与方法的验证性研究。此外,作为相关内容,本书还给出了关于经典最优控制理论的三个附录,以便于读者理解。

上述研究工作,先后得到了国家自然科学基金创新研究群体计划项目(50321803、50621062)、国家建设高水平大学公派研究生项目(2007U20106)、国家自然科学基金青年基金项目(51108344)、上海市浦江人才计划项目(11PJ1409300)和土木工程防灾国家重点实验室自主研究课题(SLDRCE08-A-01、SLDRCE14-B-20)等多方支持。在本书完稿付梓之际,作者要对上述支持表示诚挚的感谢。

本书的核心内容(第3—第6章)为第一作者于2005—2009年在第二作者指导下攻读博士学位期间取得的研究成果。在接下来的7年时间里,我们又在结构随机最优控制理论与方法的工程实践和试验验证等方面开展了持续、深入的工作。在研究过程中,我们认识到工程结构的灾变动力学与性态控制是极为复杂的工程科学问题,这一研究领域充满挑战,我们的研究还只是刚刚开始,期待着各位同仁的关注和共同努力。

书中不当之处,敬请读者批评指正。反馈意见请发送至E-mail: pengyongbo@tongji.edu.cn,我们将不胜感激。

彭勇波　李　杰

2016年9月于同济园

目　录 CONTENTS

CONTENTS

第1章

绪　　论

1.1　引言

作用于工程结构的动力荷载在时间、空间和大小上往往具有明显的随机性，而结构的材料力学性能一般亦具有随机性，因此，工程结构在外部作用下的反应性态必然表现出不同程度的随机性，传统的确定性结构设计和分析方法，已不能满足结构工程发展的要求（李杰，2006）。20 世纪 50 年代以来，以考虑结构系统激励随机性的经典随机振动理论（朱位秋，1992）和考虑结构物理力学参数随机性的随机结构分析理论（李杰，1996）为两大基石的随机力学系统研究，为在结构工程中发展新一代设计理论奠定了基础。

另一方面，为提高结构性能，早在一百多年前，人们就将基础隔震原理运用到了结构减震设计中。到 20 世纪 70 年代初，结构振动控制概念被正式提出（Yao, 1972），结构减震或振动控制理论和技术在工程实践中逐步得到广泛关注和迅速发展（Soong, 1990；Soong & Dargush, 1997；Chu et al, 2005），成为有效改善结构性态、提高结构安全性和增强结构功能的重要手段之一（Housner et al, 1997；欧进萍，2003）。然而，实践表明，由于环境激励和结构以及控制装置中客观存在的不确定性，按照传统的确定性思路设计，或仅考虑量测噪声影响设计的结构控制系统很难实现对结构反应性态的精细化控制（Roussis et al, 2003）。因此，合理量化结构动力系统中的随机性，在概率意义上设计结构控制策略，是结构性态控制的必然发展趋势。

四十余年来，经典随机最优控制理论已从仅考虑量测噪声的信息控制理论逐步扩展为同时考虑激励随机性和/或结构物理参数随机性的结构控制理论，形成了线性二次 Gaussian（Linear Quadratic Gaussian, LQG）控制、协方差控制等结构随机控制理论和方法（Yong & Zhou, 1999）。然而，以状态方程描述和 Itô 微积分为基础的经典随机最优控制理论，通常将量测噪声和随机激励在数学上形式化为白噪声或过滤白噪声，并以 Gaussian 白噪声过程为基础建立性能泛函准则，这就很难合理地考虑诸如地震、强风等非平稳随机激励作用（Yang, 1975）。另一方面，由于经典随机振动理论只能得到线性系统或极特殊的少自由度非线性系统的概率密度解答，使得对于一般非线性系统的精细化控制，在经典随机振动理论框架下仍然是难以企及的目标。与此同时，考虑结构或控制系统参数随机性的随机最优控制问题，则主要着重于系统随机稳定性的分析与考察，且尚未很好地解决。

为解决经典随机力学面临的困境,近年来,基于概率守恒定律发展起来的概率密度演化理论,建立了系统物理演化与概率密度演化的内在联系,将确定性系统与随机系统纳入了统一的框架之中。在此基础上导出的广义概率密度演化方程(Li & Chen, 2006a; 2008; 2009),打开了解决一般多自由度系统随机反应与可靠度分析的大门(李杰 & 陈建兵,2003; 2004; 2006),也为线性或非线性随机系统的精细化控制提供了新的可能。在此基础上,本书主旨在于发展基于概率密度演化理论的结构随机最优控制理论与方法。在本质上,这是概率密度演化理论向受控随机系统分析的自然延伸。为与经典随机最优控制理论相区别,本书将从概率密度演化的角度对结构性态进行精细化控制的理论称之为物理随机最优控制理论。

1.2 工程结构振动控制研究进展

现代控制理论与方法源于20世纪中叶的Wiener滤波理论(Wiener, 1949)和Wiener控制论(Wiener, 1948)的形成,并在其后的二十年间迅速发展、形成了相对完备的理论体系。自20世纪70年代初,确定性结构控制理论与结构随机最优控制理论作为几乎独立的两个分支逐步发展起来。

结构控制是通过在结构上安装特定的装置或构件迁移、消耗、吸收或补给能量,以减小或调节主体结构反应。典型的结构控制系统(图1.2.1),包括传感器(结构荷载和结构状态监测)、控制器(反馈调节结构状态)、作动器(实施控制力)。根据控制系统实施过程中是否需要提供外加能源及所需能源功率大小,结构控制一般可以分为被动控制、主动控制、半主动控制与混合控制(Housner et al, 1997)。

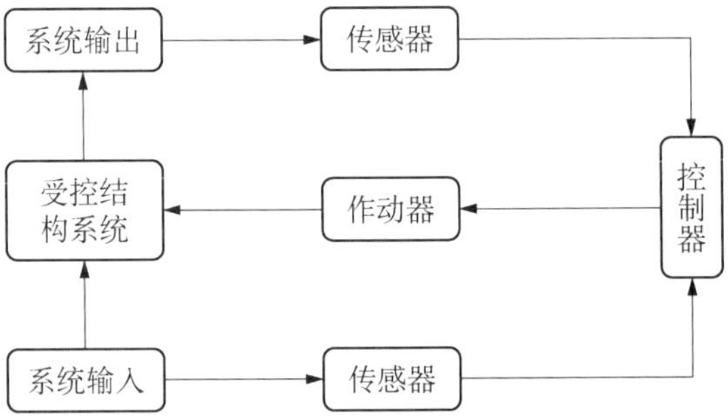

图1.2.1 典型结构控制系统形式

被动控制是指在结构上附加隔震或耗能减震装置以增加结构的阻尼、刚度和强度。控制装置附加给结构的控制力依赖于结构在外荷载作用下的响应,一般不需要外加能源。1881年,河合浩藏在日本建筑学会杂志上首次发表了有关圆木隔震方案的论文,最早提出了基础隔震的概念,开结构减震控制之先河(唐家祥 & 刘再华,1993)。20世纪70年代初,Kelly及其合作者提出并用试验证明了在结构中增加金属屈服耗能元件进行耗能减震的效果(Kelly et al, 1972; Skinner et al, 1975)。他们的工作对结构抗震延性设计的发展起到了重要的作用,形成了结构耗能减震的一个重要方向(欧进萍,2003)。其后,大量的耗能元件和装置被发明并被用于结构减震和风振控制中，如从汽车制动器原理衍生过来的摩擦型耗能装置(Pall & Marsh, 1982; Li & Reinhorn, 1995; Qu et al, 2001; Bhaskararao & Jangid, 2006)；早期用于控制飞机机身振动疲劳的黏弹性阻尼装置(Zhang et al, 1989; Zhang & Soong, 1992; Shen et al, 1995; Palmeri & Ricciardelli, 2006; Xu, 2007)；广泛用于航空和军事领域的黏滞阻尼器或阻尼墙(Constantinou et al, 1993; Reinhorn et al, 1995; Museros & Martinez-Rodrigo, 2007)；调谐质量和多重调谐质量阻尼装置(Villaverde, 1994; Setareh, 1994; Li, 2000; Guo & Chen, 2007; Wong & Johnson, 2009；陈政清，2013)；调谐流体阻尼装置(Wakahara et al, 1992; Tamura et al, 1995; Tait et al, 2008)等。直至近期，开发具有优良性能的被动耗能减振装置仍然是结构控制领域的热点问题之一(Chan & Albermani, 2008; Jung et al, 2010; Zhang et al, 2013; Berardengo et al, 2015)。

与被动控制相关的控制算法主要涉及获得最大控制效益的被动控制装置的最优布设。例如，Chen 等人利用有限时间内最大累积能量耗散作为优化准则，采用模拟退火算法对桁架结构中的阻尼器进行优化布置(Chen et al, 1991)。Zhang 和 Soong 以均方层间位移响应为优化位置的指标，基于可控度的概念发展了黏弹性阻尼器最优布置的序列方法(Zhang & Soong, 1992)。Wu 等人以均方层间位移响应为指标、采用序列方法研究了考虑平动和扭转耦合影响的三维非对称结构中耗能装置的参数和布置优化问题(Wu et al, 1997)。Shukla 和 Datta 以均方根层间位移响应为指标，结合可控度的概念，分析了黏弹性阻尼器的模型及输入地震波对控制器优化布置的影响(Shukla & Datta, 1999)。Takewaki 等人发展了阻尼器最优布设的梯度方法，通过最小化层间位移转换函数的幅值改善结构反应的性态(Takewaki et al, 1999)。Singh 和 Moreschi 同样采用梯度法优化布置黏滞阻尼和黏弹性阻尼，以达到结构性态指标的最大降低(Singh & Moreschi, 2001)。Kim 等人基于性态设计的思路，采用能力谱方法进行了黏滞阻尼器的参数设计(Kim et al, 2003)。欧进萍提出以主动最优控制效果为设计目标，优化被动控制阻尼器的位置和参数(欧进萍，2003)。由于基于梯度的优化方法可能产生局部收敛问题，Singh 和 Moreschi 采用遗传算法优化布置黏滞阻尼和黏弹性阻尼(Singh & Moreschi, 2002)。Park 等人以结构系统寿命期内最小损耗为优化准则，采用遗传算法优化设计了黏弹性阻尼器的参数、数量和位置(Park et al, 2004)。Silvestri 和 Trombetti 采用遗传算法对比分析了质量比例阻尼布置方案和刚度比例阻尼布置方案，说明了质量比例阻尼方案的有效性，同时表明目标函数设计的重要性(Silvestri & Trombetti, 2007)。同样采用遗传算法，Rama Raju 等人探讨了不同阻尼装置布设的有效性(Rama Raju et al, 2014)。可见，根据结构目标性态设计隔震或耗能减振装置的参数及拓扑布局是目前被动控制策略的普遍思路。由于被动控制设计相对简单，在工程中易于实现，且能满足系统稳定性要求，近年来应用较为广泛。但实践表明，在地震或强风等荷载作用下，被动控制对于高耸结构性态的改善效率存在明显不足(Housner et al, 1997)。

主动控制是通过对结构提供某种补偿力使得主体结构反应减小。它通常需要实时量测或估计某些物理量，然后根据设定的控制律计算控制力并驱动作动器对结构施加作用力(Soong, 1990)。经过几十年的发展，至今已研制和开发了多种主动控制装置，其中，主动拉索控制装置(Roorda, 1975; Soong et al, 1988; Chung et al, 1988, 1989; Soong, 1990)和主动质量阻尼器(Chang & Soong, 1980a; Spencer & Nagarajaiah, 2003)研究和应用较多。根据设定的控制律,主动控制在理论上可以实现结构的自适应控制(Dewey & Jury, 1963)、智能控制(Fu, 1971)、滑移模态控制(Utkin, 1977)、随机控制(Stengle, 1986)、最优控制(Anderson & Moore, 1990)和鲁棒性控制(Suhardjo, 1990)等。在最优控制方面,对于线性结构系统,经典的线性二次调节器(Linear Quadratic Regulator, LQR)控制目前仍然是被广泛采用的控制算法(Chang & Soong, 1980a; Soong, 1990; Stavroulakis et al, 2006)。在此基础上, Yang 等人提出了瞬时最优控制算法以考虑外加激励对反馈控制增益的影响(Yang et al, 1987)。对于非线性结构系统, Masri 等人提出了优化脉冲控制方法,用于降低一般动力荷载下非线性柔性系统的振动(Masri et al, 1981)。Abdel-Rohman 和 Nayfeh 采用摄动展开方法设计主动控制装置,以控制铰结单跨桥梁的非线性振动(Abdel-Rohman & Nayfeh, 1987)。Kamat 采用变尺度优化控制算法进行了非线性结构系统的主动控制(Kamat, 1988)。Yang 等人将瞬时最优控制方法推广到地震反应的非线性和滞回系统混合控制中(Yang et al, 1992a; 1992b)。基于性能函数序列展开和 Hamilton-Jacobi 最优控制泛函框架,Suhardjo 等人发展了一类非线性最优控制方法(Suhardjo et al, 1992)。Utkin 提出了适用于不确定条件的滑移模态优化控制方法(Utkin, 1992)。Yang 等人提出了线性或非线性控制的广义最优方法,在优化过程可考虑作动器动力效应,以削弱系统时滞的不利影响(Yang et al, 1994a)。Krishnan 等人采用神经网络算法对非线性主动控制系统进行建模、仿真与分析(Krishnan et al, 1995)。上述进展表明,主动最优控制算法在 20 世纪 90 年代前后即已基本成型。然而,主动控制导致的系统时滞和稳定问题目前仍未较好地解决。20 世纪 90 年代中期以来,人们开始关注主动控制装置的优化布设问题。例如, Xu 等人提出了输出反馈控制系统中作动器布置和增益的优化方法(Xu et al, 1994); Furuya 和 Haftka 采用遗传和模拟退火混合算法优化空间结构中作动器的位置(Furuya & Haftka, 1996); Hiramoto 等人基于代数 Riccati 方程的显式解答,进行柔性结构系统中作动器和传感器的优化布设(Hiramoto et al, 2000); Tan 等人提出了控制装置布置和设计的整合策略,并采用遗传算法和加速度反馈控制方法进行主动控制装置的设计与优化布置(Tan et al, 2005); Yan 等人发展了自适应桁架结构设计方法,采用遗传算法优化布置主动控制装置(Yan et al, 2005)。

主动控制虽然一般能够达到所期望的性态,却往往需要高达数千瓦的能源,而恰恰在地震、强风等灾害性荷载作用下能源供应系统可能会受到严重破坏(Patten et al, 1998)。此外,由于系统建模误差、量测噪声和计算以及作动系统动力学导致的时滞等原因可能使得整个结构系统动力失稳(Soong, 1990)。自然地,人们想到可以通过优化组合主动控制与被动控制,在满足系统性态的同时,减小能源需求和动力失稳的危险。这一想法导致了 20 世纪 90 年代以来半主动控制和混合控制的发展(Chu et al, 2005)。

半主动控制是通过调整控制装置的状态,进而改变受控体系的刚度、阻尼,以达到减少系统振动响应的目的。相比较主动控制,半主动控制所需的外部能源很小,却能实现与主动控制接近一致的控制效果(Jansen & Dyke, 2000)。二十余年来发展的半主动控制装置有:主动变刚度装置(Kobori et al, 1990; Yang et al, 2007);主动变阻尼装置(Kawashima et al, 1992; Mizuno et al, 1992; Shinozuka & Ghanem, 1992; Patten, 1997; Kobori, 2003);电流变阻尼器(Ehrgott & Masri, 1992; Gavin et al, 1993);磁流变阻尼器(Spencer et al, 1996; 1997; Tu et al, 2011);压电陶瓷驱动器(Kamada et al, 1997);压电变摩擦型阻尼器(欧进萍

et al, 2000)和形状记忆合金(Aiken et al, 1993),等等。

由于半主动控制装置所具有的本质非线性,使得结构控制系统的性能高度依赖于半主动控制算法的选择。Karnopp 等人较早地提出了 Skyhook 变阻尼控制算法(Karnopp et al, 1974)。其后,Hrovat 等人阐述了半主动控制的概念,按继电器作用的 Bang-Bang 控制方式,提出了变阻尼控制的 Hrovat 算法,首次给出了半主动控制力跟踪实现主动最优控制力的思路(Hrovat et al, 1983)。Brogan 基于 Lyapunov 稳定理论提出了适用于电流变阻尼器的控制策略,通过最小化 Lyapunov 函数的变化率以降低结构响应(Brogan, 1991)。Sack 和 Patten 提出了适用于液压半主动控制装置的限幅优化控制算法(Sack & Patten, 1994)。McClamroch 和 Gavin 根据 Lyapunov 稳定理论,提出了分散 Bang-Bang 控制算法,目的是使结构的总能量最小(McClamroch & Gavin, 1995)。Dyke 等人基于加速度反馈控制算法,提出了改善磁流变阻尼系统地震反应性态的限幅优化控制策略(Dyke et al, 1996b)。Inaudi 发展了适用于可变摩擦阻尼器的均匀调制摩擦算法(Inaudi, 1997)。Jansen 和 Dyke 对 Lyapunov 控制算法、限幅优化控制算法、分散 Bang-Bang 控制算法和均匀调制摩擦算法进行了比较研究,提出了最大能量耗散算法(Jansen & Dyke, 2000)。欧进萍沿着半主动控制力跟踪实现主动最优控制力的思路,考虑磁流变阻尼器的控制力尽可能地接近主动最优控制力,并假定磁流变阻尼控制与主动最优控制的效果相同,进行了磁流变阻尼器参数设计(欧进萍,2003)。Xu 和 Li 发展了磁流变阻尼系统的半主动多步预测控制策略,以保证结构的稳定性和在一定程度上减小系统时滞的影响(Xu & Li, 2008)。Xu 和 Guo 提出了模糊-神经控制策略,用于快速、准确地确定磁流变阻尼器的控制电流,以解决由于传统两态控制策略(Passive-Off/Passive-On)带来的时滞和精度问题(Xu & Guo, 2008)。

混合控制,一般采用主动或半主动控制与被动控制的组合方式,其目的是利用主动或半主动控制改善被动控制的效能,同时尽可能减少主动或半主动控制对外界能量的需求,从而提高系统运行的可靠性(Chu et al, 2005)。混合控制有助于减轻单一控制模式的约束和限制,可以发挥主动或半主动、被动控制的优点,但在实现上则需要更大的空间,常用于结构的多道设防体系中(胡聿贤,2006)。目前,结构主动控制技术的应用,大多通过混合控制来实现(滕军,2009)。其中,混合质量阻尼装置和混合基础隔震装置应用较为广泛。例如,Tanida 等人将研制开发的弧形混合质量阻尼器用于桥塔工程的风振控制、建筑结构的振动控制和轮船航行的摆动控制中(Tanida et al, 1991);Cheng 等人提出了南京电视塔风振响应的混合质量阻尼控制方案(Cheng et al, 1994);Watakabe 等人研究开发出了主动和被动控制模式可换混合质量阻尼系统,并用于高柔建筑的风振与地震响应控制中(Watakabe et al, 2001)。Feng 等人将半主动摩擦可控流体装置用于建筑结构的基础隔震中(Feng et al, 1993);Reinhorn 和 Riley 通过理论分析和试验考察了小尺度桥梁模型在滑移基础隔震系统下的控制效果(Reinhorn & Riley, 1994);Lin 等人将磁流变阻尼器用于大尺度基础隔震结构中,进行了一系列的振动台试验(Lin et al, 2007);最近,Asai 等人采用实时混合模拟技术,将足尺磁流变阻尼器作为物理试验子结构、受控结构作为数值仿真子结构,研究了智能隔震系统的减振性能(Asai et al, 2015)。

同半主动控制类似,混合控制算法亦决定于控制装置的选择。如,对于混合质量阻尼装置,考虑到装置行程和控制力的限制,提出了控制增益调度策略(Tamura et al, 1994)、变通控制算法(Niiya et al, 1994)和滑移模态理论(Adhikari & Yamaguchi, 1994)等。对于混合基础隔震装置,由于隔震系统本质的非线性特性,发展了各种非线性控制策略,包括基于瞬时最优控制算法的加速度反馈控制(Nagarajaiah et al, 1993)、模糊控制(Nagarajaiah, 1994; Lin et al, 2007)、基于神经网络控制(Venini & Wen, 1994)和自适应非线性控制(Rodellar et al, 1994)、限幅最优控制(Asai et al, 2015)等。

1.3 结构随机最优控制

由于环境激励和结构以及控制装置中客观存在的随机性,按传统确定性控制手段很难实现对结构反应性态的有效控制。因此,结构随机最优控制近年来成为结构控制领域的研究热点(Housner et al, 1997)。20 世纪 40 年代,以 Itô 微积分为基础建立了随机微分方程理论(Sobczyk, 1991), 20 世纪 50 年代末至 60 年代初,以状态空间法(Kalman, 1960a)、极大值原理(Pontryagin, 1962)、动态规划(Bellman, 1957)、Kalman-Bucy 滤波(Kalman, 1960b; Bucy & Kalman, 1961)为基础确立了现代控制理论,从此随机最优控制理论以一个新的分支学科的形态发展起来。

1.3.1 经典随机最优控制

随机最优控制的目标是确定最优意义上的控制力、使系统状态的转移概率密度函数(Spencer & Bergman, 1993)或统计矩(Wojtkiewicz et al, 1996)在设定目标的误差范围内。沿着经典 LQG 理论框架,形成了随机极大值原理(Yong & Zhou, 1999)和随机动态规划理论(Stengel, 1994)。同时,为确定最优控制力所遵循的随机最优控制律,发展了一系列控制准则。如:最小方差控制准则,以性能泛函均值为约束,寻求使性能泛函方差最小的控制力(Sain, 1966);邻域最优反馈控制准则,先估计初始协态向量,进而根据控制方程及目标终态反馈迭代得到拟最优控制力过程(Stengel, 1994);基于控制量矩特征的评价准则,以所关心的物理量的矩特征为考察对象,寻求最佳均衡意义上的控制律(Zhang & Xu, 2001);基于可靠度的控制准则,通过迭代求解与目标性态相关的极限状态方程,确定控制律使系统失效概率最小或达到某一设定值(Spencer et al, 1994a; May & Beck, 1998);概率密度追踪准则,采用 Markov 过程理论获得一类特殊系统的概率密度,使之逼近目标概率密度,由此确定控制律(Elbeyli & Sun, 2002; Elbeyli et al, 2005; Sun, 2006)等。

在线性系统随机最优控制方面,目前基于矩可靠度的结构最优控制应用较为广泛。例如,Spencer 等人考察了单自由度主动拉索控制系统的优化设计方法,选择与失效概率直接相关的功能函数,基于首次超越破坏准则和平稳白噪声地震动模型,采用一次/二次可靠度方法(FORM/SORM),通过使结构位移响应的失效概率最小实现结构的可靠度控制(Spencer et al, 1994)。Battaini 等人进一步将 FORM/SORM 用于多自由度受控结构试验与可靠度分析中(Battaini et al, 2000)。他们的工作表明,矩可靠度方法较 Monte Carlo 模拟方法效率大为提高。但当结构的功能函数在验算点附近的非线性程度较高,或者原始随机变量的分布偏离正态分布较远(高次非线性映射)时, FORM/SORM 只能得到近似解答。因此,难以应用于一般大型复杂系统。1998 年,May 和 Beck 研究了第一代 Benchmark 模型的概率控制问题，目的是使不确定性结构或控制系统在地震随机激励下的可靠度最大化。这一研究采用加速度反馈控制方式寻求最优主动质量驱动器，设计目标中的状态参量包括层间位移、传感器位置和层加速度，基于跨阈过程理论，采用一种渐近展开式近似估算结构的失效概率（May & Beck, 1998）。不过，他们的工作需要渐近展开式中最优展开点搜索迭代和随机最优控制律搜索迭代，这使得计算工作量大大增加。在非线性系统随机最优控制方面，20 世纪 90 年代末期以来，朱位秋等人开展了 Hamilton 系统的随机最优控制研究，基于随机平均方法和随机动态规划原理，提出了非线性随机动力系统的最优控制策略（Zhu et al, 2000; 2001; 朱位秋，2003; Zhu, 2006）。然而，对于一般大型复杂工程结构系统的非线性随机最优控制，在这一理论框架下还是非常困难的事情。

20 世纪 80 年代中期开始，Skelton 及其合作者较为系统地发展了协方差控制理论（Skelton, 1988）。其基本思路是寻找某一类控制律集合，使得线性系统平稳反应的协方差与目标协方差一致（Collins & Skelton, 1985; Hotz & Skelton, 1987; Skelton & Ikeda, 1989）。其后，协方差控制理论被推广到双线性系统控制中（Yasuda et al, 1990）。在此理论基础上，Field 和 Bergman 发展了以可靠度作为约束的线性协方差控制方法，从平稳响应过程的独立 Poisson 穿阈假定直接导出系统的协方差结构（Field & Bergman, 1998）。Elbeyli 和 Sun 进一步发展了非线性随机动力系统的协方差控制方法，通过与响应平稳概率密度相关的性态指标最小化构造协方差控制增益（Elbeyli & Sun, 2004）。

一般情况下，量测噪声导致的状态估计问题，是结构随机最优控制需要解决的关键问题。在数学形式上，线性系统的状态估计与最优控制是对偶的，都涉及独立求解 Riccati 方程的初值，因而这类随机最优控制问题一般可以通过分离原理解决（Åström, 1970）。但对于包含状态估计的非线性系统随机最优控制，问题则更为复杂（Stengel, 1986; Housner et al, 1997）。

在随机系统鲁棒性评价方面，通常是根据随机系统特征值的实部在正负半平面的分布获得系统稳定的可靠度。由于这一分布形式一般不能直接求解得到，目前通常采用随机模拟方法，以获得样本结构特征值在复平面上的分布，进而估计线性控制系统失稳的概率（Stengel & Ray, 1991）。或者将受控系统稳定准则写成极限状态方程的形式，在经典可靠度理论框架下求解含有结构物理参数随机性的概率稳定性问题（Spencer et al, 1992; Spencer et al, 1994b）。采用类似的方法，Field, Breitung, Taflanidis 等人分别进行了受控系统的概率稳定分析（Field et al, 1995; Field et al, 1996; Breitung et al, 1998; Taflanidis et al, 2008）。

1.3.2 物理随机最优控制

事实上，上述结构随机最优控制理论和方法均建立在系统状态方程为 Itô 随机微分方程的基础上，隐含了外加扰动为白噪声或过滤白噪声假定。这就很难合理地考虑诸如地震、强风等非平稳非白噪声随机激励作用，因而使实际工程应用受到很大的限制。同时，这一假定也制约着现代随机动力系统理论的发展。正是有鉴于此，近年来基于概率守恒定律发展起来了概率密度演化理论。这一理论建立起了系统物理状态演化与概率密度演化的内在联系，即系统物理状态演化构成了概率密度演化的内在机制。从而，将确定性系统与随机系统纳入了统一的框架（李杰 & 陈建兵，2006；2010）。这一进展深刻表明，系统物理演化机制是随机系统研究的关键。由此形成了物理随机系统的思想基础(李杰,2005)。循此思路,自然可以从物理随机系统演化的角度研究发展随机最优控制理论,寻求结构随机最优控制的一般策略。

19 世纪末关于具有随机初始状态的粒子系统的研究,形成了 Gibbs-Liouville 理论的基础,同时印证了经典的 Liouville 方程(Syski, 1967)。1905 年,Einstein 讨论了扩散过程的特殊情况、建立了 Brown 粒子运动的扩散方程(Einstein, 1905),而后由 Fokker 和 Planck 加以推广,导出了经典的 Fokker-Planck 方程(Fokker, 1914; Planck, 1917)。1931 年,Kolmogorov 独立地导出了同一方程,并同时得到了后向 Kolmogorov 方程,从而为这一方程建立了严格的数学基础(Kolmogorov, 1931)。因此,这一方程也被称为 Fokker-Planck-Kolmogorov(FPK)方程。后来, FPK 方程及其求解成为随机振动理论的重要组成部分。1957 年,Dostupov 和 Pugachev 引入 Karhunen-Loève 分解,试图用一组随机变量的参数表达来量化输入过程的随机性(Dostupov & Pugachev, 1957),由此建立了 Dostupov-Pugachev 方程(李杰,2006)。遗憾的是,上述方程均为高维、耦合的偏微分方程,极难得到解答。2002 年以来,李杰和陈建兵基于对概率守恒定律的深刻剖析,捕捉到了概率密度演化与物理系统状态演化的内在联系,导出了一类解耦的概率密度演化方程,即广义概率密度演化方程(李杰 & 陈建兵,2003; Li & Chen, 2006a;李杰 & 陈建兵,2010)。广义概率密度演化方程内秉了外部激励与系统物理参数的随机性,打开了解决一般随机系统反应分析与可靠度分析的大门,也为线性与非线性多自由度系统的随机最优控制提供了新的可能。

概率密度演化理论,揭示了样本轨道的确定性演化与统计系统的概率密度演化的相关性实质,实现了一般随机系统概率密度演化方程的解耦、降维,由此提出了物理方程与概率密度演化方程的分离式求解方法。对于受控结构随机动力系统,物理方程中包含控制增益项,而控制增益往往依赖于系统的物理状态,因此受控系统的概率密度演化方程是关于状态量和控制力的耦合方程组,始终决定于受控系统的物理方程。这一发现突破了 Itô 法则的限制,为一般工程随机激励如地震、强风、海浪等作用下的工程结构随机最优控制提供了新途径。

控制增益的设计与优化是物理随机最优控制的关键,在工程结构随机最优控制中,包含控制律设计、控制器(或控制装置)参数优化和控制装置拓扑优化三个层面:控制律设计,其方法取决于相应的控制模式,如主动控制、半主动控制或混合控制等,涉及反馈控制逻辑的控制模式,控制律的表达一般通过 Pontryagin 极大值原理或 Bellman 最优性原理获得;控制器(或控制装置)参数优化和控制装置拓扑优化,是结构性态控制的两个重要方面,前者以系统状态的概率密度分布建立概率准则,而后者则通常以动力可靠度为基础实现。

1.4 本书主要内容

在土木工程中,结构控制的主体一般是确定的,工程结构荷载尤其是动力作用却很难准确预知。因此,考虑工程结构荷载随机性是结构随机控制的重要方面。基于这一背景,本书主要考虑随机地震动、脉动风速场等灾害性动力作用,发展基于概率密度演化理论的工程结构随机最优控制理论与方法。通过考察受控结构系统性态的概率密度演化过程,建立与之相关的一类概率控制准则，提出考虑控制器（或控制装置）参数和控制装置布置的广义最优控制律，开展受控结构振动台试验分析，实现结构线性或非线性性态的精细化控制。

本书主要内容包括：

第 2 章，阐述结构随机最优控制的理论基础，包括经典随机最优控制理论（随机极大值原理、随机动态规划、线性二次 Gaussian 控制）、结构随机振动理论及其进展、结构动力可靠度理论以及工程结构随机动力作用建模，在逻辑上为工程结构随机最优控制理论和方法的论述奠定基础。

第 3 章，介绍随机最优控制的概率密度演化理论。考察了受控结构系统性态演化过程，根据 Pontryagin 极大值原理，导出了物理随机最优控制解答，讨论了基于二阶统计量评价准则的主动随机最优控制策略，并与经典 LQG 控制进行了比较分析。

第 4 章，建立物理随机最优控制的概率准则。建议了以反应量等价极值向量的二阶矩（均值、均值 - 均方差）和截尾概率密度（超越概率）为目标的单目标准则，以性态均衡的反应量等价极值过程的期望和超越概率为目标、以能量均衡的反应量等价极值过程的期望和超越概率为目标的多目标准则，并将这类准则应用到结构随机地震反应最优控制之中。

第 5 章，提出广义最优控制律的概念。将控制装置最优布置与控制器（或控制装置）参数优化统一为物理随机最优控制的广义最优控制律；为有效地寻找每个序列工况的控制装置最优拓扑，定义基于超越概率的概率可控指标，同时比较最小层可控指标梯度准则和最大层可控指标准则两种控制器布设策略。

第 6 章，将物理随机最优控制理论推广到非线性结构系统。考察了一类硬弹簧 Duffing 振子和 Clough 双线型、Bouc-Wen 光滑型滞回系统的多项式最优控制。基于超越概率准则，分析了多项式控制器对不同非线性随机动力系统的控制效果，并比较分析了基于随机等价线性化的 LQG 控制。

第 7 章，介绍结构风振舒适度随机最优控制的工程实践。研究了黏滞阻尼器 - 结构系统的等效线性化求解方法，提出了黏滞阻尼器最优布设准则，以海口地区某超高层建筑结构风振控制为具体对象，对黏滞阻尼器进行优化布设，验证了风振舒适度控制效果。

第 8 章，发展基于磁流变液技术的结构半主动随机最优控制策略。基于限界 Hrovat 控制算法和磁流变阻尼器参数模型，研究了磁流变阻尼器控制律及其在磁流变液微观悬浮尺度上的表现形式，在此基础上，分析了框架结构磁流变阻尼器随机最优控制的增益设计、参数优化和控制效果。

第 9 章，介绍受控结构的振动台试验。以载有黏滞阻尼器减振装置的六层钢框架结构为分析对象，利用同济大学土木工程防灾国家重点实验室良好的试验研究条件，实施了随机地震动输入下的结构控制振动台试验，从试验层面验证了工程结构随机最优控制理论与方法的正确性。

为便于读者阅读本书，我们在书末还给出了三个相关附录。

第2章

理 论 基 础

2.1 引言

随机最优控制理论是控制理论的分支，它以随机系统为研究对象，是关于随机过程理论与最优控制理论的交叉学科。20 世纪 60 年代兴盛于电子信息工程、机械工程、航空航天工程等领域的系统控制理论与技术，一般关注随机扰动（随机激励或量测噪声）下系统的状态调控；而其在土木工程领域里的发展，则是在 20 世纪 70 年代之后。与机械工程、航空航天工程等领域的需求不同，土木工程结构尺寸大，环境作用复杂，安全性、耐久性、舒适性问题突出，特别是所面临的灾害性动力作用，具有发生时间、发生空间和发生强度上的显著随机性。基于随机过程理论发展起来的经典随机最优控制理论，将随机扰动数学形式化为 Gaussian 白噪声过程，这显然与工程结构灾害性动力作用特性相去甚远。因此，有必要在经典随机最优控制理论的基础上，研究适用于土木工程的结构随机最优控制理论与方法。

本章旨在阐述与本书后续内容相关的理论基础，包括经典随机最优控制理论、结构随机振动理论及其进展（受控结构随机动力系统状态的解答方法）、结构动力可靠度理论（工程结构随机最优控制准则的设计基础）以及随机动力作用建模（工程结构灾害性动力作用量化）。通过对各部分的逻辑梳理，为工程结构随机最优控制理论与方法的论述奠定基础。

2.2 经典随机最优控制理论

经典随机最优控制是以系统随机振动或量测噪声条件下的某性能泛函指标最小化为准则，通过最优控制算法求解，获得使随机系统处于预期状态的最优控制律。一般认为，最优控制理论的先驱性工作是变分法（Calculus of Variations）。在历史上，Pierre 和 Fermat 最早于 1662 年研究射线在光学介质中的最小路径时引入“Fermat 最短时间作用原理”。1755 年，Lagrange 引入 δ - 微积分，其后 Euler 给出了变分法的基本定义。19 世纪 30 年代，由于 Hamilton 和 Jacobi 的贡献，在变分法的框架下导出了 Hamilton-Jacobi 方程。至 20 世纪中叶，经典变分法理论完成。现代最优控制理论研究始于“二战”后期，以 1956 年 Pontryagin 提出的极大值原理、1957 年 Bellman 提出的动态规划法、1960 年 Kalman 引入的状态空间法和建立的线性滤波理论为基石，现代最优控制理论正式形成（Yong & Zhou, 1999）。20 世纪 60

年代初期,以 Itô 随机微分方程为状态方程的随机极大值原理(Kushner, 1962)和随机动态规划(Florentin, 1961)的提出,标志着随机最优控制理论研究的开始。

在状态空间中,考察一般受控随机动力系统

$$\dot{\boldsymbol{Z}}(t)=\boldsymbol{g}[\boldsymbol{Z}(t),\boldsymbol{U}(t),\boldsymbol{w}(t),t],\ \boldsymbol{Z}(t_0)=\boldsymbol{z}_0 \tag{2.2.1}$$

系统输出方程为

$$\hat{\boldsymbol{Z}}(t)=\boldsymbol{h}[\boldsymbol{Z}(t),\boldsymbol{U}(t),\boldsymbol{w}(t),t] \tag{2.2.2}$$

系统量测方程为

$$\boldsymbol{Y}(t)=\boldsymbol{j}[\hat{\boldsymbol{Z}}(t),\boldsymbol{n}(t),t] \tag{2.2.3}$$

式中,$\boldsymbol{Z}(t)$ 为 $2n$ 维状态向量;$\hat{\boldsymbol{Z}}(t)$ 为 m 维输出向量;$\boldsymbol{U}(t)$ 为 r 维控制力向量;$\boldsymbol{w}(t)$ 为 s 维随机激励向量;$\boldsymbol{n}(t)$ 为 m 维量测噪声向量;$\boldsymbol{Y}(t)$ 为 m 维量测向量。$\boldsymbol{g}(\cdot)$ 为表征系统状态演化的 $2n$ 维向量泛函;$\boldsymbol{h}(\cdot)$,$\boldsymbol{j}(\cdot)$ 分别为表征系统输出与量测的 m 维向量泛函,依赖于传感器的数目。

为便于问题的处理,在经典随机最优控制理论中通常假定外加激励和量测噪声为加性 Delta 相关过程(白噪声过程),白噪声过程具有如下特性

$$E[\boldsymbol{w}(t)]=\boldsymbol{0},\ E[\boldsymbol{w}(t)\boldsymbol{w}^{\mathrm{T}}(\tau)]=\boldsymbol{W}(t)\delta(t-\tau) \tag{2.2.4}$$

$$E[\boldsymbol{n}(t)]=\boldsymbol{0},\ E[\boldsymbol{n}(t)\boldsymbol{n}^{\mathrm{T}}(\tau)]=\boldsymbol{N}(t)\delta(t-\tau) \tag{2.2.5}$$

式中,$\boldsymbol{W}(t)=[W_{ij}(t)]_{s\times s}$,$\boldsymbol{N}(t)=[N_{ij}(t)]_{m\times m}$,均为对称、半正定谱密度矩阵;T 表示转置。

由于外加激励和量测噪声为随机过程,系统状态和输出亦为随机过程,随机最优控制的性能泛函一般表示为 Bolza 形式的期望(Housner et al, 1997)

$$J=E\left[\phi[\boldsymbol{Z}(t_f),t_f]+\int_{t_0}^{t_f}L[\boldsymbol{Z}(t),\boldsymbol{U}(t),t]\mathrm{d}t\right] \tag{2.2.6}$$

式中,$E[\cdot]$ 表示期望算子;$\phi[\cdot]$ 表示终端性能函数;$L[\cdot]$ 表示运行性能函数;t_0 表示初始时间;t_f 表示终端时间;$\boldsymbol{Z}(t_f)$ 表示终端状态。

从式(2.2.1)可以看出,在控制力向量 $\boldsymbol{U}(t)$ 给定的情况下,状态向量 $\boldsymbol{Z}(t)$ 可以唯一确定,性能泛函式(2.2.6)仅依赖于控制力向量 $\boldsymbol{U}(t)$。因此,随机最优控制问题设定为:在允许的范围内寻找某一控制力向量 $\boldsymbol{U}(t)$ 使得性能泛函 J 最小。性能泛函 J 的最小化以式(2.2.1)为动态约束,可以通过变分法进行求解(Lanczos, 1970; Naidu, 2003)。

根据 Lagrange 乘子法,引入协态向量 $\boldsymbol{\lambda}(t)\in\mathbb{R}^n$($\mathbb{R}^n$为 n 维 Euclidean 空间),可将上述等式约束泛函极值问题转化为无约束泛函极值问题(若作为动态约束的状态-控制方程式(2.2.1)严格满足,则转化等价)

$$J=E[\phi(\boldsymbol{Z}(t_f),t_f)]+\int_{t_0}^{t_f}\{H[\boldsymbol{Z}(t),\boldsymbol{U}(t),\boldsymbol{\lambda}(t),t]-E[\boldsymbol{\lambda}^{\mathrm{T}}(t)\dot{\boldsymbol{Z}}(t)]\}\mathrm{d}t \tag{2.2.7}$$

式中,$H[\cdot]$为 Hamilton 函数

$$H[\boldsymbol{Z}(t),\ \boldsymbol{U}(t),\ \boldsymbol{\lambda}(t),\ t] = E[L(\boldsymbol{Z}(t),\ \boldsymbol{U}(t),\ t)] + E[\boldsymbol{\lambda}^{\mathrm{T}}(t)\dot{\boldsymbol{Z}}(t)] \tag{2.2.8}$$

式(2.2.7)中的 $\dot{\boldsymbol{Z}}(t)$ 项作分部积分,有

$$\begin{aligned} J = {} & E[\phi(\boldsymbol{Z}(t_f),\ t_f) + \boldsymbol{\lambda}^{\mathrm{T}}(t_0)\boldsymbol{Z}(t_0) - \boldsymbol{\lambda}^{\mathrm{T}}(t_f)\boldsymbol{Z}(t_f)] + \\ & \int_{t_0}^{t_f}\{H[\boldsymbol{Z}(t),\ \boldsymbol{U}(t),\ \boldsymbol{\lambda}(t),\ t] + E[\dot{\boldsymbol{\lambda}}^{\mathrm{T}}(t)\boldsymbol{Z}(t)]\}\mathrm{d}t \end{aligned} \tag{2.2.9}$$

性能泛函最小化,即

$$\min\{J\} \rightarrow \delta J = 0 \tag{2.2.10}$$

式(2.2.9)中前三项的变分形式为

$$\begin{aligned} & \delta\{E[\boldsymbol{\phi}(\boldsymbol{Z}(t_f),\ t_f) + \boldsymbol{\lambda}^{\mathrm{T}}(t_0)\boldsymbol{Z}(t_0) - \boldsymbol{\lambda}^{\mathrm{T}}(t_f)\boldsymbol{Z}(t_f)]\} \\ = {} & E\left[\left.\frac{\partial\phi}{\partial\boldsymbol{Z}}\right|_{t=t_f} - \boldsymbol{\lambda}^{\mathrm{T}}(t_f)\right]\delta\boldsymbol{Z}(t_f) \end{aligned} \tag{2.2.11a}$$

式(2.2.11a)的导出中利用了 $\delta\boldsymbol{Z}(t_0) = 0$(状态向量在给定初始值条件下的微分为零)。式(2.2.9)中第四项的变分形式为

$$\begin{aligned} & \delta\left\{\int_{t_0}^{t_f}\{H[\boldsymbol{Z}(t),\ \boldsymbol{U}(t),\ \boldsymbol{\lambda}(t),\ t] + E[\dot{\boldsymbol{\lambda}}^{\mathrm{T}}(t)\boldsymbol{Z}(t)]\}\mathrm{d}t\right\} \\ = {} & \int_{t_0}^{t_f}\left\{\frac{\partial H}{\partial\boldsymbol{Z}}\delta\boldsymbol{Z}(t) + \frac{\partial H}{\partial\boldsymbol{U}}\delta\boldsymbol{U}(t) + E[\dot{\boldsymbol{\lambda}}^{\mathrm{T}}(t)]\delta\boldsymbol{Z}(t)\right\}\mathrm{d}t \end{aligned} \tag{2.2.11b}$$

于是有

$$\begin{aligned} \delta J = {} & E\left[\left\{\left.\frac{\partial\phi}{\partial\boldsymbol{Z}}\right|_{t=t_f} - \boldsymbol{\lambda}^{\mathrm{T}}(t_f)\right\}\right]\delta\boldsymbol{Z}(t_f) + \int_{t_0}^{t_f}\left\{\frac{\partial H}{\partial\boldsymbol{Z}}\delta\boldsymbol{Z}(t) + \frac{\partial H}{\partial\boldsymbol{U}}\delta\boldsymbol{U}(t) + E[\dot{\boldsymbol{\lambda}}^{\mathrm{T}}(t)]\delta\boldsymbol{Z}(t)\right\}\mathrm{d}t \\ = {} & E\left[\left\{\left.\frac{\partial\phi}{\partial\boldsymbol{Z}}\right|_{t=t_f} - \boldsymbol{\lambda}^{\mathrm{T}}(t_f)\right\}\right]\delta\boldsymbol{Z}(t_f) + \int_{t_0}^{t_f}\left\{E\left[\left\{\frac{\partial H}{\partial\boldsymbol{Z}} + \dot{\boldsymbol{\lambda}}^{\mathrm{T}}(t)\right\}\right]\delta\boldsymbol{Z}(t) + \frac{\partial H}{\partial\boldsymbol{U}}\delta\boldsymbol{U}(t)\right\}\mathrm{d}t \end{aligned} \tag{2.2.12}$$

因此,上述基于变分法的性能泛函 J 最小化,其必要条件即为 Pontryagin 极大值原理(Sperb, 1981; Liberzon, 2012):若 $\boldsymbol{U}^*(t)$ 为最优控制力,$\boldsymbol{Z}^*(t)$ 是对应于最优控制力的最优轨线,那么必定存在协态向量 $\boldsymbol{\lambda}^*(t)$,使得在随机激励 $\boldsymbol{w}(t)$ 作用下 $\boldsymbol{U}^*(t)$, $\boldsymbol{Z}^*(t)$, $\boldsymbol{\lambda}^*(t)$ 共同满足下列条件

(i) $$\boldsymbol{\lambda}(t_f) = \left(\frac{\partial\phi[\boldsymbol{Z}(t_f),\ t_f]}{\partial\boldsymbol{Z}}\right)^{\mathrm{T}} \tag{2.2.13}$$

(ii) $$\dot{\boldsymbol{\lambda}}(t) = -\left(\frac{\partial H[\boldsymbol{Z}^*(t),\ \boldsymbol{U}^*(t),\ \boldsymbol{\lambda}^*(t),\ t]}{\partial\boldsymbol{Z}}\right)^{\mathrm{T}} \tag{2.2.14}$$

(iii) $$\frac{\partial H[\boldsymbol{Z}^*(t),\ \boldsymbol{U}^*(t),\ \boldsymbol{\lambda}^*(t),\ t]}{\partial\boldsymbol{U}} = \boldsymbol{0} \tag{2.2.15}$$

式(2.2.13)—式(2.2.15)共同构成了最优控制的 Euler-Lagrange 微分方程组。

由式(2.2.8),有

$$\dot{\boldsymbol{Z}}(t) = \frac{\partial H[\boldsymbol{Z}^*(t), \boldsymbol{U}^*(t), \boldsymbol{\lambda}^*(t), t]}{\partial \boldsymbol{\lambda}^{\mathrm{T}}} \tag{2.2.16}$$

式(2.2.14)为协态方程,式(2.2.16)为状态方程,两者合称为Hamilton正则方程组。联立方程(2.2.14)—方程(2.2.16),即可得到最优控制力与状态量之间的函数关系式。

Pontryagin极大值原理只是最优控制存在的必要条件,不是充分条件。对于求解正则方程组与已知边界条件构成的两点边值问题,比通常的初值问题困难。其困难在于有些边值给定在初始时刻,有些边值给定在终端时刻,以致既不能按正时间方向求解,也不能按逆时间方向求解。只有在极少数情况下才有解析解答,通常只能借助迭代法求其数值解。

事实上,考察式(2.2.7)的泛函条件极值问题,通常有两种思路(Athans & Falb, 1966):一是根据Pontryagin极大值原理构造如式(2.2.13)—式(2.2.15)所示的Euler-Lagrange随机微分方程组;二是根据Bellman最优性原理推导随机背景下的Hamilton-Jacobi-Bellman方程(HJB方程),其求解最优控制问题的必要条件相容于Pontryagin极大值原理(Yong & Zhou, 1999)。

基于HJB方程解的动态规划法的实质是"最优策略的一部分也是最优策略"这一思想的定量化。对于性能泛函式(2.2.6),将t_0替换为$t(t \in [t_0, t_f])$,则

$$J = E\left[\phi[\boldsymbol{Z}(t_f), t_f] + \int_t^{t_f} L[\boldsymbol{Z}(\tau), \boldsymbol{U}(\tau), \tau]\mathrm{d}\tau\right] \tag{2.2.17}$$

定义最优值函数

$$\begin{aligned} V[\boldsymbol{Z}^*(t), t] &= \min\{J\} = J[\boldsymbol{Z}^*(t), \boldsymbol{U}^*(t), t] \\ &= E\left[\phi[\boldsymbol{Z}^*(t_f), t_f] - \int_{t_f}^{t} L[\boldsymbol{Z}^*(\tau), \boldsymbol{U}^*(\tau), \tau]\mathrm{d}\tau\right] \end{aligned} \tag{2.2.18}$$

其微分形式为

$$\mathrm{d}V[\boldsymbol{Z}^*(t), t] = -E[L[\boldsymbol{Z}^*(t), \boldsymbol{U}^*(t), t]]\mathrm{d}t \tag{2.2.19}$$

若不考虑量测噪声,则

$$\mathrm{d}V[\boldsymbol{Z}^*(t), t] = -L[\boldsymbol{Z}^*(\tau), \boldsymbol{U}^*(\tau), \tau]\mathrm{d}t \tag{2.2.20}$$

另一方面,最优值函数的全微分形式为

$$\begin{aligned} \mathrm{d}V[\boldsymbol{Z}^*(t), t] = E\Bigg[&\frac{\partial V[\boldsymbol{Z}^*(t), t]}{\partial t}\mathrm{d}t + \frac{\partial V[\boldsymbol{Z}^*(t), t]}{\partial \boldsymbol{Z}}\mathrm{d}\boldsymbol{Z}(t) \\ &+ \frac{1}{2}\mathrm{d}\boldsymbol{Z}^{\mathrm{T}}(t)\frac{\partial^2 V[\boldsymbol{Z}^*(t), t]}{\partial \boldsymbol{Z}^2}\mathrm{d}\boldsymbol{Z}(t)\Bigg] \end{aligned} \tag{2.2.21}$$

联立式(2.2.20)和式(2.2.21)

$$\begin{aligned} -L[\boldsymbol{Z}^*(\tau), \boldsymbol{U}^*(\tau), \tau]\mathrm{d}t = \frac{\partial V[\boldsymbol{Z}^*(t), t]}{\partial t}\mathrm{d}t + E\Bigg[&\frac{\partial V[\boldsymbol{Z}^*(t), t]}{\partial \boldsymbol{Z}}\mathrm{d}\boldsymbol{Z}(t) \\ &+ \frac{1}{2}\mathrm{d}\boldsymbol{Z}^{\mathrm{T}}(t)\frac{\partial^2 V[\boldsymbol{Z}^*(t), t]}{\partial \boldsymbol{Z}^2}\mathrm{d}\boldsymbol{Z}(t)\Bigg] \end{aligned} \tag{2.2.22}$$

因此

$$-\frac{\partial V[\boldsymbol{Z}^*(t),t]}{\partial t}=L[\boldsymbol{Z}^*(t),\boldsymbol{U}^*(t),t]+E\left[\frac{\partial V[\boldsymbol{Z}^*(t),t]}{\partial \boldsymbol{Z}}\dot{\boldsymbol{Z}}(t)+\frac{1}{2}\dot{\boldsymbol{Z}}^{\mathrm{T}}(t)\frac{\partial^2 V[\boldsymbol{Z}^*(t),t]}{\partial \boldsymbol{Z}^2}\dot{\boldsymbol{Z}}(t)\right] \tag{2.2.23}$$

或

$$\frac{\partial V[\boldsymbol{Z}^*(t),t]}{\partial t}=-\min_{U}\left\{L[\boldsymbol{Z}^*(t),\boldsymbol{U}(t),t]+E\left[\frac{\partial V[\boldsymbol{Z}^*(t),t]}{\partial \boldsymbol{Z}}\dot{\boldsymbol{Z}}(t)+\frac{1}{2}\dot{\boldsymbol{Z}}^{\mathrm{T}}(t)\frac{\partial^2 V[\boldsymbol{Z}^*(t),t]}{\partial \boldsymbol{Z}^2}\dot{\boldsymbol{Z}}(t)\right]\right\} \tag{2.2.24}$$

定义 Hamilton 函数

$$H[\boldsymbol{Z}^*(t),\boldsymbol{U}(t),t]=L[\boldsymbol{Z}^*(t),\boldsymbol{U}(t),t]+E\left[\frac{\partial V[\boldsymbol{Z}^*(t),t]}{\partial \boldsymbol{Z}}\dot{\boldsymbol{Z}}(t)+\frac{1}{2}\dot{\boldsymbol{Z}}^{\mathrm{T}}(t)\frac{\partial^2 V[\boldsymbol{Z}^*(t),t]}{\partial \boldsymbol{Z}^2}\dot{\boldsymbol{Z}}(t)\right] \tag{2.2.25}$$

则

$$\frac{\partial V[\boldsymbol{Z}^*(t),t]}{\partial t}=-\min_{U}\{H[\boldsymbol{Z}^*(t),\boldsymbol{U}(t),t]\} \tag{2.2.26}$$

上式即为随机背景下的 Hamilton-Jacobi-Bellman 方程(HJB 方程)。

利用 HJB 方程求解时,首先通过式(2.2.26)的右端最小化得到最优控制律,进而与状态-控制方程式(2.2.1)联合求解系统的控制力和响应。

具体地,考虑具有 Itô 随机微分方程形式的线性受控随机动力系统

$$\dot{\boldsymbol{Z}}(t)=\boldsymbol{AZ}(t)+\boldsymbol{BU}(t)+\boldsymbol{Lw}(t) \tag{2.2.27}$$

式中,$\boldsymbol{A}=[A_{ij}]_{n\times n}$,$\boldsymbol{B}=[B_{ij}]_{n\times r}$,$\boldsymbol{L}=[L_{ij}]_{n\times s}$ 分别表示系统矩阵、控制力影响矩阵、白噪声激励影响矩阵。

性能泛函中,终端函数和 Lagrange 乘子分别定义为二次形式

$$\phi[\boldsymbol{Z}(t_f),t_f]=\frac{1}{2}\boldsymbol{Z}^{\mathrm{T}}(t_f)\boldsymbol{S}(t_f)\boldsymbol{Z}(t_f) \tag{2.2.28}$$

$$L[\boldsymbol{Z}(t),\boldsymbol{U}(t),t]=\frac{1}{2}[\boldsymbol{Z}^{\mathrm{T}}(t)\boldsymbol{QZ}(t)+\boldsymbol{U}^{\mathrm{T}}(t)\boldsymbol{RU}(t)] \tag{2.2.29}$$

式中,$\boldsymbol{S}(t_f)$,$\boldsymbol{Q}$ 分别为半正定、对称状态权矩阵;$\boldsymbol{R}$ 为正定、对称控制力权矩阵。

将式(2.2.28)和式(2.2.29)代入式(2.2.25),并利用 Itô 随机微分方程特性,可获得 Hamilton 函数如下

$$H[\boldsymbol{Z}^*(t),\boldsymbol{U}(t),t]=\frac{1}{2}(\boldsymbol{Z}^{*\mathrm{T}}\boldsymbol{QZ}^*+\boldsymbol{U}^{\mathrm{T}}\boldsymbol{RU})$$

$$
+E\left[\frac{\partial V}{\partial \boldsymbol{Z}}(\boldsymbol{A}\boldsymbol{Z}^{*}+\boldsymbol{B}\boldsymbol{U}+\boldsymbol{L}\boldsymbol{w})+\frac{1}{2}(\boldsymbol{A}\boldsymbol{Z}^{*}+\boldsymbol{B}\boldsymbol{U}+\boldsymbol{L}\boldsymbol{w})^{\mathrm{T}}\frac{\partial^2 V}{\partial \boldsymbol{Z}^2}(\boldsymbol{A}\boldsymbol{Z}^{*}+\boldsymbol{B}\boldsymbol{U}+\boldsymbol{L}\boldsymbol{w})\right]
$$

$$
=\frac{1}{2}(\boldsymbol{Z}^{*\mathrm{T}}\boldsymbol{Q}\boldsymbol{Z}^{*}+\boldsymbol{U}^{\mathrm{T}}\boldsymbol{R}\boldsymbol{U})+\frac{\partial V}{\partial \boldsymbol{Z}}(\boldsymbol{A}\boldsymbol{Z}^{*}+\boldsymbol{B}\boldsymbol{U})+\frac{1}{2}\mathrm{Tr}\left(\frac{\partial^2 V}{\partial \boldsymbol{Z}^2}\boldsymbol{L}\boldsymbol{W}\boldsymbol{L}^{\mathrm{T}}\right) \tag{2.2.30}
$$

式中,Tr(·)表示矩阵的迹, $\boldsymbol{x}^{\mathrm{T}}\boldsymbol{A}\boldsymbol{x}=\mathrm{Tr}(\boldsymbol{A}\boldsymbol{x}\boldsymbol{x}^{\mathrm{T}})$。

假定最优值函数形式(Li & Chen, 2009)

$$
V[\boldsymbol{Z}(t),t]=\frac{1}{2}\boldsymbol{Z}^{\mathrm{T}}(t)\boldsymbol{S}(t)\boldsymbol{Z}(t)+\nu(t) \tag{2.2.31}
$$

式中, $\nu(t)$ 为随机最优控制相比较确定性最优控制的校正项。

从式(2.2.31)不难看出,最优值函数的终端条件为

$$
V[\boldsymbol{Z}(t_f),t_f]=\frac{1}{2}\boldsymbol{Z}^{\mathrm{T}}(t_f)\boldsymbol{S}(t_f)\boldsymbol{Z}(t_f) \tag{2.2.32}
$$

同时

$$
\frac{\partial V}{\partial \boldsymbol{Z}}=\boldsymbol{Z}^{\mathrm{T}}(t)\boldsymbol{S}(t),\ \frac{\partial^2 V}{\partial \boldsymbol{Z}^2}=\boldsymbol{S}(t) \tag{2.2.33}
$$

则式(2.2.26)表示为

$$
\frac{\partial V}{\partial t}=-\min_{U}\frac{1}{2}\{[\boldsymbol{Z}^{*\mathrm{T}}\boldsymbol{Q}\boldsymbol{Z}^{*}+\boldsymbol{U}^{\mathrm{T}}\boldsymbol{R}\boldsymbol{U}]+2\boldsymbol{Z}^{\mathrm{T}}\boldsymbol{S}[\boldsymbol{A}\boldsymbol{Z}^{*}+\boldsymbol{B}\boldsymbol{U}]+\mathrm{Tr}(\boldsymbol{S}\boldsymbol{L}\boldsymbol{W}\boldsymbol{L}^{\mathrm{T}})\} \tag{2.2.34}
$$

式(2.2.34)的右端最小化需满足 $\partial H/\partial \boldsymbol{U}=\boldsymbol{0}$, 则有

$$
\boldsymbol{U}(t)=-\boldsymbol{R}^{-1}\boldsymbol{B}^{\mathrm{T}}\boldsymbol{S}(t)\boldsymbol{Z}(t) \tag{2.2.35}
$$

将式(2.2.35)和式(2.2.31)代入式(2.2.34),有

$$
\begin{aligned}
\frac{\partial V}{\partial t}&=\frac{1}{2}\boldsymbol{Z}^{\mathrm{T}}(t)\dot{\boldsymbol{S}}(t)\boldsymbol{Z}(t)+\dot{\nu}(t)\\
&=-\frac{1}{2}\{[\boldsymbol{Z}^{\mathrm{T}}\boldsymbol{Q}\boldsymbol{Z}+\boldsymbol{Z}^{\mathrm{T}}\boldsymbol{S}\boldsymbol{B}\boldsymbol{R}^{-1}\boldsymbol{B}^{\mathrm{T}}\boldsymbol{S}\boldsymbol{Z}]+2\boldsymbol{Z}^{\mathrm{T}}\boldsymbol{S}[(\boldsymbol{A}-\boldsymbol{B}\boldsymbol{R}^{-1}\boldsymbol{B}^{\mathrm{T}}\boldsymbol{S})\boldsymbol{Z}]+\mathrm{Tr}(\boldsymbol{S}\boldsymbol{L}\boldsymbol{W}\boldsymbol{L}^{\mathrm{T}})\}\\
&=-\frac{1}{2}\boldsymbol{Z}^{\mathrm{T}}[\boldsymbol{Q}+2\boldsymbol{S}\boldsymbol{A}-\boldsymbol{S}\boldsymbol{B}\boldsymbol{R}^{-1}\boldsymbol{B}^{\mathrm{T}}\boldsymbol{S}]\boldsymbol{Z}-\frac{1}{2}\mathrm{Tr}(\boldsymbol{S}\boldsymbol{L}\boldsymbol{W}\boldsymbol{L}^{\mathrm{T}})
\end{aligned} \tag{2.2.36}
$$

比较系数项,可得

$$
\dot{\boldsymbol{S}}(t)=-\boldsymbol{Q}-2\boldsymbol{S}\boldsymbol{A}+\boldsymbol{S}\boldsymbol{B}\boldsymbol{R}^{-1}\boldsymbol{B}^{\mathrm{T}}\boldsymbol{S} \tag{2.2.37}
$$

$$
\dot{\nu}(t)=-\frac{1}{2}\mathrm{Tr}(\boldsymbol{S}\boldsymbol{L}\boldsymbol{W}\boldsymbol{L}^{\mathrm{T}}) \tag{2.2.38}
$$

仔细分析式(2.2.37)中的各项,由于 $\boldsymbol{S}(t)$ 为对称矩阵,因此 $\boldsymbol{S}\boldsymbol{A}$ 也为对称矩阵,存在 $\boldsymbol{S}\boldsymbol{A}=\boldsymbol{A}^{\mathrm{T}}\boldsymbol{S}^{\mathrm{T}}=\boldsymbol{A}^{\mathrm{T}}\boldsymbol{S}$, 由此

$$\dot{\boldsymbol{S}}(t) = -\boldsymbol{SA} - \boldsymbol{A}^{\mathrm{T}}\boldsymbol{S} + \boldsymbol{SBR}^{-1}\boldsymbol{B}^{\mathrm{T}}\boldsymbol{S} - \boldsymbol{Q} \tag{2.2.39}$$

这恰为最优控制理论中经典的 Riccati 矩阵微分方程形式。

因此,最优值函数的形式为

$$V[\boldsymbol{Z}(t),t] = \frac{1}{2}\boldsymbol{Z}^{\mathrm{T}}(t)\boldsymbol{S}(t)\boldsymbol{Z}(t) + \frac{1}{2}\int_{t}^{t_f}\mathrm{Tr}(\boldsymbol{S}(\tau)\boldsymbol{LWL}^{\mathrm{T}})\mathrm{d}\tau \tag{2.2.40}$$

事实上,基于 Pontryagin 极大值原理的 Euler-Lagrange 微分方程组式(2.2.13)—式(2.2.15),也可以导出最优控制力解答。

将 Hamilton 函数式(2.2.8)代入式(2.2.15),并利用 Itô 随机微分方程特性得到

$$\frac{\partial H}{\partial \boldsymbol{U}} = \boldsymbol{U}^{\mathrm{T}}(t)\boldsymbol{R} + \boldsymbol{\lambda}^{\mathrm{T}}(t)\boldsymbol{B} = \boldsymbol{0} \tag{2.2.41}$$

由此得到控制力形式

$$\boldsymbol{U}(t) = -\boldsymbol{R}^{-1}\boldsymbol{B}^{\mathrm{T}}\boldsymbol{\lambda}(t) \tag{2.2.42}$$

由协态方程(2.2.14)有

$$\dot{\boldsymbol{\lambda}}(t) = -\left(\frac{\partial H}{\partial \boldsymbol{Z}}\right)^{\mathrm{T}} = -\boldsymbol{QZ}(t) - \boldsymbol{A}^{\mathrm{T}}\boldsymbol{\lambda}(t) \tag{2.2.43}$$

假定协态向量与状态向量存在如下关系

$$\boldsymbol{\lambda}(t) = \boldsymbol{P}(t)\boldsymbol{Z}(t) \tag{2.2.44}$$

则控制力为

$$\boldsymbol{U}(t) = -\boldsymbol{R}^{-1}\boldsymbol{B}^{\mathrm{T}}\boldsymbol{P}(t)\boldsymbol{Z}(t) \tag{2.2.45}$$

可见,由 Pontryagin 极大值原理导出的最优控制力与 Bellman 最优性原理导出的最优控制力形式相同。进而,将式(2.2.44)代入式(2.2.43),有

$$\dot{\boldsymbol{\lambda}}(t) = \dot{\boldsymbol{P}}(t)\boldsymbol{Z}(t) + \boldsymbol{P}(t)\dot{\boldsymbol{Z}}(t) = -[\boldsymbol{Q} - \boldsymbol{A}^{\mathrm{T}}\boldsymbol{P}(t)]\boldsymbol{Z}(t) \tag{2.2.46}$$

考虑状态-控制方程式(2.2.27),有

$$\dot{\boldsymbol{P}}(t) = -\boldsymbol{P}(t)\boldsymbol{A} - \boldsymbol{A}^{\mathrm{T}}\boldsymbol{P}(t) + \boldsymbol{P}(t)\boldsymbol{BR}^{-1}\boldsymbol{B}^{\mathrm{T}}\boldsymbol{P}(t) - \boldsymbol{Q} \tag{2.2.47}$$

式(2.2.47)即为 Riccati 矩阵微分方程,与式(2.2.39)一致; $\boldsymbol{P}(t)$ 为 Riccati 矩阵函数。

上述基于 Itô 随机微分方程、白噪声激励系统的随机最优控制即为经典的线性二次 Gaussian(LQG)控制。

2.3 结构随机振动理论

2.3.1 线性随机振动

2.3.1.1 矩传递关系

考虑如下形式的线性随机动力系统

$$\boldsymbol{M}\ddot{\boldsymbol{X}}(t) + \boldsymbol{C}\dot{\boldsymbol{X}}(t) + \boldsymbol{KX}(t) = \boldsymbol{F}(\boldsymbol{\Theta},t) \tag{2.3.1}$$

式中，$\boldsymbol{M}=[M_{ij}]_{n\times n}$、$\boldsymbol{C}=[C_{ij}]_{n\times n}$、$\boldsymbol{K}=[K_{ij}]_{n\times n}$ 分别为质量、阻尼和刚度矩阵；$\ddot{\boldsymbol{X}}(t)$，$\dot{\boldsymbol{X}}(t)$，$\boldsymbol{X}(t)$ 分别为 n 维加速度、速度和位移向量；$\boldsymbol{F}(\boldsymbol{\Theta},t)$ 为 n 维随机激励向量，其中 $\boldsymbol{\Theta}$ 为具有联合概率密度函数 $p_{\boldsymbol{\Theta}}(\boldsymbol{\theta})$ 的 $n_{\boldsymbol{\Theta}}$ 维随机参数向量。

定义单位脉冲响应矩阵 $\boldsymbol{h}(t)=[h_{ij}(t)]_{n\times n}$，其中分量 $h_{ij}(t)$ 为单位脉冲作用在第 j 个自由度上时第 i 个自由度的响应，则列向量 $\boldsymbol{h}_j(t)$ 为单位脉冲作用在第 j 个自由度上时系统的响应，满足

$$\boldsymbol{M}\ddot{\boldsymbol{h}}_j(t)+\boldsymbol{C}\dot{\boldsymbol{h}}_j(t)+\boldsymbol{K}\boldsymbol{h}_j(t)=\boldsymbol{I}_j\delta(\boldsymbol{\Theta},t) \tag{2.3.2}$$

式中，$\boldsymbol{I}_j=(\underbrace{0,0,\cdots,0,1}_{j个},0,\cdots,0)^{\mathrm{T}}$，表示随机激励的第 j 个分量为单位脉冲 $\delta(\boldsymbol{\Theta},t)$ 而其余分量均为零。

根据 Duhamel 积分，系统响应向量为

$$\boldsymbol{X}(t)=\int_0^t\boldsymbol{h}(t-\tau)\boldsymbol{F}(\boldsymbol{\Theta},\tau)\mathrm{d}\tau \tag{2.3.3}$$

响应的均值和相关函数分别为

$$\boldsymbol{\mu}_X(t)=E[\boldsymbol{X}(t)]=\int_0^t\boldsymbol{h}(t-\tau)\boldsymbol{\mu}_F(\tau)\mathrm{d}\tau \tag{2.3.4}$$

$$\begin{aligned}\boldsymbol{R}_X(t_1,t_2)&=E[\boldsymbol{X}(t_1)\boldsymbol{X}^{\mathrm{T}}(t_2)]\\&=E\left\{\left[\int_0^{t_1}\boldsymbol{h}(t_1-\tau_1)\boldsymbol{F}(\boldsymbol{\Theta},\tau_1)\mathrm{d}\tau_1\right]\left[\int_0^{t_2}\boldsymbol{h}(t_2-\tau_2)\boldsymbol{F}(\boldsymbol{\Theta},\tau_2)\mathrm{d}\tau_2\right]^{\mathrm{T}}\right\}\\&=\int_0^{t_1}\int_0^{t_2}\boldsymbol{h}(t_1-\tau_1)\boldsymbol{R}_F(\tau_1,\tau_2)\boldsymbol{h}^{\mathrm{T}}(t_2-\tau_2)\mathrm{d}\tau_1\mathrm{d}\tau_2\end{aligned} \tag{2.3.5}$$

当随机激励为平稳随机过程，系统的稳态响应也为平稳随机过程，则相应的自相关函数为

$$\boldsymbol{R}_X(\tau)=\int_{-\infty}^{\infty}\int_{-\infty}^{\infty}\boldsymbol{h}(\tau_1)\boldsymbol{R}_F(\tau-\tau_1-\tau_2)\boldsymbol{h}^{\mathrm{T}}(\tau_2)\mathrm{d}\tau_1\mathrm{d}\tau_2 \tag{2.3.6}$$

上述解答也可以从频域分析角度得到。线性随机动力系统式(2.3.1)的频响传递函数为

$$\boldsymbol{H}(\omega)=(\boldsymbol{K}-\omega^2\boldsymbol{M}+\mathrm{i}\omega\boldsymbol{C})^{-1} \tag{2.3.7}$$

如此，系统响应的 Fourier 变换 $\boldsymbol{X}(\omega)$ 可以通过频域传递关系确定

$$\boldsymbol{X}(\omega)=\boldsymbol{H}(\omega)\boldsymbol{F}(\boldsymbol{\Theta},\omega) \tag{2.3.8}$$

式中，$\boldsymbol{F}(\boldsymbol{\Theta},\omega)$ 为随机激励的 Fourier 变换。

对式(2.3.8)两端取复共轭，有

$$\boldsymbol{X}^*(\omega)=\boldsymbol{F}^*(\boldsymbol{\Theta},\omega)\boldsymbol{H}^*(\omega) \tag{2.3.9}$$

式(2.3.8)、式(2.3.9)两端相乘，取期望，并关于持续时间求极限

$$\lim_{T\to\infty}\frac{1}{2T}E[\boldsymbol{X}(\omega)\boldsymbol{X}^*(\omega)] = \lim_{T\to\infty}\frac{1}{2T}E[\boldsymbol{H}(\omega)\boldsymbol{F}(\boldsymbol{\Theta},\omega)\boldsymbol{F}^*(\boldsymbol{\Theta},\omega)\boldsymbol{H}^*(\omega)] \tag{2.3.10}$$

上述左端项恰为响应的功率谱密度函数(Li & Chen, 2009)

$$\boldsymbol{S}_X(\omega) = \lim_{T\to\infty}\frac{1}{2T}E[\boldsymbol{X}(\omega)\boldsymbol{X}^*(\omega)] \tag{2.3.11}$$

进一步有

$$\boldsymbol{S}_X(\omega) = \boldsymbol{H}(\omega)\boldsymbol{S}_F(\omega)\boldsymbol{H}^*(\omega) \tag{2.3.12}$$

根据 Wiener-Khintchine 公式(Khintchine, 1934; Loève, 1978),功率谱密度函数的积分即为平稳响应的自相关函数,即均方响应

$$E[\boldsymbol{X}(t)\boldsymbol{X}^{\mathrm{T}}(t)] = \boldsymbol{R}_X(\tau) = \frac{1}{2\pi}\int_{-\infty}^{\infty}\boldsymbol{S}_X(\omega)\mathrm{d}\omega \tag{2.3.13}$$

式中,$\boldsymbol{S}_F(\omega)$为激励的功率谱密度函数。

显然,式(2.3.6)、式(2.3.12)表达了随机系统中的矩传递关系。

2.3.1.2 模态叠加法

在实际应用中,求解多自由度系统的单位脉冲响应函数 $\boldsymbol{h}(t)$ 和频响传递函数 $\boldsymbol{H}(\omega)$ 的解析解答较单自由度系统困难得多,而且均方响应求解通常涉及单位脉冲响应函数和频响传递函数的高维积分,计算工作量也往往难以令人接受。事实上,对于线性随机动力系统,采用模态叠加法通过解耦原多自由度随机系统为一系列单自由度随机系统,可以显著降低计算工作量。

按模态叠加法求解,式(2.3.1)可表征为

$$\overline{\boldsymbol{M}}\ddot{\boldsymbol{U}}(t) + \overline{\boldsymbol{C}}\dot{\boldsymbol{U}}(t) + \overline{\boldsymbol{K}}\boldsymbol{U}(t) = \boldsymbol{\Phi}^{\mathrm{T}}\boldsymbol{F}(\boldsymbol{\Theta}, t) \tag{2.3.14}$$

式中,$\overline{\boldsymbol{M}} = \boldsymbol{\Phi}^{\mathrm{T}}\boldsymbol{M}\boldsymbol{\Phi}$, $\overline{\boldsymbol{C}} = \boldsymbol{\Phi}^{\mathrm{T}}\boldsymbol{C}\boldsymbol{\Phi}$, $\overline{\boldsymbol{K}} = \boldsymbol{\Phi}^{\mathrm{T}}\boldsymbol{K}\boldsymbol{\Phi}$, $\boldsymbol{U} = \boldsymbol{\Phi}^{\mathrm{T}}\boldsymbol{X}$,分别表示模态质量矩阵、模态阻尼矩阵、模态刚度矩阵和模态位移向量;$\boldsymbol{\Phi} = [\boldsymbol{\phi}_1, \boldsymbol{\phi}_2, \cdots, \boldsymbol{\phi}_q] = [\phi_{ij}]_{n\times q}$ 为模态矩阵($q \leqslant n$)。

假定阻尼矩阵 $\boldsymbol{C}$ 为比例阻尼矩阵,则式(2.3.14) 可以分解为 q 个互相独立的单自由度体系动力方程

$$\ddot{u}_j(t) + 2\zeta_j\omega_j\dot{u}_j(t) + \omega_j^2 u_j(t) = \frac{1}{\overline{m}_j}\boldsymbol{\phi}_j^{\mathrm{T}}\boldsymbol{F}(\boldsymbol{\Theta}, t) = \frac{1}{\overline{m}_j}\sum_{k=1}^{n}\phi_{jk}F_k(\boldsymbol{\Theta}, t),\ j = 1, 2, \cdots, q \tag{2.3.15}$$

式中,$\overline{m}_j$ 为第 j 阶模态质量;ω_j 为第 j 阶模态频率;ζ_j 为第 j 阶模态阻尼比。

根据 Duhamel 积分,在模态空间中,线性系统响应的分量形式如下

$$u_j(t) = \frac{1}{\overline{m}_j}\int_0^t h_j(t-\tau)\boldsymbol{\phi}_j^{\mathrm{T}}\boldsymbol{F}(\boldsymbol{\Theta}, \tau)\mathrm{d}\tau \tag{2.3.16}$$

则在原始状态空间中,线性系统响应解答为

$$\boldsymbol{X}(t) = \sum_{j=1}^{q} \frac{1}{\overline{m}_j}\int_0^t h_j(t-\tau)\boldsymbol{\phi}_j\boldsymbol{\phi}_j^{\mathrm{T}}\boldsymbol{F}(\boldsymbol{\Theta}, \tau)\mathrm{d}\tau \tag{2.3.17}$$

进而,得到响应的均值和相关函数

$$\boldsymbol{\mu}_{\boldsymbol{X}}(t) = E[\boldsymbol{X}(t)] = \sum_{j=1}^{q} \frac{1}{\overline{m}_j}\int_0^t h_j(t-\tau)\boldsymbol{\phi}_j\boldsymbol{\phi}_j^{\mathrm{T}}\boldsymbol{\mu}_{\boldsymbol{F}}(\tau)\mathrm{d}\tau \tag{2.3.18}$$

$$\begin{aligned}\boldsymbol{R}_{\boldsymbol{X}}(t_1, t_2) &= E[\boldsymbol{X}(t_1)\boldsymbol{X}^{\mathrm{T}}(t_2)] \\ &= E\{[\sum_{j=1}^{q} \frac{1}{\overline{m}_j}\int_0^{t_1} h_j(t_1-\tau_1)\boldsymbol{\phi}_j\boldsymbol{\phi}_j^{\mathrm{T}}\boldsymbol{F}(\boldsymbol{\Theta}, \tau_1)\mathrm{d}\tau_1][\sum_{k=1}^{q} \frac{1}{\overline{m}_j}\int_0^{t_2} h_k(t_2-\tau_2)\boldsymbol{\phi}_k\boldsymbol{\phi}_k^{\mathrm{T}}\boldsymbol{F}(\boldsymbol{\Theta}, \tau_2)\mathrm{d}\tau_2]^{\mathrm{T}}\} \\ &= \sum_{j=1}^{q}\sum_{k=1}^{q} \frac{1}{\overline{m}_j\overline{m}_k}\int_0^{t_1}\int_0^{t_2} h_j(t_1-\tau_1)h_k(t_2-\tau_2)\boldsymbol{\phi}_j\boldsymbol{\phi}_j^{\mathrm{T}}\boldsymbol{R}_{\boldsymbol{F}}(\tau_1, \tau_2)\boldsymbol{\phi}_k\boldsymbol{\phi}_k^{\mathrm{T}}\mathrm{d}\tau_1\mathrm{d}\tau_2\end{aligned} \tag{2.3.19}$$

当系统稳态响应为平稳随机过程时

$$\begin{aligned}\boldsymbol{R}_{\boldsymbol{X}}(\tau) &= \sum_{j=1}^{q}\sum_{k=1}^{q} \frac{1}{\overline{m}_j\overline{m}_k}\int_{-\infty}^{\infty}\int_{-\infty}^{\infty} h_j(\tau_1)h_k(\tau_2)\boldsymbol{\phi}_j\boldsymbol{\phi}_j^{\mathrm{T}}\boldsymbol{R}_{\boldsymbol{F}}(\tau-\tau_1-\tau_2)\boldsymbol{\phi}_k\boldsymbol{\phi}_k^{\mathrm{T}}\mathrm{d}\tau_1\mathrm{d}\tau_2 \\ &= \int_{-\infty}^{\infty}\int_{-\infty}^{\infty}\left(\sum_{j=1}^{q}\frac{1}{\overline{m}_j}h_j(\tau_1)\boldsymbol{\phi}_j\boldsymbol{\phi}_j^{\mathrm{T}}\right)\boldsymbol{R}_{\boldsymbol{F}}(\tau-\tau_1-\tau_2)\left(\sum_{k=1}^{q}\frac{1}{\overline{m}_k}h_k(\tau_2)\boldsymbol{\phi}_k\boldsymbol{\phi}_k^{\mathrm{T}}\right)\mathrm{d}\tau_1\mathrm{d}\tau_2\end{aligned} \tag{2.3.20}$$

对比式(2.3.6),不难看出

$$\boldsymbol{h}(t) = \sum_{j=1}^{q} \frac{1}{\overline{m}_j}h_j(t)\boldsymbol{\phi}_j\boldsymbol{\phi}_j^{\mathrm{T}} \tag{2.3.21}$$

同样,从频域分析角度,线性系统模态响应的功率谱密度函数矩阵可以从激励的功率谱密度函数矩阵得到,其分量形式为

$$S_{U_jU_k}(\omega, t) = \frac{1}{\overline{m}_j\overline{m}_k}\overline{H}_j^*(\omega, t)\overline{H}_k(\omega, t)\boldsymbol{\phi}_j^{\mathrm{T}}\boldsymbol{S}_{\boldsymbol{F}}(\omega)\boldsymbol{\phi}_k \tag{2.3.22}$$

式中,具有功率谱密度函数 $\boldsymbol{S}_{\boldsymbol{F}}(\omega)$ 的随机激励假定为平稳过程;$\overline{H}_j^*(\omega, t)$ 为第 j 阶振型体系频响传递函数,它是随时间变化的,其一般形式为(俞载道 & 曹国敖,1986)

$$\overline{H}_j(\omega, t) = H_j(\omega)\left\{1 - \left(\cos\omega_d^j t + \frac{\zeta_j\omega_j + \mathrm{i}\omega}{\omega_d^j}\sin\omega_d^j t\right)\mathrm{e}^{-(\zeta_j\omega_j+\mathrm{i}\omega)t}\right\} = H_j(\omega)C_j(\omega, t) \tag{2.3.23}$$

式中,$H_j(\omega) = 1/(\omega_j^2 - \omega^2 + 2\mathrm{i}\zeta_j\omega_j\omega)$;$\omega_d^j = \omega_j\sqrt{1-\zeta_j^2}$;$C_j(\omega, t)$ 定义为调制函数。

为说明频响传递函数的时变特性,图 2.3.1a 给出了调制函数的模 $|C_j(\omega, t)|$ 随频率 ω 和时间 t 的变化关系,其中 $\omega_j = 2\pi$ rad/s, $\zeta_j = 0.05$;图 2.3.1b 所示为调制函数的模在频率 $\omega = 200\omega_j$ 处的截口曲线。图示表明,在初始一定时间段内,频响传递函数具有显著的时间相关性,因此,即使在平稳随机激励下,系统响应仍然是非平稳的(非平稳初始效应);当时间

$t \to \infty$ 时，存在 $|C_j(\omega, t)| \to 1$ 和 $\overline{H}_j(\omega, t) \to H_j(\omega)$，系统响应为稳态响应。进一步分析阻尼比对调制函数模的影响，如图2.3.1c所示，可以看到，随着阻尼比的增大，调制函数模趋近于1的速度增快，因此是否考虑系统响应的非平稳初始效应，应结合系统特性及所关心的系统状态进行分析。

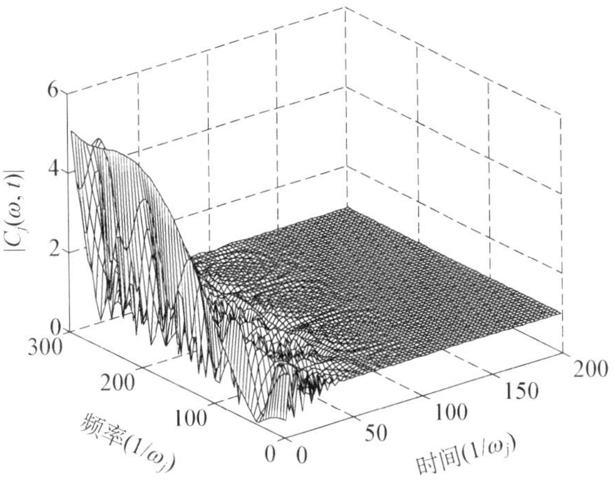

(a)

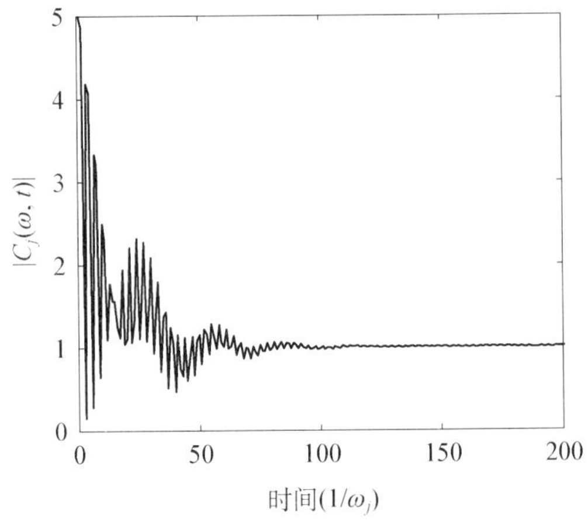

(b)

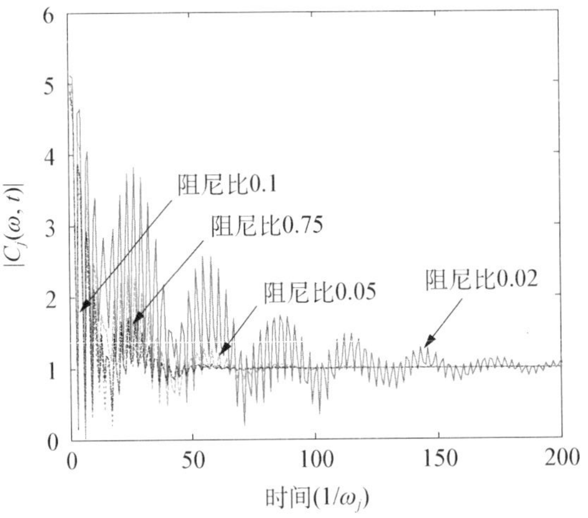

(c)

图2.3.1 调制函数的模

(a)随频率 ω 和时间 t 的变化关系；
(b)在频率 $\omega=200\omega_j$ 处的截口曲线；(c)阻尼比对调制函数模的影响

在原始状态空间中，位移响应功率谱密度函数矩阵可以表示成如下完全二次组合(Complete Quadratic Combination, CQC)形式

$$\boldsymbol{S}_X(\omega, t) = \boldsymbol{\Phi}\boldsymbol{S}_U(\omega, t)\boldsymbol{\Phi}^{\mathrm{T}} \tag{2.3.24}$$

其分量式为

$$S_{X_jX_k}(\omega,t)=\sum_{s=1}^{q}\sum_{r=1}^{q}\phi_{js}S_{U_sU_r}(\omega,t)\phi_{rk}$$
$$=\sum_{s=1}^{q}\sum_{r=1}^{q}\phi_{js}\frac{1}{\bar{m}_s\bar{m}_r}\bar{H}_s^*(\omega,t)\bar{H}_r(\omega,t)\boldsymbol{\phi}_s^{\mathrm{T}}\boldsymbol{S}_{\boldsymbol{F}}(\omega)\boldsymbol{\phi}_r\phi_{rk} \tag{2.3.25}$$

对平稳随机响应,即当 $t\to\infty$ 时

$$S_{X_jX_k}(\omega)=\sum_{s=1}^{q}\sum_{r=1}^{q}\phi_{js}\frac{1}{\bar{m}_s\bar{m}_r}H_s^*(\omega)H_r(\omega)\boldsymbol{\phi}_s^{\mathrm{T}}\boldsymbol{S}_{\boldsymbol{F}}(\omega)\boldsymbol{\phi}_r\phi_{rk} \tag{2.3.26}$$

进而,根据 Wiener-Khintchine 公式可以得到系统的均方响应

$$E[\boldsymbol{X}(t)\boldsymbol{X}^{\mathrm{T}}(t)]=\frac{1}{2\pi}\int_{-\infty}^{\infty}\boldsymbol{S}_{\boldsymbol{X}}(\omega)\mathrm{d}\omega \tag{2.3.27}$$

综上不难看出,线性体系平稳响应的均方解是时不变的,它隐含了响应时间 $t\to\infty$ 的假定。

当阻尼矩阵 $\boldsymbol{C}$ 为非比例阻尼矩阵时,系统运动方程转换为状态方程,特征向量仍可作为状态空间的基向量,然而此时特征值和特征向量通常为复数,因此需借助复模态分析进行系统响应求解(Fang et al, 1991; Zhou et al, 2004)。

2.3.1.3 虚拟激励法

对于线性多自由度系统,式(2.3.27)中功率谱密度函数矩阵的求解仍然比较繁琐。虚拟激励法(Pseudo-Excitation Method, PEM)通过构造谐和虚拟激励,将功率谱密度矩阵求解问题转化为一系列确定性谐和反应分析问题,从而大大提高了求解效率(林家浩,1990; 林家浩 & 张亚辉,2004)。

设 $\boldsymbol{S}_{\boldsymbol{F}}(\omega)$ 是平稳随机激励 $\boldsymbol{F}(\boldsymbol{\Theta},t)$ 的自功率谱密度函数,随机激励可以用虚拟简谐激励矩阵 $\boldsymbol{F}=\widetilde{\boldsymbol{F}}_{\sqrt{S}}\mathrm{e}^{\mathrm{i}\omega t}$ 代替,这里 $\widetilde{\boldsymbol{F}}_{\sqrt{S}}$ 满足 $\widetilde{\boldsymbol{F}}_{\sqrt{S}}\cdot\widetilde{\boldsymbol{F}}_{\sqrt{S}}^*=\boldsymbol{S}_{\boldsymbol{F}}(\omega)$。于是,对于式(2.3.14)描述的一般线性多自由度体系,存在

$$\bar{\boldsymbol{M}}\ddot{\widetilde{\boldsymbol{U}}}(t)+\bar{\boldsymbol{C}}\dot{\widetilde{\boldsymbol{U}}}(t)+\bar{\boldsymbol{K}}\widetilde{\boldsymbol{U}}(t)=\boldsymbol{\Phi}^{\mathrm{T}}\widetilde{\boldsymbol{F}}_{\sqrt{S}}\mathrm{e}^{\mathrm{i}\omega t} \tag{2.3.28}$$

式中,$\ddot{\widetilde{\boldsymbol{U}}}(t)$, $\dot{\widetilde{\boldsymbol{U}}}(t)$, $\widetilde{\boldsymbol{U}}(t)$ 分别为位移、速度和加速度的虚拟反应量。

根据经典振动理论,式(2.3.28)的稳态解为

$$\widetilde{U}_j(\omega,t)=\frac{1}{\bar{m}_j}H_j(\omega)\boldsymbol{\phi}_j^{\mathrm{T}}\widetilde{\boldsymbol{F}}_{\sqrt{S}}\mathrm{e}^{\mathrm{i}\omega t} \tag{2.3.29}$$

响应功率谱密度函数矩阵为

$$S_{\widetilde{U}_j\widetilde{U}_k}(\omega)=\widetilde{U}_j(\omega,t)\widetilde{U}_k^*(\omega,t)=\frac{1}{\bar{m}_j\bar{m}_k}H_j(\omega)H_k(\omega)\boldsymbol{\phi}_j^{\mathrm{T}}\widetilde{\boldsymbol{F}}_{\sqrt{S}}\widetilde{\boldsymbol{F}}_{\sqrt{S}}^*\boldsymbol{\phi}_k$$
$$=\frac{1}{\bar{m}_j\bar{m}_k}H_j(\omega)H_k(\omega)\boldsymbol{\phi}_j^{\mathrm{T}}\boldsymbol{S}_{\boldsymbol{F}}(\omega)\boldsymbol{\phi}_k=S_{U_jU_k}(\omega) \tag{2.3.30}$$

上式表明:在功率谱密度函数计算中,虚拟简谐激励因子 $\mathrm{e}^{\mathrm{i}\omega t}$ 与其复共轭因子 $\mathrm{e}^{-\mathrm{i}\omega t}$ 总是

成对出现,并最终相乘而抵消,反映了平稳随机过程自谱、互谱的非时变性。

进一步可得到均方响应

$$E[\boldsymbol{U}(t)\boldsymbol{U}^{\mathrm{T}}(t)] = \frac{1}{2\pi}\int_{-\infty}^{\infty} \boldsymbol{S}_U(\omega)\mathrm{d}\omega \tag{2.3.31}$$

将广义坐标空间映射到原始坐标空间,可给出所求系统的均方响应

$$E[\boldsymbol{X}(t)\boldsymbol{X}^{\mathrm{T}}(t)] = \boldsymbol{\Phi}E[\boldsymbol{U}(t)\boldsymbol{U}^{\mathrm{T}}(t)]\boldsymbol{\Phi}^{\mathrm{T}} = \frac{1}{2\pi}\int_{-\infty}^{\infty} \boldsymbol{\Phi}\boldsymbol{S}_U(\omega)\boldsymbol{\Phi}^{\mathrm{T}}\mathrm{d}\omega \tag{2.3.32}$$

采用虚拟激励法进行时域计算时,需要对激励的功率谱 $\boldsymbol{S}_F(\omega)$ 在频率域离散。离散点的个数往往达到数百甚至数千以上, Fourier 变换所需的频域离散点个数也达相同规模。因此,考虑全部离散点进行计算,其计算量通常是难以接受的。增大频率间距(谱线间隔)的等间距频率点选取虽然可以将频率点个数降到几百甚或几十,但输入的等价性会严重丧失。为此,采用考虑频率点加权的方式对全频率点进行分段。设置如下谱窗函数:

$$W(\omega_n) = \begin{cases} 1, & \omega_n \in [\omega_1, \omega_k] \\ 1, & \omega_n \in (\omega_k, \omega_c),\ n = (k+1) + \alpha N < c,\ N = 0, 1, 2, \cdots \\ 0, & \omega_n \in (\omega_k, \omega_c),\ n \neq (k+1) + \alpha N < c,\ N = 0, 1, 2, \cdots \\ 1, & \omega_n = \omega_c \end{cases} \tag{2.3.33}$$

式(2.3.33)表示:当频率 ω_n 小于或等于关键频率 ω_k 时,此区段内的频率点对应的谱密度值较大、均参与计算;当 ω_n 大于关键频率 ω_k 而小于截断频率 ω_c 时,将谱线间隔调整为 α 取频率点,并计入截断频率点。

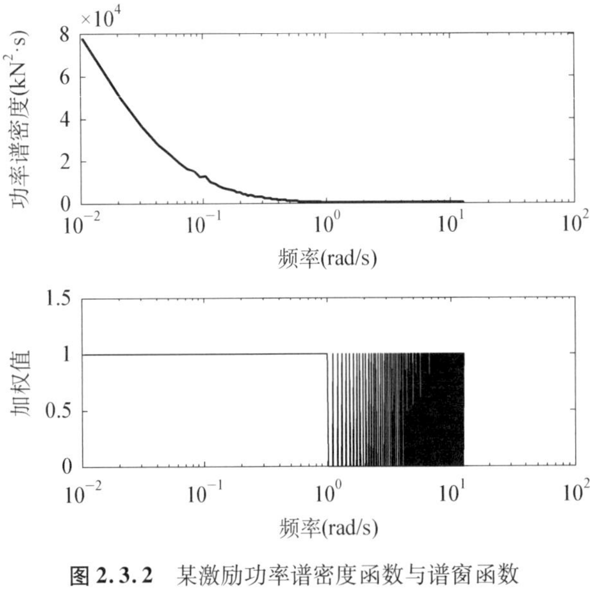

图 2.3.2 某激励功率谱密度函数与谱窗函数

图 2.3.2 所示为某激励功率谱密度函数与谱窗函数: $\alpha = 10$,截断频率点 $c = 1\,201$,以谱密度分段误差小于 1% 定义的关键频率点 $k = 96$。从等价性考虑,设置谱窗函数后,选取 1 201 个频率点中的 208 个点,比较激励的频域和时域的均方根值,离散点集偏差分别为 0.2‰ 和 0.3‰。因此,采用频率点加权的方式,只需要占总频率点数 1/6 的频率点就能获得很好的结果。

另外,从具有随机频率与随机相位的随机谐和函数出发,可以证明(陈建兵等, 2011):当随机频率与相位均为均匀分布而随机幅值与功率

谱密度平方根成正比时,该随机过程的功率谱即精确地等于目标功率谱。进而表明:只需遍历频率区间,即可由单一谐和函数激励下的响应幅值给出响应的功率谱密度,从而揭示了虚拟激励法的物理意义。研究还表明:为了给出结构响应的功率谱密度,实际上仅需要虚拟激励法中一半的计算工作量即可。

2.3.2 非线性随机振动

考察非线性随机动力系统

$$\boldsymbol{M}\ddot{\boldsymbol{X}}(t)+\boldsymbol{f}(\boldsymbol{X}(t),\ \dot{\boldsymbol{X}}(t))=\boldsymbol{F}(\boldsymbol{\Theta},\ t) \tag{2.3.34}$$

式中,$\boldsymbol{f}(\cdot)$ 为 n 维非线性内力向量,包括非线性阻尼力与非线性恢复力。

若非线性内力向量可以表示为以速度和位移为参量的多项式(事实上,这是一个弱假设,一大类动力系统可以表示为这一形式,如刚度非线性的 Duffing 振子、刚度和阻尼耦合非线性的 van der Pol 振子等),则有如下分量方程式

$$\sum_{i=1}^{n}m_{ji}\ddot{x}_i(t)+\sum_{i=1}^{n}\sum_{k=0}^{q}\alpha_{ji,\ k}\dot{x}_i^{q-k}(t)x_i^{k}(t)=F_j(\boldsymbol{\Theta},\ t) \tag{2.3.35}$$

式中,$j=1,\ 2,\ \cdots,\ n$;m_{ji} 为质量矩阵单元;$\ddot{x}_i(t)$,$\dot{x}_i(t)$,$x_i(t)$ 分别为加速度、速度和位移分量;q 为多项式内力的最高阶数,$[\alpha_{ji,\ k}]_{n\times n}$ 为系数矩阵。当 q 为 1 时,系统退化为线性形式

$$\sum_{i=1}^{n}m_{ji}\ddot{x}_i(t)+\sum_{i=1}^{n}\alpha_{ji,\ 0}\dot{x}_i(t)+\sum_{i=1}^{n}\alpha_{ji,\ 1}x_i(t)=F_j(\boldsymbol{\Theta},\ t) \tag{2.3.36}$$

式中,$[\alpha_{ji,\ 0}]_{n\times n}$,$[\alpha_{ji,\ 1}]_{n\times n}$ 分别为阻尼矩阵和刚度矩阵。

2.3.2.1 基于混沌多项式展开的非线性随机响应解

式(2.3.35)的解可表达为截断混沌多项式展开(Polynomial Chaos Expansion, PCE)(Ghanem & Spanos, 1991),即

$$x_i(t)=\sum_{l=0}^{P}x_{il}(t)\Psi_l(\boldsymbol{\xi}) \tag{2.3.37}$$

式中,$\boldsymbol{\xi}$ 表示 Gaussian 向量 $\boldsymbol{\xi}=\{\xi_i\}_{i=1}^{M}$,$M$ 为 Gaussian 向量空间的维数;P 为混沌多项式展开的最高项数;$x_{il}(t)$ 为待求的确定性函数;$\Psi_l(\boldsymbol{\xi})$ 为以随机变量 $\{\xi_i\}$ 为参量的混沌多项式。

按式(2.3.37)的展开形式,式(2.3.35)转化为

$$\begin{aligned}\sum_{i=1}^{n}\sum_{l=0}^{P}m_{ji}\ddot{x}_{il}(t)\Psi_l(\boldsymbol{\xi})+\sum_{i=1}^{n}\sum_{k=0}^{q}\alpha_{ji,\ k}\Big(\sum_{l=0}^{P}\dot{x}_{il}(t)\Psi_l(\boldsymbol{\xi})\Big)^{q-k}\Big(\sum_{l=0}^{P}x_{il}(t)\Psi_l(\boldsymbol{\xi})\Big)^{k}\\=\sum_{l=0}^{P}F_{jl}(t)\Psi_l(\boldsymbol{\xi})\end{aligned} \tag{2.3.38}$$

引入 Galerkin 映射,即混沌多项式关于 Gaussian 量测互为正交

$$\langle\Psi_i\Psi_j\rangle=\langle\Psi_i^2\rangle\delta_{ij} \tag{2.3.39}$$

式中，$\langle \cdot \rangle$表示内积；δ_{ij}表示 Kronecker-Delta 函数，具有如下特性

$$\delta_{ij} = \begin{cases} 1, & i = j \\ 0, & i \neq j \end{cases} \tag{2.3.40}$$

由此，式(2.3.38)离散为如下方程组

$$\sum_{i=1}^{n} m_{ji}\ddot{x}_{im}(t) + \sum_{i=1}^{n}\sum_{k=0}^{q}\sum_{l_1=0}^{P}\cdots\sum_{l_{q-k}=0}^{P}\sum_{l_{q-k+1}=0}^{P}\cdots\sum_{l_q=0}^{P}\frac{c_{l_1\cdots l_{q-k}l_{q-k+1}\cdots l_q m}}{\langle \Psi_m^2 \rangle}\alpha_{ji,k}\dot{x}_{il_1}(t)\cdots\dot{x}_{il_{q-k}}(t)x_{il_{q-k+1}}(t)\cdots x_{il_q}(t) = F_{jm}(t) \tag{2.3.41}$$

式中，$c_{l_1\cdots l_{q-k}l_{q-k+1}\cdots l_q m} = \langle \Psi_{l_1}\cdots\Psi_{l_{q-k}}\Psi_{l_{q-k+1}}\cdots\Psi_{l_q}\Psi_m \rangle$；$m = 0, 1, 2, \cdots, P$；系数 $c_{l_1\cdots l_{q-k}l_{q-k+1}\cdots l_q m}$ 和$\langle \Psi_m^2 \rangle$可以通过多维数值积分方法求得(Ghanem & Spanos, 1991)。

不难看出，式(2.3.35)的解可通过非线性确定方程组(2.3.41)求解并代入式(2.3.37)得到。由此，可以方便地采用标准的非线性方程数值求解格式。对于 n 维随机动力系统，非线性方程的个数为 $n(P+1)$。

进一步，可得到系统的均方响应

$$E[x_i^2(t)] = \sum_{k=0}^{P}\sum_{l=0}^{P} x_{ik}(t)x_{il}(t)E[\Psi_k(\boldsymbol{\xi})\Psi_l(\boldsymbol{\xi})] \tag{2.3.42}$$

可以看到，混沌多项式展开通过标准正交系空间的投影与映射，将一类复杂随机系统转化为确定性的方程组解答，求解过程简单明确。然而，存在的问题是，展开项数$(P+1)$会随着随机系统中随机向量的维数 M 与展开阶数 p 急剧增长。特别地，当考察强非线性白噪声激励系统时，展开项数将难以接受(随机向量的维数 M 达数百以上)。事实上，展开项数与随机向量的维数、展开阶数存在如下关系(Debusschere et al, 2004)

$$P + 1 = \frac{(p+M)!}{p!M!} \tag{2.3.43}$$

为降低求解规模，近年来发展了自适应混沌多项式展开(Li & Ghanem, 1998; Peng et al, 2010)。按最大位移范数准则或最大相范数准则对展开中的参量进行实时排序，选择对位移反应过程有较大贡献的前数个随机变量，并计入这些随机变量的高阶模态。由此，得到式(2.3.37)的解过程展开形式

$$x(t) = \bar{x}(t) + \sum_{i=1}^{K} x_i(t)\Psi_i(\boldsymbol{\xi}) + \sum_{i=K+1}^{M} x_i(t)\Psi_i(\boldsymbol{\xi}) + \sum_{l=M+1}^{N} x_l(t)\Psi_l(\xi_i|_{i=1}^{K}),\ N \leqslant P \tag{2.3.44}$$

式中，$\bar{x}(t)$是展开的零阶项，对应于反应的均值过程；K 是计入高阶模态的随机变量的个数；M 是总的随机变量的个数；N 是自适应混沌多项式的展开项数。

从式(2.3.44)中可以看出，展开的前两项求和代表反应的一阶贡献，第三项求和代表反应的高阶贡献。

表2.3.1 列出了自适应混沌多项式展开项数 N 随计入高阶模态变量个数 K、混沌多项式展开阶数 p 的变化。可以看到,采用自适应格式后,展开阶数越高,混沌多项式展开项数的减少越显著,计算工作量亦大大降低;而采用无自适应格式的混沌多项式,7 阶展开项数将超过两百万项。

表 2.3.1 自适应混沌多项式展开项数 (M = 24)

展开阶数	$K = 2$	$K = 4$	$K = 12$	$K = 24$
$p = 1$	25	25	25	25
$p = 3$	32	55	467	2 925
$p = 5$	43	146	6 200	118 750
$p = 7$	58	350	50 400	2 629 575

从上述分析可以看出,采用自适应混沌多项式的求解式(2.3.44),首先假设初始时刻前 K 个随机变量具有较大贡献,计入它们的高阶模态,求解方程组(2.3.41),得到第一个时刻的一组混沌多项式系数值;然后按最大位移范数准则或最大相范数准则对 M 个随机变量进行排序,取前 K 个随机变量并计入其高阶模态,求解第二个时刻的一组混沌多项式系数值。如此,直到计算终止时间达到。

2.3.2.2 **随机等价线性化**

非线性系统随机振动求解的另一个思路是采用随机等价线性化技术(即统计线性化,Statistical Linearization Technique)(Roberts & Spanos, 1990),假定结构响应是平稳 Gaussian 随机过程,使等价线性系统与本原非线性系统的差异在均方意义上最小。如此,可以采用线性随机振动的相关理论和方法进行非线性系统随机振动求解和分析。

假定式(2.3.34)所示的非线性多自由度系统可以替换为如下线性系统

$$\boldsymbol{M}\ddot{\boldsymbol{X}}(t) + \boldsymbol{C}_{\mathrm{eq}}\dot{\boldsymbol{X}}(t) + \boldsymbol{K}_{\mathrm{eq}}\boldsymbol{X}(t) = \boldsymbol{F}(\boldsymbol{\Theta}, t) \tag{2.3.45}$$

式中, $\boldsymbol{C}_{\mathrm{eq}} = [C_{\mathrm{eq},ij}]_{n\times n}$, $\boldsymbol{K}_{\mathrm{eq}} = [K_{\mathrm{eq},ij}]_{n\times n}$ 分别为等价阻尼矩阵和等价刚度矩阵。

比较式(2.3.34)与式(2.3.45),假定等价系统与原系统响应相同,误差向量定义为

$$\boldsymbol{e} = \boldsymbol{f}(\boldsymbol{X}(t), \dot{\boldsymbol{X}}(t)) - \boldsymbol{C}_{\mathrm{eq}}\dot{\boldsymbol{X}}(t) - \boldsymbol{K}_{\mathrm{eq}}\boldsymbol{X}(t) \tag{2.3.46}$$

误差的协方差矩阵最小化

$$\frac{\partial E[\boldsymbol{e}\boldsymbol{e}^{\mathrm{T}}]}{\partial \boldsymbol{C}_{\mathrm{eq}}} = 0 \tag{2.3.47a}$$

$$\frac{\partial E[\boldsymbol{e}\boldsymbol{e}^{\mathrm{T}}]}{\partial \boldsymbol{K}_{\mathrm{eq}}} = 0 \tag{2.3.47b}$$

展开得到基本方程

$$\boldsymbol{C}_{\mathrm{eq}}E[\dot{\boldsymbol{X}}\dot{\boldsymbol{X}}^{\mathrm{T}}] + \boldsymbol{K}_{\mathrm{eq}}E[\boldsymbol{X}\dot{\boldsymbol{X}}^{\mathrm{T}}] = E[\boldsymbol{f}(\boldsymbol{X}, \dot{\boldsymbol{X}})\dot{\boldsymbol{X}}^{\mathrm{T}}] \tag{2.3.48a}$$

$$\boldsymbol{C}_{\mathrm{eq}}E[\dot{\boldsymbol{X}}\boldsymbol{X}^{\mathrm{T}}] + \boldsymbol{K}_{\mathrm{eq}}E[\boldsymbol{X}\boldsymbol{X}^{\mathrm{T}}] = E[\boldsymbol{f}(\boldsymbol{X}, \dot{\boldsymbol{X}})\boldsymbol{X}^{\mathrm{T}}] \tag{2.3.48b}$$

若上述基本方程中求解期望的响应联合概率密度函数已知,则可得到最优等价阻尼矩

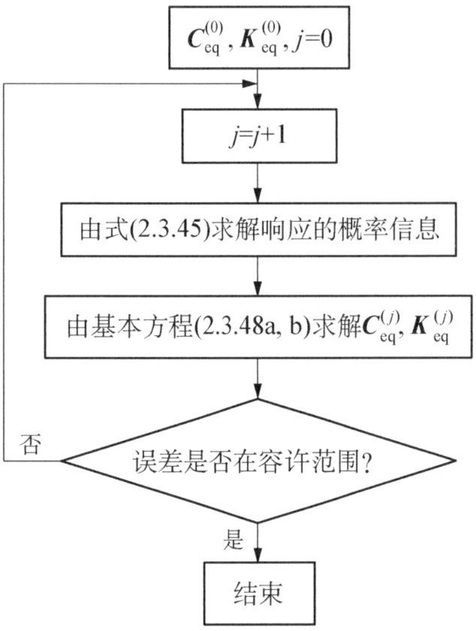

图 2.3.3 随机等价线性化求解流程图

阵和最优等价刚度矩阵。然而,获得响应联合概率密度函数又需要等价阻尼矩阵和等价刚度矩阵已知,因此通常借助迭代算法进行求解,如图 2.3.3 所示。其中,容许误差可以定义为相邻迭代步响应向量之差或相邻迭代步均方响应向量之差的范数。

对于单自由度系统,最优等价阻尼矩阵和最优等价刚度矩阵的基本方程为

$$C_{eq}E[X^2] + K_{eq}E[X\dot{X}] = E[f(X, \dot{X})\dot{X}] \tag{2.3.49a}$$

$$C_{eq}E[\dot{X}X] + K_{eq}E[X^2] = E[f(X, \dot{X})X] \tag{2.3.49b}$$

求解可得

$$c_{eq} = \frac{E[f(X, \dot{X})\dot{X}]E[X^2] - E[f(X, \dot{X})X]E[X\dot{X}]}{E[\dot{X}^2]E[X^2] - E^2[X\dot{X}]} \tag{2.3.50a}$$

$$k_{eq} = \frac{E[f(X, \dot{X})X]E[\dot{X}^2] - E[f(X, \dot{X})\dot{X}]E[X\dot{X}]}{E[\dot{X}^2]E[X^2] - E^2[X\dot{X}]} \tag{2.3.50b}$$

不难看出,若系统响应为非平稳随机过程,则最优等价阻尼矩阵和最优等价刚度矩阵与时间相关,所构造的等价线性系统为时变系统;此时,状态估计与最优控制律求解的分离原理在经典随机最优控制 LQG 中不再适用(Wonham, 1968)。

当系统的稳态响应为平稳随机过程时,考虑速度响应和位移响应的正交性, $E[X\dot{X}] = 0$, 式(2.3.50a, b)可简化为

$$c_{eq} = \frac{E[f(X, \dot{X})\dot{X}]E[X^2]}{E[\dot{X}^2]E[X^2]} \tag{2.3.51a}$$

$$k_{eq} = \frac{E[f(X, \dot{X})X]E[\dot{X}^2]}{E[\dot{X}^2]E[X^2]} \tag{2.3.51b}$$

2.3.2.3 Fokker-Planck-Kolmogorov 方程

系统随机振动的均方响应解答仅包含了随机动力系统的前二阶矩信息,不足以表征具有一般概率分布的随机响应,特别是对于非线性系统(响应的概率分布与正态分布可能有较大偏差)。因此,寻求随机动力系统的概率密度解答一直备受关注。由于 Fokker、Planck 和 Kolmogorov 的贡献,20 世纪 30 年代形成了具有随机激励项的概率密度方程,即经典随机振动理论中著名的 Fokker-Planck-Kolmogorov 方程(FPK 方程)。

考察由下述 Itô 随机微分方程确定的随机过程向量 $\boldsymbol{Z}(t)$

$$\mathrm{d}\boldsymbol{Z}(t) = \boldsymbol{A}(\boldsymbol{Z}, t)\mathrm{d}t + \boldsymbol{B}(\boldsymbol{Z}, t)\mathrm{d}\boldsymbol{w}(t) \tag{2.3.52}$$

对于任意 $\boldsymbol{Z}(t)$ 为变量的随机函数 $f(\boldsymbol{Z})$, 其 Taylor 展开为

$$\begin{aligned}
\mathrm{d}f(\boldsymbol{Z}) &= \sum_{i=1}^{m}\frac{\partial f}{\partial Z_i}\mathrm{d}Z_i + \frac{1}{2}\sum_{i=1}^{m}\sum_{j=1}^{m}\frac{\partial^2 f}{\partial Z_i \partial Z_j}\mathrm{d}Z_i\mathrm{d}Z_j + \cdots \\
&= \sum_{i=1}^{m}\frac{\partial f}{\partial Z_i}\left[A_i\mathrm{d}t + \sum_{k=1}^{r}B_{ik}\,\mathrm{d}w_k(t)\right] + \frac{1}{2}\sum_{i=1}^{m}\sum_{j=1}^{m}\left[\frac{\partial^2 f}{\partial Z_i \partial Z_j}\sum_{k=1}^{r}B_{ik}\,\mathrm{d}w_k(t)\sum_{s=1}^{r}B_{js}\,\mathrm{d}w_s(t)\right] + \cdots
\end{aligned} \tag{2.3.53}$$

两端同时取数学期望,并根据 Itô 随机微分乘积 $E[(\mathrm{d}w(t))^2] = W_{kk}(t)\mathrm{d}t$,保留 $\mathrm{d}t$ 项有

$$E[\mathrm{d}f(\boldsymbol{Z})] = E\left\{\left[\sum_{i=1}^{m}A_i\frac{\partial f}{\partial Z_i} + \frac{1}{2}\sum_{i=1}^{m}\sum_{j=1}^{m}(\boldsymbol{BWB}^{\mathrm{T}})_{ij}\frac{\partial^2 f}{\partial Z_i \partial Z_j}\right]\mathrm{d}t\right\} \tag{2.3.54}$$

式中, $\boldsymbol{W}(t)$ 为对称、半正定谱密度矩阵,定义如式(2.2.4)所示,并注意到 $E[\mathrm{d}w_k(t)] = 0$。

将 $\boldsymbol{Z}(t)$ 的条件概率密度记为 $p_{\mathrm{Z}}(z,\ t\mid z_0,\ t_0)$,则式(2.3.54)左端的导数

$$\frac{\mathrm{d}E[\mathrm{d}f(\boldsymbol{Z})]}{\mathrm{d}t} = \frac{\mathrm{d}}{\mathrm{d}t}\int_{-\infty}^{\infty}f(z)p_{\mathrm{Z}}(z,\ t\mid z_0,\ t_0)\mathrm{d}z = \int_{-\infty}^{\infty}f(z)\frac{\partial p_{\mathrm{Z}}(z,\ t\mid z_0,\ t_0)}{\partial t}\mathrm{d}z \tag{2.3.55}$$

同时,式(2.3.54)右端的导数

$$\begin{aligned}
&E\left\{\sum_{i=1}^{m}A_i\frac{\partial f}{\partial Z_i} + \frac{1}{2}\sum_{i=1}^{m}\sum_{j=1}^{m}(\boldsymbol{BWB}^{\mathrm{T}})_{ij}\frac{\partial^2 f}{\partial Z_i \partial Z_j}\right\} \\
&= \int_{-\infty}^{\infty}\left(\sum_{i=1}^{m}A_i(z,\ t)\frac{\partial f(z)}{\partial Z_i} + \frac{1}{2}\sum_{i=1}^{m}\sum_{j=1}^{m}(\boldsymbol{B}(z,\ t)\boldsymbol{WB}^{\mathrm{T}}(z,\ t))_{ij}\frac{\partial^2 f(z)}{\partial z_i \partial z_j}\right)p_{\mathrm{Z}}(z,\ t\mid z_0,\ t_0)\mathrm{d}z
\end{aligned} \tag{2.3.56}$$

采用分部积分,且记

$$A_i(z,\ t)f(z)p_{\mathrm{Z}}(z,\ t\mid z_0,\ t_0)\mid_{z_i\to\pm\infty} = 0 \tag{2.3.57a}$$

$$\boldsymbol{B}(z,\ t)\boldsymbol{WB}^{\mathrm{T}}(z,\ t)\frac{\partial f(z)}{\partial z_i}p_{\mathrm{Z}}(z,\ t\mid z_0,\ t_0)\mid_{z_i\to\pm\infty} = \boldsymbol{0} \tag{2.3.57b}$$

$$f(z)\left.\frac{\partial\{\boldsymbol{B}(z,\ t)\boldsymbol{WB}^{\mathrm{T}}(z,\ t)p_{\mathrm{Z}}(z,\ t\mid z_0,\ t_0)\}}{\partial z_i}\right|_{z_i\to\pm\infty} = \boldsymbol{0} \tag{2.3.57c}$$

则式(2.3.56)变换为

$$\begin{aligned}
&E\left\{\sum_{i=1}^{m}A_i\frac{\partial f}{\partial Z_i} + \frac{1}{2}\sum_{i=1}^{m}\sum_{j=1}^{m}(\boldsymbol{BWB}^{\mathrm{T}})_{ij}\frac{\partial^2 f}{\partial Z_i \partial Z_j}\right\} \\
&= \int_{-\infty}^{\infty}f(z)\left(-\sum_{i=1}^{m}\frac{\partial\{A_i(z,\ t)p_{\mathrm{Z}}(z,\ t\mid z_0,\ t_0)\}}{\partial z_i} + \right. \\
&\left.\frac{1}{2}\sum_{i=1}^{m}\sum_{j=1}^{m}\frac{\partial^2\{(\boldsymbol{B}(z,\ t)\boldsymbol{WB}^{\mathrm{T}}(z,\ t))_{ij}p_{\mathrm{Z}}(z,\ t\mid z_0,\ t_0)\}}{\partial z_i \partial z_j}\right)\mathrm{d}z
\end{aligned} \tag{2.3.58}$$

比较式(2.3.55)、式(2.3.58),有

$$\frac{\partial p_Z(z,t\mid z_0,t_0)}{\partial t}=-\sum_{i=1}^{m}\frac{\partial A_i(z,t)p_Z(z,t\mid z_0,t_0)}{\partial z_i}+\frac{1}{2}\sum_{i=1}^{m}\sum_{j=1}^{m}\frac{\partial^2\{(\boldsymbol{B}(z,t)\boldsymbol{W}\boldsymbol{B}^{\mathrm{T}}(z,t))_{ij}p_Z(z,t\mid z_0,t_0)\}}{\partial z_i\partial z_j}\tag{2.3.59}$$

上式即为著名的 Fokker-Planck-Kolmogorov 方程(FPK 方程)。

对于典型的非线性单自由度系统,利用上述方程求得了一系列具体问题的解析解,但对于多自由度系统,尤其是土木工程所涉及的多自由度系统,采用 FPK 方程求解是极端困难的。

2.3.3 广义概率密度演化方程

考察一般随机激励下的随机动力系统

$$\dot{\boldsymbol{Z}}(t)=\boldsymbol{g}[\boldsymbol{Z}(t),\boldsymbol{F}(\boldsymbol{\Theta},t),t],\ \boldsymbol{Z}(t_0)=\boldsymbol{z}_0\tag{2.3.60}$$

式中,$\boldsymbol{F}(\cdot)$ 为一般非平稳、非 Gaussian 随机激励向量,$\boldsymbol{\Theta}$ 为表征激励随机性的随机参数向量。

对于人们感兴趣的任意系统状态向量 $\boldsymbol{Z}(t)=\{Z_i\}_{i=1}^{m}$,其形式解答为

$$\boldsymbol{Z}(t)=\boldsymbol{H}(\boldsymbol{\Theta},\boldsymbol{Z}_0,t)\tag{2.3.61}$$

式中,$\boldsymbol{H}=\{H_i\}_{i=1}^{m}$ 为 m 维算子向量。

式(2.3.61)表明,过程 $\boldsymbol{Z}(t)$ 的随机性来源于 $\boldsymbol{\Theta}$ 的随机性。因此,根据随机系统的概率守恒定律,$(\boldsymbol{Z}(t),\boldsymbol{\Theta})$ 构成的增广系统概率守恒,即

$$\frac{\mathrm{D}}{\mathrm{D}t}\int_{\Omega_t\times\Omega_{\boldsymbol{\Theta}}}p_{Z\boldsymbol{\Theta}}(z,\boldsymbol{\theta},t)\mathrm{d}z\mathrm{d}\boldsymbol{\theta}=0\tag{2.3.62}$$

这里 $p_{Z\boldsymbol{\Theta}}(z,\boldsymbol{\theta},t)$ 为$(\boldsymbol{Z}(t),\boldsymbol{\Theta})$ 的联合概率密度函数;Ω_t 为时间域;$\Omega_{\boldsymbol{\Theta}}$ 为 $\boldsymbol{\Theta}$ 的分布区域;$\mathrm{D}(\cdot)/\mathrm{D}t$ 表示全导数。

经进一步推导,可得(Li & Chen, 2009)

$$\begin{aligned}
&\frac{\mathrm{D}}{\mathrm{D}t}\int_{\Omega_t\times\Omega_{\boldsymbol{\Theta}}}p_{Z\boldsymbol{\Theta}}(z,\boldsymbol{\theta},t)\mathrm{d}z\mathrm{d}\boldsymbol{\theta}\\
&=\frac{\mathrm{D}}{\mathrm{D}t}\int_{\Omega_{t_0}\times\Omega_{\boldsymbol{\Theta}}}p_{Z\boldsymbol{\Theta}}(z,\boldsymbol{\theta},t)\mid J\mid\mathrm{d}z\mathrm{d}\boldsymbol{\theta}\\
&=\int_{\Omega_{t_0}\times\Omega_{\boldsymbol{\Theta}}}\left(\mid J\mid\frac{\mathrm{D}p_{Z\boldsymbol{\Theta}}}{\mathrm{D}t}+p_{Z\boldsymbol{\Theta}}\frac{\mathrm{D}\mid J\mid}{\mathrm{D}t}\right)\mathrm{d}z\mathrm{d}\boldsymbol{\theta}\\
&=\int_{\Omega_{t_0}\times\Omega_{\boldsymbol{\Theta}}}\left\{\mid J\mid\left(\frac{\partial p_{Z\boldsymbol{\Theta}}}{\partial t}+\sum_{j=1}^{m}\dot{Z}_j\frac{\partial p_{Z\boldsymbol{\Theta}}}{\partial z_j}\right)+\mid J\mid p_{Z\boldsymbol{\Theta}}\sum_{j=1}^{m}\frac{\partial\dot{Z}_j}{\partial z_j}\right\}\mathrm{d}z\mathrm{d}\boldsymbol{\theta}\\
&=\int_{\Omega_{t_0}\times\Omega_{\boldsymbol{\Theta}}}\left(\frac{\partial p_{Z\boldsymbol{\Theta}}}{\partial t}+\sum_{j=1}^{m}\dot{Z}_j\frac{\partial p_{Z\boldsymbol{\Theta}}}{\partial z_j}\right)\mid J\mid\mathrm{d}z\mathrm{d}\boldsymbol{\theta}
\end{aligned}$$

$$= \int_{\Omega_t \times \Omega_{\boldsymbol{\Theta}}} \left(\frac{\partial p_{Z\boldsymbol{\Theta}}}{\partial t} + \sum_{j=1}^{m} \dot{Z}_j \frac{\partial p_{Z\boldsymbol{\Theta}}}{\partial z_j} \right) \mathrm{d}z\mathrm{d}\boldsymbol{\theta} \tag{2.3.63}$$

式中，$|J|$ 为联合概率密度函数 $p_{Z\boldsymbol{\Theta}}(z, \boldsymbol{\theta}, t)$ 变换的 Jacobi 行列式。

将式(2.3.63)代入式(2.3.62)中，注意到积分域 $\Omega_t \times \Omega_{\boldsymbol{\Theta}}$ 的任意性，有

$$\frac{\partial p_{Z\boldsymbol{\Theta}}(z, \boldsymbol{\theta}, t)}{\partial t} + \sum_{j=1}^{m} \dot{Z}_j(\boldsymbol{\theta}, t) \frac{\partial p_{Z\boldsymbol{\Theta}}(z, \boldsymbol{\theta}, t)}{\partial z_j} = 0 \tag{2.3.64}$$

式中，$\dot{Z}_j(\boldsymbol{\theta}, t)$ 表示在$\{\boldsymbol{\Theta} = \boldsymbol{\theta}\}$ 的条件下分量 $Z_j(t)$ 的速度，即 $\dot{Z}_j(\boldsymbol{\theta}, t) = \partial H_j(\boldsymbol{\theta}, t)/\partial t$。

式(2.3.64)即为广义概率密度演化方程(Generalized Density Evolution Equation, GDEE)(Li & Chen, 2004; 2008)。其初始条件为

$$p_{Z\boldsymbol{\Theta}}(z, \boldsymbol{\theta}, t)\big|_{t=0} = \delta(z - z_0) p_{\boldsymbol{\Theta}}(\boldsymbol{\theta}) \tag{2.3.65}$$

式中，z_0 为 $\boldsymbol{Z}(t)$ 的确定性初始值；$\delta(\cdot)$ 为 Dirac-Delta 函数，具有如下特性

$$\delta(z - z_0) = \begin{cases} +\infty, & z = z_0 \\ 0, & z \neq z_0 \end{cases} \tag{2.3.66}$$

求解偏微分方程初值问题式(2.3.64)、式(2.3.65)可给出联合概率密度函数 $p_{Z\boldsymbol{\Theta}}(z, \boldsymbol{\theta}, t)$，进而可得 $\boldsymbol{Z}(t)$ 的概率密度函数

$$p_Z(z, t) = \int_{\Omega_{\boldsymbol{\Theta}}} p_{Z\boldsymbol{\Theta}}(z, \boldsymbol{\theta}, t) \mathrm{d}\boldsymbol{\theta} \tag{2.3.67}$$

一般情况下，概率密度函数 $p_Z(z, t)$ 的解析解很难得到，通过数值方法求解是现实的选择。根据信息传递的顺序，在随机变量空间中选出合适的代表点，结合确定性分析与有限差分方法，即可获取结构反应的概率密度函数。具体求解步骤如下(刘章军 & 陈建兵,2012)：

① 对随机参数向量空间 $\Omega_{\boldsymbol{\Theta}}$ 进行概率剖分，取得代表点 $\boldsymbol{\theta}_q$, $q = 1, 2, \cdots, n_{\mathrm{res}}$，其中 n_{res} 为所取代表点的总数目；

② 令 $\boldsymbol{\Theta} = \boldsymbol{\theta}_q$，代入式(2.3.60)，求解获得动力方程的数值解答及其速度 $\dot{Z}_j(\boldsymbol{\theta}_q, t_m)$，这里 $t_m = m\Delta t$, $m = 0, 1, 2, \cdots$, Δt 为时间步长；

③ 将 $\boldsymbol{\theta}_q :\Rightarrow \boldsymbol{\theta}$，并将 $\dot{Z}_j(\boldsymbol{\theta}_q, t_m)$ 代入广义概率密度演化方程式(2.3.64)，进行数值求解，获得偏微分方程的数值解答 $p_{Z\boldsymbol{\Theta}}(z_{ji}, \boldsymbol{\theta}_q, t_k)$，其中 $z_{ji} = z_{j0} + i\Delta z_j$, $i = 0, \pm 1, \pm 2, \cdots$, Δz_j 为空间离散步长，$t_k = k\Delta \hat{t}$, $k = 0, 1, 2, \cdots$, $\Delta \hat{t}$ 为偏微分方程求解中的时间步长；

④ 对式(2.3.67)进行数值积分，即

$$p_Z(z_{ji}, t_k) = \sum_{q=1}^{n_{\mathrm{res}}} p_{Z\boldsymbol{\Theta}}(z_{ji}, \boldsymbol{\theta}_q, t_k) S_q \tag{2.3.68}$$

式中，S_q 是与离散代表点选取规则有关的 $\boldsymbol{\theta}_q$ 点所代表微区域的面积测度。

关于步骤①中的选点规则，可采用映射降维法(Li & Chen, 2006b)、切球选点法(Chen & Li, 2008)或数论选点方法(Li & Chen, 2007)。步骤②中的动力分析为常规的确定性分析。步骤③可采用有限差分方法进行(Li & Chen, 2006a; Thomas, 1995)。

从方程(2.3.64)可以看出,广义概率密度演化方程的维数 m 仅依赖于所关心的物理量,而与随机动力系统(2.3.60)的维数 n 无关(李杰 & 陈建兵,2006)。而经典的概率密度方程,如 Liouville 方程(Gardiner, 1985)、Fokker-Planck-Kolmogorov 方程(Kolmogorov, 1931)和 Dostupov-Pugachev 方程(Dostupov & Pugachev, 1957),方程的维数均与系统的维数相同。这给一般问题的求解带来极大困难。与之相对比,广义概率密度演化方程是解耦的,在求解单个分量的概率密度时,方程(2.3.64)降维为一维形式

$$\frac{\partial p_{Z\boldsymbol{\Theta}}(z,\ \boldsymbol{\theta},\ t)}{\partial t} + \dot{Z}_j(\boldsymbol{\theta},\ t)\ \frac{\partial p_{Z\boldsymbol{\Theta}}(z,\ \boldsymbol{\theta},\ t)}{\partial z_j} = 0 \tag{2.3.69}$$

由此,可以对所关心的物理量一一进行考察。

求解广义概率密度演化方程的数值方法称为概率密度演化方法,是概率密度演化理论(Probability Density Evolution Method, PDEM)的实现途径。

2.3.4 历史注记

一般认为,随机振动起源于随机过程理论的研究与应用。1905 年,Einstein 首次采用随机过程理论解释 Brownian 运动(Einstein, 1905)。20 世纪 40 年代, Rice 公式给出了随机噪声信号系统的解答方法(Rice, 1944; 1945)。尽管结构振动的概率描述最早出现在 20 世纪初 Rayleigh 关于随机飞行的研究(Rayleigh, 1919),然而直到 20 世纪中期,随着随机过程理论在工程领域内的广泛应用,随机振动才逐步独立成为一门新的学科,并从线性随机振动分析逐步发展到了考虑初始条件随机性、系统激励随机性和结构物理参数随机性中一种或多种随机性的非线性动力系统的考察(Crandall, 1958; Crandall & Mark, 1963; Lin, 1967; Nigam, 1983; Roberts & Spanos, 1990;朱位秋,1992; Lin & Cai, 1995;李杰,1996; Li & Chen, 2009)。

对于经典的线性随机振动分析,根据时、频域中输入与输出的统计关系(Crandall, 1958),已形成完善、优雅的理论体系和成熟的数值求解方法,如以完全二次组合(CQC)为代表的模态组合方法(Der Kiureghian, 1981; Der Kiureghian & Neuenhofer, 1992)和虚拟激励法(Lin et al, 2001; Li et al, 2004)。对于非线性随机振动分析,由于叠加原理不适用于非线性系统,上述时、频域分析方法在本质上不能处理非线性随机振动问题。经典的非线性解析方法、Markov 过程方法也难以推广到一般多自由度或多维系统(Nielsen & Iwankiewicz, 1999)。因而对于非线性问题的求解,求其近似解或精确平稳解方法是不得已而为之的选择。在过去 50 多年中,逐步出现了适用于弱非线性系统的统计线性化(Caughey, 1963)、矩包络方法(Stratonovitch, 1964),适用于强非线性系统的扩展统计线性化(Beaman & Hedrick, 1981)、等价非线性方程(Caughey, 1986)和 Monte Carlo 模拟(Shinozuka, 1972)等。同时,经典的随机结构分析方法在随机振动分析中也得到应用,如低阶系统随机振动的摄动方法(Crandall, 1963)、白噪声激励下 Duffing 振子的泛函正交展开(Orabi & Ahmadi, 1987)、平稳随机激励下 Duffing 振子的混沌多项式展开(Li & Ghanem, 1998)等。仔细分析不难发现,上述方法均不能有效地解决复杂结构的非线性随机响应分析问题,特别是获取精确的概率密度解答。在理论上, FPK 方程是非线性随机振动分析最为严密和最为完美的方法之一(欧

进萍 & 王光远,1998)。然而,对于一般非线性体系的非平稳响应,由于其计算复杂性随着维数的增加呈指数增长,即使用数值方法解超高维 FPK 方程,仍然有极大困难。事实上,国际上采用数值方法求解 FPK 方程,迄今仍未超过 5 个自由度。

以广义概率密度演化方程为基础的概率密度演化方法,较为理想地解决了随机动力系统的求解问题,已成功推广到一般非线性随机动力系统的反应分析与可靠度评价中(Li & Chen, 2004; 2005; 2006a; Chen & Li, 2005; Li & Chen, 2008; Li et al, 2012; Peng et al, 2014a),也为随机最优控制理论的发展奠定了基础。

2.4 结构动力可靠度分析

结构分析的基本目的在于结构性态设计或性态控制。当考虑基本物理背景中的随机因素影响时,合理的方式是基于可靠度进行结构设计或控制。

在首次超越破坏的结构动力可靠度分析中,主要有基于跨阈过程理论的方法、基于扩散过程理论的方法和基于等价极值事件准则的方法等。这里介绍结构动力可靠度中应用广泛的跨阈过程理论和近年来发展的等价极值事件准则。

2.4.1 跨阈过程理论

基于跨阈过程的经典可靠度理论始于 1944 年 Rice 对电噪声过程的研究(Rice, 1944; 1945)。对于如图 2.4.1 所示水平 b 的跨阈过程,在 $t < \tau \leqslant t + \Delta t$ 时间内发生一次正穿阈的概率是

$$
\begin{aligned}
&\Pr\{N^+(t+\Delta t) - N^+(t) = 1\} \\
&= \Pr\{X(t+\Delta t) > b,\ X(t) < b\} \\
&= \Pr\{X(t) + \dot{X}(t)\Delta t > b,\ X(t) < b\}
\end{aligned}
\tag{2.4.1}
$$

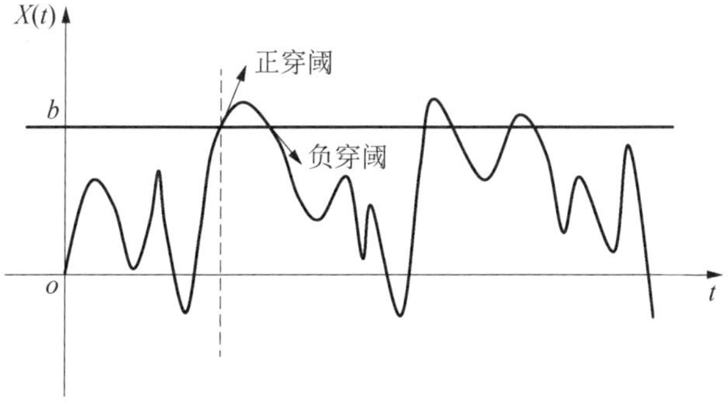

图 2.4.1 跨阈过程理论示意图

式中,$\Pr\{\cdot\}$ 为随机事件的概率;$N^+(t)$ 表示在$[0, t]$时间内发生正穿阈的总次数;$\Delta N^+ = N^+(t+\Delta t) - N^+(t)$ 是在$t < \tau \leqslant t + \Delta t$ 的小时间段内发生穿阈的次数。

记随机反应过程 $X(t)$, $\dot{X}(t)$ 的联合概率密度函数为 $p_{X\dot{X}}(x, \dot{x}, t)$,则式(2.4.1)中的概率可用联合概率密度函数 $p_{X\dot{X}}(x, \dot{x}, t)$ 在区域$(x + \dot{x}\Delta t > b,\ x < b)$上的积分表示,式

(2.4.1) 变为

$$\begin{aligned}\Pr\{\Delta N^+ = 1\} &= \Pr\{X(t) + \dot{X}(t)\Delta t > b,\ X(t) < b\}\\ &= \int_{x+\dot{x}\Delta t > b,\ x<b} p_{X\dot{X}}(x,\ \dot{x},\ t)\mathrm{d}x\mathrm{d}\dot{x}\\ &= \int_{x > b-\dot{x}\Delta t,\ x<b} p_{X\dot{X}}(x,\ \dot{x},\ t)\mathrm{d}x\mathrm{d}\dot{x}\\ &= \int_0^\infty \mathrm{d}\dot{x}\int_{b-\dot{x}\Delta t}^{b} p_{X\dot{X}}(x,\ \dot{x},\ t)\mathrm{d}x\\ &= \Delta t\int_0^\infty \dot{x}p_{X\dot{X}}(b,\ \dot{x},\ t)\mathrm{d}\dot{x} + o(\Delta t)\end{aligned} \tag{2.4.2}$$

在上式推导中,利用了积分中值定理

$$\int_{b-\dot{x}\Delta t}^{b} p_{X\dot{X}}(x,\ \dot{x},\ t)\mathrm{d}x = p_{X\dot{X}}(\tilde{x},\ \dot{x},\ t)[\dot{x}\Delta t] = \dot{x}p_{X\dot{X}}(b,\ \dot{x},\ t)\Delta t + o(\Delta t) \tag{2.4.3}$$

式中, $\tilde{x} \in [b - \dot{x}\Delta t,\ b]$; $o(\Delta t)$ 表示 Δt 的高阶无穷小。当然,对 $p_{X\dot{X}}(x,\ \dot{x},\ t)$ 在 b 处进行 Taylor 展开也可以得到相同的形式表达。

上式表明,在 Δt 时间内发生一次穿阈事件的概率是与 Δt 成比例的。时间 Δt 越长,发生一次正穿阈事件的可能性越大。因此,在单位时间内发生一次正穿阈的概率是

$$\begin{aligned}\alpha_b^+(t) &= \lim_{\Delta t\to 0}\frac{\Pr\{\Delta N^+ = 1\}}{\Delta t} = \lim_{\Delta t\to 0}\frac{\Pr\{X(t) + \dot{X}(t)\Delta t > b,\ X(t) < b\}}{\Delta t}\\ &= \int_0^\infty \dot{x}p_{X\dot{X}}(b,\ \dot{x},\ t)\mathrm{d}\dot{x}\end{aligned} \tag{2.4.4a}$$

类似地,在单位时间内发生一次负穿阈事件的概率是

$$\begin{aligned}\alpha_b^-(t) &= \lim_{\Delta t\to 0}\frac{\Pr\{\Delta N^- = 1\}}{\Delta t} = \lim_{\Delta t\to 0}\frac{\Pr\{X(t) + \dot{X}(t)\Delta t < b,\ X(t) > b\}}{\Delta t}\\ &= \lim_{\Delta t\to 0}\frac{1}{\Delta t}\int_{-\infty}^{0}\mathrm{d}\dot{x}\int_{b}^{b-\dot{x}\Delta t} p_{X\dot{X}}(x,\ \dot{x},\ t)\mathrm{d}x\\ &= \int_{-\infty}^{0} -\dot{x}p_{X\dot{X}}(b,\ \dot{x},\ t)\mathrm{d}\dot{x}\\ &= \int_{-\infty}^{0} |\dot{x}|\, p_{X\dot{X}}(b,\ \dot{x},\ t)\mathrm{d}\dot{x}\end{aligned} \tag{2.4.4b}$$

式(2.4.4a)和式(2.4.4b)即为著名的 Rice 公式。同时,式(2.4.2)和式(2.4.4a)表明

$$\Pr\{\Delta N^+ = 1\} = \alpha_b^+(t)\Delta t + o(\Delta t) \tag{2.4.5}$$

即在 Δt 时间内发生一次正穿阈的概率是 $\alpha^+(t)\Delta t$,它是与 Δt 同阶的小量。

若在 Δt 时间内发生两次正穿阈:在 $t < \tau_1 \leqslant t + \Delta t_1$ 内发生一次正穿阈,在 $t + \Delta t_1 < \tau_2 \leqslant t + \Delta t$ 内发生第二次正穿阈,在假定两次正穿阈独立的情况下,有

$$\Pr\{\Delta N^+ = 2\} = [\alpha_b^+(\tau_1)\Delta t_1]\cdot[\alpha_b^+(\tau_2)\Delta t_2] \leqslant \frac{1}{4}\alpha_b^+(\tau_1)\alpha_b^+(\tau_2)(\Delta t)^2 = o(\Delta t) \tag{2.4.6}$$

因而,发生两次正穿阈的概率是 Δt 的高阶无穷小,与发生一次正穿阈的概率相比,可以忽略不计。同理,发生三次及以上正穿阈的概率 $\Pr\{\Delta N^+ \geqslant 3\}$ 也都是 Δt 的高阶无穷小。由此

$$\Pr\{\Delta N^+ \geqslant 2\} = o(\Delta t) \tag{2.4.7}$$

由于 $\sum_{i=0}^{\infty} \Pr\{\Delta N^+ = i\} = 1$, 从而

$$\begin{aligned}\Pr\{\Delta N^+ = 0\} &= 1 - \Pr\{\Delta N^+ = 1\} - \sum_{i=2}^{\infty} \Pr\{\Delta N^+ = i\} \\ &= 1 - \alpha_b^+(t)\Delta t + o(\Delta t)\end{aligned} \tag{2.4.8}$$

结合式(2.4.6)—式(2.4.8),可知在 Δt 内要么发生一次穿阈事件(导致结构破坏),要么不发生穿阈事件;因此,发生穿阈事件的平均次数是

$$\begin{aligned}E[\Delta N^+] &= \Pr\{\Delta N^+ = 0\} \times 0 + \Pr\{\Delta N^+ = 1\} \times 1 \\ &= \Pr\{\Delta N^+ = 1\} \\ &= \alpha_b^+(t)\Delta t + o(\Delta t)\end{aligned} \tag{2.4.9}$$

从而,在单位时间内的平均发生次数是

$$\lim_{\Delta t \to 0} \frac{E[\Delta N^+]}{\Delta t} = \lim_{\Delta t \to 0} \frac{\Pr\{\Delta N^+ = 1\}}{\Delta t} = \alpha_b^+(t) \tag{2.4.10}$$

由此可见, $\alpha_b^+(t)$ 既是单位时间内发生一次正穿阈的概率,也可以理解为单位时间内发生正穿阈的平均次数。因此,$\alpha_b^+(t)$, $\alpha_0^-(t)$ 称为期望穿阈率(平均穿阈率)。

对零均值平稳 Gaussian 随机过程 $X(t)$,由式(2.4.4a、b)可得

$$\alpha_b^+(t) = \alpha_b^-(t) = \frac{1}{2\pi} \frac{\sigma_{\dot{X}}}{\sigma_X} \exp\left(-\frac{b^2}{2\sigma_X^2}\right) \tag{2.4.11}$$

当 $b = 0$ 时,期望穿零率为

$$\alpha_0^+(t) = \alpha_0^-(t) = \frac{1}{2\pi} \frac{\sigma_{\dot{X}}}{\sigma_X} \tag{2.4.12}$$

其中, σ_X 和 $\sigma_{\dot{X}}$ 分别为随机反应过程 $X(t)$ 及 $\dot{X}(t)$ 的标准差。

因此,基于跨阈过程理论进行结构动力可靠度分析时,只要根据随机过程的统计特性获得期望穿阈率,即可进一步根据式(2.4.13)得到结构的首次超越破坏可靠度:

$$R(t) = L_0 \exp\left(-\int_0^t \lambda(\tau)\mathrm{d}\tau\right) \tag{2.4.13}$$

式中, $L_0 = R(0)$ 是初始时刻的结构动力可靠度;$\lambda(\tau)$ 为风险率函数,与期望穿阈率关系为:对单壁问题,$\lambda(t) = \alpha_b^+(t)$;对双壁问题,$\lambda(t) = \alpha_{b_1}^+(t) + \alpha_{-b_2}^-(t)$。

2.4.2 等价极值事件准则

从上述分析不难看出,由于受到经典随机振动分析的限制,动力可靠度分析仍停留在利

用结构反应的二阶矩统计值即矩可靠度方法来计算结构动力可靠度的层次上。通过 Rice 公式(Rice, 1944; 1945)、假定系统反应的正态平稳性获得期望穿阈率与反应方差的关系,从而建立动力可靠度与反应方差的关系。然而,在这一转化过程中,正态平稳性假定和穿阈事件的 Poisson 性(Coleman, 1959)或 Markov 性(Chandiramani, 1964)对一般非白噪声随机激励系统往往均不成立。不仅如此,从构件可靠度过渡到体系可靠度,各失效模式之间的相关性与失效模式的组合爆炸进一步使问题变得异常复杂。按经典的体系可靠度求解思路,如宽界限法(Cornell, 1967)、窄界限法(Ditlevsen, 1979)、分枝界限法(Murotsu et al, 1984)等,都容易陷入相关性的泥潭。

若从物理随机系统的基本观点出发观察问题,将会发现:沿着结构非线性发展的路径研究系统可靠度问题,不仅不至于陷入相关性的泥潭,而且可以直观地获得结构体系可靠度的解答(李杰,2005)。由此,发展了内蕴复杂失效事件即各个分段或分片极限状态函数相关性信息的等价极值事件准则(Li et al, 2007)。这一研究表明:基于等价极值事件准则的结构体系可靠度,可以通过构造与随机过程极值分布相关的广义概率密度演化方程求解得到(Chen & Li, 2007)。

结构的动力可靠度一般定义为

$$R(T) = \Pr\{X(\boldsymbol{\Theta}, t) \in \Omega_s, 0 \leqslant t \leqslant T\} \tag{2.4.14}$$

式中, $\Pr\{\cdot\}$ 为随机事件的概率, $X(\boldsymbol{\Theta}, t)$ 为控制结构失效的物理量,安全域为 Ω_s。

结构体系的可靠度需要对不同随机变量的相关性进行分析。假设结构体系含两相关随机变量 X_1 与 X_2,联合概率密度函数为 $p_{X_1X_2}(x_1, x_2)$,定义 $X_{\min} = \min\{X_1, X_2\}$, $X_{\max} = \max\{X_1, X_2\}$。可以证明(Li et al, 2007)

$$\Pr\{(X_1 > a) \cap (X_2 > a)\} = \Pr\{X_{\min} > a\} \tag{2.4.15}$$

$$\Pr\{(X_1 > a) \cup (X_2 > a)\} = \Pr\{X_{\max} > a\} \tag{2.4.16}$$

式中, a 为表征安全域的阈值。

对于更一般的情况, X 是 $n \times m$ 的随机变量。定义 $X_{\mathrm{eq}}(\boldsymbol{\Theta}, t) = \max\limits_{1 \leqslant i \leqslant n}\{\min\limits_{1 \leqslant j \leqslant m}(X_{ij})\}$,可以证明

$$\Pr\{\bigcup_{i=1}^{n}(\bigcap_{j}^{m}(X_{ij} > a))\} = \Pr\{X_{\mathrm{eq}} > a\} \tag{2.4.17}$$

其中, $\{X_{\mathrm{eq}} > a\}$ 为失效事件 $\bigcup\limits_{i=1}^{n}(\bigcap\limits_{j}^{m}(X_{ij} > a))$ 的等价极值事件。

由以上分析,等价极值事件能将多种复杂失效事件转化为某一简单的极值事件,各随机变量的相关性关系已蕴含在等价极值事件中。

结构的动力可靠度可由反应量的极大值分布积分得出。定义极值变量

$$W_{\mathrm{eq}}(\boldsymbol{\Theta}, T) = \operatorname*{ext}_{t \in [0, T]}(X_{\mathrm{eq}}(\boldsymbol{\Theta}, t)) \tag{2.4.18}$$

并引入虚拟随机过程

$$Z(\tau) = \varphi(W_{\mathrm{eq}}(\boldsymbol{\Theta}, T), \tau) \tag{2.4.19}$$

$$Z(\tau)\mid_{\tau=\tau_0}=0,\ Z(\tau)\mid_{\tau=\tau_c}=W_{eq}(\boldsymbol{\Theta},\ T) \tag{2.4.20}$$

在原则上，虚拟随机过程 $\varphi(\cdot)$ 的函数形式可以是任意的，仅需满足初边值条件式(2.4.20)。简单的函数形式如：$Z(\tau)=W(\boldsymbol{\Theta},\ T)\tau/\tau_c$，较为稳健的函数形式为：$Z(\tau)=W(\boldsymbol{\Theta},\ T)\sin(\bar{\omega}\tau/\tau_c)(\bar{\omega}=0.5\pi,\ 2.5\pi,\ \cdots,\ (2n+0.5)\pi)$。

显然，$Z(\tau)$ 与随机参数 $\boldsymbol{\Theta}$ 构成了一个保守的动力系统。引用基于随机事件的概率守恒描述方式，容易导出关于 $Z(\tau)$ 的广义概率密度演化方程

$$\frac{\partial p_{Z\boldsymbol{\Theta}}(z,\ \boldsymbol{\theta},\ \tau)}{\partial\tau}+\dot{\varphi}(W_{eq}(\boldsymbol{\theta},\ T),\ \tau)\frac{\partial p_{Z\boldsymbol{\Theta}}(z,\ \boldsymbol{\theta},\ \tau)}{\partial z}=0 \tag{2.4.21}$$

式中，τ 表示广义时间。相应的初始条件为

$$p_{Z\boldsymbol{\Theta}}(z,\ \boldsymbol{\theta},\ \tau_0)=\delta(z-z_0)p_{\boldsymbol{\Theta}}(\boldsymbol{\theta}) \tag{2.4.22}$$

采用类似于2.3.3节的数值求解方法，不难给出随机响应 $X(t)$ 的极值的概率分布。如此，在给定振动时限 T 内，结构动力可靠度为

$$R(T)=\Pr\{W_{eq}(\boldsymbol{\Theta},\ T)\in\Omega_s\}=\int_{\Omega_s}P_Z(z,\ \tau_c)\mathrm{d}z \tag{2.4.23}$$

式中，$P_Z(z,\ \tau_c)$ 为虚拟随机过程 $Z(\tau)$ 在 $\tau=\tau_c$ 时刻的概率密度。

图2.4.2为随机地震动作用下某八层框架滞回结构系统的动力可靠度评价(Liu et al, 2016)。考察结构各层间位移分量：可见结构顶层可靠度相对最大，第3层可靠度相对最小，但均大于结构整体可靠度(EEV)。这表明：在随机地震动作用下，经典的最弱链假设失效。基于等价极值事件准则的结构动力可靠度新方法，不必引入任何假定，可以得到工程结构系统的精确可靠度。

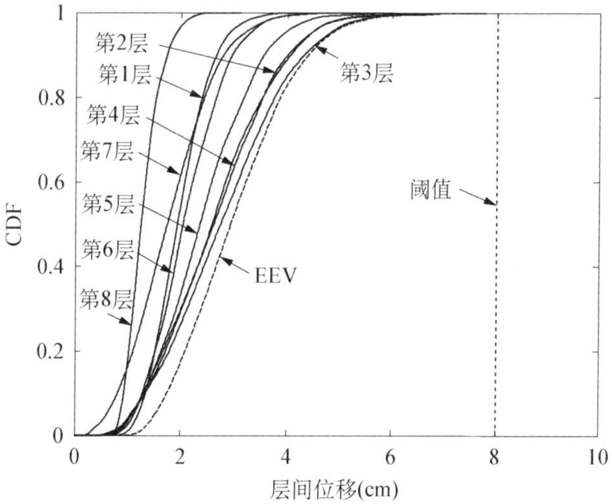

图2.4.2 结构层间位移及其等价极值过程(EEV)的概率分布

2.5 随机动力作用建模

结构性态设计与控制的有效性不仅依赖于结构模型和计算分析方法的精确性，还依赖于对结构随机激励模型描述的合理性。经典的随机过程理论，一般用功率谱密度函数来描述随机动力激励，如地震工程中的Kanai-Tajimi谱(Kanai, 1957; Tajimi, 1960)、风工程中的Davenport谱(Davenport, 1961)以及海洋工程中的Pierson-Moskowitz谱(Pierson & Moskowitz, 1964)等。仔细分析不难发现，功率谱密度函数在本质上是平稳随机过程的二阶数值特征，因此很难全面反映原始随机过程的丰富的概率信息，也难以精确把握非线性结构的反应性

态,更难以进行结构性态的精细化控制。而基于对系统物理演化机制的考察,则可以建立动力激励的物理随机模型(李杰,2005;2006)。本节以随机地震动和空间脉动风速场为对象,介绍灾害性动力作用的建模理论和方法。

2.5.1 随机地震动

从地震动的传播过程考察,地震动的特性主要受到地震震源机制、地震波传播介质属性、局部场地条件等因素的影响(Boore, 2003)。由于这些因素的不可控制性质,导致观测地震动表现出显著的随机性特征。建立以震源运动为边界条件的波动方程并对其求解,是研究地震波场及其运动的一般方法(Aki & Richards, 1980)。

2.5.1.1 地震动 Fourier 谱传递形式

假定传播介质为均匀的线弹性介质,且介质属性不随时间发生变化,一维地震动波位移场 $u(x, t)$ 受控于如下波动方程(廖振鹏,2002)

$$\sum_{j=0}^{n}\sum_{k=0}^{m} a_{jk}\frac{\partial^{j+k}}{\partial x^j \partial t^k}u(x, t) = 0 \tag{2.5.1}$$

式中, a_{jk} 反映了传播介质属性。初边值条件为

$$u(0, t) = u_0(t), \left.\frac{\partial^i u(x, t)}{\partial t^i}\right|_{t\to 0} = 0, \left.\frac{\partial^i u(x, t)}{\partial t^i}\right|_{t\to +\infty} = 0, i = 0, 1, \cdots, n \tag{2.5.2}$$

通过 Fourier 变换将式(2.5.1)所示的偏微分方程转化为常微分方程,再对常微分方程进行求解,得到

$$U(x, \omega) = \sum_{j=0}^{n} b_j(\omega)\exp(-\mathrm{i}k_j(\omega)x) \tag{2.5.3}$$

式中, $k_j(\omega)$ 为波动方程的特征值,由传播介质属性决定; $b_j(\omega)$ 由边界条件和 $k_j(\omega)$ 共同确定,在物理上综合反映了震源和传播途径的影响。

对 $U(x, \omega)$ 进行逆 Fourier 变换

$$u(x, t) = \frac{1}{2\pi}\sum_{j=0}^{n}\int_{-\infty}^{\infty} B_j(\omega, x)\exp\left[\mathrm{i}\omega\left(t - \frac{x}{c_j(\omega)}\right)\right]\mathrm{d}\omega \tag{2.5.4}$$

式中, $c_j(\omega) = \omega/\mathrm{Re}[k_j(\omega)]$, $\mathrm{Re}[\cdot]$ 表示取实部。

进一步将上式变换为

$$\begin{aligned} u(x, t) = \frac{1}{2\pi}\int_{-\infty}^{\infty} & A(b_0(\omega), \cdots, b_n(\omega); k_0(\omega), \cdots, k_n(\omega); \omega, x)\cdot \\ & \cos[\omega t + \Phi(b_0(\omega), \cdots, b_n(\omega); k_0(\omega), \cdots, k_n(\omega); \omega, x)]\mathrm{d}\omega \end{aligned} \tag{2.5.5}$$

此式表明,地震动波场可以表示成谐波叠加的形式,谐波的幅值和相位均受到边界条件和介质属性的影响。

假定特定工程场地距离震源足够远、断层发展速度很快,则可以认为震源的位错错动过

程不会影响地震波传播途径的特性,同时假定局部工程场地相对传播途径来说几何尺度足够小,从而局部场地对地震动的频散效应可以忽略不计,则式(2.5.5)中振幅项 $A(\omega, x)$ 和相位项 $\Phi(\omega, x)$ 可以写成分离的形式(Wang & Li, 2011)

$$u(x, t) = \frac{1}{2\pi}\int_{-\infty}^{\infty} A_s(\alpha_1, \cdots, \alpha_s, \omega)H_{Ap}(\beta_1, \cdots, \beta_h, \omega, x)H_{As}(\gamma_1, \cdots, \gamma_l, \omega) \cdot \cos[\omega t + \Phi_s(\alpha_1, \cdots, \alpha_s, \omega) + H_{\Phi p}(\beta_1, \cdots, \beta_h, \omega, x) + H_{\Phi s}(\gamma_1, \cdots, \gamma_l, \omega)]\mathrm{d}\omega \tag{2.5.6}$$

式中, $A_s(\cdot)$ 为震源位移幅值谱; $H_{Ap}(\cdot)$ 为传播途径的幅值谱传递函数; $H_{As}(\cdot)$ 为场地条件的幅值谱传递函数; $\Phi_s(\cdot)$ 为震源位移相位谱; $H_{\Phi p}(\cdot)$ 为传播途径的相位谱传递函数; $H_{\Phi s}(\cdot)$ 为场地作用的相位谱传递函数; α_i, β_i, γ_i 分别为震源、传播途径和局部场地模型中的物理参数。

上式即为地震动 Fourier 谱传递形式,它反映了支配地震动特性的确定性物理规律。注意到震源、传播途径、局部场地中客观存在的随机要素,可给出地震动物理随机函数模型(工程场地的加速度)的一般形式(Wang & Li, 2011)如下

$$a(R, t) = \ddot{u}(R, t) = -\frac{1}{2\pi}\int_{-\infty}^{\infty} \omega^2 A_s(\boldsymbol{\alpha}_E, \omega)H_{Ap}(\boldsymbol{\beta}_E, \omega, R)H_{As}(\boldsymbol{\gamma}_E, \omega) \cdot \cos[\omega t + \Phi_s(\boldsymbol{\alpha}_E, \omega) + H_{\Phi p}(\boldsymbol{\beta}_E, \omega, R) + H_{\Phi s}(\boldsymbol{\gamma}_E, \omega)]\mathrm{d}\omega \tag{2.5.7}$$

式中, $\boldsymbol{\alpha}_E = (\alpha_1, \cdots, \alpha_s)$ 为表征震源随机性的随机参数向量; $\boldsymbol{\beta}_E = (\beta_1, \cdots, \beta_h)$ 为表征传播途径随机性的随机参数向量; $\boldsymbol{\gamma}_E = \gamma_1, \cdots, \gamma_l$ 为表征局部场地随机性的随机参数向量; R 为震源和工程场地相对距离,为常量。

2.5.1.2 震源模型

地震学中的震源物理模型主要分为两大类,即震源运动学模型和震源动力学模型(Aki & Richards, 1980)。震源运动学模型是针对震源运动量进行建模,以描述震源的运动学特性;震源动力学模型是对震源开裂和发展的动力学过程进行建模,从动力学角度解释震源特性。目前地震工程学领域中应用的主要为震源运动学模型。最著名的三个地震动运动学谱模型为针对 Haskell 矩形位错震源机制的 Haskell－ω^{-3}模型(Haskell, 1964; 1966)、Aki－ω^{-2}模型(Aki, 1967)以及针对 Brune 圆盘位错震源机制的 Brune 模型(Brune, 1970)。其中, Brune 震源模型具有参数较少和物理意义简单明确的优点:假定断层面为圆面,断层位错均匀分布在断层面上且断裂瞬间发生,震源位错产生的剪切波向垂直于断层面的方向传播。基于 Brune 震源模型的 Fourier 幅值谱和相位谱 $A_s(\omega)$、$\Phi_s(\omega)$ 分别为(Brune, 1970)

$$A_s(\boldsymbol{\alpha}_E, \omega) = \frac{A_0}{\omega\sqrt{\omega^2 + \left(\frac{1}{\tau}\right)^2}}, \quad \Phi_s(\boldsymbol{\alpha}_E, \omega) = \arctan\left(\frac{1}{\tau\omega}\right) \tag{2.5.8}$$

式中, $\boldsymbol{\alpha}_E = (A_0, \tau)$ 为震源物理参数随机向量; A_0 为震源幅值参数,是反映震源幅值强度的随机变量; τ 为 Brune 震源参数,是反映震源属性的随机变量。

2.5.1.3 传播途径影响

地震波在地球介质中传播,其幅值和相位的改变主要受到三个因素的影响:几何扩散效应、波在介质分界面由于反射和透射产生的变化及介质固有的阻尼衰减效应(Aki & Richards, 1980)。

几何扩散效应主要影响地震动传播过程中的幅值大小而不影响幅值谱的形状。由于对实际地震动进行统计建模时要进行归一化处理,因此可不考虑传播途径中的几何扩散效应。同时,传播途径对幅值谱形状的影响主要体现在介质的阻尼衰减效应上,因此可仅考虑阻尼衰减效应建立幅值谱传递函数模型(Aki & Richards, 1980)

$$H_{Ap}(\omega,\ R) = \exp(-KR\omega) \tag{2.5.9}$$

式中,K 为表征介质衰减效应的参数。

传播途径对相位的影响比较复杂,受到界面层反射和透射效应及阻尼衰减效应的影响,频散特性很难用简单的模型统一表达,这里采用经验波数-频率关系建立相位谱传递函数模型(Wang & Li, 2011)

$$H_{\Phi p}(\omega,\ R) = -Rd\ln\left[(a+0.5)\omega + b + \frac{1}{4c}\sin(2c\omega)\right] \tag{2.5.10}$$

式中,a, b, c, d 为经验系数,根据真实的波数-频率关系曲线确定其合理取值。

2.5.1.4 局部场地影响

局部场地属性会对经过场地的地震波产生显著的滤波作用,从而对不同场地上的结构地震响应产生显著影响。因此在地震动建模中,应将局部场地效应单独考虑。

工程上通常将局部场地等效为一个单自由度体系(Kanai, 1957),因此,局部场地过滤效应的传递函数为

$$H_{As}(\boldsymbol{\gamma}_E,\ \omega) = \sqrt{\frac{1+4\zeta_g^2(\omega/\omega_g)^2}{[1-(\omega/\omega_g)^2]^2+4\zeta_g^2(\omega/\omega_g)^2}} \tag{2.5.11}$$

由于局部场地几何尺度一般较小,此处仅考虑地震波的直接传播效应。假定局部场地作用对相位变化的影响很小,可予忽略,即

$$H_{\Phi s}(\omega) = 0 \tag{2.5.12}$$

上二式中,$\boldsymbol{\gamma}_E = (\zeta_g,\ \omega_g)$ 为反映局部场地条件的随机向量;ζ_g 为场地等价阻尼比;ω_g 为场地卓越圆频率。

根据地震动随机函数的谱传递形式及震源、传播途径和局部场地的物理模型,可获得完整的工程地震动物理随机函数模型

$$a_R(t) = -\frac{1}{2\pi}\int_{-\infty}^{\infty} A_R(\boldsymbol{\xi}_E,\ \omega)\cos[\omega t + \Phi_R(\boldsymbol{\xi}_E,\ \omega)]\mathrm{d}\omega \tag{2.5.13}$$

其中

$$A_R(\boldsymbol{\xi}_E,\ \omega) = \frac{A_0\omega e^{-KR\omega}}{\sqrt{\omega^2+(1/\tau)^2}}\cdot\sqrt{\frac{1+4\zeta_g^2(\omega/\omega_g)^2}{[1-(\omega/\omega_g)^2]^2+4\zeta_g^2(\omega/\omega_g)^2}} \tag{2.5.14}$$

$$\Phi_R(\boldsymbol{\xi}_E,\ \omega)\ =\ \arctan\left(\frac{1}{\tau\omega}\right) - Rd\ln\left[\ (a+0.5)\omega + b + \frac{1}{4c}\sin(2c\omega)\right] \tag{2.5.15}$$

式中，$\boldsymbol{\xi}_E = (\boldsymbol{\alpha}_E, \boldsymbol{\beta}_E, \boldsymbol{\gamma}_E) = (A_0, \tau, \zeta_g, \omega_g)$ 为表征基于“震源－传播途径－局部场地”地震动演化过程中随机性的随机参数向量。

进而，结合窄带谐波叠加方法(廖振鹏，2002；Wong & Trifunac，1979；Peng & Li，2013)，可以模拟生成具有非平稳特性的地震动样本时程。

采用美国太平洋地震工程研究中心(Pacific Earthquake Engineering Center，PEER) NGA 强震地震动数据库(PEER NGA Database)提供的强震加速度记录进行随机参数的识别与建模。按照地震矩震级(不小于4级)、峰值加速度(PGA，不小于 $0.35g$)对原始地震动数据进行筛选，获得地震动记录4 438条。为了数据处理上的一致性，所有采用的地震动记录的峰值加速度调整为 $0.1g$，时间间隔调整为0.02 s，频率上限为25 Hz。

图2.5.1、图2.5.2所示分别为震源幅值参数 A_0 和 Brune 震源参数 τ 的统计直方图。仔细分析，不难发现它们均近似符合对数正态分布的基本特征。因此，设 A_0、τ 的分布形式为

$$f(x)\ =\ \frac{1}{\sqrt{2\pi}\sigma x}\mathrm{e}^{-\frac{(\ln x-\mu)^2}{2\sigma^2}},\ x \geqslant 0 \tag{2.5.16}$$

式中，μ 和 σ 为对应正态分布的均值和标准差。

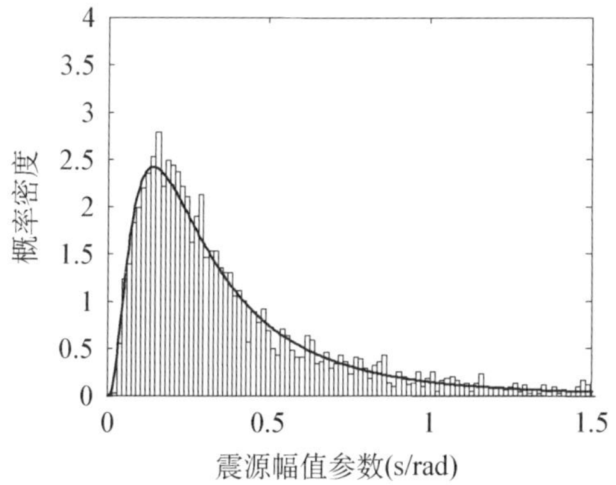

图2.5.1 震源幅值参数的统计直方图

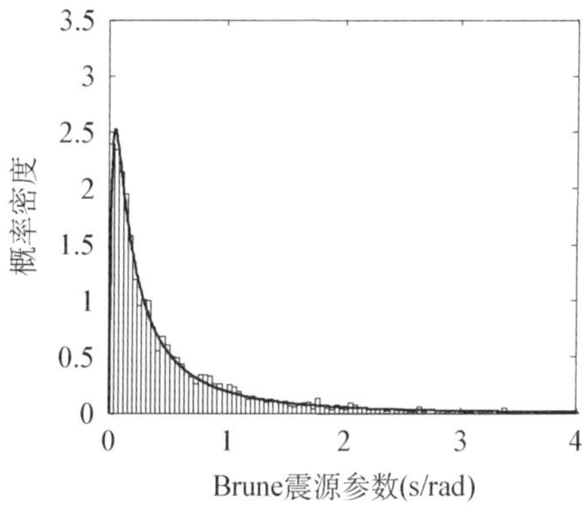

图2.5.2 Brune震源参数的统计直方图

采用极大似然估计方法获得随机参数的概率分布函数：震源幅值参数 A_0 的均值 μ 和标准差 σ 分别为 −1.271 2、0.826 7；Brune 震源参数 τ 的均值 μ 和标准差 σ 分别为 −1.240 3、1.343 6。

根据《建筑抗震设计规范》(GB 50011—2010)，按场地覆盖层厚度和土层的等效剪切波速将地震动记录进行场地类型分组，Ⅰ、Ⅱ、Ⅲ和Ⅳ四类场地的地震动记录数分别为：652、3 047、671、68。以Ⅱ类场地为例，对场地等价阻尼比 ζ_g 和场地卓越圆频率 ω_g 进行统计分析。图2.5.3、图2.5.4所示分别为场地等价阻尼比 ζ_g 和场地卓越圆频率 ω_g 的统计直方图。可以看出，两者均近似符合 Gamma 分布的基本特征。因此，设 ζ_g、ω_g 的分布形式为

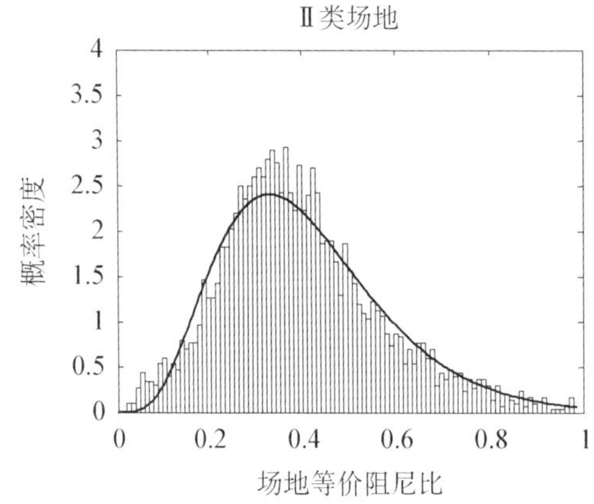

图 2.5.3 场地等价阻尼比的统计直方图

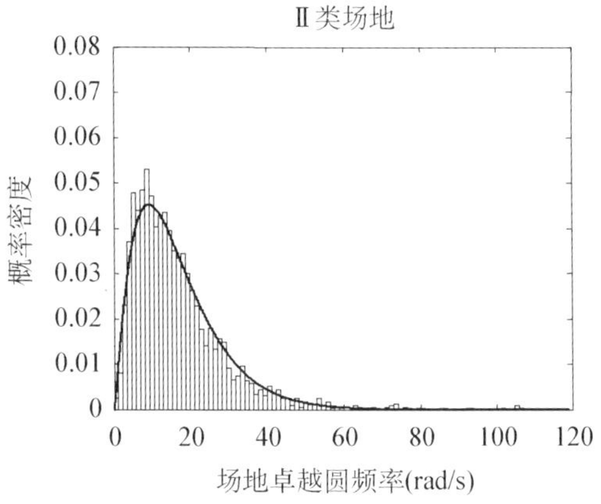

图 2.5.4 场地卓越圆频率的统计直方图

$$f(x;\ k,\ \theta)\ =x^{k-1}\ \frac{\mathrm{e}^{-x/\theta}}{\theta^{k}\Gamma(k)},\ x\geqslant 0 \tag{2.5.17}$$

式中,k 为形状参数, θ 为尺度参数;$\Gamma(\cdot)$为 Gamma 函数 $\Gamma(k)\ =\int_0^{\infty}(t^{k-1}/\mathrm{e}^{t})\mathrm{d}t$。

同样,采用极大似然估计方法获得随机参数的概率分布函数:场地等价阻尼比 ζ_g 的形状参数 k 和尺度参数 θ 分别为5.132 6、0.080 0 rad/s;场地卓越圆频率 ω_g 的形状参数 k 和尺度参数 θ 分别为 2.241 5、7.413 6 rad/s。

采用窄带谐波叠加方法,利用基本物理随机参数的均值模拟生成地震动时程(均值参数地震动可视作随机地震动模型的一个代表性样本),如图 2.5.5 所示为Ⅱ类场地的均值参数地震动,从图中可见,地震动样本表现出明显的时域非平稳性。

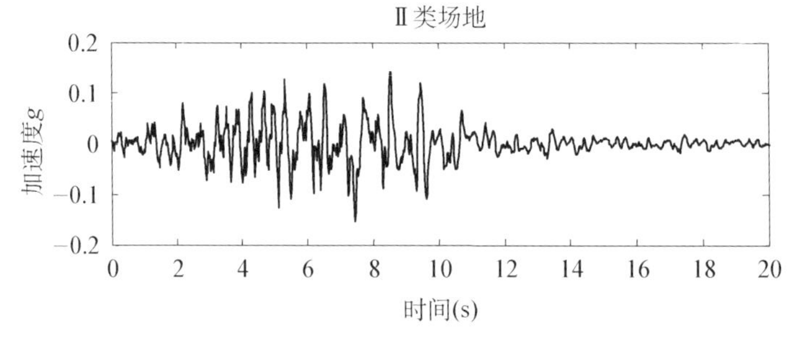

图 2.5.5 Ⅱ类场地的均值参数地震动

进而,采用数论方法对基本物理参数进行随机抽样(Li & Chen, 2009),选点生成 309 条地震动时程样本。以上海地区多遇地震为例,根据 GB 50011—2010 设定地震动时程样本的峰值加速度为 0.035g。图 2.5.6 给出了模拟地震动均值反应谱、实测地震动均值反应谱与规范设计反应谱的比较,仔细分析可知:在均值意义上,模拟地震动反应谱和实测地震动反应谱及对应的规范设计反应谱具有一致性。

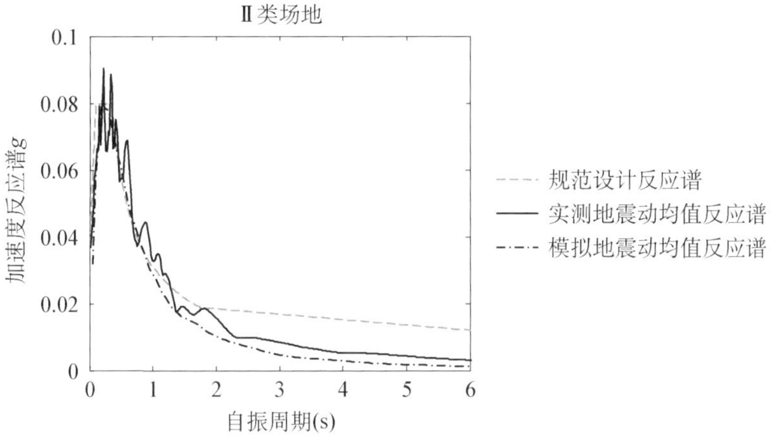

图 2.5.6 Ⅱ类场地模拟地震动均值反应谱、实测地震动均值反应谱和规范设计反应谱比较

2.5.2 空间脉动风速场

风工程领域对于风场的研究，主要集中于脉动风速能谱的建模以及相干函数的建模。空间任意点 j 相对于基准点 i 的脉动风速时程表示为

$$u_j(\boldsymbol{\xi}_W,\ t) = \mathrm{Re}\left(\sqrt{T}\int_0^{F_s} |\ F_i(\boldsymbol{\alpha}_W,\ n)\ |\ \mathrm{e}^{\mathrm{i}\varphi_i(\boldsymbol{\beta}_W,\ n)+\Delta\phi_{ij}(\boldsymbol{\gamma}_W,\ n)}\mathrm{d}n\right) \tag{2.5.18}$$

式中，$\boldsymbol{\xi}_W = (\boldsymbol{\alpha}_W,\ \boldsymbol{\beta}_W,\ \boldsymbol{\gamma}_W)$ 为表征脉动风速场随机性的随机参数向量；T 为风速时程持续时间；F_s 为采样频率 n 的上界值；Fourier 幅值谱 $|\ F_i(\boldsymbol{\alpha}_W,\ n)\ |$ 描述基准点 i 的脉动风速时程的能量分布，是关于能量的一种谱分解；Fourier 相位谱 $\varphi_i(\boldsymbol{\beta}_W,\ n)$ 控制基准点 i 的脉动风速时程的波形特征，影响脉动速度的概率分布。而对于 i、j 两点的脉动风速，其时程波形之间的关系可以用相位差谱 $\Delta\phi_{ji}(\boldsymbol{\gamma}_W,\ n)$ 来进行描述。因此，应用 Fourier 幅值谱、Fourier 相位谱以及相位差谱，可以将空间风场进行完整的分解。

2.5.2.1 Fourier 幅值谱模型

自然界的大气流动几乎都以湍流的形式存在(Monin & Yaglom, 1971)。湍流可以看作是由相差很大、各种不同尺度的涡旋组成。最大的涡旋直接由平均流动的不稳定性或边界条件产生。大涡旋破裂成较小的涡旋，较小的涡旋又破裂成更小的涡旋。这样就形成了一串无穷多级的大大小小的涡旋。大涡旋从外界获取能量，逐级传递给次级的涡旋，最后在最小的涡旋尺度上由于流体黏性而耗散。这就是湍流的能量级串过程。在级串过程中，小尺度(高频、大波数)的湍流最终必定达到某种统计平衡状态，并且不再依赖于产生湍流的外部条件，而形成所谓“局地均匀各向同性湍流”。

根据 Navier-Stokes 方程，均匀剪切湍流中两点脉动速度相关量的动力学方程

$$\frac{\partial Q_{i,j}}{\partial t} + \left(2Q_{i,j} + \xi\frac{\partial Q_{i,j}}{\partial \xi}\right)\frac{\partial \overline{U}_i}{\partial x_j} = S_{i,j} + 2\nu\frac{\partial^2 Q_{i,j}}{\partial \xi^2} \tag{2.5.19}$$

其中，$Q_{i,j}$ 是空间 i、j 两点的速度差张量；$S_{i,j}$ 是三阶速度张量；ξ 为 i、j 两点的位置差张量；ν 为流体的运动黏性系数。

引入 Fourier 变换，速度相关的动力学方程可以转化为能谱动力学方程

$$\varepsilon = 2\nu\int_0^k k^2 E(k)\,\mathrm{d}k - \int_0^k F(k)\,\mathrm{d}k - \frac{\mathrm{d}\,\overline{U}_i}{\mathrm{d}x_j}\int_k^\infty \zeta(k)\,\mathrm{d}k \tag{2.5.20}$$

式中，$\varepsilon(=-\overline{u_i u_j}\mathrm{d}\,\overline{U}_i/\mathrm{d}x_j)$ 为由主运动引起的总的湍流生成项，也可理解为湍流引起的主运动的总耗散项；$2\nu\int_0^k k^2 E(k)\,\mathrm{d}k$ 表示从 0 到 k 波数范围内湍流的黏性耗散项；$-\int_0^k F(k)\,\mathrm{d}k$ 表示从 0 到 k 范围内的湍流能量向较高波数湍流的传递项；$-\frac{\mathrm{d}\,\overline{U}_i}{\mathrm{d}x_j}\int_k^\infty \zeta(k)\,\mathrm{d}k$ 表示从 k 到 ∞ 波数范围内湍流的生成项。

当考虑 $0<k<k_c$（k_c 为分界波数）的波数范围时，主流涡量与湍流涡量处于相同数量级，两者相互作用的影响与黏性耗散和涡传递相比占主导地位，式(2.5.19)右端前两项可以忽略，其解答为

$$E(k) = \frac{1}{\alpha'}\frac{\varepsilon}{\dfrac{\mathrm{d}\,\overline{U}_i}{\mathrm{d}x_j}}k^{-1} \tag{2.5.21}$$

式中，α' 为常数。

当考虑 $k_c\leqslant k\ll k_d$（k_d 为耗散尺度波数）的波数范围时，主流涡量远小于湍流涡量，两种涡量之间的相互作用很小，式(2.5.20)右端第三项可以忽略，其解答为

$$E(k) = \left(\frac{8}{9\alpha''}\right)^{2/3}\varepsilon^{2/3}k^{-5/3} \tag{2.5.22}$$

式中，α'' 为常数。

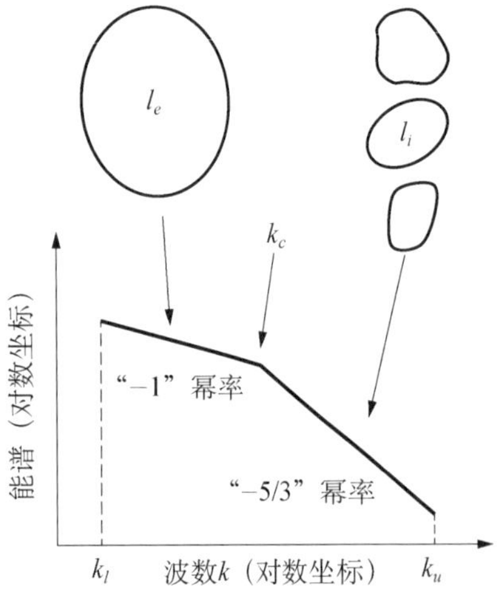

图 2.5.7 大气湍流不同尺度涡旋和能谱的对应关系（图中，k_l 表示含能子区的波数下界，k_u 表示惯性子区的波数上界）

因此，大气边界层的湍流能谱可以分为三个物理背景不同的子区（Kaimal & Finnigan, 1994），如图 2.5.7 所示：①含能子区（$k_l\leqslant k<k_c$），能量谱分布服从 k 的"−1"幂次规律，该子区内涡旋从主流中攫取能量，生成湍流动能；② 惯性子区（$k_c\leqslant k<k_u$），能量谱分布服从 k 的"−5/3"幂次规律，该子区内湍流动能既不生成也不耗散，仅从大尺度涡旋向小尺度涡旋传递；③耗散子区（$k_u\leqslant k<\infty$），该子区内由于流体黏性的作用，湍流动能耗散为内能。在土木工程中，主要关心前两个子区的能量分布，因为其能量较大且结构振动频率多在其范围之内。

在此基础上，可建立随机 Fourier 幅值谱表达形式如下（李杰 & 阎启，2011）：

$$
|F(\boldsymbol{\alpha}_W, k)| = \begin{cases} \sqrt{\alpha_1}\dfrac{u_*(\overline{U}_{10}, z_0)}{(\kappa z k_c)^{1/3}}k^{-1/2}(k_l < k < k_c) \\ \sqrt{\alpha_1}\dfrac{u_*(\overline{U}_{10}, z_0)}{(\kappa z)^{1/3}}k^{-5/6}(k \geqslant k_c) \end{cases} \quad (2.5.23)
$$

式中，$\boldsymbol{\alpha}_W = (\overline{U}_{10}, z_0)$ 为表征 Fourier 幅值谱随机性的随机参数向量；α_1 表示一维湍流能谱的 Kolmogorov 常数；k_l 表示波数的下界；k_c 为剪切子区和惯性子区的分界波数；κ 表示 von Karman 常数；$u_*(\cdot)$ 表示剪切波数，$u_* = \overline{U}_{10}\kappa/\ln(10/z_0)$；$z$ 表示空间点高度。

从物理随机系统的观点加以考察，尽管影响边界层大气环流的因素多种多样，但随机 Fourier 波数谱中的变量仅与两个基本随机参数相关，即标准高度处的平均风速（10 m 高 10 min 平均风速 $\overline{U}_{10}$）和记录场地的特征参数（地面粗糙度系数 z_0）。

应用香港某大桥风速数据来验证脉动风速随机 Fourier 幅值谱的适用性。风速采集于距水面 30 m 和 50 m 高处，4 Hz 采样。经过识别，10 m 高平均风速 $\overline{U}_{10}$服从极值 I 型分布，位置参数为 5.065 m/s，尺度参数为 0.953 m/s；地面粗糙度系数 z_0 服从对数正态分布，均值为 −1.579 5，标准差为 1.409 0。目标高度平均风速由 10 m 高平均风速和地面粗糙度的样本值经风剖面对数律公式计算得到。图 2.5.8 所示为计算得到模型均值谱和标准差谱与实测均值谱和标准差谱的对比。可以看到，无论是均值谱还是标准差谱，都符合得良好。

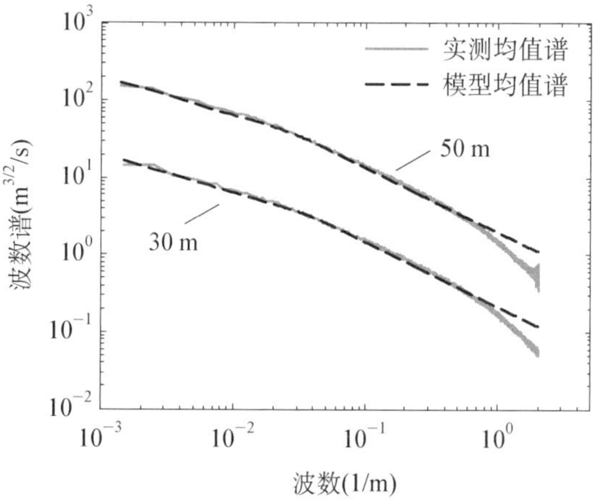

(a)

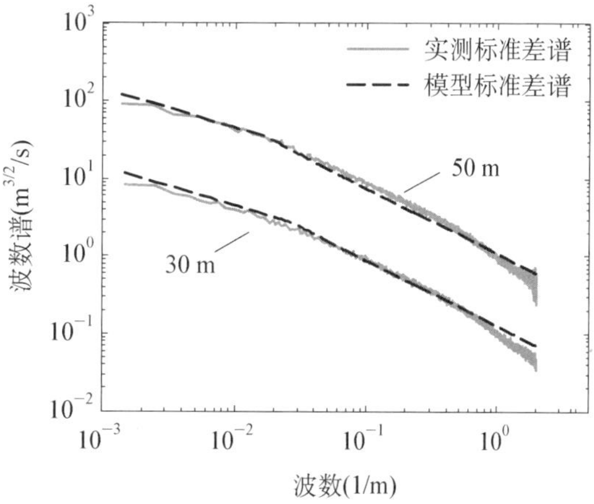

(b)

图 2.5.8 模型均值谱、标准差谱与实测谱的对比

(a) 均值谱对比；(b) 标准差谱对比

2.5.2.2 Fourier 相位谱模型

在基于谱表现方法的风场模拟中，通常假定相位谱在频率区间[0, 2π)内服从均匀分布、相互独立的随机变量作为初始相位（Shinozuka & Jan, 1972），这使得在实际风场模拟中随机变量的数目达到数百个（400～600 个），严重降低了结构随机风振响应分析的求解效率。事实上，在经典谱表现方法中，不同频率相位之间、相位与能量之间可能的内在联系未被考虑。

众所周知,风速仪记录到的是空间一点不同气体质点的流动速度。由 Taylor 假定可以推论:如果风速仪以和平均风速同样的速度沿主风方向前进,那么将记录到同一气体质点在空间不同位置的速度,该速度即为脉动风速。此时,脉动风速时程可视为同一气体质点在以平均风速值大小前进的参考系内的纵向"振动"速度。在物理上,这样的空气质点振动速度可视为一系列不同尺度、不同频率涡旋振动的叠加。涡旋的特征振动速度可以表示为(Hinze, 1975)

$$v(n) = \sqrt{|F(n)|^2 \Delta n} \tag{2.5.24}$$

特征速度为 $v(n)$ 的涡旋从时间 t_0 至 t_1 行进的距离与其涡旋周长之比,表征了该时间间隔内涡旋变化的周期数,每个周期对应 2π 的相位变化。不同尺度、不同频率涡旋在这一时间间隔 τ 内的相位改变 $\Delta\varphi(n)$ 可写为

$$\Delta\varphi(n, \tau) = 2\pi \frac{v(n)\tau}{2\pi l(n)} = v(n)k(n)\tau \tag{2.5.25}$$

式中,$\tau = t_1 - t_0$; $l(n)$ 为涡旋的波长,表征了涡旋的尺度大小;$k(n)$ 为波数,与 $l(n)$ 互为倒数。波数与自然频率的关系为

$$k(n) = 2\pi \frac{n}{\overline{U}} \tag{2.5.26}$$

式中,$\overline{U}$ 为空间点的平均风速。

式(2.5.25)对时间 t 求导,便可得到不同频率涡旋的相位演化速度

$$\Delta\dot{\varphi}(n) = v(n)k(n) \tag{2.5.27}$$

可以看到,不同频率涡旋振动速度不同,因而相位演化速度也不同,相位演化速度 $\Delta\dot{\varphi}(n)$ 与涡旋的能量高低和尺度大小有关。一般来说,低频、大尺度的涡旋相位变化慢,高频、小尺度的涡旋相位变化快。可以设想,真实脉动风速可视为由一簇具有相同初始相位的谐波(涡旋)经过时间 T_e 的演化后叠加而成。最简单的共同初始相位取值是零相位。因此,记录到的某一段风速时程,可以看作具有相同初始零相位的涡旋经过时间 T_e 演化而来(Li et al, 2013)。这里,称 T_e 为零点演化时间。如此,可以建立零点演化时间相位谱模型

$$\varphi(\boldsymbol{\beta}_W, n) = v(n)k(n)T_e \tag{2.5.28}$$

式中,$\boldsymbol{\beta}_W = (T_e)$ 为表征 Fourier 相位谱随机性的随机参数向量。

式(2.5.28)表明,随机 Fourier 相位谱仅依赖于随机变量 T_e,与传统谱表现方法相比,零点演化时间将各看似无规律的频率点相位联系在一起,大幅减少了随机变量数目,有效实现了脉动风速相位谱模型的重构。

2.5.2.3 相位差谱模型

在经典随机风场理论中,相干函数是空间风场结构表达的重要特征量。事实上,空间两点 i、j 脉动风速时程的相关性表现在其 Fourier 相位谱的差异,这里给出相位差谱的定义

$$\Delta\phi(n) = \phi_j(n) - \phi_i(n) \tag{2.5.29}$$

相位差谱与相干函数存在如下关系(Yan et al, 2013)

$$\gamma(n)=|E[e^{i\Delta\phi_i(n)}]|=|E[\cos(\Delta\phi(n))+i\sin(\Delta\phi(n))]| \tag{2.5.30}$$

若定义 i 为基准点，同时假设基准相位谱 $\phi_i(n)$ 和 i、j 两点的相位差谱 $\Delta\phi(n)$ 已知，便可在基准幅值谱的基础上，由式(2.5.18)得到空间任意一点的脉动风速时程。由于脉动风速的 Fourier 幅值谱与 Fourier 相位谱均采用了随机函数方式表述，因此由“基准幅值谱－基准相位谱－相位差谱”表征的空间风场，实质上是随机风场。

仔细分析可知，影响相位差谱的主要因素有：①自然频率 n，随 n 增大相位差增大；②空间两点水平或竖向距离 r_y、r_z，随距离增大相位差增大；③ 平均风速 $\bar{U}$，随风速增大相位差减小；④ 剪切率 $d\bar{U}/dz$，随主流剪切率增大相位差增大（即，近地面气流受到的摩擦作用较强，相同距离空间两点脉动风速的波形差异较高空时更大）。因此，根据量纲分析，推荐水平和竖向的相位差谱模型如下（Yan et al, 2013）：

$$\Delta\phi_y(\boldsymbol{\gamma}_W,\ n)=\frac{\eta_y r_y\ (n d\bar{U}/dz)^{0.5}}{\bar{U}} \tag{2.5.31}$$

$$\Delta\phi_z(\boldsymbol{\gamma}_W,\ n)=\frac{\eta_z r_z\ (n d\bar{U}/dz)^{0.5}}{\bar{U}} \tag{2.5.32}$$

式中，η_y，η_z 分别为水平向、竖向相位差放大系数；由于主流剪切率 $d\bar{U}/dz=\bar{U}_{10}/z\ln(10/z_0)$，因此，相位差谱模型不引入新的随机变量，其随机参数向量 $\boldsymbol{\gamma}_W=(\bar{U}_{10},\ z_0)$。

至此，空间脉动风速场模型构建完成，它包含 3 个随机变量：10 m 高 10 min 平均风速、地面粗糙度系数和相位零点演化时间，即式(2.5.18)随机参数向量 $\boldsymbol{\xi}_W=(\boldsymbol{\alpha}_W,\ \boldsymbol{\beta}_W,\ \boldsymbol{\gamma}_W)=(\bar{U}_{10},\ z_0,\ T_e)$。由此，可以进行空间多点脉动风速时程模拟，基本流程为：① 由基本随机变量生成基准点的演化相位谱；② 选择合适的相位差放大系数 η_y、η_z，生成空间各目标点相对基准点的相位差谱；③ 与基准点相位谱叠加，得到各目标点的相位谱；④ 结合各目标点的 Fourier 幅值谱，进行逆 Fourier 变换，取实部后便可得到各点的脉动风速时程。

2006 年，作者所在的研究小组在江苏某地建立了当时国内第一座大型强风观测台阵。测风台阵由间距为 40 m、80 m、120 m 四个点 P1、P2、P3、P4 组成，如图 2.5.9 所示。共安

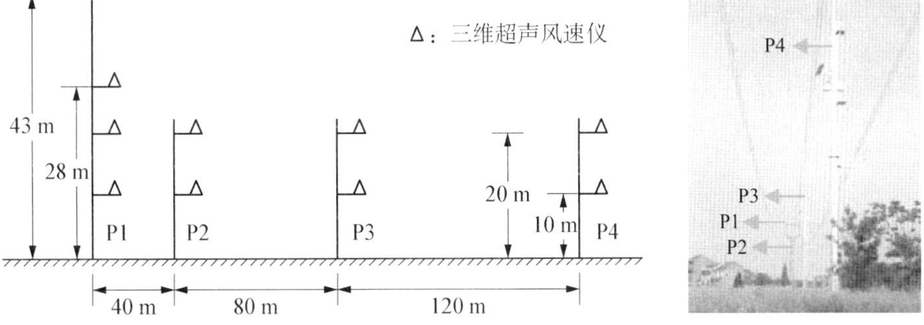

图 2.5.9 江苏某地强风观测台阵

装三维超声风速仪 10 台，分别在 P1 点 10 m、20 m、28 m 和 43 m 处，以及 P2、P3、P4 点 10 m、20 m 高度处。为进行数据的对比验证，在 P1 点 10 m 高位置与三维超声风速仪距离 1 m 处安装一机械式水平风速仪，在 P1 点 20 m 处安装一机械式垂直风速仪。

采用观测台阵的实测数据，对 Fourier 风速谱模型的 3 个随机变量进行参数识别。经过分析，10 min 平均风速 $\overline{U}_{10}$服从极值 I 型分布：10 m 高度处位置参数为 5.174 6 m/s，尺度参数为 0.747 5 m/s；20 m 高度处位置参数为 6.334 9 m/s，尺度参数为 0.828 6 m/s；28 m 高度处位置参数为 6.771 2 m/s，尺度参数为 0.840 2 m/s；43 m 高度处位置参数为 7.515 1 m/s，尺度参数为 1.033 7 m/s。地面粗糙度系数 z_0 服从对数正态分布，均值为 -1.215 5，标准差为 1.005 2。零点演化时间 T_e 服从 Gamma 分布，形状参数为 1.1，尺度参数为 0.82×10^9 s。依据空间多点脉动风速时程模拟流程，以测风台阵 P1 点 10 m 高度处为基准位置，对 P1 点 20 m、28 m、43 m 位置以及 P2、P3、P4 点 20 m 位置的脉动风速在样本层次进行了模拟，并与实测数据进行了比较。相位差谱放大系数 η_y 取 35，η_z 取 80。各目标点的模拟脉动风速与实测脉动风速的比较如图 2.5.10 所示。可以看到，模拟生成的脉动风速时程与实测结果吻合良好。

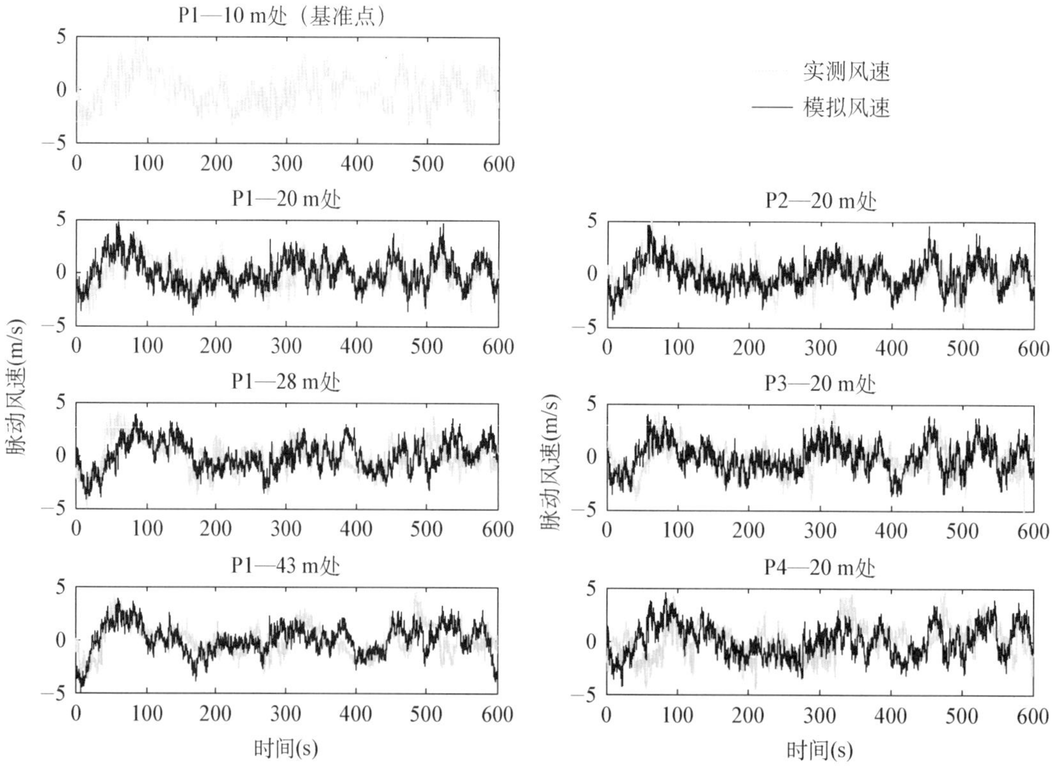

图 2.5.10 模拟脉动风速与实测脉动风速的比较

第3章

随机最优控制的概率密度演化理论

3.1 引言

随机最优控制理论发端于数学家、控制论创始人 Wiener 提出的滤波理论(Wiener, 1949),以20世纪60年代初期 Kalman 引入的状态空间法(Kalman, 1960a)和建立的滤波理论(Kalman, 1960b; Bucy & Kalman, 1961)、Kushner 发展的基于 Itô 随机微分方程的随机极大值原理(Kushner, 1962)和 Florentin 发展的基于 Itô 随机微分方程的随机动态规划(Florentin, 1961)为标志,经典随机最优控制理论体系形成。应用基于随机扰动或量测噪声为白噪声或过滤白噪声过程假定的随机最优控制理论,在结构工程领域已发展了一系列的结构随机最优控制策略。例如: Yang 较早地应用线性二次 Gaussian(LQG)控制理论,进行随机动力荷载作用下土木工程结构的主动最优控制(Yang, 1975)。Chang 和 Yu 发展了白噪声激励下单自由度系统振动控制的最优极点配置方法,即采用最小的控制力方差使闭环系统的极点迁移到预先设定的复平面区域(Chang & Yu, 1998)。Ho 和 Ma 提出了 LQG 控制与控制力估计的综合策略,串质量系统的主动控制仿真表明,这种综合控制策略比传统的 LQG 控制更为有效(Ho & Ma, 2007)。Bani-Hani 和 Alawneh 发展了适用于桥梁振动控制的主动预应力后张拉拉索装置,分别采用变增益和常增益的 LQG 控制策略(Bani-Hani & Alawneh, 2007)。Kohiyama 和 Yoshida 提出了基于 LQG 策略的控制律参数设计方法,以降低计算机设备在地震作用下的位移和加速度响应(Kohiyama & Yoshida, 2014)。

事实上,关于系统激励的白噪声过程假定与多数工程激励过程相去甚远,而基于状态空间的经典随机最优控制理论恰恰是依赖于这一假定的。有鉴于此,本文作者基于概率密度演化理论和物理随机过程模型,结合 Pontryagin 极大值原理,发展了适用于一般随机激励作用下主动闭环控制系统的随机最优控制理论(包括结构随机最优控制的控制律确定方法和控制律、控制器参数设计准则)。由于这一理论的基本关注点在于控制过程中系统概论密度的变化,因此称其为结构随机最优控制的概率密度演化理论。本章具体介绍这一理论。

3.2 受控结构系统性态演化

前已述及,概率密度演化理论为一般随机动力系统的分析与精细化设计提供了理论基础。自然地,这一理论体系也可以推广到一般系统的随机最优控制中,从而解决目前结构随机最优控制所面临的困境。

不失一般性,考察受控结构随机动力系统

$$\dot{\boldsymbol{Z}} = \boldsymbol{L}[\boldsymbol{Z}, \boldsymbol{U}, \boldsymbol{\Theta}, t] \tag{3.2.1}$$

式中, $\boldsymbol{Z}(t)$ 为 $2n$ 维状态向量; $\boldsymbol{U}(t)$ 为 r 维控制力向量; $\boldsymbol{\Theta}$ 为表征结构动力系统随机性的随机参数向量; $\boldsymbol{L}[\cdot]$ 为 $2n$ 维向量算子。

显然,控制力向量的引入必然对结构系统状态产生影响,而根据反馈控制理论,结构系统状态反过来影响控制力的调节。控制力向量和状态向量的随机性均来源于 $\boldsymbol{\Theta}$,且有形如式(2.3.61)的解答

$$\boldsymbol{Z}(t) = \boldsymbol{H}_Z(\boldsymbol{\Theta}, t) \tag{3.2.2}$$

$$\boldsymbol{U}(t) = \boldsymbol{H}_U(\boldsymbol{\Theta}, t) \tag{3.2.3}$$

根据概率守恒定律,增广系统 $(\boldsymbol{Z}(t), \boldsymbol{\Theta})$、$(\boldsymbol{U}(t), \boldsymbol{\Theta})$ 分别满足如下广义概率密度演化方程(Li et al, 2010)

$$\frac{\partial p_{\boldsymbol{Z\Theta}}(z, \boldsymbol{\theta}, t)}{\partial t} + \dot{Z}(\boldsymbol{\theta}, t)\frac{\partial p_{\boldsymbol{Z\Theta}}(z, \boldsymbol{\theta}, t)}{\partial z} = 0 \tag{3.2.4}$$

$$\frac{\partial p_{\boldsymbol{U\Theta}}(u, \boldsymbol{\theta}, t)}{\partial t} + \dot{U}(\boldsymbol{\theta}, t)\frac{\partial p_{\boldsymbol{U\Theta}}(u, \boldsymbol{\theta}, t)}{\partial u} = 0 \tag{3.2.5}$$

式中, $Z(t)$ 和 $U(t)$ 分别为 $\boldsymbol{Z}(t)$ 和 $\boldsymbol{U}(t)$ 的分量形式。

上述广义概率密度演化方程(3.2.4)和方程(3.2.5)的初始条件分别为

$$p_{\boldsymbol{Z\Theta}}(z, \boldsymbol{\theta}, t)\big|_{t=0} = \delta(z - z_0)p_{\boldsymbol{\Theta}}(\boldsymbol{\theta}) \tag{3.2.6}$$

$$p_{\boldsymbol{U\Theta}}(u, \boldsymbol{\theta}, t)\big|_{t=0} = \delta(u - u_0)p_{\boldsymbol{\Theta}}(\boldsymbol{\theta}) \tag{3.2.7}$$

式中, z_0, u_0 为 $\boldsymbol{Z}(t)$, $\boldsymbol{U}(t)$ 的确定性初始值。

在给定初始条件下,求解上述概率密度演化方程可得控制系统在任一时刻 $Z(t)$ 和 $U(t)$ 的概率密度函数

$$p_Z(z, t) = \int_{\Omega_{\boldsymbol{\Theta}}} p_{\boldsymbol{Z\Theta}}(z, \boldsymbol{\theta}, t)\mathrm{d}\boldsymbol{\theta} \tag{3.2.8}$$

$$p_U(u, t) = \int_{\Omega_{\boldsymbol{\Theta}}} p_{\boldsymbol{U\Theta}}(u, \boldsymbol{\theta}, t)\mathrm{d}\boldsymbol{\theta} \tag{3.2.9}$$

式中, $\Omega_{\boldsymbol{\Theta}}$ 是 $\boldsymbol{\Theta}$ 的分布区域, $\boldsymbol{\theta}$ 是 $\boldsymbol{\Theta}$ 的实现样本,联合概率密度函数 $p_{\boldsymbol{Z\Theta}}(z, \boldsymbol{\theta}, t)$、$p_{\boldsymbol{U\Theta}}(u, \boldsymbol{\theta}, t)$ 分别为方程(3.2.4)、方程(3.2.5) 的解。

显然，上述解答为实现基于概率密度分布进行系统控制提供了基础。而这一基础建立的核心是利用物理状态变化对概率密度演化的决定性影响。为与经典的随机最优控制理论和方法相区别，称其为物理随机最优控制。

图3.2.1示意了确定性控制(Determinative Control, DC)、LQG控制和物理随机最优控制(Physical Stochastic Optimal Control, PSC)对系统性态演化轨迹的影响。从图中可以看出：确定性控制的系统性态轨迹是点到点，由于外加随机扰动的影响，确定性控制方式基本不具备把握系统性态的能力。因此，虽然确定性控制在一定程度上能够降低系统的反应，然而这种控制方式并不能对被控制系统的安全性进行合理的评价(李杰，2006)。LQG控制的系统性态轨迹是圈到圈，经典随机最优控制方法在本质上是矩特征值控制，即在均方特征意义上控制系统的性态，这种方式缺乏对高阶特征形态的把握，更不能精确描述系统的概率分布，因此其对控制系统的可靠度评定结果必然是近似的。物理随机最优控制的系统性态轨迹是域到域。由于所感兴趣的系统量在任意时刻的概率密度都受控于广义概率密度演化方程，因此，可以客观、合理地评价系统的可靠性，从而实现系统性态的精细化控制。

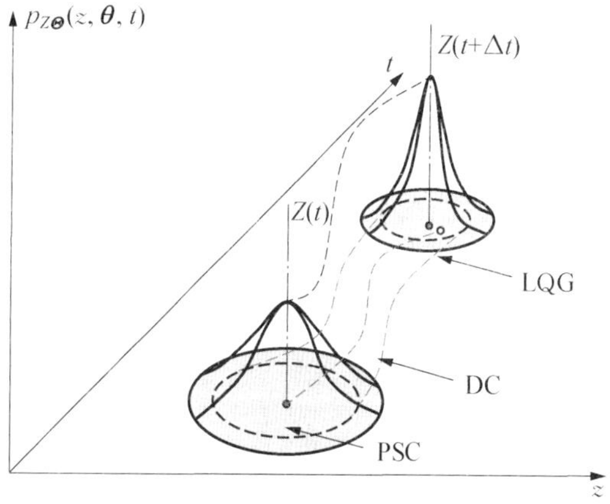

图3.2.1 DC控制、LQG控制和PSC控制对系统性态演化轨迹的影响

3.3 物理随机最优控制解

3.3.1 闭环控制系统随机最优控制解

采用样本轨道描述，随机系统的物理演化过程可以由确定性样本轨迹反映。因此，随机最优系统的控制律可以通过研究受控系统的样本解答给出。考察一般随机激励下受控系统的运动方程

$$\boldsymbol{M}\ddot{\boldsymbol{X}}(t)+\boldsymbol{C}\dot{\boldsymbol{X}}(t)+\boldsymbol{K}\boldsymbol{X}(t)=\boldsymbol{B}_s\boldsymbol{U}(t)+\boldsymbol{D}_s\boldsymbol{F}(\boldsymbol{\Theta},t) \tag{3.3.1}$$

式中，$\boldsymbol{X}(t)=\boldsymbol{X}(\boldsymbol{\Theta},t)$ 是 n 维位移向量；$\boldsymbol{U}(t)=\boldsymbol{U}(\boldsymbol{\Theta},t)$ 为 r 维控制力向量；$\boldsymbol{F}(\cdot)$ 为 p 维随机激励向量，采用随机过程的正交分解理论或引入物理随机过程的概念，一般随机激励过程将表现为以随机向量 $\boldsymbol{\Theta}$ 为参数的随机函数形式(李杰 & 艾晓秋，2006；李杰 & 刘章军，2006；Wang & Li, 2011; Yan et al, 2013)；$\boldsymbol{M}$、$\boldsymbol{C}$ 和 $\boldsymbol{K}$ 分别为 $n\times n$ 维质量、阻尼和刚度矩阵；$\boldsymbol{B}_s$ 为 $n\times r$ 维控制力位置矩阵；$\boldsymbol{D}_s$ 为 $n\times p$ 维激励位置矩阵。

值得指出：由于科技的进步以及人们观测和控制手段的增强，量测引入的不确定性正逐渐弱化，相比目前仍难以控制的环境荷载，量测产生的随机性影响要小得多。因此，可以

暂不考虑系统控制的量测噪声。事实上,量测噪声及其滤波是确定性最优控制关心的对象之一,在随机最优控制中主要关注随机激励的影响。此外,量测引入的不完备性也可以通过滤波算法进行处理,在本书中也暂不涉及。不考虑状态估计的经典反馈式控制与闭环控制*是一致的。

在状态空间,式(3.3.1)变为

$$\dot{\boldsymbol{Z}}(t) = \boldsymbol{A}\boldsymbol{Z}(t) + \boldsymbol{B}\boldsymbol{U}(t) + \boldsymbol{D}\boldsymbol{F}(\boldsymbol{\Theta}, t) \tag{3.3.2}$$

具有初始条件

$$\boldsymbol{Z}(t_0) = \boldsymbol{z}_0 \tag{3.3.3}$$

式中,$\boldsymbol{Z}(t)$ 为 $2n$ 维状态向量;$\boldsymbol{A}$ 为 $2n \times 2n$ 维系统矩阵;$\boldsymbol{B}$ 为 $2n \times r$ 维控制力位置矩阵;$\boldsymbol{D}$ 为 $2n \times p$ 维激励位置矩阵。分别为

$$\boldsymbol{Z}(t) = \begin{bmatrix} \boldsymbol{X}(t) \\ \dot{\boldsymbol{X}}(t) \end{bmatrix}, \boldsymbol{A} = \begin{bmatrix} \boldsymbol{0} & \boldsymbol{I} \\ -\boldsymbol{M}^{-1}\boldsymbol{K} & -\boldsymbol{M}^{-1}\boldsymbol{C} \end{bmatrix}, \boldsymbol{B} = \begin{bmatrix} \boldsymbol{0} \\ \boldsymbol{M}^{-1}\boldsymbol{B}_s \end{bmatrix}, \boldsymbol{D} = \begin{bmatrix} \boldsymbol{0} \\ \boldsymbol{M}^{-1}\boldsymbol{D}_s \end{bmatrix} \tag{3.3.4}$$

结构随机最优控制通常涉及特定性能泛函的最大化或最小化,而性能泛函的广义形式为位移、速度、加速度和控制力的二次组合(Yang et al, 1994a)。若不考虑加速度对反馈增益的贡献,并忽略状态量和控制力交叉项的影响,则在随机参数向量 $\boldsymbol{\Theta}$ 的背景下,二次性能泛函可定义为(Soong, 1990)

$$J_1(\boldsymbol{Z}, \boldsymbol{U}, \boldsymbol{\Theta}) = \frac{1}{2}\boldsymbol{Z}^{\mathrm{T}}(t_f)\boldsymbol{S}(t_f)\boldsymbol{Z}(t_f) + \frac{1}{2}\int_{t_0}^{t_f}[\boldsymbol{Z}^{\mathrm{T}}(t)\boldsymbol{Q}_Z\boldsymbol{Z}(t) + \boldsymbol{U}^{\mathrm{T}}(t)\boldsymbol{R}_U\boldsymbol{U}(t)]\mathrm{d}t \tag{3.3.5}$$

其中,$\boldsymbol{S}(t_f)$、$\boldsymbol{Q}_Z$ 为 $2n \times 2n$ 维半正定、对称状态权矩阵,$\boldsymbol{R}_U$ 为 $r \times r$ 维正定、对称控制力权矩阵。

注意到在经典 LQG 控制中,性能泛函定义为式(3.3.5)的期望形式,因此为确定性的值函数,其最小化的物理意义是设定控制律参数条件下使系统状态均方特征量最小,由此构造相应的控制增益。前已指出:经典 LQG 控制依赖于系统输入的 Gaussian 白噪声过程假定,对于一般随机系统,与结构反应性态相关的概率密度很难得到,且控制增益在本质上是基于矩特征值的。这里定义的性能泛函为随机变量,在设定的控制律参数下,泛函最小化将使系统状态的样本解答全局最优、达到数值特征量最小或概率密度形态最佳。由于不需要引入特定的随机过程假设,因而能够获得满足目标结构性态的控制增益。

系统的随机最优控制涉及两步优化(图 3.3.1):一是对于随机参数 $\boldsymbol{\Theta}$ 的每一个实现样本 $\boldsymbol{\theta}$,通过性能泛函的最小化建立控制律参数集合与控制增益集合之间的映射关系;二是根

---

* 从现代控制理论角度,结构振动控制系统分为三种类型:开环控制系统、闭环控制系统和闭-开环控制系统。无反馈或通过"输入反馈"实现的控制方式属于开环控制系统;通过"状态反馈"或"输出反馈"实现的控制方式属于闭环控制系统;而通过"输入反馈"和"状态(输出)反馈"实现的控制方式则属于闭-开环控制系统(Yang et al, 1987)。如此,被动控制是无反馈的开环控制系统;"输入反馈"的开环控制系统、闭环控制系统和闭-开环控制系统存在于主动控制、半主动控制和混合控制方式中。

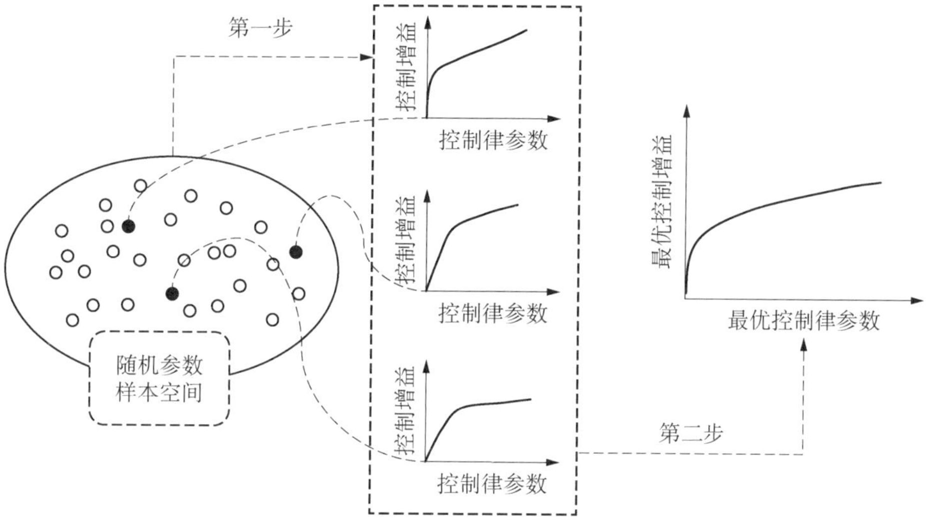

图 3.3.1 最优控制增益设计的两步优化格式

据目标结构性态优化控制增益，确定最优的控制律参数。这里论述第一个问题。

从样本角度考察式(3.3.5)的泛函条件极值问题，仍然是根据 Pontryagin 极大值原理构造 Euler-Lagrange 微分方程组，或根据最优性原理推导 Hamilton-Jacobi-Bellman 方程(HJB 方程)。根据 Lagrange 乘子法，引入协态向量 $\boldsymbol{\lambda}(t) \in \mathbb{R}^n$($\mathbb{R}^n$为 n 维 Euclidean 空间)，可将上述等式约束[式(3.3.2)]泛函极值问题转化为无约束泛函极值问题

$$J_1(\boldsymbol{Z}, \boldsymbol{U}, \boldsymbol{\lambda}, \boldsymbol{F}, \boldsymbol{\Theta}) = \frac{1}{2}\boldsymbol{Z}^{\mathrm{T}}(t_f)\boldsymbol{S}(t_f)\boldsymbol{Z}(t_f) + \int_{t_0}^{t_f}[H(\boldsymbol{Z}, \boldsymbol{U}, \boldsymbol{\lambda}, \boldsymbol{F}, \boldsymbol{\Theta}, t) - \boldsymbol{\lambda}^{\mathrm{T}}(t)\dot{\boldsymbol{Z}}(t)]\mathrm{d}t \tag{3.3.6}$$

式中，Hamilton 函数包含激励项(确定性最优控制理论的极大值原理中 Hamilton 函数不包含激励项)，即

$$\begin{aligned} H(\boldsymbol{Z}, \boldsymbol{U}, \boldsymbol{\lambda}, \boldsymbol{F}, \boldsymbol{\Theta}, t) = & \frac{1}{2}[\boldsymbol{Z}^{\mathrm{T}}(t)\boldsymbol{Q}_Z\boldsymbol{Z}(t) + \boldsymbol{U}^{\mathrm{T}}(t)\boldsymbol{R}_U\boldsymbol{U}(t)] \\ & + \boldsymbol{\lambda}^{\mathrm{T}}(t)[\boldsymbol{A}\boldsymbol{Z}(t) + \boldsymbol{B}\boldsymbol{U}(t) + \boldsymbol{D}\boldsymbol{F}(\boldsymbol{\Theta}, t)] \end{aligned} \tag{3.3.7}$$

泛函 $J_1(\boldsymbol{Z}, \boldsymbol{U}, \boldsymbol{\lambda}, \boldsymbol{F}, \boldsymbol{\Theta})$ 极小的必要条件为 Pontryagin 极大值原理。基于 Pontryagin 极大值原理的 Euler-Lagrange 微分方程组式(2.2.13)—式(2.2.15)，得到

$$\frac{\partial H}{\partial \boldsymbol{U}} = \boldsymbol{R}_U\boldsymbol{U}(t) + \boldsymbol{B}^{\mathrm{T}}\boldsymbol{\lambda}(t) = \boldsymbol{0} \tag{3.3.8}$$

由此得到

$$\boldsymbol{U}(t) = -\boldsymbol{R}_U^{-1}\boldsymbol{B}^{\mathrm{T}}\boldsymbol{\lambda}(t) \tag{3.3.9}$$

由协态方程(2.2.14)有

$$\dot{\boldsymbol{\lambda}}(t) = -\left(\frac{\partial H}{\partial \boldsymbol{Z}}\right)^{\mathrm{T}} = -\boldsymbol{Q}_Z\boldsymbol{Z}(t) - \boldsymbol{A}^{\mathrm{T}}\boldsymbol{\lambda}(t) \tag{3.3.10}$$

对于一般的闭-开环控制系统，为了使 $\boldsymbol{U}(t)$ 能由状态反馈和输入反馈同时实现，可以建立 $\boldsymbol{\lambda}(t)$ 与 $\boldsymbol{Z}(t)$ 和 $\boldsymbol{F}(\boldsymbol{\Theta}, t)$ 的线性变换关系（推导见附录 A）

$$\boldsymbol{\lambda}(t) = \boldsymbol{P}(t)\boldsymbol{Z}(t) + \boldsymbol{S}_F(t)\boldsymbol{F}(\boldsymbol{\Theta}, t) \tag{3.3.11}$$

式中，$\boldsymbol{P}(t)$，$\boldsymbol{S}(t)$ 为待求矩阵，存在

$$\boldsymbol{P}(t_f) = \boldsymbol{S}_F(t_f) = \boldsymbol{0} \tag{3.3.12}$$

将式(3.3.11)代入式(3.3.9)，得到反馈控制力

$$\boldsymbol{U}(t) = -\boldsymbol{R}_U^{-1}\boldsymbol{B}^{\mathrm{T}}\boldsymbol{P}(t)\boldsymbol{Z}(t) - \boldsymbol{R}_U^{-1}\boldsymbol{B}^{\mathrm{T}}\boldsymbol{S}_F(t)\boldsymbol{F}(\boldsymbol{\Theta}, t) \tag{3.3.13}$$

为确定上式中矩阵 $\boldsymbol{P}(t)$，$\boldsymbol{S}_F(t)$，将式(3.3.11)代入式(3.3.10)，得到

$$\begin{aligned}&\dot{\boldsymbol{P}}(t)\boldsymbol{Z}(t) + \boldsymbol{P}(t)\dot{\boldsymbol{Z}}(t) + \dot{\boldsymbol{S}}_F(t)\boldsymbol{F}(\boldsymbol{\Theta}, t) + \boldsymbol{S}_F(t)\dot{\boldsymbol{F}}(\boldsymbol{\Theta}, t)\\ &= -[\boldsymbol{Q}_Z + \boldsymbol{A}^{\mathrm{T}}\boldsymbol{P}(t)]\boldsymbol{Z}(t) - \boldsymbol{A}^{\mathrm{T}}\boldsymbol{S}_F(t)\boldsymbol{F}(\boldsymbol{\Theta}, t)\end{aligned} \tag{3.3.14}$$

进一步，有

$$\begin{aligned}\dot{\boldsymbol{P}}(t) = &-\boldsymbol{P}(t)\boldsymbol{A} - \boldsymbol{A}^{\mathrm{T}}\boldsymbol{P}(t) + \boldsymbol{P}(t)\boldsymbol{B}\boldsymbol{R}_U^{-1}\boldsymbol{B}^{\mathrm{T}}\boldsymbol{P}(t) - \boldsymbol{Q}_Z -\\ &\{[\dot{\boldsymbol{S}}_F(t) + \boldsymbol{A}^{\mathrm{T}}\boldsymbol{S}_F(t) - \boldsymbol{P}(t)\boldsymbol{B}\boldsymbol{R}_U^{-1}\boldsymbol{B}^{\mathrm{T}}\boldsymbol{S}_F(t) + \boldsymbol{P}(t)\boldsymbol{D}]\boldsymbol{F}(\boldsymbol{\Theta}, t) + \boldsymbol{S}_F(t)\dot{\boldsymbol{F}}(\boldsymbol{\Theta}, t)\}\boldsymbol{Z}^{-1}(t)\end{aligned} \tag{3.3.15}$$

式(3.3.15)为 Riccati 矩阵微分方程，$\boldsymbol{P}(t)$ 为 Riccati 矩阵函数。

式(3.3.15)表明，对于连续时间，考虑输入反馈的控制系统，$\boldsymbol{P}(t)$，$\boldsymbol{S}_F(t)$ 与 $\boldsymbol{F}(\boldsymbol{\Theta}, t)$，$\boldsymbol{Z}(t)$ 是耦合的，需要根据实际量测的数据进行在线计算，不能构造出如状态反馈系统中 $\boldsymbol{P}(t)$ 与 $\boldsymbol{Z}(t)$ 解耦的形式。尽管已发展的瞬时最优控制算法可以实现结构地震反应的闭-开环控制（Yang et al, 1987），但考虑输入反馈的控制律设计模式不便于工程实践应用。事实上，结构随机最优控制的核心是控制律及其参数的设计，而设计准则恰恰是依赖于结构反应性态的，在概率意义上蕴含了外加激励的影响。因此，在随机最优控制反馈增益中可以略去外加激励相关项，形成状态反馈的闭环控制。相应的 Riccati 方程为

$$\dot{\boldsymbol{P}}(t) = -\boldsymbol{P}(t)\boldsymbol{A} - \boldsymbol{A}^{\mathrm{T}}\boldsymbol{P}(t) + \boldsymbol{P}(t)\boldsymbol{B}\boldsymbol{R}_U^{-1}\boldsymbol{B}^{\mathrm{T}}\boldsymbol{P}(t) - \boldsymbol{Q}_Z \tag{3.3.16}$$

研究表明（Athans & Falb, 1966）：$\boldsymbol{P}(t)$ 在 t_0 以后比较长的时间段内保持稳态解，在接近于 t_f 时进入瞬态解并迅速变化为零，当 $t_f \to \infty$，瞬态解的起始时刻向 t_f 推移。因此，在有限时间内，$\boldsymbol{P}(t)$ 等于稳态解 $\boldsymbol{P}$，有 $\dot{\boldsymbol{P}}(t) = \boldsymbol{0}$。$\boldsymbol{P}$ 是如下形式的 Riccati 矩阵代数方程的解

$$\boldsymbol{P}\boldsymbol{A} + \boldsymbol{A}^{\mathrm{T}}\boldsymbol{P} - \boldsymbol{P}\boldsymbol{B}\boldsymbol{R}_U^{-1}\boldsymbol{B}^{\mathrm{T}}\boldsymbol{P} + \boldsymbol{Q}_Z = \boldsymbol{0} \tag{3.3.17}$$

定义状态反馈增益矩阵（控制律泛函）

$$G_Z = R_U^{-1} B^T P \tag{3.3.18}$$

由此,得到闭环控制系统的反馈控制力

$$U(\Theta, t) = -G_Z Z(\Theta, t) \tag{3.3.19}$$

在形式上,反馈控制力式(3.3.19)与线性二次调节器(LQR)控制力一致。

将结构控制系统式(3.3.2)中状态 $Z(t)$ 和控制力 $U(t)$ 的物理解答代入广义概率密度演化方程(3.2.4)和方程(3.2.5)中,即可得到相应物理量的概率密度演化过程。图3.3.2为系统最优控制前后状态量在典型时刻的概率密度示意图。

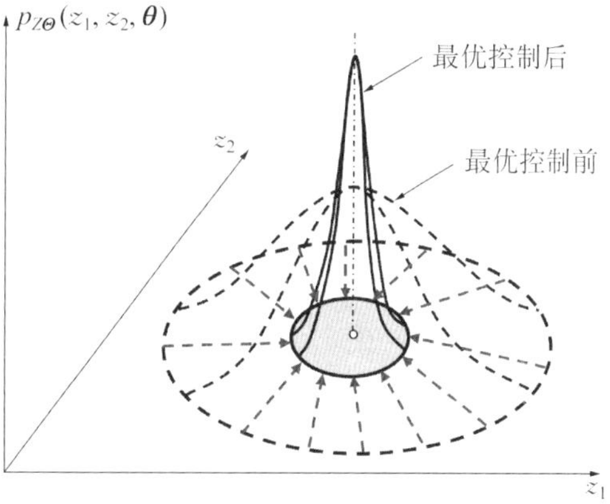

图3.3.2　系统最优控制前后状态量在典型时刻的概率密度

3.3.2　控制律参数优化

前已述及,依赖于性能泛函形式的系统控制,无论是经典的确定性泛函,还是本书定义的随机泛函,其控制效果都取决于设定的控制律参数。事实上,控制系统设计的关键是控制律参数的设计,决定于与目标结构性态相关的概率控制准则。从式(3.3.17)和式(3.3.18)中可以看出,线性二次调节器设计(Riccati 控制)的主要工作在于权矩阵 Q_Z 和 R_U 的设计。在经典 LQG 控制模式下,发展了一系列权矩阵选择策略。如基于控制量均值特征评价的权矩阵选择(Zhang & Xu, 2001)、系统鲁棒性概率最优的权矩阵确定(Stengel et al, 1992)和基于 Hamilton 理论框架的权矩阵比较(Zhu et al, 2001)等。对于随机动力系统,基于首次超越失效准则,关心的重点是系统响应的极值。基于这一认识,文献(Li et al, 2010)提出了基于系统响应等价极值向量二阶统计特征的控制律设计方法。定义具有约束条件的参数性态泛函如下

$$J_2 = F[\widetilde{W}] \mid F[\widetilde{V}] \leqslant \widetilde{V}_{con} \tag{3.3.20}$$

式中, $\widetilde{W} = \max_t[\max_i |W_i(\Theta, t)|]$ 为评价量的等价极值向量; $\widetilde{V} = \max_t[\max_i |V_i(\Theta, t)|]$ 为约束量的等价极值向量; $\widetilde{V}_{con}$ 为约束值;上标符号“~”表示等价极值向量或等价极值过程; $F[\cdot]$ 为分位值函数,表征置信水平。

系统二阶统计特征评价准则取为

$$\{Q_Z^*, R_U^*\} = \arg\min_{Q_Z, R_U}\{J_2\} \tag{3.3.21}$$

评价准则式(3.3.21)的含义是:在约束量 $\widetilde{V}$ 的分位值小于约束值 $\widetilde{V}_{con}$ 的条件下,寻求可能的 Q_Z^*, R_U^*,使得评价量 $\widetilde{W}$ 的分位值最小。在这里,评价量可以是任一种结构响应(如位移、速度、加速度、内力、控制力等)的过程最大值。

在上述意义下,对于二次性能泛函,权矩阵采用如下形式(Soong, 1990)

$$Q_Z = q\begin{bmatrix} I & 0 \\ 0 & I \end{bmatrix},\ R_U = rI \tag{3.3.22}$$

式中，q 为状态权矩阵系数；r 为控制力权矩阵系数。

由式(3.3.5)可知，权矩阵系数比 q/r 确定了随机最优控制中效益（响应降低）和经济（所需控制力）的相对重要程度。

事实上，上述分析仅仅为确定 $\boldsymbol{Q}_Z$ 和 $\boldsymbol{R}_U$ 的启发式算法提供了基础，下一节分析实例的研究将证实这一事实。

3.4 分析实例

3.4.1 单层剪切型框架结构控制

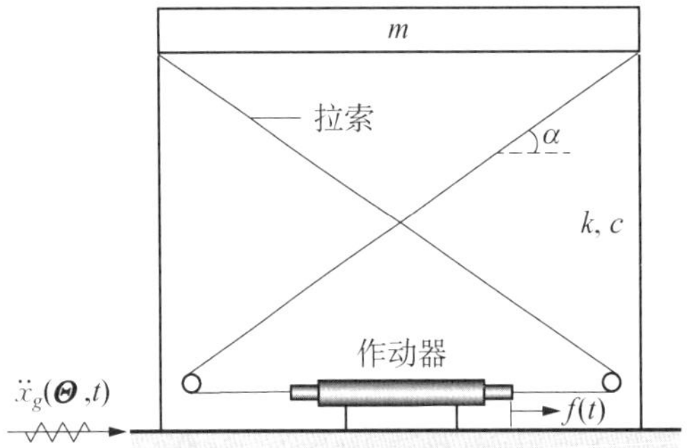

图3.4.1 单层剪切型框架结构主动拉索控制系统

考察图3.4.1所示的单层框架结构主动拉索控制系统。系统质量 $m=10^5$ kg；无控结构基本频率 $\omega_0=11.22$ rad/s；实施于结构的控制力 $u(t)=2f(t)\cos\alpha$，$f(t)$ 为作动器控制力，α 为拉索相对于基础的倾角；作动器质量忽略不计（一般小于结构质量的5%）；无控结构阻尼比0.05。控制约束量设为层间位移，评价量包括层间位移、层加速度和层间控制力，分位值函数定义为等价极值向量的均值加3倍标准差，位移等价极值的约束值假定为10 mm。系统最优控制的目标是控制层间位移保证结构的安全性，控制层加速度以考虑结构舒适性，控制层间作动器出力以满足系统的工作性为目的。确定性动力反应数值计算采用传递函数变换分析方法（线性时不变系统的S变换），对应MATLAB工具箱函数lsim（Mathews & Fink, 2004）。

采用2.5.1节中介绍的物理随机地震动模型，并引入条件随机地震动，将震源、传播途径的影响综合到基岩输入，工程场地等效为单自由度体系，如图3.4.2所示，建立地表地震动与基岩输入地震动、场地卓越圆频率和场地等价阻尼比之间的理论物理关系（李杰 & 艾晓秋，2006）

$$\ddot{X}_g(\boldsymbol{\Theta},\omega)=\frac{\Theta_{\omega_g}^2+2\mathrm{i}\Theta_{\zeta_g}\Theta_{\omega_g}\omega}{\Theta_{\omega_g}^2-\omega^2+2\mathrm{i}\Theta_{\zeta_g}\Theta_{\omega_g}\omega}\cdot\ddot{U}_b(\boldsymbol{\Theta}_b,\omega) \tag{3.4.1}$$

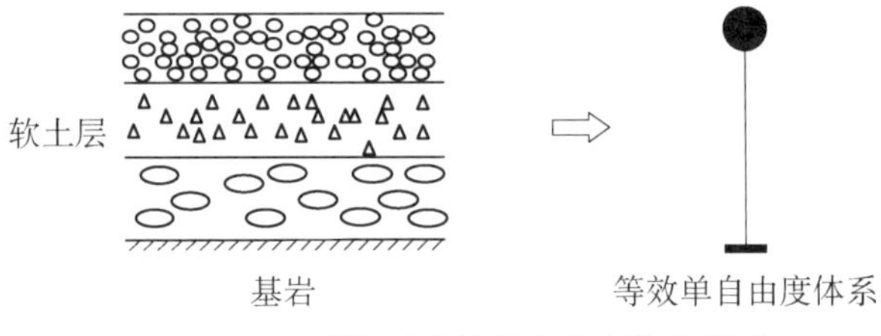

图3.4.2 工程场地等效单自由度体系模型

式中，$\ddot{X}_g(\boldsymbol{\Theta},\omega)$，$\ddot{U}_b(\boldsymbol{\Theta}_b,\omega)$ 分别为工程场地和基岩处地震动的频域表达，假设基岩处地震动为有限带宽白噪声过程，其Fourier幅值谱 F_b 基于地震危险性背景取值；随机参数向量

第4章

物理随机最优控制的概率准则

4.1 引言

第3章的研究表明，在设定的最优控制律参数下，经典的LQG控制一般仅能使系统控制效果在二阶数值特征意义上最优，而不能合理设计结构工程控制系统；因此，我们提出了基于概率密度演化理论的结构随机最优控制方法，阐述了控制系统性态的概率密度演化过程。然而，在第3章中，关于控制律关键参数的确定带有明显的人为选择痕迹，这是需要认真加以解决的。

研究表明：控制效果与性能函数及由其导出的控制律中的权矩阵关键参数 q 和 r 直接相关。考察既有研究文献可知：关于权矩阵的选择可分为三类。一类涉及与系统稳定相关的目标性态函数，包括试凑的经验方法和Lyapunov稳定条件准则。如，Chen等人分析了线性电力系统稳定器的优化设计，他们通过构造特定的权矩阵，使系统矩阵的主导特征值尽可能地远离虚轴，直到达到所希望的阻尼比(Chen et al, 1992)。Yang等人按能量概念定义权矩阵，通过求解Riccati方程分析了各种可能的权矩阵形式，并分析了它们的适用性(Yang et al, 1992c; 1992d)。因为稳定属于系统的内在属性，尽管这类权矩阵选择策略源于确定性最优控制，但同样适用于随机最优控制。例如，在不确定的区间最优控制中，发展了权矩阵选择的有效算法(Tsay et al, 1991)。另一类权矩阵选择策略为二阶统计量评价，曾在第3章中详细讨论。显然，上述两类策略都不包含优化程序和算法，由此确定的权矩阵很难达到系统的最优性态。第三类权矩阵选择策略涉及概率优化程序，如在LQG框架下，Stengel等人提出了一类与结构系统鲁棒性相关的权矩阵选择方法(Stengel et al, 1992)；Zhu等人采用基于Hamilton理论体系的随机平均法和HJB方程考察了二阶性能泛函的权矩阵选择(Zhu et al, 2001)等。

在经典随机最优控制的概率准则研究基础上，本章试图建立一类物理随机最优控制的概率准则，并将这类准则应用到结构随机地震反应最优控制之中，发展与之相关的权矩阵优化方法，包括结构系统状态量或控制力的单目标控制准则和多目标控制准则，从而改进第3章中依靠人为分析确定权矩阵的被动局面。

4.2　随机最优控制律泛函

从导出式(3.3.19)可知,采用物理随机最优控制理论,闭环控制系统的反馈控制力表达为

$$\boldsymbol{U}(\boldsymbol{\Theta}, t) = \boldsymbol{f}(\boldsymbol{Q}_Z, \boldsymbol{R}_U)\boldsymbol{Z}(\boldsymbol{\Theta}, t) \tag{4.2.1}$$

式中,$\boldsymbol{f}(\cdot)$ 为最优控制律泛函矩阵。

进一步分析,可知 $\boldsymbol{Z}(t)$ 和 $\boldsymbol{U}(t)$ 分别满足广义概率密度演化方程(3.2.4)、方程(3.2.5),由此可以建立基于概率密度演化过程的最优控制准则,并得到最优控制律参数向量($\boldsymbol{Q}_Z^*$, $\boldsymbol{R}_U^*$)。图4.2.1示意了某一典型时刻不同控制律参数向量对物理量概率密度函数形态的影响。

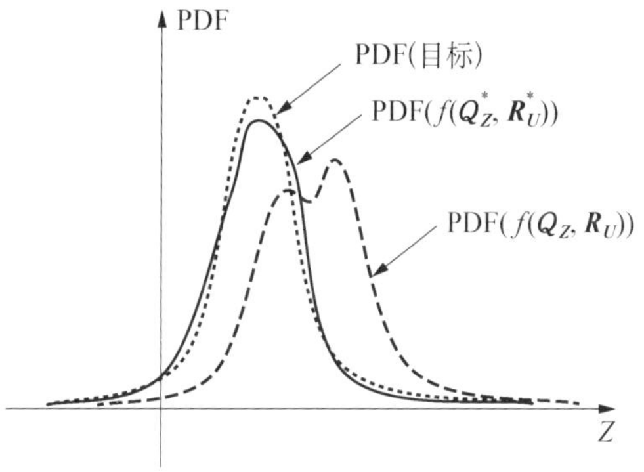

图4.2.1　控制律参数向量对物理量概率密度函数的影响

诚如第3章所述,物理最优控制方法涉及两步优化,一是最小化性能泛函以建立控制律参数集合与控制增益集合之间的映射关系,二是根据目标性态设计最优的控制律参数。因此,基于概率密度演化过程的最优控制准则,是寻求可能的 $\boldsymbol{Q}_Z^*$, $\boldsymbol{R}_U^*$,使得控制准则中参数性态泛函 J_2 最小化,见表达式(3.3.20)。

前已表明,二次性能泛函式(3.3.5)中权矩阵 $\boldsymbol{Q}_Z$, $\boldsymbol{R}_U$ 分别为半正定和正定的。理论上,它们均为时变、对称的满阵(Leondes & Salami, 1980),然而应用中经常假定为定常矩阵。已有关于权矩阵的选择与分析表明,状态权矩阵对角线上的元素一般远大于非对角线上的元素,位移与速度的交叉项元素可以忽略(Chen et al, 1992)。因此,权矩阵可合理假定为如下形式(Zhang & Xu, 2001)

$$\boldsymbol{Q}_Z = \begin{bmatrix} \boldsymbol{Q}_d & \boldsymbol{0} \\ \boldsymbol{0} & \boldsymbol{Q}_v \end{bmatrix}, \ \boldsymbol{R}_U = \boldsymbol{R}_u \tag{4.2.2}$$

4.3　概率优化准则

4.3.1　单目标控制准则

4.3.1.1　系统状态优化准则

广义概率密度演化方程采用样本轨道描述,深刻揭示了随机系统的物理演化过程。对于随机动力系统的反应,在概率空间中各样本过程的极值是一随机变量。选取系统状态极值的概率特征量为最优控制目标,并考虑各状态量之间的相关性,可以构造等价极值事件

(Li et al, 2007)。例如：若以 $Z_i(\boldsymbol{\Theta}, t)$ 表示结构第 i 层层间位移,则可以给出状态等价极值向量

$$\tilde{Z}(\boldsymbol{\Theta}) = \max_t[\max_i |Z_i(\boldsymbol{\Theta}, t)|] \tag{4.3.1}$$

式中,t 为考察状态过程的持续时间;i 表示结构层间序号。

基于 $\tilde{Z}(\boldsymbol{\Theta})$,可以构造具有不同物理意义的随机动力系统控制准则(Li et al, 2011a)。如根据物理量的统计矩,可以建立三种控制准则。

(1) 均值准则。

$$\min\{J_2\} = \min\{E[\tilde{Z}]\} \tag{4.3.2}$$

其物理意义为控制目标极值的均值取极小值,如图 4.3.1 所示。

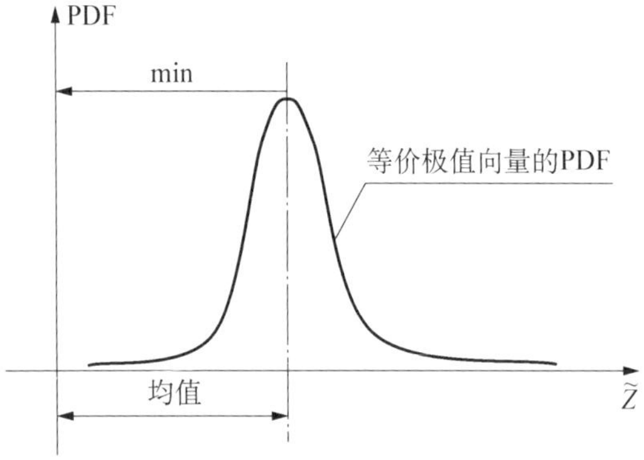

图 4.3.1 均值准则物理意义图示

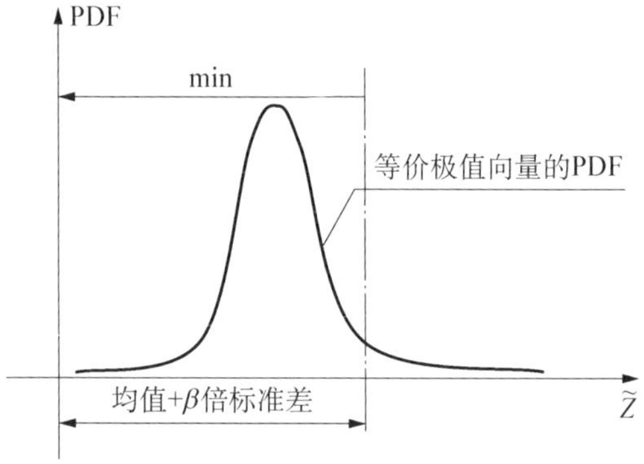

图 4.3.2 均值－标准差准则物理意义图示

(2) 均值－均方差准则。

$$\min\{J_2\} = \min\{E[\tilde{Z}] + \beta \times \sigma[\tilde{Z}]\} \tag{4.3.3}$$

式中,β 为置信水平系数。

这一准则的物理意义要求控制目标变化幅度在一定范围之内,如图 4.3.2 所示。

(3) 超越概率准则。

$$\min\{J_2\} = \min\{\Pr(\tilde{Z} - \tilde{Z}_{\text{thd}} > 0)\} \tag{4.3.4}$$

式中,$\tilde{Z}_{\text{thd}}$ 为给定的控制目标阈值;Pr(·) 表示随机事件的概率。

这一准则的物理意义是对于任何可能的随机输入,控制目标都以较小的超越概率保证不被超出,如图 4.3.3 所示。

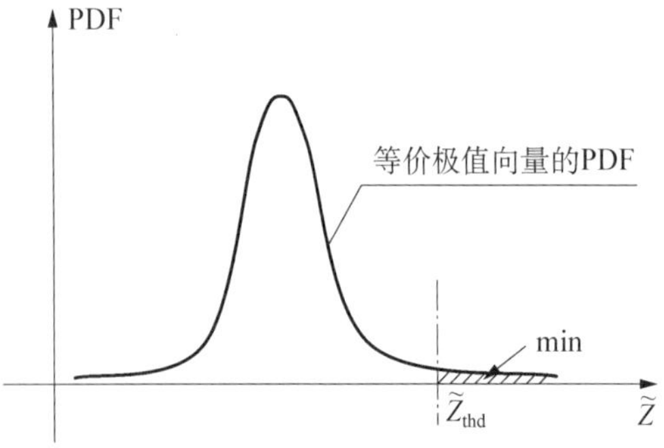

图 4.3.3 超越概率准则物理意义图示

从均值准则到超越概率准则,其间关系是递进的,即从数值特征到概率密度逐渐精细化地加以反映。尽管超越概率准则并不能表现物理量概率密度函数的全部细节,不能如图

4.2.1 追踪目标概率密度函数的完整形态，但该准则的物理背景具有广泛的工程实践意义。

进一步的深入研究表明，仅以一类状态量进行控制律设计，可能导致其余类别的状态量失控，因此，当以反映系统安全性的位移为控制目标、同时考虑加速度约束时，可引入惩罚函数，建立如下位移控制－加速度约束准则。

(1) 均值准则。

$$\min\{J_2\} = \min\{E[\widetilde{D}] + 10^6 \times H(\widetilde{A}_{\max} - \widetilde{A}_{\text{con}})\} \tag{4.3.5}$$

式中，$H(\cdot)$ 为 Heaviside 阶跃函数，具有如下特性

$$H(\widetilde{A}_{\max} - \widetilde{A}_{\text{con}}) = \begin{cases} 0, & \widetilde{A}_{\max} < \widetilde{A}_{\text{con}} \\ 1, & \widetilde{A}_{\max} \geqslant \widetilde{A}_{\text{con}} \end{cases} \tag{4.3.6}$$

$\widetilde{A}_{\max} = \max(\widetilde{A}(\boldsymbol{\Theta}))$ 为加速度最大值；$\widetilde{A}_{\text{con}}$ 为加速度约束值。

(2) 均值－均方差准则。

$$\min\{J_2\} = \min\{E[\widetilde{D}] + \beta \times \sigma[\widetilde{D}] + 10^6 \times H(\widetilde{A}_{\max} - \widetilde{A}_{\text{con}})\} \tag{4.3.7}$$

(3) 超越概率准则。

$$\min\{J_2\} = \min\{\Pr(\widetilde{D} - \widetilde{D}_{\text{thd}} > 0) + H(\widetilde{A}_{\max} - \widetilde{A}_{\text{thd}})\} \tag{4.3.8}$$

式中，$\widetilde{D}_{\text{thd}}$为系统位移阈值。

4.3.1.2　控制力优化准则

考察一个控制系统，不仅关心反映系统安全性和舒适性的状态量，也需要考虑系统的能量消耗。根据这一原则，可以建立如下控制力准则。

(1) 均值准则。

$$\min\{J_2\} = \min\{E[\widetilde{U}]\} \tag{4.3.9}$$

(2) 均值－均方差准则。

$$\min\{J_2\} = \min\{E[\widetilde{U}] + \beta \times \sigma[\widetilde{U}]\} \tag{4.3.10}$$

(3) 超越概率准则。

$$\min\{J_2\} = \min\{\Pr(\widetilde{U} - \widetilde{U}_{\text{thd}} > 0)\} \tag{4.3.11}$$

式中，$\widetilde{U} = \max\limits_{t}[\max\limits_{i} | U_i(\boldsymbol{\Theta}, t) |]$ 为控制力等价极值向量；$\widetilde{U}_{\text{thd}}$ 为系统控制力阈值。

4.3.1.3　综合优化准则

当以反映系统安全性的结构位移为最优化目标，同时考虑加速度和控制力约束时，可建立如下位移控制－加速度与控制力约束准则。

(1) 均值准则。

$$\min\{J_2\} = \min\{E[\widetilde{D}] + 10^6 \times [H(\widetilde{A}_{\max} - \widetilde{A}_{\text{con}}) + H(\widetilde{U}_{\max} - \widetilde{U}_{\text{con}})]\} \tag{4.3.12}$$

式中，$\widetilde{U}_{\max} = \max(\widetilde{U}(\boldsymbol{\Theta}))$ 为控制力最大值；$\widetilde{U}_{\text{con}}$ 为控制力约束值。

(2) 均值－均方差准则。

$$\min\{J_2\} = \min\{E[\widetilde{D}] + \beta \times \sigma[\widetilde{D}] + 10^6 \times [H(\widetilde{A}_{\max} - \widetilde{A}_{\mathrm{con}}) + H(\widetilde{U}_{\max} - \widetilde{U}_{\mathrm{con}})]\} \tag{4.3.13}$$

（3）超越概率准则。

$$\min\{J_2\} = \min\{\Pr(\widetilde{D} - \widetilde{D}_{\mathrm{thd}} > 0) + H(\widetilde{A}_{\max} - \widetilde{A}_{\mathrm{con}}) + H(\widetilde{U}_{\max} - \widetilde{U}_{\mathrm{con}})\} \tag{4.3.14}$$

4.3.2 多目标控制准则

考察上述单目标控制准则,不难发现,当仅以单个状态量或控制力为目标时,一般会忽视与结构性态相关的其他物理量,如与系统适用性相关的层间速度,与系统舒适性相关的层加速度等。而且,在实践中,这些物理量往往相互制约。因此,需要引入均衡设计的思想,进行多目标物理量的控制。

4.3.2.1 性态均衡优化准则

通过构造与结构物理量相关的性态泛函,将单目标优化准则自然地扩展到多目标性态均衡优化准则中。

（1）均值准则。

准则中性态泛函定义为状态量和控制力二次组合的期望形式

$$J_2 = E\left[\int_{t_0}^{t_f} \frac{1}{2}\{\widetilde{Z}_t^{\mathrm{T}}(t)\boldsymbol{Q}_{\widetilde{Z}_t}\widetilde{Z}_t(t) + \widetilde{U}_t^{\mathrm{T}}(t)\boldsymbol{R}_{\widetilde{U}_t}\widetilde{U}_t(t)\}\mathrm{d}t\right] \tag{4.3.15}$$

式中,$\widetilde{Z}_t(\boldsymbol{\Theta}, t) = \max\limits_i |Z_i(\boldsymbol{\Theta}, t)|$,$\widetilde{U}_t(\boldsymbol{\Theta}, t) = \max\limits_i |U_i(\boldsymbol{\Theta}, t)|$ 分别为状态量和控制力等价极值过程。

交换期望算子与积分算子,并引入矩阵单位化形式

$$\widetilde{Z}_t^{\mathrm{T}}\boldsymbol{Q}_{\widetilde{Z}_t}\widetilde{Z}_t = \mathrm{Tr}(\widetilde{Z}_t^{\mathrm{T}}\boldsymbol{Q}_{\widetilde{Z}_t}\widetilde{Z}_t) = \mathrm{Tr}(\boldsymbol{Q}_{\widetilde{Z}_t}\widetilde{Z}_t\widetilde{Z}_t^{\mathrm{T}}) \tag{4.3.16}$$

其中,Tr(·)表示矩阵的迹。考虑到控制力与状态量之间的关系式(3.3.19),交换期望算子与迹算子,有

$$J_2 = \frac{1}{2}\mathrm{Tr}\left\{\int_{t_0}^{t_f}((\boldsymbol{Q}_{\widetilde{Z}_t} + \boldsymbol{G}_{\widetilde{Z}_t}^{\mathrm{T}}\boldsymbol{R}_{\widetilde{U}_t}\boldsymbol{G}_{\widetilde{Z}_t})E[\widetilde{Z}_t(t)\widetilde{Z}_t^{\mathrm{T}}(t)])\mathrm{d}t\right\} \tag{4.3.17}$$

式中,权矩阵 $\boldsymbol{Q}_{\widetilde{Z}_t}$,$\boldsymbol{R}_{\widetilde{U}_t}$ 和反馈增益矩阵 $\boldsymbol{G}_{\widetilde{Z}_t}$ 的维数分别与状态量和控制力等价极值过程 $\widetilde{Z}_t$,$\widetilde{U}_t$ 一致,有如下形式

$$\boldsymbol{Q}_{\widetilde{Z}_t} = \begin{bmatrix} Q_d & 0 \\ 0 & Q_v \end{bmatrix},\ \boldsymbol{R}_{\widetilde{U}_t} = R_u,\ \boldsymbol{G}_{\widetilde{Z}_t} = \boldsymbol{R}_{\widetilde{U}_t}^{-1}\boldsymbol{B}^{\mathrm{T}}\boldsymbol{P}_t \tag{4.3.18}$$

式中,$\boldsymbol{P}_t$ 为相应的 Riccati 矩阵函数。

进而,引入加速度约束

$$J_2 = \frac{1}{2}\mathrm{Tr}\left\{\int_{t_0}^{t_f}((\boldsymbol{Q}_{\tilde{Z}_t} + \boldsymbol{G}_{\tilde{Z}_t}^{\mathrm{T}}\boldsymbol{R}_{\tilde{U}_t}\boldsymbol{G}_{\tilde{Z}_t})E[\tilde{Z}_t(t)\tilde{Z}_t^{\mathrm{T}}(t)])\mathrm{d}t\right\} + 10^6 \times H(\tilde{A}_{\max} - \tilde{A}_{\mathrm{con}}) \tag{4.3.19}$$

不难看出,基于性态均衡优化原则的均值准则实质上是系统能量在均值意义上最小的准则。

(2) 超越概率准则。

均值准则使均衡性态泛函在均值意义上最小,但并不满足精细化设计的要求。为此,基于超越概率,构造如下性态泛函

$$J_2 = \int_{L_{\mathrm{thd}}}^{\infty} p(L)\mathrm{d}L \tag{4.3.20}$$

式中,

$$L(\tilde{Z}_t, \tilde{U}_t, \boldsymbol{\Theta}) = \frac{1}{2}\mathrm{Tr}\left\{\int_{t_0}^{t_f}((\boldsymbol{Q}_{\tilde{Z}_t} + \boldsymbol{G}_{\tilde{Z}_t}^{\mathrm{T}}\boldsymbol{R}_{\tilde{U}_t}\boldsymbol{G}_{\tilde{Z}_t})[\tilde{Z}_t(t)\tilde{Z}_t^{\mathrm{T}}(t)])\mathrm{d}t\right\} \tag{4.3.21}$$

$$L_{\mathrm{thd}} = \frac{1}{2}[q_{\mathrm{corr}}[F_{\mathrm{corr}}(\tilde{D})]^2 + q_{\mathrm{corr}}[F_{\mathrm{corr}}(\tilde{V})]^2 + r_{\mathrm{corr}}[F_{\mathrm{corr}}(\tilde{U})]^2](t_f - t_0) \tag{4.3.22}$$

$\tilde{V}$ 表示速度等价极值向量;泛函 L 的阈值 L_{thd} 按首达准则定义,即若位移、速度和控制力三者中任一物理量的分位值首先达到其阈值,其他两者分别取阈值范围内的当前分位值,同时确定当前权矩阵系数 q_{corr}, r_{corr}。

由此,引入加速度约束下

$$J_2 = \int_{L_{\mathrm{thd}}}^{\infty} p(L)\mathrm{d}L + H(\tilde{A}_{\max} - \tilde{A}_{\mathrm{con}}) \tag{4.3.23}$$

显然,基于性态均衡优化原则的超越概率准则实质上是使系统能量失效可能最小的准则。

4.3.2.2　能量均衡优化准则

性态均衡优化准则是物理量之间的均衡形式在概率意义上最小,并不直接满足各性态量的要求。因此,需要进一步从各性态量加以考察、构造能量均衡形式的优化准则。

(1) 均值准则。

在物理量的均值意义上,性态泛函定义为

$$J_2 = \frac{1}{2}\int_{t_0}^{t_f}\{E^{\mathrm{T}}[\tilde{Z}_t]\boldsymbol{Q}_{\tilde{Z}_t}E[\tilde{Z}_t] + E^{\mathrm{T}}[\tilde{U}_t]\boldsymbol{R}_{\tilde{U}_t}E[\tilde{U}_t]\}\mathrm{d}t \tag{4.3.24}$$

简单推导得到

$$J_2 = \frac{1}{2}\mathrm{Tr}\left\{\int_{t_0}^{t_f}((\boldsymbol{Q}_{\tilde{Z}_t} + \boldsymbol{G}_{\tilde{Z}_t}^{\mathrm{T}}\boldsymbol{R}_{\tilde{U}_t}\boldsymbol{G}_{\tilde{Z}_t})E[\tilde{Z}_t]E^{\mathrm{T}}[\tilde{Z}_t])\mathrm{d}t\right\} \tag{4.3.25}$$

为此,加速度约束下的性态泛函为

$$J_2 = \frac{1}{2}\mathrm{Tr}\left\{\int_{t_0}^{t_f}((\boldsymbol{Q}_{\tilde{Z}_t} + \boldsymbol{G}_{\tilde{Z}_t}^{\mathrm{T}}\boldsymbol{R}_{\tilde{U}_t}\boldsymbol{G}_{\tilde{Z}_t})E[\tilde{Z}_t]E^{\mathrm{T}}[\tilde{Z}_t])\mathrm{d}t\right\} + 10^6 \times H(\tilde{A}_{\max} - \tilde{A}_{\mathrm{con}}) \tag{4.3.26}$$

比较性态均衡优化的均值准则,能量均衡优化的均值准则实质上是使系统平均能量最小。

(2) 超越概率准则。

为保证各物理量失效可能总体最小,定义不同于上述性态泛函形式的超越概率泛函

$$J_2 = \frac{1}{2}\int_{t_0}^{t_f}[\Pr^{\mathrm{T}}_{\widetilde{Z}_t}(\widetilde{Z}_t - \widetilde{Z}_{t,\,\mathrm{thd}} > \mathbf{0})\boldsymbol{Q}_{\widetilde{Z}}\Pr_{\widetilde{Z}_t}(\widetilde{Z}_t - \widetilde{Z}_{t,\,\mathrm{thd}} > \mathbf{0}) + \Pr^{\mathrm{T}}_{\widetilde{U}_t}(\widetilde{U}_t - \widetilde{U}_{t,\,\mathrm{thd}} > \mathbf{0})\boldsymbol{R}_{\widetilde{U}}\Pr_{\widetilde{U}_t}(\widetilde{U}_t - \widetilde{U}_{t,\,\mathrm{thd}} > \mathbf{0})]\mathrm{d}t \tag{4.3.27}$$

式中,$\widetilde{Z}_{t,\,\mathrm{thd}}$, $\widetilde{U}_{t,\,\mathrm{thd}}$分别为$\widetilde{Z}_t$, $\widetilde{U}_t$的阈值。

显然,以式(4.3.27)为泛函的优化涉及时变可靠度的计算,大大增加了求解问题的复杂程度。然而,事实上并非每个时刻的可靠度对于系统安全性评价都是必需的。根据极值分布理论,对反应过程极值的考察更有意义。因此,性态泛函定义为

$$J_2 = \frac{1}{2}[\Pr^{\mathrm{T}}_{\widetilde{Z}}(\widetilde{Z} - \widetilde{Z}_{\mathrm{thd}} > \mathbf{0})\boldsymbol{Q}_{\widetilde{Z}}\Pr_{\widetilde{Z}}(\widetilde{Z} - \widetilde{Z}_{\mathrm{thd}} > \mathbf{0}) + \Pr^{\mathrm{T}}_{\widetilde{U}}(\widetilde{U} - \widetilde{U}_{\mathrm{thd}} > \mathbf{0})\boldsymbol{R}_{\widetilde{U}}\Pr_{\widetilde{U}}(\widetilde{U} - \widetilde{U}_{\mathrm{thd}} > \mathbf{0})] \tag{4.3.28}$$

式中,$\widetilde{Z}_{\mathrm{thd}}$, $\widetilde{U}_{\mathrm{thd}}$分别为$\widetilde{Z}$, $\widetilde{U}$的阈值;权矩阵$\boldsymbol{Q}_{\widetilde{Z}}$, $\boldsymbol{R}_{\widetilde{U}}$不同于$\boldsymbol{Q}_{\widetilde{Z}_t}$, $\boldsymbol{R}_{\widetilde{U}_t}$,因为对于无量纲$J_2$,它们蕴含不同的单位量纲。同$\boldsymbol{Q}_{\widetilde{Z}_t}$, $\boldsymbol{R}_{\widetilde{U}_t}$, $\boldsymbol{Q}_{\widetilde{Z}}$, $\boldsymbol{R}_{\widetilde{U}}$应依据结构性态进行设计,本章定义为如下简单形式

$$\boldsymbol{Q}_{\widetilde{Z}} = \begin{bmatrix} 1 & 0 \\ 0 & 1 \end{bmatrix},\ \boldsymbol{R}_{\widetilde{U}} = 1 \tag{4.3.29}$$

于是,加速度约束下的性态泛函为

$$J_2 = \frac{1}{2}[\Pr^{\mathrm{T}}_{\widetilde{Z}}(\widetilde{Z} - \widetilde{Z}_{\mathrm{thd}} > \mathbf{0})\boldsymbol{Q}_{\widetilde{Z}}\Pr_{\widetilde{Z}}(\widetilde{Z} - \widetilde{Z}_{\mathrm{thd}} > \mathbf{0}) + \Pr^{\mathrm{T}}_{\widetilde{U}}(\widetilde{U} - \widetilde{U}_{\mathrm{thd}} > \mathbf{0})\boldsymbol{R}_{\widetilde{U}}\Pr_{\widetilde{U}}(\widetilde{U} - \widetilde{U}_{\mathrm{thd}} > \mathbf{0})] + H(\widetilde{A}_{\max} - \widetilde{A}_{\mathrm{con}}) \tag{4.3.30}$$

4.3.3 概率准则的比较研究

以3.4.1节中单层剪切型框架结构主动拉索控制系统为考察对象,进行各概率准则的比较分析。

4.3.3.1 单目标控制准则

层间位移、层间速度、层加速度和层间控制力的阈值或约束值分别取为10 mm、100 mm/s、3 000 mm/s^{2}和200 kN,置信水平系数$\beta = 1$,性态均衡优化准则中性态泛函阈值评价的分位值函数定义为均值加3倍标准差。最优控制的二次性能泛函中,状态权矩阵形式$\boldsymbol{Q}_Z = \mathrm{diag}\{Q_d, Q_v\}$,控制力权矩阵$\boldsymbol{R}_U = R_u$。确定性动力反应分析采用传递函数变换法。优化策略采用MATLAB仿真工具箱函数*fmincon*:在每个迭代步,使用序列二次规划法(Sequence Quadratic Programming, SQP)求解二次规划子问题。在本质上,这属于基于Kuhn-Tucker方程解的有约束局部非线性优化(Mathews & Fink, 2004)。

表4.3.1—表4.3.3为单目标量控制准则的参数优化结果。可以看出:

(1) 从位移控制-加速度约束准则到控制力准则,再到位移控制-加速度与控制力约束

准则，所关心的系统控制量逐渐客观、全面，形成递阶层次。

(2) 均值准则和均值－均方差准则的所确定的参数最优值基本相同。如：控制力准则中两者相同；位移控制－加速度约束准则和位移控制－加速度与控制力约束准则中，两者比较的最大差异仅为3.78%。这表明：至少对所述算例，均值准则可以代替均值－均方差准则。

表4.3.1　位移控制－加速度约束准则优化(单目标准则Ⅰ)

参数	均值准则(i)			均值－均方差准则(ii)			超越概率准则(iii)		
	Q_d	Q_v	R_u	Q_d	Q_v	R_u	Q_d	Q_v	R_u
初始值	100.0	100.0	10^{-10}	100.0	100.0	10^{-10}	100.0	100.0	10^{-10}
最优值	230.2	13 983.4	10^{-10}	221.5	13 984.1	10^{-10}	101.0	195.4	10^{-10}
目标函数	0.91 mm			1.06 mm			0.001 6		

表4.3.2　控制力准则优化(单目标准则Ⅱ)

参数	均值准则(i)			均值－均方差准则(ii)			超越概率准则(iii)		
	Q_d	Q_v	R_u	Q_d	Q_v	R_u	Q_d	Q_v	R_u
初始值	100.0	100.0	10^{-8}	100.0	100.0	10^{-8}	100.0	100.0	10^{-8}
最优值	99.2	0.0	10^{-8}	99.2	0.0	10^{-8}	100.0	100.0	10^{-8}
目标函数	0.11 kN			0.17 kN			0.000 0		

表4.3.3　位移控制－加速度与控制力约束准则优化(单目标准则Ⅲ)

参数	均值准则(i)			均值－均方差准则(ii)			超越概率准则(iii)		
	Q_d	Q_v	R_u	Q_d	Q_v	R_u	Q_d	Q_v	R_u
初始值	100.0	100.0	10^{-10}	100.0	100.0	10^{-10}	100.0	100.0	10^{-10}
最优值	102.6	383.2	10^{-10}	102.5	383.2	10^{-10}	101.0	195.4	10^{-10}
目标函数	4.72 mm			5.67 mm			0.001 6		

(3) 在各种准则中，超越概率准则与均值准则、均值－均方差准则的参数最优值相差较大。下述分析将进一步说明：概率密度准则比一、二阶矩数值特征准则对系统性态控制更精细和更经济。

(4) 位移控制－加速度约束准则和位移控制－加速度与控制力约束准则中的超越概率准则参数最优值相同。这是因为在位移控制－加速度与控制力约束准则中施加的控制力约束对超越概率准则的最优值和收敛目标值没有影响，而对均值准则和均值－均方差准则的最优值和收敛目标影响较大。究其原因，是因为均值准则、均值－均方差准则要求位移的一、二阶数值特征值最小；而特征值越小、需要的控制力越大，强化了控制力的约束。超越概率准则是以保证率为目标，与概率密度、更严格地说与概率密度的尾部相关，并不要求位移的均值或标准差差最小。图4.3.4所示为两种可能情况下的系统状态概率密度比较，可以看到，具有较大均值，或较大标准差的概率密度截尾面积反而较小。这导致所需要的控制力较小，因此超越概率准则是更为精细和经济的控制准则。

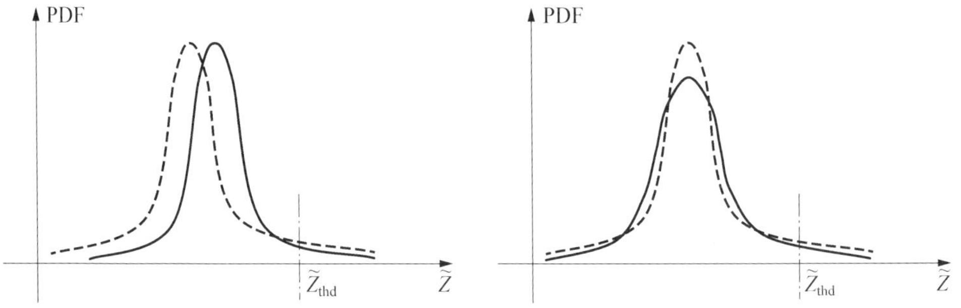

(a) (b)

图 4.3.4 不同均值或标准差概率密度比较

(a) 不同均值、相同标准差；(b) 相同均值、不同标准差

以上述线性控制系统为考察对象，各单目标控制准则的控制效果比较如表 4.3.4 所示。

表 4.3.4 单目标量准则的控制效果比较

概率准则			单目标准则 Ⅰ		单目标准则 Ⅱ		单目标准则 Ⅲ	
			(i)	(iii)	(i)	(iii)	(i)	(iii)
层间位移等价极值(mm)	均值	无控	28.47	28.47	28.47	28.47	28.47	28.47
		有控	0.91	6.23	28.94	25.57	4.72	6.23
		效果*	−96.80%	−78.12%	1.65%	−10.19%	−83.42%	−78.12%
	标准差	无控	13.78	13.78	13.78	13.78	13.78	13.78
		有控	0.15	1.41	14.11	11.84	0.95	1.41
		效果*	−98.91%	−89.77%	2.39%	−14.08%	−93.11%	−89.77%
层加速度等价极值(mm/s^2)	均值	无控	3 602.7	3 602.7	3 602.7	3 602.7	3 602.7	3 602.7
		有控	1 075.4	1 235.6	3 661.7	3 245.4	1 157.0	1 235.6
		效果*	−70.15%	−65.70%	1.64%	−9.92%	−67.88%	−65.70%
	标准差	无控	1 745.6	1 745.6	1 745.6	1 745.6	1 745.6	1 745.6
		有控	355.2	348.9	1 786.1	1 504.0	331.0	348.9
		效果*	−79.65%	−80.01%	2.32%	−13.84%	−81.04%	−80.01%
层间控制力等价极值(kN)	均值		106.33	86.55	0.11	4.39	92.78	86.55
	标准差		35.68	30.71	0.06	2.27	31.78	30.71

注：* 效果 =(有控 − 无控)/无控。

从表中可以看出，由于控制目标的不同，各概率准则的控制效果不同：

(1) 单目标准则 Ⅱ 以控制力满足某一目标性态为原则，最优控制力的极值均值和标准差远小于其他准则，虽然经济，但层间位移控制效果和层加速度控制效果很差，甚至对于准则(i)因为控制力的微小扰动，出现了状态量放大的现象。

(2) 单目标准则 Ⅰ (i)的状态量控制效果是最好的，也是最不经济的。

(3) 单目标准则 Ⅲ 的两准则相比较，位移和加速度控制效果准则(i)要好于准则(iii)。如前所述，这是因为在单目标准则 Ⅲ 中施加的控制力约束对准则(iii)没有影响，而对准则(i)有显著影响。因此，综合控制准则考虑的系统控制量客观、全面。

在各概率准则中,超越概率准则以系统可靠度最大为目标,相比均值准则和均值-均方差准则更为精细和经济。

4.3.3.2　多目标控制准则

性态均衡的超越概率准则中 L 的阈值 L_{thd} 根据图3.4.8进行评价:当速度等价极值的分位值达到其阈值100 mm/s时,位移等价极值和控制力等价极值的分位值分别为7.41 mm和188.86 kN,小于它们的阈值,对应的权矩阵系数比为 4×10^{12},由此可确定权矩阵系数 $q_{\text{corr}}=400$, $r_{\text{corr}}=10^{-10}$;进而,根据式(4.3.22)计算得到国际制单位下的阈值 $L_{\text{thd}}=77.71(\text{SI})$。

表4.3.5为多目标量控制准则的参数优化结果,进一步表明随机最优控制的控制效果与其物理意义相关:多目标准则Ⅰ(i)、Ⅰ(ii)、Ⅱ(i)优化得到的控制律参数几乎相同,这是因为它们均要使系统能量在概率意义上最小。

表4.3.5　多目标量控制准则优化

参数	性态均衡优化控制-加速度约束准则(多目标准则Ⅰ)						能量均衡优化控制-加速度约束准则(多目标准则Ⅱ)					
	均值准则(i)			超越概率准则(ii)			均值准则(i)			超越概率准则(ii)		
	Q_d	Q_v	R_u	Q_d	Q_v	R_u	Q_d	Q_v	R_u	Q_d	Q_v	R_u
初始值	100	100	10^{-10}	100	100	10^{-10}	100	100	10^{-10}	100	100	10^{-10}
最优值	0.0	80.7	10^{-10}	3.6	80.7	10^{-10}	0.0	80.7	10^{-10}	1 073.6	505.0	10^{-10}
目标函数	35.96			0.038 6			0.837 0			$0.015\,0\times10^{-6}$		

表4.3.6所示为多目标量准则的控制效果比较,从中不难分析得到,性态均衡优化控制-加速度约束准则以泛函在概率意义上最小化为目标,并不强调物理量的控制,可能导致系统不安全;如其均值准则和超越概率准则中位移和速度的超越概率均比较大,尽管其以式(4.3.21)为表征泛函的超越概率均比较小、达到了较好的状态量与控制力的均衡。同样地,能量均衡优化控制-加速度约束准则的均值准则以状态量和控制力的期望最佳均衡为目标,也不能保证系统的安全。然而,能量均衡优化控制-加速度约束准则的超越概率准则不仅保证系统的安全性,同时控制能量消耗在一定的范围内。如表4.3.6所示,多目标准则Ⅱ(ii)的位移和速度超越概率远小于其他多目标准则,而控制力超越概率0.000 2也是可以接受的。此外,注意到各多目标准则中,作为约束的加速度,其超越概率均小于 5×10^{-5},说明优化过程中对约束量的控制是有效的。

表4.3.6　多目标量准则的控制效果比较

超越概率 \ 概率准则	无控	多目标准则Ⅰ		多目标准则Ⅱ	
		(i)	(ii)	(i)	(ii)
位移 $P_{f,d}$	0.902 0	0.314 7	0.314 6	0.314 7	3.60×10^{-7}
速度 $P_{f,v}$	0.894 1	0.524 5	0.524 4	0.524 5	4.88×10^{-5}
加速度 $P_{f,a}$	0.573 5	4.46×10^{-5}	4.46×10^{-5}	4.46×10^{-5}	3.60×10^{-7}
控制力 $P_{f,u}$	—	3.60×10^{-7}	3.60×10^{-7}	3.60×10^{-7}	1.66×10^{-4}
表征泛函 $P_{f,p}$	0.674 5	0.033 9	0.038 6	0.033 9	0.698 1

注意到，经典 LQG 控制的性能泛函具有与式(4.3.15)相似的形式，表明单一泛函最小化的均方状态控制策略不能保证结构系统的安全，基于超越概率准则的控制律参数设计是随机最优控制的关键。

表4.3.7比较了各准则对应控制律的控制效果，包括多目标准则Ⅱ(ii)、单目标准则Ⅲ(iii)、二阶统计量评价准则和 Lyapunov 渐近稳定条件准则。从中可以看出，Lyapunov 稳定条件准则的加速度均值控制效果最好，但加速度标准差控制效果最差、控制力标准差最大；二阶统计量评价准则的位移均值和标准差控制效果最好，但控制力均值最大；单目标准则Ⅲ(iii)的控制力均值和标准差最小，但位移均值和标准差、加速度均值控制效果最差；多目标准则Ⅱ(ii)的加速度标准差控制效果最好。结合表4.3.6，有理由认为：能量均衡的超越概率准则能够获得系统响应降低与控制力需求之间的合理均衡，是建立随机动力系统最优控制律的优选准则。

表4.3.7　各准则对应控制律的控制效果比较

控制准则			多目标准则Ⅱ(ii)：$\boldsymbol{Q}_Z=\mathrm{diag}\{1\,073.6,\ 505.0\}$，$\boldsymbol{R}_U=10^{-10}$	单目标准则Ⅲ(iii)：$\boldsymbol{Q}_Z=\mathrm{diag}\{101.0,\ 195.4\}$，$\boldsymbol{R}_U=10^{-10}$	二阶统计量评价：$\boldsymbol{Q}_Z=\mathrm{diag}\{80.0,\ 80.0\}$，$\boldsymbol{R}_U=10^{-11}$	Lyapunov 条件(Yang et al, 1992c)：$\boldsymbol{Q}_Z=100\times\mathrm{diag}\{K,\ M\}$，$\boldsymbol{R}_U=8\times10^{-6}$
层间位移等价极值(mm)	均值	无控	28.47	28.47	28.47	28.47
		有控	4.15	6.23	3.40	5.35
		效果*	−85.42%	−78.12% ▼	−88.06% ▲	−81.21%
	标准差	无控	13.78	13.78	13.78	13.78
		有控	0.81	1.41	0.63	1.40
		效果*	−94.12%	−89.77% ▼	−95.43% ▲	−89.84%
层加速度等价极值($\mathrm{mm/s^2}$)	均值	无控	3 602.7	3 602.7	3 602.7	3 602.7
		有控	1 141.0	1 235.6	1 114.7	909.9
		效果*	−68.33%	−65.70% ▼	−69.06%	−74.74% ▲
	标准差	无控	1 745.6	1 745.6	1 745.6	1 745.6
		有控	331.8	348.9	332.0	364.8
		效果*	−80.99% ▲	−80.01%	−80.98%	−79.10% ▼
层间控制力等价极值(kN)	均值		94.93	86.55▲	98.02▼	88.78
	标准差		32.46	30.71▲	33.12	33.51▼

注：* 效果 =(有控 − 无控)/无控。
▼表示相比其他准则对应控制律的控制效果较差；
▲表示相比其他准则对应控制律的控制效果较好。

4.4　数值算例

将能量均衡的超越概率准则应用于3.4.2节的八层剪切型框架结构主动拉索控制系统中。层间位移、层间速度、层加速度和层间控制力的阈值或约束值分别假定为 15 mm、150 mm/s、8 000 $\mathrm{mm/s^2}$ 和 2 000 kN。不考虑权矩阵中各层状态量的交叉项，并按相同状态

权量设计各层控制器,权矩阵采用如下形式

$$\boldsymbol{Q}_Z = \begin{bmatrix} Q_d\boldsymbol{I} & \boldsymbol{0} \\ \boldsymbol{0} & Q_v\boldsymbol{I} \end{bmatrix},\ \boldsymbol{R}_U = R_u\boldsymbol{I} \tag{4.4.1}$$

采用与上节相同的确定性动力反应分析方法和优化策略,可获得控制律参数优化结果,见表4.4.1。表中同时给出了目标性态泛函的最优值,以及性态泛函中状态量(位移、速度)和控制力的超越概率。目标函数的收敛过程如图4.4.1所示。这一结果表明,超越概率准则获得了状态量与控制力之间较好的均衡。

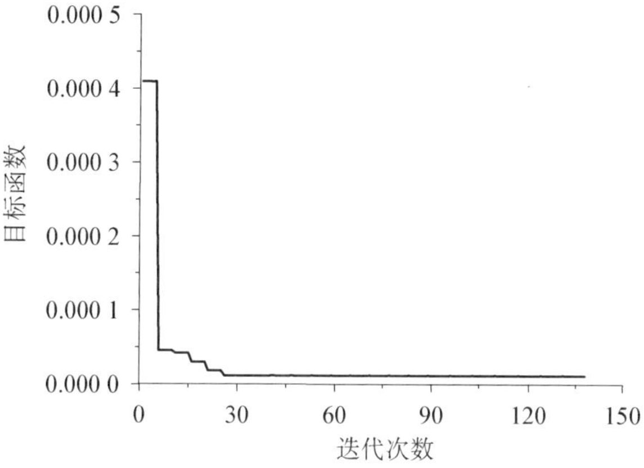

图4.4.1　超越概率目标函数的收敛过程

表4.4.1　数值算例的参数优化

参数	Q_d	Q_v	R_u
初始值	100.0	100.0	10^{-12}
最优值	102.8	163.7	10^{-12}
目标函数	1.122×10^{-5} ($P_{f,d}=0.002\,3$, $P_{f,v}=0.003\,5$, $P_{f,u}=0.002\,2$)		

图4.4.2和图4.4.3所示为最优控制前后第1层和第8层层间位移和层加速度的均值、标准差时程。对比图3.4.16和图3.4.17,可以看到,采用两种控制准则,结构均方反应的控制效果一致: 实施最优控制后,结构各层间位移反应沿层高等比例减小、较受控前降幅达到4倍;第1层加速度反应改善不明显,而第8层加速度反应显著降低,受控后层加速度沿层高更均匀。

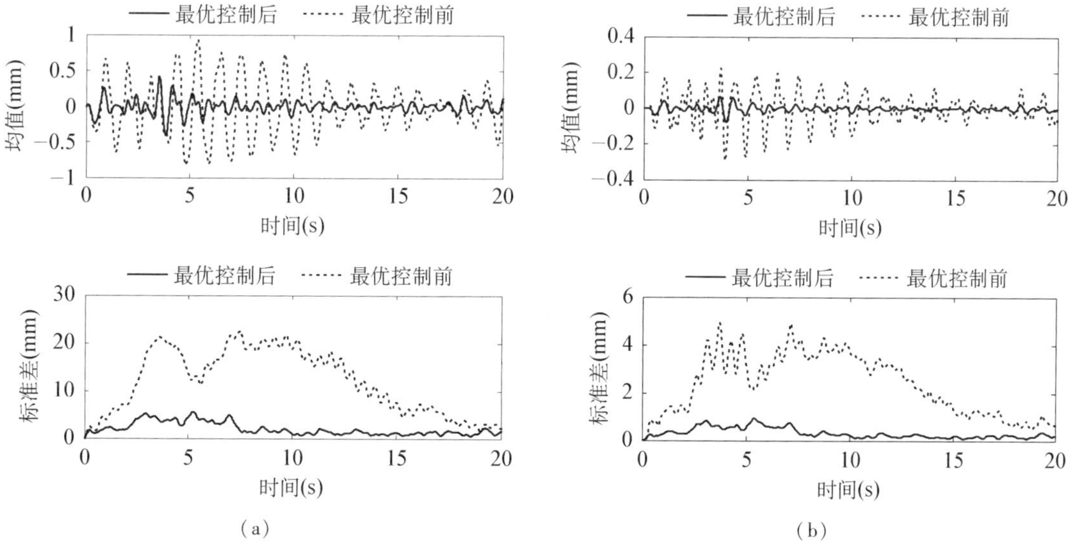

图4.4.2　最优控制前后层间位移的均值、标准差时程曲线比较

(a)第1层;(b)第8层

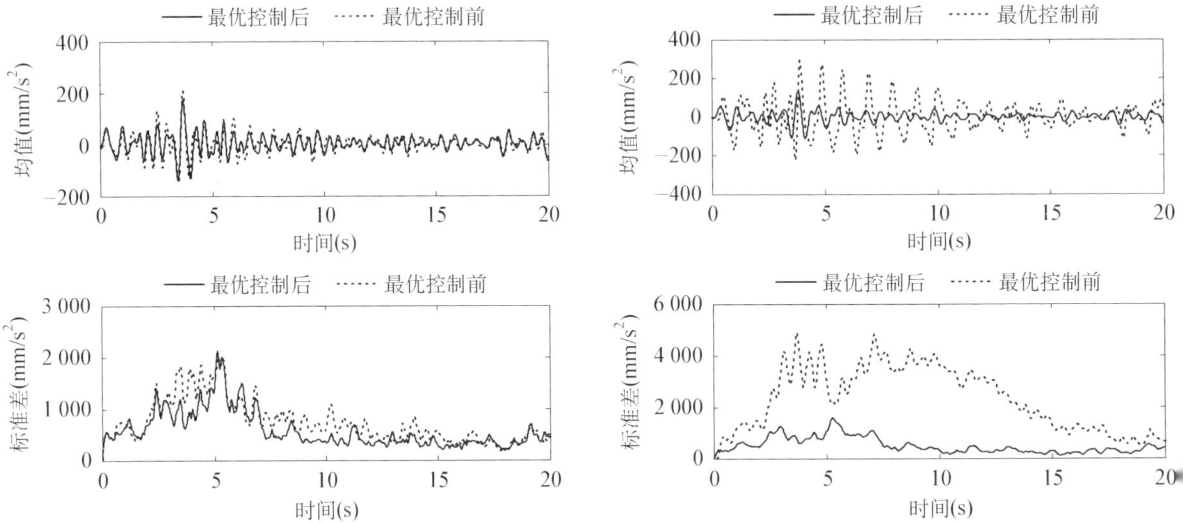

(a)　　　　(b)

图 4.4.3　最优控制前后层加速度的均值、标准差时程曲线比较

(a)第 1 层;(b)第 8 层

更为精细的概率表现如图 4.4.4、图 4.4.5 所示。比较分析图 3.4.18 — 图 3.4.21,从概率密度的幅值考察,采用能量均衡的超越概率准则比二阶统计量评价准则具有更好的位移控制和加速度控制。同时可以看到,层间位移的变异性受控前随时间变化较大,而受控后随时间变化较小、概率密度的尾部变化很小;第 1 层加速度在典型时刻的概率密度曲线也表明,尽管受控后加速度的变异性较受控前改善不明显,但概率密度的尾部基本不随时间变化。这与概率准则的物理意义是相符的,如前所述,超越概率准则并非是概率密度完整形态的调控策略,因此无论是位移,还是加速度,都只是最大值得到了控制。图 4.4.6、图 4.4.7 进一步给出了最优控制后第 1 层层间位移和层加速度在典型时段的概率密度曲面和等概率密度曲线。

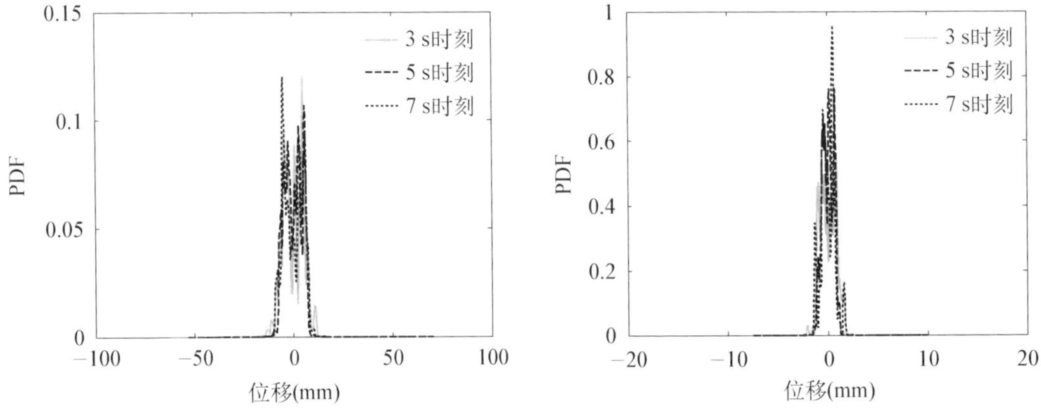

(a)　　　　(b)

图 4.4.4　最优控制后层间位移在典型时刻的概率密度曲线

(a)第 1 层;(b)第 8 层

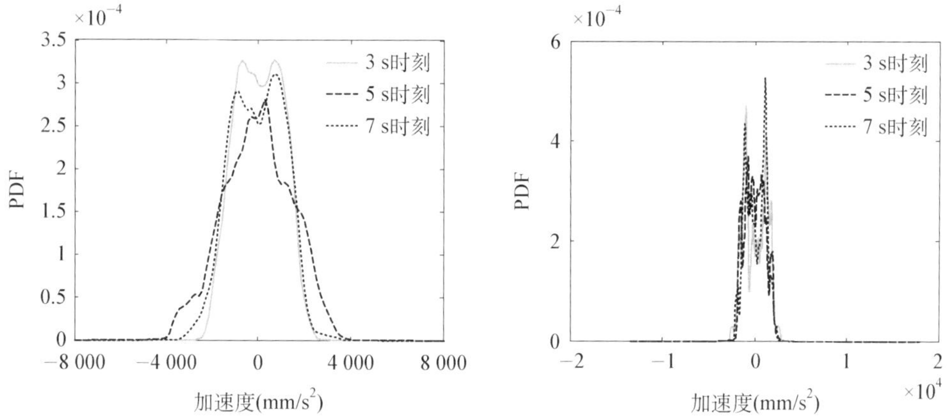

(a)　　(b)

图 4.4.5　最优控制后层加速度在典型时刻的概率密度曲线

(a)第 1 层;(b)第 8 层

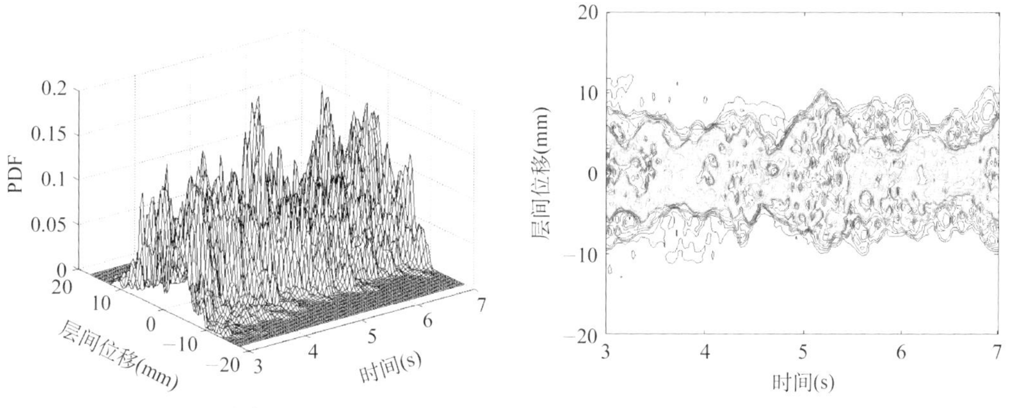

(a)　　(b)

图 4.4.6　最优控制后第 1 层层间位移在典型时段的概率密度曲面

(a)概率密度曲面;(b)等概率密度曲线

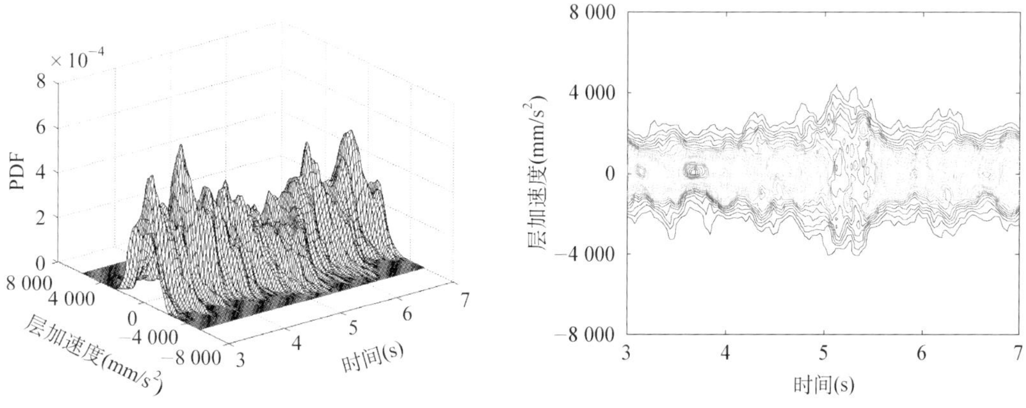

(a)　　(b)

图 4.4.7　最优控制后第 1 层层加速度在典型时段的概率密度曲面

(a)概率密度曲面;(b)等概率密度曲线

图 4.4.8 所示为第 1 层和第 8 层层间最优控制力的均值、标准差时程。可以看到,如图 3.4.24 的分析结果,两层间控制力时程具有某种相似性,标准差曲线形态相似,均值曲线反向相似,第 1 层层间控制力幅值是第 8 层层间控制力幅值的 10 倍。由于受控后两层间反应表现出的异步效应,反馈控制力具有反向相似性。这种相似性也表现在层间控制力的概率密度曲线中,如图 4.4.9 所示。结构各层反应极值的控制效果示于表 4.4.2中。

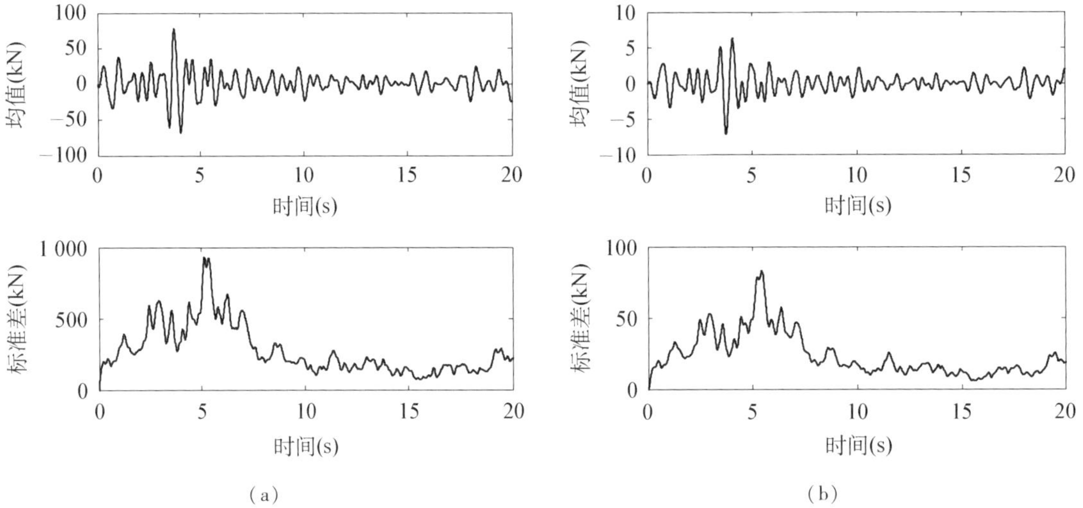

图 4.4.8 层间控制力的均值、标准差时程曲线比较

(a)第 1 层;(b)第 8 层

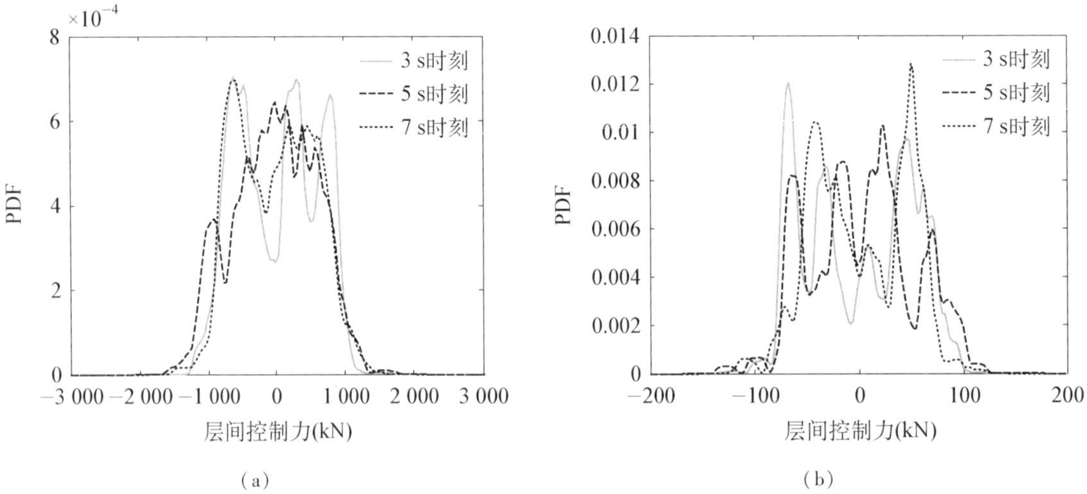

图 4.4.9 层间控制力在典型时刻的概率密度曲线

(a)第 1 层;(b)第 8 层

从表 4.4.2 中不难看出,受控后各层层间位移明显降低,极值均值降低了约 75%、标准差降低了约 88%。各层加速度受控后也明显改善,除第 1 层加速度均值和标准差降低小于

10% 外，其余各层加速度均值减小 25% ~65%、标准差减小 45% ~80%，表明控制后加速度沿层高较控制前更均匀。这一控制特点与 3.4.2 节中二阶统计量评价准则的应用相似：层间位移明显降低、层加速度分布改善。不同之处在于，超越概率准则进一步降低了层间位移和层加速度、更大程度上保证了结构安全性和舒适性。同时，各层间控制力也较为增长。考察表 4.3.7 的分析结果，不难发现，本例中两种准则控制效果不同的主要原因是其物理意义不同，二阶统计量评价准则中位移约束和评价量的分位值函数为均值加 1 倍标准差，非小失效概率控制准则。表 4.4.2 中各物理量的超越概率则进一步表明，能量均衡的超越概率准则获得了更为合理的结构性态。

表 4.4.2　八层剪切型框架结构最优控制前后反应极值比较

层序号			1	2	3	4	5	6	7	8
层间位移等价极值(mm)	均值	无控	29.95	28.66	26.65	24.64	21.94	18.11	13.02	6.84
		有控	8.24	7.58	6.80	5.92	4.93	3.83	2.62	1.33
		效果*	-72.49%	-73.55%	-74.48%	-75.97%	-77.53%	-78.85%	-79.88%	-80.56%
	标准差	无控	14.11	13.91	13.16	11.39	9.15	6.84	4.56	2.28
		有控	1.75	1.64	1.49	1.30	1.08	0.83	0.57	0.29
		效果*	-87.60%	-88.21%	-88.68%	-88.59%	-88.20%	-87.87%	-87.50%	-87.28%
层加速度等价极值(mm/s^2)	均值	无控	3 031.9	3 489.5	4 140.0	4 547.7	4 645.0	5 150.4	6 118.4	6 759.5
		有控	2 818.5	2 651.5	2 490.9	2 361.0	2 273.2	2 228.2	2 212.3	2 209.8
		效果*	-7.04%	-24.01%	-39.83%	-48.08%	-51.06%	-56.74%	-63.84%	-67.31%
	标准差	无控	918.0	1 296.2	1 549.7	1 671.4	1 976.6	2 268.7	2 249.2	2 249.5
		有控	862.6	704.6	562.9	462.4	414.3	405.7	415.0	424.4
		效果*	-6.03%	-45.64%	-63.68%	-72.33%	-79.04%	-82.12%	-81.55%	-81.13%
层间控制力等价极值(kN)	均值		1 306.59	788.13	525.04	339.28	207.32	149.21	139.37	114.12
	标准差		269.04	186.52	154.24	129.19	98.45	58.73	34.38	26.02

注：* 效果 =（有控 - 无控）/无控。

4.5　讨论与小结

与经典随机最优控制类似，物理随机最优控制的核心之一是控制律参数的设计，为避免依靠启发式算法人为确定控制律参数，我们根据结构随机反应的极值分布特征，建立了一类随机最优控制的概率准则，用于自动确定物理随机最优控制的最优控制律参数。

对于单目标控制准则，考察了反应量等价极值向量的二阶矩和截尾概率密度；对于多目标控制准则，考察了性态均衡的反应量等价极值过程期望和超越概率，以及能量均衡的反应量等价极值过程期望和超越概率。分析表明，能量均衡的超越概率准则能够获得系统响应降低与控制力需求之间的合理均衡，是建立随机动力系统最优控制律的优选准则。

应该指出：概率准则并非完整形态的概率密度调控准则。事实上，本章建议准则是主要适用于首次超越的概率准则。这符合一大类结构工程，具有广泛的工程实践意义。然而，对于基于累积损伤准则的结构耐久性设计，精细化的结构性态把握、完整形态的概率密度控制可能是所希望的。如假定信息熵最大是物理量的最合理形态，根据概率密度追踪控制的思路(Sun, 2006)，可以确定最大熵意义上的概率密度为目标分布，由此实现结构性态在概率密度上最优。

第5章

广义最优控制律

5.1 引言

在第3章与第4章，发展了结构性态控制的概率密度演化方法，建立了随机最优控制的概率准则，形成了物理随机最优控制较为完整的理论体系。然而，结构最优控制的效果不仅依赖于控制器增益设计的准则，也取决于有限结构拓扑空间对控制装置位置的约束。因此，需要深入讨论结构性态随机最优控制的另一个比较重要的问题：如何确定最优控制装置数目以及它们的布置。这一问题可分为两个方面研究：一是采用有限数目的控制装置，设计控制律、优化控制器（或控制装置）参数、分配控制装置位置，以使控制效果最大化；二是根据既定的结构性态控制目标，设置控制律、控制器（或控制装置）参数及控制装置位置，以使控制成本最小化。事实上，控制装置数目及拓扑的优化近年来虽然得到了关注，但还没有如同控制器增益（控制力）优化引起人们广泛的兴趣（Amini & Tavassoli, 2005）。已探讨的控制装置位置优化策略，包括模态指标最小化（Chang & Soong, 1980b）、能量指标最小化（Chen et al, 1991）、失效指标最小化（Vander & Carignan, 1984; Ibidapo-Obe, 1985）、性态指标最小化（Kim et al, 2003; Park et al, 2004）等。其中，有意义的思路是基于可控度的控制装置优化（Laskin, 1982; Lindberg & Longman, 1984; Cheng & Pantelides, 1988; Zhang & Soong, 1992）。

一般认为，结构系统可控与否，取决于是否存在控装置能将扰动态的系统迁移到它的理想状态。然而，这种定义并不能说明结构系统在多大程度可以得到控制。由此，产生了系统可控度的概念，并用于控制装置数目和位置的优化设计中。1988年，Cheng 和 Pantelides 提出了用于结构地震反应控制的可控指标，其研究表明最优的控制装置位置应该处于无控结构位移绝对值最大的层间，并且与结构控制方式（主动控制或被动控制）无关（Cheng & Pantelides, 1988）。不难看出，这一设计策略并没有考虑控制装置之间的相互作用以及地震动随机性的影响。为了克服这一局限性，Zhang 和 Soong 发展了阻尼器最优布设的序列策略，采用转换矩阵方法求解结构随机地震反应以确定控制装置最优位置（Zhang & Soong, 1992）。

事实上，结构性态控制的两个方面，控制器增益设计和控制装置布设，可以纳入一个统一的框架。由此，本章将进一步分析经典的被动、主动、半主动和混合控制的随机最优控制律形式，提出物理随机最优控制广义最优控制律的概念。为有效地寻找控制装置最优拓扑形式奠定基础,引入基于超越概率的概率可控指标及其可控指标梯度。

5.2 最优控制律的统一表达

考察一般随机激励下线性受控系统的运动方程

$$\boldsymbol{M}\ddot{\boldsymbol{X}}(t)+\boldsymbol{C}\dot{\boldsymbol{X}}(t)+\boldsymbol{K}\boldsymbol{X}(t)=\boldsymbol{B}_s\boldsymbol{U}(t)+\boldsymbol{D}_s\boldsymbol{F}(\boldsymbol{\Theta},t) \tag{5.2.1}$$

式中,$\boldsymbol{X}(t)$ 是 n 维位移向量;$\boldsymbol{F}(\cdot)$ 为 p 维随机激励向量;$\boldsymbol{M}$、$\boldsymbol{C}$ 和 $\boldsymbol{K}$ 分别为 $n\times n$ 维质量、阻尼和刚度矩阵;$\boldsymbol{D}_s$ 为 $n\times p$ 维激励位置矩阵;$\boldsymbol{B}_s$ 为 $n\times r$ 维控制装置位置矩阵;$\boldsymbol{U}(t)$ 为 r 维控制力向量;$\boldsymbol{\Theta}$ 为表征控制系统随机性的随机参数向量。

(1) 被动控制模式。

若上述随机动力系统受被动控制装置调节,运动方程为

$$\boldsymbol{M}\ddot{\boldsymbol{X}}(t)+\boldsymbol{C}\dot{\boldsymbol{X}}(t)+\boldsymbol{K}\boldsymbol{X}(t)=\boldsymbol{B}_{sp}\boldsymbol{U}_p(t)+\boldsymbol{D}_s\boldsymbol{F}(\boldsymbol{\Theta},t) \tag{5.2.2}$$

式中,$\boldsymbol{B}_{sp}$ 为 $n\times r$ 维被动控制装置位置矩阵;$\boldsymbol{U}_p(t)$ 为 r 维被动控制力向量。

当被动控制力模型化为位移、速度和加速度的线性函数时,被动控制增益可写为

$$\boldsymbol{U}_p(t)=-\overline{\boldsymbol{M}}\ddot{\boldsymbol{X}}(t)-\overline{\boldsymbol{C}}\dot{\boldsymbol{X}}(t)-\overline{\boldsymbol{K}}\boldsymbol{X}(t) \tag{5.2.3}$$

式中,$\overline{\boldsymbol{M}}$, $\overline{\boldsymbol{C}}$, $\overline{\boldsymbol{K}}$ 分别为控制装置系统的质量、阻尼和刚度矩阵。则线性受控系统的运动方程为

$$(\boldsymbol{M}+\boldsymbol{B}_{sp}\overline{\boldsymbol{M}})\ddot{\boldsymbol{X}}(t)+(\boldsymbol{C}+\boldsymbol{B}_{sp}\overline{\boldsymbol{C}})\dot{\boldsymbol{X}}(t)+(\boldsymbol{K}+\boldsymbol{B}_{sp}\overline{\boldsymbol{K}})\boldsymbol{X}(t)=\boldsymbol{D}_s\boldsymbol{F}(\boldsymbol{\Theta},t) \tag{5.2.4}$$

不难看出,被动控制模式的最优控制增益依赖于控制装置的附加质量(物理质量)$\boldsymbol{B}_{sp}\overline{\boldsymbol{M}}$、附加阻尼(物理阻尼)$\boldsymbol{B}_{sp}\overline{\boldsymbol{C}}$ 和附加刚度(物理刚度)$\boldsymbol{B}_{sp}\overline{\boldsymbol{K}}$ 的优化设计,它包括控制装置位置矩阵 $\boldsymbol{B}_{sp}$ 优化和控制装置系统参数 $\overline{\boldsymbol{M}}$, $\overline{\boldsymbol{C}}$, $\overline{\boldsymbol{K}}$ 优化。

(2) 主动控制模式。

对于主动控制,线性受控系统的运动方程为

$$\boldsymbol{M}\ddot{\boldsymbol{X}}(t)+\boldsymbol{C}\dot{\boldsymbol{X}}(t)+\boldsymbol{K}\boldsymbol{X}(t)=\boldsymbol{B}_{sa}\boldsymbol{U}_a(t)+\boldsymbol{D}_s\boldsymbol{F}(\boldsymbol{\Theta},t) \tag{5.2.5}$$

式中,$\boldsymbol{B}_{sa}$ 为 $n\times r$ 维主动控制装置位置矩阵;$\boldsymbol{U}_a(t)$ 为 r 维主动控制力向量。

线性调节控制系统的最优控制增益为

$$\boldsymbol{U}_a(t)=-\boldsymbol{f}_M(\boldsymbol{Q}_Z,\boldsymbol{R}_U)\ddot{\boldsymbol{X}}(t)-\boldsymbol{f}_C(\boldsymbol{Q}_Z,\boldsymbol{R}_U)\dot{\boldsymbol{X}}(t)-\boldsymbol{f}_K(\boldsymbol{Q}_Z,\boldsymbol{R}_U)\boldsymbol{X}(t) \tag{5.2.6}$$

式中,$\boldsymbol{Q}_Z$ 为 $3n\times 3n$ 维半正定权矩阵;$\boldsymbol{R}_U$ 为 $r\times r$ 维正定权矩阵;$\boldsymbol{f}_M(\cdot)$,$\boldsymbol{f}_C(\cdot)$,$\boldsymbol{f}_K(\cdot)$ 分别为加速度、速度和位移增益矩阵分量。则受控系统的运动方程为

$$\begin{aligned}&[\boldsymbol{M}+\boldsymbol{B}_{sa}\boldsymbol{f}_M(\boldsymbol{Q}_Z,\boldsymbol{R}_U)]\ddot{\boldsymbol{X}}(t)+[\boldsymbol{C}+\boldsymbol{B}_{sa}\boldsymbol{f}_C(\boldsymbol{Q}_Z,\boldsymbol{R}_U)]\dot{\boldsymbol{X}}(t)+\\&\quad[\boldsymbol{K}+\boldsymbol{B}_{sa}\boldsymbol{f}_K(\boldsymbol{Q}_Z,\boldsymbol{R}_U)]\boldsymbol{X}(t)=\boldsymbol{D}_s\boldsymbol{F}(\boldsymbol{\Theta},t)\end{aligned} \tag{5.2.7}$$

不难看出,主动控制模式的最优控制增益依赖于控制装置的人工质量(数值质量)$\boldsymbol{B}_{sa}$

$f_M(Q_Z, R_U)$、人工阻尼(数值阻尼)$B_{sa}f_C(Q_Z, R_U)$ 和人工刚度(数值刚度)$B_{sa}f_K(Q_Z, R_U)$ 的优化设计,它包括控制装置位置矩阵 B_{sa} 优化和控制装置系统参数 Q_Z, R_U 优化。

(3) 半主动控制模式。

结构半主动控制系统的运动方程为

$$M\ddot{X}(t) + C\dot{X}(t) + KX(t) = B_{ss}U_s(t) + D_sF(\Theta, t) \tag{5.2.8}$$

式中, B_{ss} 为 $n \times r$ 维半主动控制装置位置矩阵; $U_s(t)$ 为 r 维半主动控制力向量。

半主动控制一般分为主动变刚度和主动变阻尼模式,线性调节控制系统的最优控制增益形式为

$$U_s(t) = -f_C(\hat{C}, \bar{C})\dot{X}(t) - f_K(\hat{K}, \bar{K})X(t) \tag{5.2.9}$$

式中, $\hat{C}$, $\bar{C}$ 分别为控制装置系统的可调、非可调阻尼矩阵; $\hat{K}$, $\bar{K}$ 分别为控制装置系统的可调、非可调刚度矩阵。则受控系统的运动方程为

$$M\ddot{X}(t) + [C + B_{ss}f_C(\hat{C}, \bar{C})]\dot{X}(t) + [K + B_{ss}f_K(\hat{K}, \bar{K})]X(t) = D_sF(\Theta, t) \tag{5.2.10}$$

不难看出,半主动控制模式的最优控制增益依赖于附加阻尼(非可调)与人工阻尼(可调)关联 $B_{ss}f_C(\hat{C}, \bar{C})$ 和附加刚度(非可调)和人工刚度(可调)关联 $B_{ss}f_K(\hat{K}, \bar{K})$ 的优化设计,它包括控制装置位置矩阵 B_{ss} 优化和控制装置系统参数 $\hat{C}$, $\bar{C}$, $\hat{K}$, $\bar{K}$ 优化。

(4) 混合控制模式。

混合控制模式一般采用被动控制和主动控制(或半主动控制)的组合模式,受控系统的运动方程为

$$M\ddot{X}(t) + C\dot{X}(t) + KX(t) = B_{sh}U_h(t) + D_sF(\Theta, t) \tag{5.2.11}$$

线性调节控制系统的最优控制增益形式为

$$U_h(t) = -[f_M(Q_Z, R_U) + \bar{M}]\ddot{X}(t) - [f_C(Q_Z, R_U) + \bar{C}]\dot{X}(t) - [f_K(Q_Z, R_U) + \bar{K}]X(t) \tag{5.2.12}$$

或

$$U_h(t) = -\bar{M}\ddot{X}(t) - [f_C(\hat{C}, \bar{C}) + \bar{C}]\dot{X}(t) - [f_K(\hat{K}, \bar{K}) + \bar{K}]X(t) \tag{5.2.13}$$

由此可见,与半主动控制模式类似,混合控制不仅如主动控制补偿人工质量、人工阻尼和人工刚度,而且如被动控制提供附加质量、附加阻尼和附加刚度。增益优化设计参数包括控制装置位置矩阵 B_{sh} 优化和控制装置系统参数 $\bar{M}$, $\bar{C}$, $\bar{K}$, Q_Z, R_U, $\hat{C}$, $\hat{K}$。

从式(5.2.3)、(5.2.6)、(5.2.9)、(5.2.12)或(5.2.13)可以看出,最优控制增益形式具有如下统一表达

$$U(t) = -f(\tilde{M}, \tilde{C}, \tilde{K})\,[\ddot{X}(t) \quad \dot{X}(t) \quad X(t)]^{\mathrm{T}} \tag{5.2.14}$$

式中，$\widetilde{\boldsymbol{M}}$, $\widetilde{\boldsymbol{C}}$, $\widetilde{\boldsymbol{K}}$ 分别为广义质量、广义阻尼和广义刚度；$\boldsymbol{f}(\cdot)$ 表示最优控制律泛函（增益矩阵）。

上述分析表明，控制系统的最优控制增益不仅依赖于控制装置出力的大小，也依赖于控制装置位置的选择，即有如下广义的控制增益形式

$$\widetilde{\boldsymbol{U}}(t)=-\boldsymbol{f}(\widetilde{\boldsymbol{M}},\ \widetilde{\boldsymbol{C}},\ \widetilde{\boldsymbol{K}},\ \boldsymbol{B}_s)\left[\ddot{\boldsymbol{X}}(t)\quad \dot{\boldsymbol{X}}(t)\quad \boldsymbol{X}(t)\right]^{\mathrm{T}} \tag{5.2.15}$$

式(5.2.15)称为广义最优控制律；$\boldsymbol{f}(\widetilde{\boldsymbol{M}},\ \widetilde{\boldsymbol{C}},\ \widetilde{\boldsymbol{K}},\ \boldsymbol{B}_s)$ 称为广义最优控制律泛函，其一般形式为 $\boldsymbol{f}(\boldsymbol{I}^*,\ \boldsymbol{L}^*)$，其中，$\boldsymbol{I}^*=[I_M^*,\ I_C^*,\ I_K^*]$ 是描述广义质量、广义阻尼和广义刚度的最优参数向量；$\boldsymbol{L}^*=[L_x^*,\ L_y^*,\ L_z^*]$ 是描述控制装置在三维结构空间 $(x,\ y,\ z)$ 中分布的最优参数向量。例如，图 5.2.1 所示的控制装置分布，对于二维结构，向量矩阵为（以梁柱间的单元格为元素）

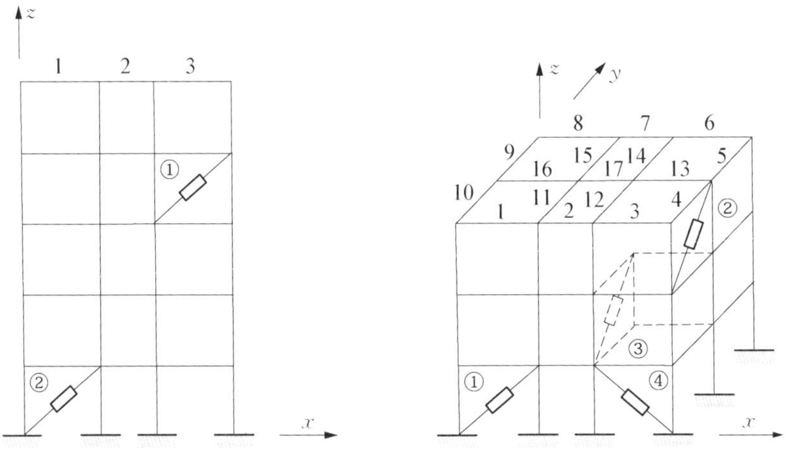

图 5.2.1 结构空间中控制装置的分布形式

（a）二维结构；（b）三维结构

$$\boldsymbol{L}_{xz}^*=\begin{bmatrix}2&0&0\\0&0&0\\0&0&0\\0&0&1\\0&0&0\end{bmatrix}_{5\times 3}^{\mathrm{T}} \tag{5.2.16}$$

对于三维结构，将 y 轴视作 x 轴的扩展，向量矩阵为

$$\boldsymbol{L}_{xyz}^*=\begin{bmatrix}1&0&4&0&0&0&0&0&0&0&0&0&0&0&0&0\\0&0&0&0&0&0&0&0&0&0&3&0&0&0&0&0\\0&0&0&2&0&0&0&0&0&0&0&0&0&0&0&0\end{bmatrix}_{3\times 17}^{\mathrm{T}} \tag{5.2.17}$$

向量矩阵中，0 表示格间无控制装置，非 0 表示格间控制装置及其放置的顺序。

在第 3、第 4 章中已表明，随机最优控制中最优控制律设计的关键任务是控制律参数

优化,因此,求解广义最优控制律实质上是寻求满足目标性态的最优控制律参数向量 $(\boldsymbol{I}^*, \boldsymbol{L}^*)$。

事实上,物理随机最优控制的广义最优控制律,要实现三个层次的设计目标:控制律设计、控制器(或控制装置)参数设计、控制装置拓扑设计。这三个设计目标对应于三个不同层次的最优化准则,如图5.2.2所示。

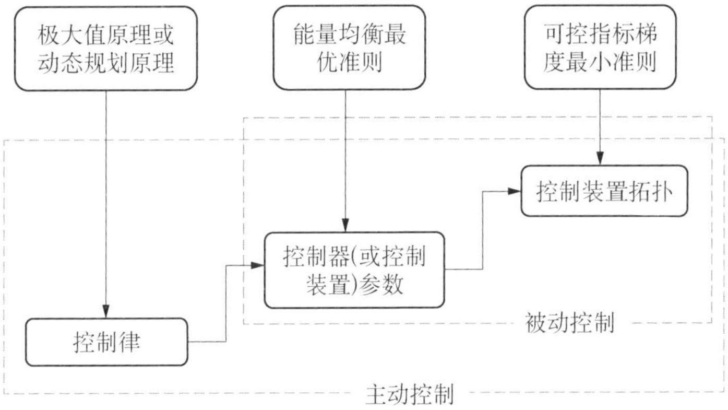

图5.2.2　随机最优控制律的三层次定位

以主动随机最优控制为例,三个层次的优化过程为:①采用Pontryagin极大值原理或动态规划原理,使性能泛函最小化以确定最优控制律形式,如式(3.3.19);②根据能量均衡最优准则,使参数性态泛函最小化以确定最优控制器参数,如式(4.3.30);③根据可控指标梯度最小准则,使拓扑性态泛函最小化以确定最优控制装置拓扑。关于①与②,已在第3、第4两章详述,而对于第③层次的优化,则将在下述两节详细阐述。对于被动随机最优控制,则仅包含②、③层次的优化。

5.3　概率可控指标

广义最优控制律泛函中的参数是按某种准则设计的最优值。为了确定最优拓扑矩阵,定义如下概率可控指标

$$\begin{aligned}\rho_i = \frac{1}{2}[&\Pr\nolimits_{\tilde{Z}_i}^{\mathrm{T}}(\tilde{Z}_i - \tilde{Z}_{i,\,\mathrm{thd}} > \boldsymbol{0})\boldsymbol{Q}_{\tilde{Z}_i}\Pr\nolimits_{\tilde{Z}_i}(\tilde{Z}_i - \tilde{Z}_{i,\,\mathrm{thd}} > \boldsymbol{0}) \\ &+ \Pr\nolimits_{\tilde{U}_i}^{\mathrm{T}}(\tilde{U}_i - \tilde{U}_{i,\,\mathrm{thd}} > \boldsymbol{0})\boldsymbol{R}_{\tilde{U}_i}\Pr\nolimits_{\tilde{U}_i}(\tilde{U}_i - \tilde{U}_{i,\,\mathrm{thd}} > \boldsymbol{0})],\quad i = 1, 2, \cdots, n\end{aligned} \tag{5.3.1}$$

式中,$\tilde{Z}_i = [\max\limits_t |X_i(\boldsymbol{\Theta}, t)| \quad \max\limits_t |\dot{X}_i(\boldsymbol{\Theta}, t)| \quad \max\limits_t |\ddot{X}_i(\boldsymbol{\Theta}, t)|]^{\mathrm{T}}$、$\tilde{U}_i = \max\limits_t |U_i(\boldsymbol{\Theta}, t)|$ 分别为时间段$[t_0, t_f]$内第i个单元的状态极值向量和控制力极值向量;$\tilde{Z}_{i,\,\mathrm{thd}}$, $\tilde{U}_{i,\,\mathrm{thd}}$为极值向量$\tilde{Z}_i$, $\tilde{U}_i$的阈值;权矩阵$\boldsymbol{Q}_{\tilde{Z}_i}$, $\boldsymbol{R}_{\tilde{U}_i}$应依据结构性态进行设计,这里定义为如下简单形式

$$\boldsymbol{Q}_{\widetilde{Z}_i}=\begin{bmatrix}1&0&0\\0&1&0\\0&0&1\end{bmatrix},\ \boldsymbol{R}_{\widetilde{U}_i}=1 \tag{5.3.2}$$

式(5.3.1)表明,基于超越概率的概率可控指标内蕴系统安全性(结构位移控制)、系统适用性(结构速度控制)、系统舒适性(结构加速度控制)、控制装置工作性(控制力约束)以及它们之间的均衡。显然,概率可控指标比先前单系统量考虑的可控指标更具有实践意义(Zhang & Soong, 1992)。

进一步定义概率可控指标梯度(拓扑性态泛函)

$$J_3=\Delta\rho_i^j=\frac{\rho_i^{j-1}-\rho_i^j}{\rho_i^{j-1}},\ i=1,2,\cdots,n;\ j=1,2,\cdots,r \tag{5.3.3}$$

式中,ρ_i^0 为无控结构的概率可控指标。

为确定每个序列工况下最优的控制装置拓扑,构造最小层可控指标梯度准则,即序列最优拓扑的设计包含如下寻优问题

$$(x^*,\ y^*,\ z^*)=\underset{x,\ y,\ z}{\arg\min}\{J_3\} \tag{5.3.4}$$

如此,下一个即将加入的控制装置 $j+1$ 应放置于当前状态概率可控指标梯度向量($\Delta\rho_1^j$, $\Delta\rho_2^j$, …, $\Delta\rho_n^j$) 的最小值处,相应的位置向量(x^*, y^*, z^*) 促使控制装置位置的最优向量矩阵更新,直到目标结构性态得到满足。由于当前状态的概率可控指标梯度没有意义,因此,第 1 个控制装置应置于概率可控指标向量(ρ_1^0, ρ_2^0, …, ρ_n^0) 的最大值处。

值得指出,若按最大层可控指标(Maximum Storey Controllability Index, MaxSCI)准则确定下一个控制装置位置的策略(Zhang & Soong, 1992),即下一个加入的控制装置 $j+1$ 放置于当前状态概率可控指标向量(ρ_1^j, ρ_2^j, …, ρ_n^j) 的最大值处,将比按最小层可控指标梯度(Minimum Storey Controllability Index Gradient, MinSCIG)准则确定控制装置布置的策略收敛到目标结构性态的速度更慢,后面的数值算例将说明这一点。

显然,由于状态极值向量和控制力极值向量 $\widetilde{Z}_i$, $\widetilde{U}_i$ 均受控于广义概率密度演化方程式(3.2.4)、式(3.2.5)。因此,超越概率可控指标能够方便地求解。

5.4 广义最优控制律的解答程序

5.4.1 控制准则

前已述及,广义最优控制律 $\boldsymbol{f}(\boldsymbol{I}^*,\boldsymbol{L}^*)$ 的求解涉及优化程序,包括概率可控指标梯度的序列工况评价以确定最优控制装置位置、控制准则的性态泛函最小化以设计最优控制器(或控制装置)参数。根据第 4 章关于概率准则的讨论,本章采用能量均衡的超越概率准则,参考式(4.3.30),定义如下无加速度约束的参数性态泛函

$$J_2=\frac{1}{2}\left[\mathrm{Pr}_{\widetilde{Z}}^{\mathrm{T}}(\widetilde{Z}-\widetilde{Z}_{\mathrm{thd}}>\boldsymbol{0})\boldsymbol{Q}_{\widetilde{Z}}\mathrm{Pr}_{\widetilde{Z}}(\widetilde{Z}-\widetilde{Z}_{\mathrm{thd}}>\boldsymbol{0})+\mathrm{Pr}_{\widetilde{U}}^{\mathrm{T}}(\widetilde{U}-\widetilde{U}_{\mathrm{thd}}>\boldsymbol{0})\boldsymbol{R}_{\widetilde{U}}\mathrm{Pr}_{\widetilde{U}}(\widetilde{U}-\widetilde{U}_{\mathrm{thd}}>\boldsymbol{0})\right] \tag{5.4.1}$$

式中，$\widetilde{U}=\max_t(\max_i|U_i(\boldsymbol{\Theta},t)|)$ 为等价控制力极值向量；$\widetilde{Z}=[\max_t(\max_i|X_i(\boldsymbol{\Theta},t)|)\quad \max_t(\max_i|\dot{X}_i(\boldsymbol{\Theta},t)|)\quad \max_t(\max_i|\ddot{X}_i(\boldsymbol{\Theta},t)|)]^{\mathrm{T}}$ 为等价状态极值向量；$\widetilde{Z}_{\mathrm{thd}}$，$\widetilde{U}_{\mathrm{thd}}$ 为等价极值向量 $\widetilde{Z}$，$\widetilde{U}$ 的阈值；权矩阵 $\boldsymbol{Q}_{\widetilde{Z}}$，$\boldsymbol{R}_{\widetilde{U}}$ 分别设定为与 $\boldsymbol{Q}_{\widetilde{Z}_i}$，$\boldsymbol{R}_{\widetilde{U}_i}$ 相同。不难看出，参数性态泛函与拓扑性态泛函具有相同的物理意义。

5.4.2　求解程序

广义最优控制律的求解程序如下：

(1) 无控结构系统的概率可控指标计算。其数值求解过程包括：

① 赋得概率空间剖分，确定代表样本点集 $\boldsymbol{\sigma}_{\mathrm{res}}\triangleq\{\boldsymbol{\theta}_q=(\theta_{1,q},\theta_{2,q},\cdots,\theta_{s,q})\mid q=1,2,\cdots,n_{\mathrm{res}}\}$ 及其赋得概率 P_q(Li & Chen, 2007; Chen & Li, 2008; Chen et al, 2009)；

② 代表点处系统确定性动力仿真分析，采用传递函数法获得状态 $Z(\boldsymbol{\theta}_q,t)$ 及其速度解 $\dot{Z}(\boldsymbol{\theta}_q,t)$、控制力 $U(\boldsymbol{\theta}_q,t)$ 及其速度解 $\dot{U}(\boldsymbol{\theta}_q,t)$；

③ 有限差分方法求解广义概率密度演化方程，得到数值解答 $p_{Z\Theta}(z,\boldsymbol{\theta}_q,t)$，$p_{U\Theta}(u,\boldsymbol{\theta}_q,t)$，推荐采用基于 TVD 的修正 Lax-Wendroff 差分格式(Li & Chen, 2004; Chen & Li, 2005)；

④ 重复②、③，直至遍历所有代表点 $q=1,2,\cdots,n_{\mathrm{res}}$，然后积分，获得概率密度解

$$p_Z(z,t)=\sum_{q=1}^{n_{\mathrm{res}}}p_{Z\Theta}(z,\boldsymbol{\theta}_q,t)S_q,\ p_U(u,t)=\sum_{q=1}^{n_{\mathrm{res}}}p_{U\Theta}(u,\boldsymbol{\theta}_q,t)S_q \tag{5.4.2}$$

⑤ 按式(5.3.1)和式(5.3.3)计算概率可控指标和概率可控指标梯度。

(2) 加入新的控制装置，并设计其参数。

① 根据计算的概率可控指标和概率可控指标梯度布设新的控制装置；

② 基于物理背景，初设控制器(或控制装置)参数，例如：对于被动黏弹性阻尼器控制，设控制装置参数 $\boldsymbol{C}_d$，$\boldsymbol{K}_d$；对于主动拉索控制，设控制器参数 $\boldsymbol{Q}_Z$，$\boldsymbol{R}_U$；

③ 对性态泛函(5.4.1)最小化，更新控制器或控制装置参数，迭代第(1)步中的②、③、④，直至收敛到参数最优解。优化技巧采用 Sandia 公司开发的 DAKOTA 工具箱函数，基于拟-Newton 的 OPT++(Eldred et al, 2007)。

(3) 控制装置拓扑和设计参数评价。对于主动控制系统，每个序列的权矩阵参数 $\boldsymbol{Q}_Z^j$，$\boldsymbol{R}_U^j$ (j 为控制装置放入的序列号)必须满足如下 Lyapunov 矩阵方程以保证系统稳定性

$$\boldsymbol{PA}+\boldsymbol{A}^{\mathrm{T}}\boldsymbol{P}+\boldsymbol{Q}_Z^j=\boldsymbol{0} \tag{5.4.3}$$

(4) 结构系统的概率可控指标计算。执行第(1)步中的②、③、④、⑤，计算新加装置结构系统的概率可控指标和概率可控指标梯度，以确定下一个即将加入控制装置的位置。

重复第(2)、(3)、(4)步，直到目标结构性态得到满足。上述步骤的流程见图 5.4.1。可采用 DAKOTA－MATLAB 混合编程实现广义最优控制律的求解。

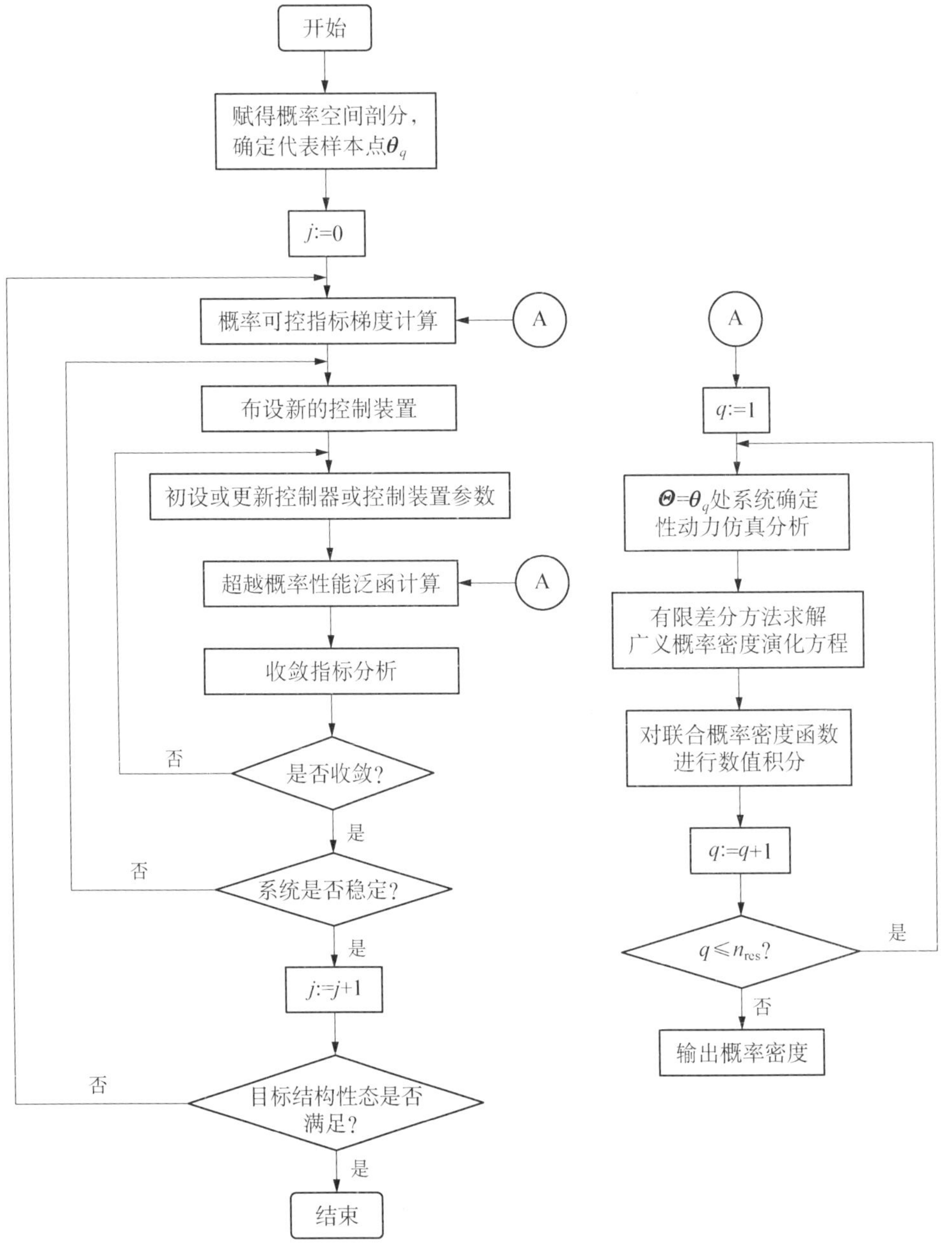

图 5.4.1 广义最优控制律求解流程图

5.5 分析实例

5.5.1 黏弹性阻尼器控制

以某十层剪切型框架结构为对象进行黏弹性阻尼器(Viscoelastic Damper)控制，无控结构参数为：$m_1 = m_2 = 2.4\times10^4$ kg, $m_3 = m_4 = 2.0\times10^4$ kg, $m_5 = m_6 = 1.8\times10^4$ kg,

$m_7 = m_8 = 1.6 \times 10^7$ kg, $m_9 = m_{10} = 1.2 \times 10^4$ kg;模型刚度 $k_1 = k_2 = 18$ kN/mm, $k_3 = k_4 = 14$ kN/mm, $k_5 = k_6 = 12$ kN/mm, $k_7 = k_8 = 10$ kN/mm, $k_9 = k_{10} = 9.6$ kN/mm;结构前两阶振动模态的阻尼比为 0.02;模型阻尼采用 Rayleigh 阻尼,阻尼矩阵 $\boldsymbol{C} = a\boldsymbol{M} + b\boldsymbol{K}$;模型自振频率(rad/s)分别为 4.53、11.92、19.19、25.92、31.94、38.82、43.44、47.40、50.08、50.92。层间黏弹性阻尼器的力-位移关系可表示为(Soong & Dargush, 1997)

$$U_p(t) = -C_d\dot{X}(t) - K_d X(t) \tag{5.5.1}$$

式中,$\dot{X}(t)$, $X(t)$ 分别为层间速度和层间位移;C_d, K_d 分别为层间黏弹性阻尼器的阻尼系数和刚度系数。层间位移、层间速度、层加速度和层间控制力的阈值分别假定为 10 mm、100 mm/s、3 000 mm/s^2 和 200 kN。结构输入采用 3.4.1 节中物理随机地震动模型,峰值加速度 0.11g。系统最优控制的目标是确定最少数目的阻尼器位置以及它们的设计参数,以达到阻尼器满布时的控制效果。满布的阻尼器是一齐加入的,可作为目标结构性态的一种参考标准,分析中各阻尼器参数均相同。

表 5.5.1 列出了每个序列工况下的新加入阻尼器位置及其设计参数。

表 5.5.1 序列工况下的新加入阻尼器位置及其设计参数

序列号	拓扑向量	设计参数*		
		C_d(kN·s/mm)	K_d(kN/mm)	目标函数 J_2
0	$[0\,0\,0\,0\,0\,0\,0\,0\,0\,0]^T$	—	—	1.291 1
1	$[0\,0\,0\,0\,0\,0\,1\,0\,0\,0]^T$	0.253	0.111	0.423 5
2	$[0\,0\,0\,0\,0\,0\,1\,0\,0\,2]^T$	0.100	0.100	0.165 5
3	$[0\,0\,0\,0\,3\,0\,1\,0\,0\,2]^T$	0.155	0.098	0.020 9
参考	$[1\,1\,1\,1\,1\,1\,1\,1\,1\,1]^T$	0.374	0.127	0.025 2

注:* 初设阻尼器设计参数 $C_d = 0.1$ kN·s/mm, $K_d = 0.1$ kN/mm。

从表 5.5.1 中可以看到,采用 3 个阻尼器即达到了系统最优控制的目标(目标泛函具有相同量级),它们先后放置于第 7 层、第 10 层和第 5 层。由此,得到如下广义最优控制律参数向量

$$(C_d^*, K_d^*, L^*) = \begin{bmatrix} 0 & 0 & 0 & 0 & 0.155 & 0 & 0.253 & 0 & 0 & 0.100 \\ 0 & 0 & 0 & 0 & 0.098 & 0 & 0.111 & 0 & 0 & 0.100 \\ 0 & 0 & 0 & 0 & 3 & 0 & 1 & 0 & 0 & 2 \end{bmatrix}^T \tag{5.5.2}$$

值得指出:为使广义最优控制律参数向量的表达更明确,式中阻尼器设计参数 C_d^*, K_d^* 表示为向量而非矩阵形式,其中的元素排列同阻尼器加入的顺序;阻尼器位置参数 L^* 也为向量形式,因为剪切型框架结构可以视为 z 轴方向的一维集中质量模型,其中 0 表示层间无阻尼器,非 0 表示层间阻尼器及其放置的顺序。

图 5.5.1 表明了层可控指标随阻尼器布设的变化。不难看出,随着阻尼器的加入,层可

控指标均逐步减小,第 7 层及其附近层的可控指标相比较其他各层总是较大,然而,阻尼器并不放置于第 7 层的附近层中,这是因为布置阻尼器的原则是层可控指标梯度最小,而非层可控指标最大。

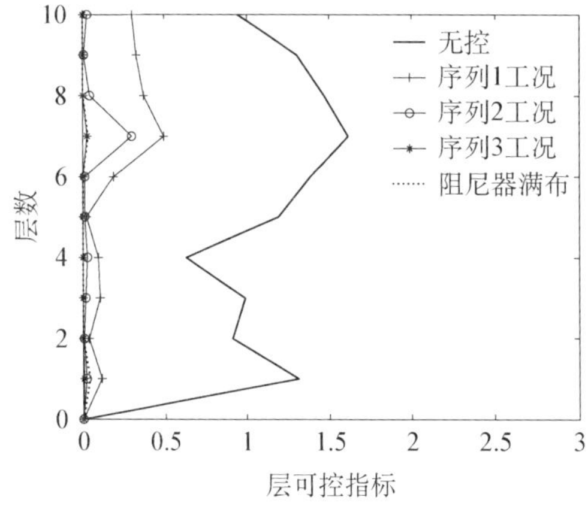

图 5.5.1 层可控指标随阻尼器布设的变化

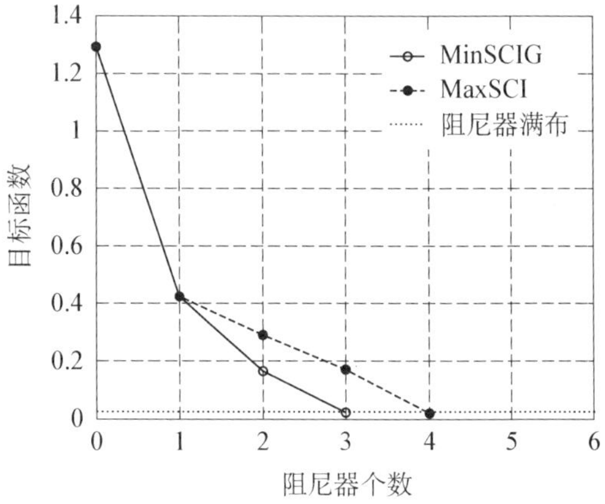

图 5.5.2 两种阻尼器布设策略的目标函数

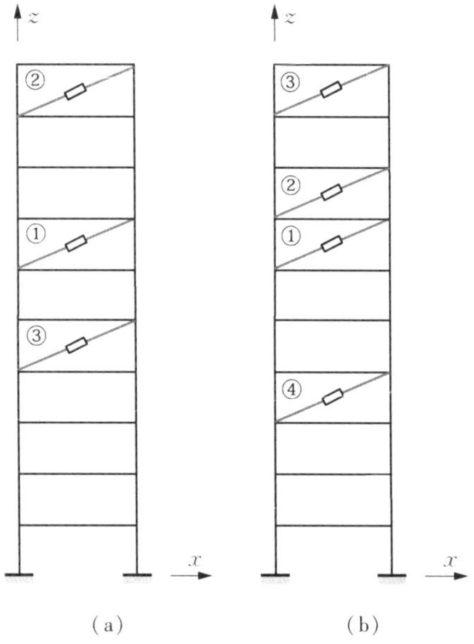

图 5.5.3 两种阻尼器布设策略的图示

(a)采用 MinSCIG 准则;(b)采用 MaxSCI 准则

图 5.5.2 比较了这两种策略对控制准则中目标泛函的影响。显然,采用最小层可控指标梯度准则,当第 3 个阻尼器布设后,即已达到系统最优控制的目标,即此时结构性态与阻尼器满布时的结构性态在相同的水平。而采用文献(Zhang & Soong, 1992)所建议的最大层可控指标准则,则需要 4 个阻尼器才能获得相同的控制效果(由于阻尼器放置的先后顺序不同,按最大层可控指标准则优化的阻尼器参数与按最小层可控指标梯度准则优化的阻尼器参数不同。)。图 5.5.3 示意对比了两种策略布设阻尼器的顺序,图中阻尼器编号表示放置的先后次序。

各序列工况下,结构层间位移、层间速度、层加速度和层间控制力的体系超越概率见表5.5.2。可见,各物理量的体系超越概率随着阻尼器的合理布设逐步减小,直到目标函数达到与阻尼器满布工况相一致的水平,表明结构控制系统已趋于目标性态的安全性、适用性、舒适性和工作性。与阻尼器满布工况比较,序列 3 工况加速度控制效果较差,但位移控制效果较好,这一点从位移、加速度的等价极值概率密度分布中也可以看到,如图 5.5.4 所示。同时,从目标函数看,序列 3 工况的总体控制效果要好于满布工况。因此,序列 3 工况达到了更好的系统量均衡。

表 5.5.2 序列工况下的阻尼器最优控制结果

序列号	拓扑向量	超越概率				目标函数 J_2	均方控制力 $\varepsilon_u(\mathrm{kN}^2)$
		$P_{f,d}$	$P_{f,v}$	$P_{f,a}$	$P_{f,u}$		
0	$[0\,0\,0\,0\,0\,0\,0\,0\,0\,0]^{\mathrm{T}}$	0.995 2	0.818 8	0.959 9	—	1.291 1	—
1	$[0\,0\,0\,0\,0\,0\,1\,0\,0\,0]^{\mathrm{T}}$	0.419 5	0.608 5	0.548 3	3.60×10^{-7}	0.423 5	69 824.2
2	$[0\,0\,0\,0\,0\,0\,1\,0\,0\,2]^{\mathrm{T}}$	0.322 6	0.437 3	0.188 8	0.000 0	0.165 5	31 682.6
3	$[0\,0\,0\,0\,3\,0\,1\,0\,0\,2]^{\mathrm{T}}$	0.054 5	0.185 3	0.067 1	0.000 0	0.020 9	20 856.2
参考	$[1\,1\,1\,1\,1\,1\,1\,1\,1\,1]^{\mathrm{T}}$	0.121 7	0.188 6	0.005 2	0.000 0	0.025 2	106 749.0

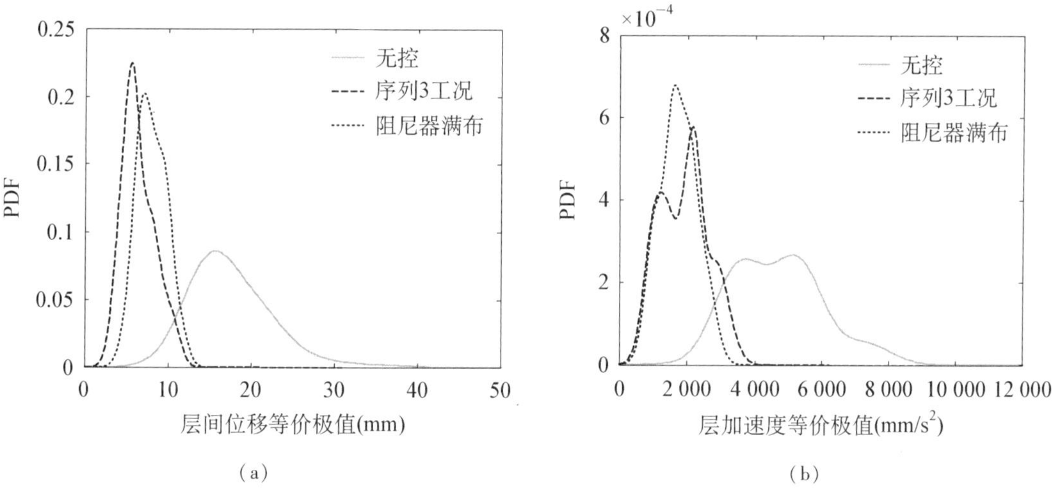

图 5.5.4 最优控制前后层间位移和层加速度的等价极值概率密度分布

(a)层间位移等价极值;(b)层加速度等价极值

为了评价各序列工况的控制耗能,定义均方控制力指标

$$\varepsilon_u = \int_{t_0}^{t_f} E[\boldsymbol{U}(t)\boldsymbol{U}^{\mathrm{T}}(t)]\mathrm{d}t \tag{5.5.3}$$

各序列工况下的均方控制力示于表 5.5.2 中。可见,阻尼器满布工况需要的控制能量最大,而序列 3 工况需要的控制能量最小。这一方面是因为控制能量与阻尼器的数目直接相关——满布工况阻尼器数目为序列 3 工况控制器数目的 3.3 倍;另一方面是因为控制能量与层间位移和层间速度的均方特征过程间接相关——序列 3 工况的位移控制好于满布工况、速度控制结果两者相当,但满布工况控制能量达到了序列 3 工况控制能量的 5 倍左右。显然,从控制耗能角度,序列 3 工况比满布工况更经济、达到了更好的系统量均衡。

图 5.5.5 所示为层间位移极值的二阶统计特征随阻尼器布设的变化关系。从图中可以看出,各层层间位移极值的均值随着阻尼器的布设逐步变小,第 7 层及以上位移极值的标准差在第 1 个阻尼器放置后较无控结构变大、而在第 2 个阻尼器放置后迅速降低。这表明,仅布置少数几个控制装置可能导致结构局部反应特征变大。图 5.5.6b 层加速度极值的标准

差随阻尼器布设的变化关系也说明了这一点，第4、9、10层加速度极值的标准差在第1个阻尼器放置后也较无控结构变大、在第2、3个阻尼器放置后逐步降低。同时，图5.5.6a表明各层层加速度极值的均值随着阻尼器的布设逐步变小。此外，不难看出，第3个控阻尼器放置后，沿层高分布的层间位移控制整体好于阻尼器满布工况，而层加速度控制整体差于阻尼器满布工况，与表5.5.2中的结果是一致的。

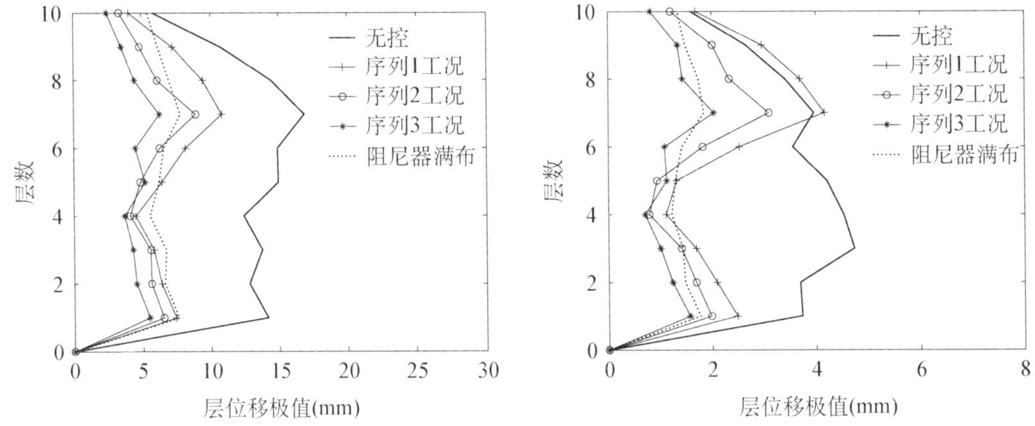

(a) (b)

图5.5.5 层间位移极值的二阶统计特征随阻尼器布设的变化

(a)层间位移极值均值；(b)层间位移极值标准差

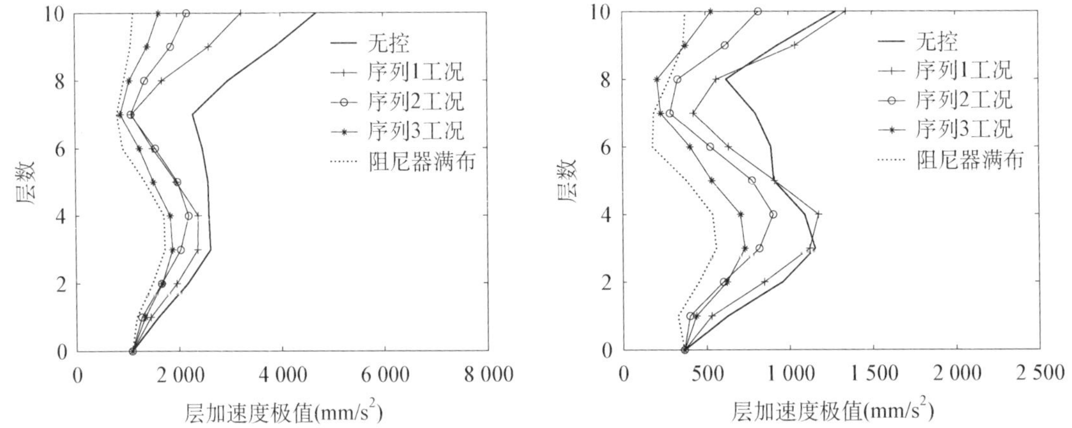

(a) (b)

图5.5.6 层加速度极值的二阶统计特征随阻尼器布设的变化

(a)层加速度极值均值；(b)层加速度极值标准差

5.5.2 主动拉索控制

以3.4.2节八层剪切型框架结构为对象进行主动拉索控制。层间位移、层间速度、层加速度和层间控制力的阈值分别假定为15 mm、150 mm/s、8 000 mm/s^2 和2 000 kN。结构输入仍采用3.4.1节中的物理随机地震动模型,峰值加速度0.3g。系统最优控制的目标是确定最少数目的拉索位置及其控制律参数,以达到拉索满布时相同的控制效果。满布的拉索是一齐加入的,以作为目标结构性态的一种参考标准,各拉索控制器的控制力权矩阵参数相同、各层状态权矩阵参数相同,但各拉索的控制律并非相同。

采用式(4.2.2)中的权矩阵形式,并忽略权矩阵中各层状态量的交叉项

$$\boldsymbol{Q}_Z = \mathrm{diag}\{Q_{d_1}, \cdots, Q_{d_n}, Q_{v_1}, \cdots, Q_{v_n}\}, \boldsymbol{R}_U = \mathrm{diag}\{R_{u_1}, \cdots, R_{u_r}\} \tag{5.5.4}$$

每个序列工况下的新加入拉索位置及其控制律参数列于表5.5.3。从表中可以看到,采用5根拉索即达到了系统最优控制的目标(目标泛函具有相同量级),它们先后放置于第1层、第2层、第6层、第7层和第4层。由此,构造如下广义最优控制律参数向量

$$(Q_d^*, Q_v^*, R_u^*, L^*) = \begin{bmatrix} 155.4 & 14\,360.0 & 0 & 99.8 & 0 & 0.0 & 11.6 & 0 \\ 240.0 & 9.6 & 0 & 89.5 & 0 & 0.0 & 0.0 & 0 \\ 10^{-12} & 10^{-12} & 0 & 10^{-12} & 0 & 10^{-12} & 10^{-12} & 0 \\ 1 & 2 & 0 & 5 & 0 & 3 & 4 & 0 \end{bmatrix}^{\mathrm{T}} \tag{5.5.5}$$

与被动黏弹性阻尼器控制算例类似,为使广义最优控制律的表达更明确,式中控制律参数 Q_d^*, Q_v^*, R_u^* 均为向量而非矩阵形式,其中的元素排列与拉索加入的顺序相同。

表5.5.3 序列工况下的新加入拉索位置及其设计参数

序列号	拓扑向量	设计参数*			
		Q_d	Q_v	R_u	目标函数 J_2
0	$[0\,0\,0\,0\,0\,0\,0\,0]^{\mathrm{T}}$	—	—	—	0.803 6
1	$[1\,0\,0\,0\,0\,0\,0\,0]^{\mathrm{T}}$	155.4	240.0	10^{-12}	0.589 8
2	$[1\,2\,0\,0\,0\,0\,0\,0]^{\mathrm{T}}$	14 360.0	9.6	10^{-12}	0.138 5
3	$[1\,2\,0\,0\,0\,3\,0\,0]^{\mathrm{T}}$	0.0	0.0	10^{-12}	0.002 1
4	$[1\,2\,0\,0\,0\,3\,4\,0]^{\mathrm{T}}$	11.6	0.0	10^{-12}	0.0017
5	$[1\,2\,0\,5\,0\,3\,4\,0]^{\mathrm{T}}$	99.8	89.5	10^{-12}	8.95×10^{-5}
参考	$[1\,1\,1\,1\,1\,1\,1\,1]^{\mathrm{T}}$	118.2	163.5	10^{-12}	1.11×10^{-5}

注:* 初设拉索设计参数 $Q_d = 100$, $Q_v = 100$, $R_u = 10^{-12}$。

层可控指标随拉索布设的变化见图5.5.7。由图可知,随着拉索的布设,层可控指标均逐步减小。图5.5.8中比较了最小层可控指标梯度和最大层可控指标两种布设拉索的策略对目标泛函的影响。可以看出,采用最小层可控指标梯度,当第5根拉索布设后,与拉索满布时具有相同的结构性态水平,而采用文献(Zhang & Soong, 1992)所建议的最大层可控指标,则需要6根拉索才能获得相同的控制效果。从图中还可以看到,按最小层可控指标梯度原则的第3根拉索放置后,结构性态已接近目标水平,而此时按最大层可控指标原则的结构性态还离目标水平较远。事实上,上例中的图5.5.2也表明了这一点,说明最小层可控指标

梯度策略可以比最大层可控指标策略更有效地逼近目标性态。图 5.5.9 示意对比了两种策略布设拉索的顺序,图中拉索编号表示放置的先后次序。

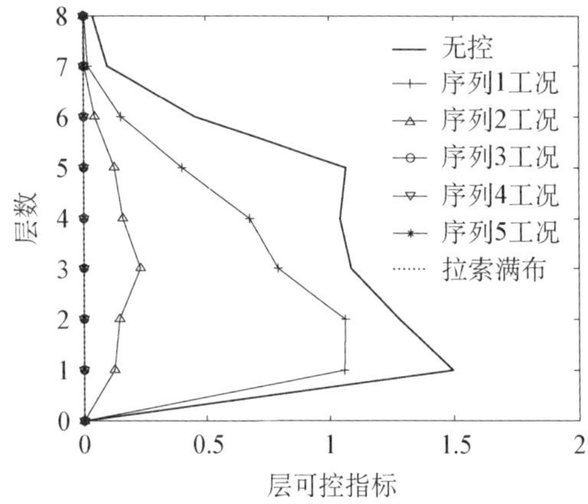

图 5.5.7 层可控指标随拉索布设的变化

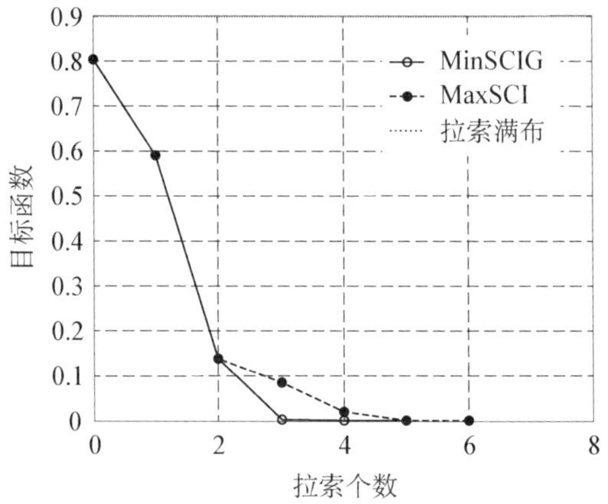

图 5.5.8 两种拉索布设策略的目标函数

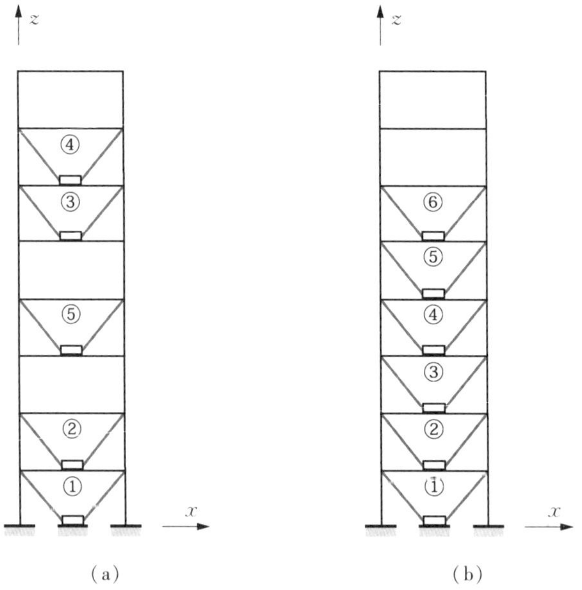

图 5.5.9 两种拉索布设策略的图示

(a)采用 MinSCIG 准则;(b)采用 MaxSCI 准则

从表 5.5.4 中可见,各系统量的体系超越概率随着拉索的合理布设逐步减小,结构系统性态逐渐趋于目标性态,序列 5 工况达到拉索满布时的结构性态水平。与拉索满布工况比较,序列 5 工况关于速度、加速度的控制效果较差,但位移控制效果较好、结构系统更安全。图 5.5.10 所示的位移、加速度的等价极值概率密度分布也表明,序列 5 工况的位移控制效果较满布工况要好、加速度控制效果较满布工况较差。从目标函数考察,序列 5 工况的总体控制效果虽然略差于满布工况;然而,序列 5 工况的均方控制力小于满布工况时的均方控制力。一方面是因为满布工况拉索数目为序列5工况拉索数目的1.6倍——均方控制力与拉索的数目直接相关;另一方面是因为序列5工况的位移控制远好于满布工况、速度控制略差。因此,满布工况控制能量达到了序列5工况控制能量的2倍左右。显然,从控制耗能角度说明,序列5工况比满布工况更经济。

表5.5.4 序列工况下的拉索最优控制结果

序列号	拓扑向量	超越概率				目标函数 J_2	均方控制力 ε_u(kN^2)
		$P_{f,d}$	$P_{f,v}$	$P_{f,a}$	$P_{f,u}$		
0	$[0\ 0\ 0\ 0\ 0\ 0\ 0\ 0]^T$	0.996 3	0.758 2	0.199 2	—	0.803 6	—
1	$[1\ 0\ 0\ 0\ 0\ 0\ 0\ 0]^T$	0.962 0	0.451 9	0.076 4	0.209 8	0.589 8	4.710×10^{8}
2	$[1\ 2\ 0\ 0\ 0\ 0\ 0\ 0]^T$	0.397 6	0.326 7	0.018 1	0.108 8	0.138 5	3.219×10^{8}
3	$[1\ 2\ 0\ 0\ 0\ 3\ 0\ 0]^T$	0.014 1	0.062 6	0.000 9	0.000 2	0.002 1	8.708×10^{7}
4	$[1\ 2\ 0\ 0\ 0\ 3\ 4\ 0]^T$	0.013 4	0.057 0	0.000 2	3.61×10^{-7}	0.001 7	8.196×10^{7}
5	$[1\ 2\ 0\ 5\ 0\ 3\ 4\ 0]^T$	0.000 1	0.013 0	0.003 2	0.000 4	8.95×10^{-5}	8.722×10^{7}
参考	$[1\ 1\ 1\ 1\ 1\ 1\ 1\ 1]^T$	0.002 2	0.003 5	3.60×10^{-7}	0.002 2	1.11×10^{-5}	1.737×10^{8}

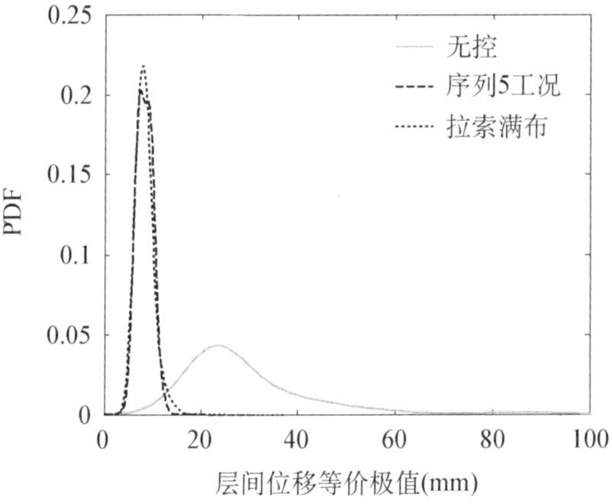

(a)

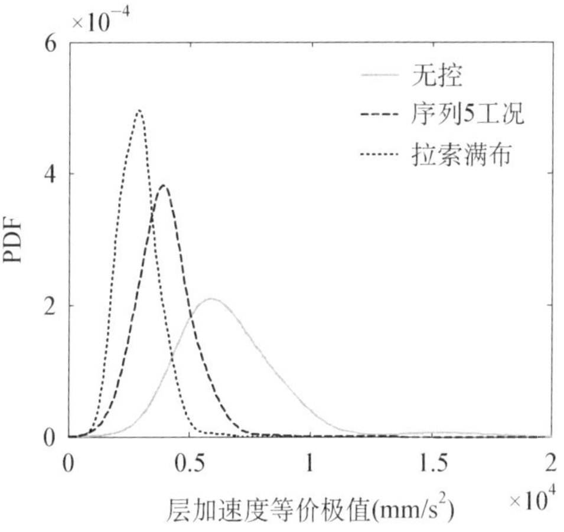

(b)

图5.5.10 最优控制前后层间位移和层加速度的等价极值概率密度分布

(a)层间位移等价极值;(b)层加速度等价极值

层间位移极值的二阶统计特征随拉索布设的变化关系如图5.5.11所示。从图中可以看出,各层间位移极值的均值和标准差随着拉索的布设逐步变小。同时,图5.5.12表明各层加速度极值的均值和标准差亦随着拉索的布设逐步变小。注意到,无论是层间位移还是层加速度,较大反应的结构层在受控后得到了重点改善、结构反应沿层高分布较受控前更均匀。上述黏弹性阻尼器控制算例也体现了这一点,如图5.5.5、图5.5.6所示,这符合结构性态最优控制的初衷。另一方面,序列5工况沿层高分布的层间位移控制整体好于拉索满布工况,而层加速度控制整体差于拉索满布工况,与表5.5.4中的结果一致。

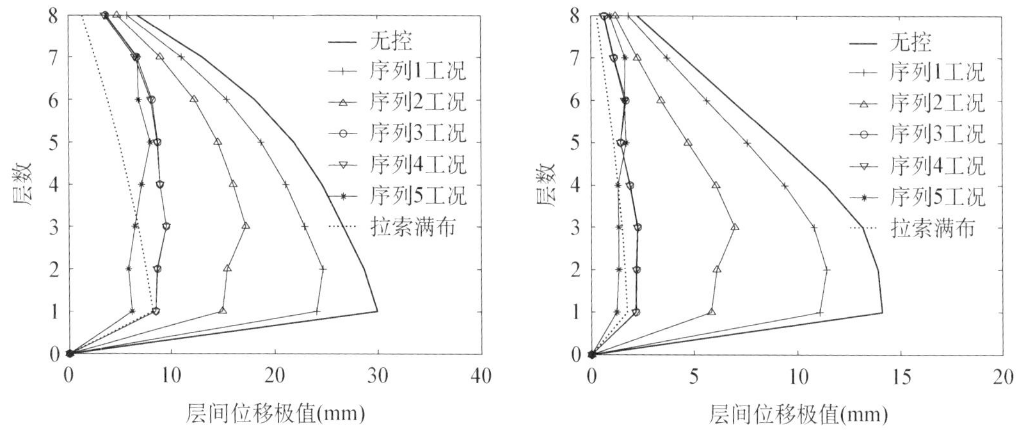

(a) (b)

图 5.5.11 层间位移极值的二阶统计特征随拉索布设的变化

(a) 层间位移极值均值;(b) 层间位移极值标准差

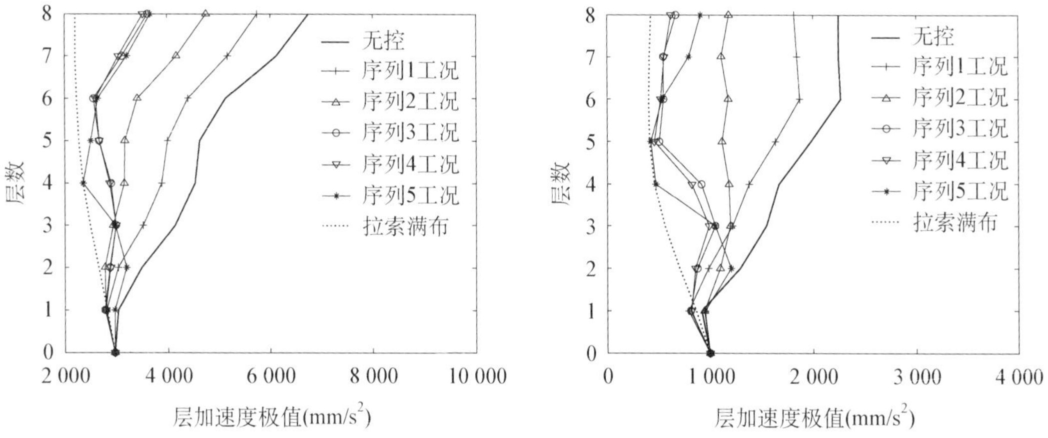

(a) (b)

图 5.5.12 层加速度极值的二阶统计特征随拉索布设的变化

(a)层加速度极值均值;(b)层加速度极值标准差

5.6 讨论与小结

现代建筑结构设计不仅要求保证人居的安全性,而且希望能够提供尽可能大的可利用空间。因此,控制装置的最优布置与控制器(或控制装置)参数优化具有同等重要的意义。采用较少的控制装置,一方面可以减少投资成本;另一方面也在一定程度上节省了建筑空间。本章正是基于这一认识,探讨了控制装置的最优布置与控制器(或控制装置)参数优化,并将它们统一为物理随机最优控制的广义最优控制律。

与先前单系统量考虑的可控指标相比较,基于超越概率的概率可控指标更具有实践意义,包含了系统安全性(结构位移控制)、系统适用性(结构速度控制)、系统舒适性(结构加速度控制)、控制装置工作性(控制力约束)以及它们之间的均衡。

依据最小层可控指标梯度准则,可以有效地寻找每个序列工况的最优结构拓扑。在广义最优控制律求解程序中,可采用与最小层可控指标准则具有相同物理意义的能量均衡超越概率准则。分析结果表明:采用广义最优控制律可以以最小的投资获得最大的控制效益,按最小层可控指标梯度准则寻优比按最大层可控指标准则寻优更为有效。

第6章

非线性结构随机最优控制

6.1 引言

前述几章主要涉及线性结构动力系统的随机最优控制,然而,由于控制性荷载如地震、强风和海浪等动力荷载在时间、空间和大小上往往都具有很强的随机性,结构在这些作用下不可避免地会进入非线性状态。因此,有必要进一步研究非线性动力系统的随机最优控制问题。

非线性系统的最优控制是一项极具挑战性的课题(Housner et al, 1997)。历史上,Shefer 和 Breakwell 最早提出了一类非线性系统的最优数字反馈控制策略,他们考虑了系统状态条件分布的非 Gaussian 特性、状态估计涉及三次非线性项和高阶矩(Shefer & Breakwell, 1987)。Yang 等人采用随机振动的等价线性化方法,研究了地震作用下隔震建筑的随机混合控制,其中地震动模型为散粒噪声(Yang et al, 1994b)。Zhu 等人基于随机平均方法和随机动态规划原理,提出了随机激励滞回系统的非线性随机最优控制策略,其中,系统总能量的 Itô 随机微分方程定义为一维可控散射过程(Zhu et al, 2000)。

在工程实践中,一类由于大变形构成的非线性结构系统通常模型化为硬弹簧或软弹簧 Duffing 系统。如陀螺仪的自由振动,风载作用下铰接桥梁板的振动,以及流体-结构相互作用力学系统的振动等(Sekar & Narayanan, 1994)。而另一类非线性系统反应,则表现出滞回特性,如一般结构构件在动力作用下的非线性振动特征。为有效描述结构构件的滞回行为,发展出大量的数学模型;其中,双线型弹塑性模型(Iwan, 1961; Clough & Johnson, 1966)和 Bouc-Wen 微分模型(Bouc, 1967; Wen 1976; Baber & Wen, 1981; Baber & Noori, 1985)在结构工程和材料科学中广为采用。

根据多项式最优控制原理,本章试图将物理随机最优控制原理推广到非线性和滞回系统的随机最优控制中,并分别考察随机地震动作用下一类硬弹簧 Duffing 振子、Clough 双线型滞回系统和 Bouc-Wen 光滑型滞回系统的随机最优控制。

6.2 随机多项式最优控制

多项式最优控制是根据 Hamilton-Jaccobi 理论框架和最优性原理提出的(Suhardjo et al,

1992),它实质上是 LQR 控制的扩展形式。

考察随机激励下 n 自由度非线性动力系统,向量运动方程为

$$\boldsymbol{M}\ddot{\boldsymbol{X}}(t)+\boldsymbol{f}[\boldsymbol{X}(t),\ \dot{\boldsymbol{X}}(t)]=\boldsymbol{B}_s\boldsymbol{U}(t)+\boldsymbol{D}_s\boldsymbol{F}(\boldsymbol{\Theta},\ t),\ \boldsymbol{X}(t_0)=\boldsymbol{x}_0,\ \dot{\boldsymbol{X}}(t_0)=\dot{\boldsymbol{x}}_0 \tag{6.2.1}$$

式中,$\boldsymbol{X}(t)=\boldsymbol{X}(\boldsymbol{\Theta},\ t)$ 是 n 维位移向量;$\boldsymbol{U}(t)=\boldsymbol{U}(\boldsymbol{\Theta},\ t)$ 为 r 维控制力向量;$\boldsymbol{M}$ 为 $n\times n$ 维质量矩阵;$\boldsymbol{f}[\cdot]$ 为 n 维非线性内力向量,包括非线性阻尼力与非线性恢复力;$\boldsymbol{F}(\cdot)$ 为 p 维随机激励向量;$\boldsymbol{\Theta}$ 是结构系统的随机参数向量;$\boldsymbol{B}_s$ 为 $n\times r$ 维控制力位置矩阵;$\boldsymbol{D}_s$ 为 $n\times p$ 维激励位置矩阵。

为将非线性动力系统的运动方程式(6.2.1)展开为形如式(3.3.1)的运动方程式及式(3.3.2)所示的状态方程式,需要对非线性内力向量 $\boldsymbol{f}[\cdot]$ 进行展开,以分离出系统矩阵。通常,将非线性向量力 $\boldsymbol{f}[\cdot]$ 展开为 Maclaurin 级数

$$\begin{aligned}\boldsymbol{f}[\boldsymbol{X}(t),\ \dot{\boldsymbol{X}}(t)]=&\ \boldsymbol{f}[\boldsymbol{0},\ \boldsymbol{0}]+\left(\frac{\partial\boldsymbol{f}[\boldsymbol{0},\ \boldsymbol{0}]}{\partial\boldsymbol{X}}\cdot\boldsymbol{X}+\frac{\partial\boldsymbol{f}[\boldsymbol{0},\ \boldsymbol{0}]}{\partial\dot{\boldsymbol{X}}}\cdot\dot{\boldsymbol{X}}\right)\\&+\frac{1}{2!}\left(\frac{\partial^2\boldsymbol{f}[\boldsymbol{0},\ \boldsymbol{0}]}{\partial\boldsymbol{X}^2}:\boldsymbol{X}^2+2\frac{\partial^2\boldsymbol{f}[\boldsymbol{0},\ \boldsymbol{0}]}{\partial\boldsymbol{X}\partial\dot{\boldsymbol{X}}}:\boldsymbol{X}\dot{\boldsymbol{X}}+\frac{\partial^2\boldsymbol{f}[\boldsymbol{0},\ \boldsymbol{0}]}{\partial\dot{\boldsymbol{X}}^2}:\dot{\boldsymbol{X}}^2\right)\\&+\cdots+\frac{1}{m!}\left(\frac{\partial^m\boldsymbol{f}[\boldsymbol{0},\ \boldsymbol{0}]}{\partial\boldsymbol{X}^m}\overset{m}{\cdot}\boldsymbol{X}^m+\sum_{k=1}^{m-1}\frac{m!}{(m-k)!k!}\frac{\partial^m\boldsymbol{f}[\boldsymbol{0},\ \boldsymbol{0}]}{\partial\boldsymbol{X}^{m-k}\partial\dot{\boldsymbol{X}}^k}\overset{m}{\cdot}\boldsymbol{X}^{m-k}\dot{\boldsymbol{X}}^k\right.\\&\left.+\frac{\partial^m\boldsymbol{f}[\boldsymbol{0},\ \boldsymbol{0}]}{\partial\dot{\boldsymbol{X}}^m}\overset{m}{\cdot}\dot{\boldsymbol{X}}^m\right)\end{aligned} \tag{6.2.2}$$

式中,$\overset{m}{\cdot}$ 表示张量缩阶的 m 次点乘;$\boldsymbol{X}^m$ 表示张量扩阶的 m 次并乘,并乘符号略去。

对于一般非线性结构系统,$\boldsymbol{X}^i$ 与 $\dot{\boldsymbol{X}}^i$ 交叉项对非线性内力的贡献远小于其他项,可以忽略不计;由此,可略去式(6.2.2)中 $\boldsymbol{X}^i$ 与 $\dot{\boldsymbol{X}}^i$ 的交叉项。同时,当状态量 $\boldsymbol{X}$, $\dot{\boldsymbol{X}}$ 为 $\boldsymbol{0}$ 时,非线性内力一般为 $\boldsymbol{0}$,因此 Maclaurin 级数展开的第一项亦可以去掉,即有

$$\begin{aligned}\boldsymbol{f}[\boldsymbol{X}(t),\ \dot{\boldsymbol{X}}(t)]=&\left(\frac{\partial\boldsymbol{f}[\boldsymbol{0},\ \boldsymbol{0}]}{\partial\boldsymbol{X}}\boldsymbol{X}^0+\frac{1}{2!}\frac{\partial^2\boldsymbol{f}[\boldsymbol{0},\ \boldsymbol{0}]}{\partial\boldsymbol{X}^2}:\boldsymbol{X}+\cdots+\frac{1}{m!}\frac{\partial^m\boldsymbol{f}[\boldsymbol{0},\ \boldsymbol{0}]}{\partial\boldsymbol{X}^m}\overset{m}{\cdot}\boldsymbol{X}^{m-1}\right)\boldsymbol{X}\\&+\left(\frac{\partial\boldsymbol{f}[\boldsymbol{0},\ \boldsymbol{0}]}{\partial\dot{\boldsymbol{X}}}\dot{\boldsymbol{X}}^0+\frac{1}{2!}\frac{\partial^2\boldsymbol{f}[\boldsymbol{0},\ \boldsymbol{0}]}{\partial\dot{\boldsymbol{X}}^2}:\dot{\boldsymbol{X}}+\cdots+\frac{1}{m!}\frac{\partial^m\boldsymbol{f}[\boldsymbol{0},\ \boldsymbol{0}]}{\partial\dot{\boldsymbol{X}}^m}\overset{m}{\cdot}\dot{\boldsymbol{X}}^{m-1}\right)\dot{\boldsymbol{X}}\end{aligned} \tag{6.2.3}$$

如此,在状态空间,式(6.2.1)变为

$$\dot{\boldsymbol{Z}}(t)=\boldsymbol{\Lambda}(\boldsymbol{Z})\boldsymbol{Z}(t)+\boldsymbol{B}\boldsymbol{U}(t)+\boldsymbol{D}\boldsymbol{F}(\boldsymbol{\Theta},\ t) \tag{6.2.4}$$

初始条件 $\boldsymbol{Z}(t_0)=z_0$。式(6.2.4)中,$\boldsymbol{Z}(t)$ 为 $2n$ 维状态向量;$\boldsymbol{\Lambda}(\boldsymbol{Z})$ 为 $2n\times 2n$ 维梯度矩阵(系统矩阵);$\boldsymbol{B}$ 为 $2n\times r$ 维控制力位置矩阵;$\boldsymbol{D}$ 为 $2n\times p$ 维激励位置矩阵。分别为

$$\boldsymbol{Z}(t)=\begin{bmatrix}\boldsymbol{X}(t)\\\dot{\boldsymbol{X}}(t)\end{bmatrix},\ \boldsymbol{B}=\begin{bmatrix}\boldsymbol{0}\\\boldsymbol{M}^{-1}\boldsymbol{B}_s\end{bmatrix},\ \boldsymbol{D}=\begin{bmatrix}\boldsymbol{0}\\\boldsymbol{M}^{-1}\boldsymbol{D}_s\end{bmatrix},$$

$$L(Z) = \begin{bmatrix} \mathbf{0} & \boldsymbol{I} \\ -M^{-1}\sum_{i=1}^{m}\frac{1}{i!}\frac{\partial^i \boldsymbol{f}[\mathbf{0},\mathbf{0}]}{\partial \boldsymbol{X}^i}\cdot \boldsymbol{X}^{i-1} & -M^{-1}\sum_{i=1}^{m}\frac{1}{i!}\frac{\partial^i \boldsymbol{f}[\mathbf{0},\mathbf{0}]}{\partial \dot{\boldsymbol{X}}^i}\cdot \dot{\boldsymbol{X}}^{i} \end{bmatrix} \tag{6.2.5}$$

式中,m 是 Maclaurin 级数的最高阶,等于非线性内力向量的最高阶数,更高阶的展开均为零。

考虑随机参数向量 $\boldsymbol{\Theta}$,多项式性能泛函定义为(Yang et al, 1996)

$$J_1(\boldsymbol{Z},\boldsymbol{U},\boldsymbol{\Theta}) = \boldsymbol{\phi}(\boldsymbol{Z}(t_f),t_f) + \frac{1}{2}\int_{t_0}^{t_f}[\boldsymbol{Z}^{\mathrm{T}}(t)\boldsymbol{Q}_Z\boldsymbol{Z}(t) + \boldsymbol{U}^{\mathrm{T}}(t)\boldsymbol{R}_U\boldsymbol{U}(t) + h(\boldsymbol{Z},t)]\mathrm{d}t \tag{6.2.6}$$

式中,$\boldsymbol{\phi}(\boldsymbol{Z}(t_f),t_f)$ 为终端性能函数;$\boldsymbol{Z}(t_f)$ 为终端状态;t_0,t_f 分别为控制初始时间与终端时间;$\boldsymbol{Q}_Z$ 为 $2n\times 2n$ 维半正定状态权矩阵,$\boldsymbol{R}_U$ 为 $r\times r$ 维正定控制力权矩阵;$h(\boldsymbol{Z},t)$ 为性能函数的高阶项。不难看出,式(6.2.4)中被积函数的前两项与终端性能一起构成经典的 LQR 形式,同式(3.3.5)。

从样本角度考察上述多项式性能泛函的最小化,既可以根据 Pontryagin 极大值原理构造 Euler-Lagrange 微分方程组,也可以根据最优性原理推导 HJB 方程。对于后者,有如下 HJB 方程(Anderson & Moore, 1990)

$$\frac{\partial V(\boldsymbol{Z},t)}{\partial t} = -\min_{\boldsymbol{U}}[H(\boldsymbol{Z},\boldsymbol{U},V'(\boldsymbol{Z},t),\boldsymbol{\Theta},t)] \tag{6.2.7}$$

式中,上标"′"表示关于状态 $\boldsymbol{Z}$ 微分;$V(\boldsymbol{Z},t)$ 为最优值函数,满足 Lyapunov 函数特性,可假定为(Anderson & Moore, 1990)

$$V(\boldsymbol{Z},t) = \frac{1}{2}\boldsymbol{Z}^{\mathrm{T}}(t)\boldsymbol{P}(t)\boldsymbol{Z}(t) + g(\boldsymbol{Z},t) \tag{6.2.8}$$

式中,$\boldsymbol{P}(t)$ 为 $2n\times 2n$ 维 Riccati 矩阵函数;$g(\boldsymbol{Z},t)$ 为状态 $\boldsymbol{Z}$ 的某一正定多项式。显然,式(6.2.7)右端最小化的必要条件为

$$\frac{\partial H(\boldsymbol{Z},\boldsymbol{U},V'(\boldsymbol{Z},t),\boldsymbol{\Theta},t)}{\partial \boldsymbol{U}} = \mathbf{0} \tag{6.2.9}$$

根据结构性态确定的控制准则在概率意义上蕴含了外加激励的影响,因此,在随机最优控制反馈增益中可略去外加激励相关项,以形成状态反馈的闭环控制。由此,定义如下 Hamilton 增广泛函(Yang et al, 1996)

$$\begin{aligned} H(\boldsymbol{Z},\boldsymbol{U},V'(\boldsymbol{Z},t),\boldsymbol{\Theta},t) &= \frac{1}{2}[\boldsymbol{Z}^{\mathrm{T}}(t)\boldsymbol{Q}_Z\boldsymbol{Z}(t) + \boldsymbol{U}^{\mathrm{T}}(t)\boldsymbol{R}_U\boldsymbol{U}(t) + h(\boldsymbol{Z},t)] \\ &\quad + [V'(\boldsymbol{Z},t)]^{\mathrm{T}}(\boldsymbol{A}(\boldsymbol{Z})\boldsymbol{Z}(t) + \boldsymbol{B}\boldsymbol{U}(t)) \end{aligned} \tag{6.2.10}$$

将上式代入式(6.2.8),有

$$\begin{aligned} H(\boldsymbol{Z},\boldsymbol{U},V'(\boldsymbol{Z},t),\boldsymbol{\Theta},t) &= \frac{1}{2}[\boldsymbol{Z}^{\mathrm{T}}(t)\boldsymbol{Q}_Z\boldsymbol{Z}(t) + \boldsymbol{U}^{\mathrm{T}}(t)\boldsymbol{R}_U\boldsymbol{U}(t) + h(\boldsymbol{Z},t)] \\ &\quad + [\boldsymbol{Z}^{\mathrm{T}}(t)\boldsymbol{P}(t) + (g'(\boldsymbol{Z},t))^{\mathrm{T}}](\boldsymbol{A}(\boldsymbol{Z})\boldsymbol{Z}(t) + \boldsymbol{B}\boldsymbol{U}(t)) \end{aligned} \tag{6.2.11}$$

将式(6.2.11)代入式(6.2.9)中,得到

$$\boldsymbol{R}_U\boldsymbol{U}(t)+\boldsymbol{B}^{\mathrm{T}}\boldsymbol{P}(t)\boldsymbol{Z}(t)+\boldsymbol{B}^{\mathrm{T}}g'(\boldsymbol{Z},t)=\boldsymbol{0} \tag{6.2.12}$$

于是,有非线性最优控制器

$$\boldsymbol{U}(t)=-\boldsymbol{R}_U^{-1}\boldsymbol{B}^{\mathrm{T}}\boldsymbol{P}(t)\boldsymbol{Z}(t)-\boldsymbol{R}_U^{-1}\boldsymbol{B}^{\mathrm{T}}g'(\boldsymbol{Z},t) \tag{6.2.13}$$

从式(6.2.13)中不难看出

$$\frac{\partial^2 H(\boldsymbol{Z},\boldsymbol{U},V'(\boldsymbol{Z},t),\boldsymbol{\Theta},t)}{\partial \boldsymbol{U}^2}=\boldsymbol{R}_U>0 \tag{6.2.14}$$

因此,多项式性能泛函的最小化总是存在的。

将式(6.2.8)、式(6.2.11)、式(6.2.13)代入式(6.2.7)中,并分离$\boldsymbol{Z}(t)$相关项和$g(\boldsymbol{Z},t)$相关项,得到

$$-\dot{\boldsymbol{P}}(t)=\boldsymbol{P}(t)\boldsymbol{\Lambda}(\boldsymbol{Z})+\boldsymbol{\Lambda}^{\mathrm{T}}(\boldsymbol{Z})\boldsymbol{P}(t)-\boldsymbol{P}(t)\boldsymbol{B}\boldsymbol{R}_U^{-1}\boldsymbol{B}^{\mathrm{T}}\boldsymbol{P}(t)+\boldsymbol{Q}_Z \tag{6.2.15}$$

$$\begin{aligned}-\dot{g}(\boldsymbol{Z},t)=&\frac{1}{2}h(\boldsymbol{Z},t)-\frac{1}{2}(g'(\boldsymbol{Z},t))^{\mathrm{T}}\boldsymbol{B}\boldsymbol{R}_U^{-1}\boldsymbol{B}^{\mathrm{T}}g'(\boldsymbol{Z},t)\\&+(g'(\boldsymbol{Z},t))^{\mathrm{T}}[\boldsymbol{\Lambda}(\boldsymbol{Z})-\boldsymbol{B}\boldsymbol{R}_U^{-1}\boldsymbol{B}^{\mathrm{T}}\boldsymbol{P}(t)]\boldsymbol{Z}(t)\end{aligned} \tag{6.2.16}$$

式(6.2.15)推导中,采用了矩阵等价形式

$$2\boldsymbol{P}(t)\boldsymbol{\Lambda}(\boldsymbol{Z})=\boldsymbol{P}(t)\boldsymbol{\Lambda}(\boldsymbol{Z})+\boldsymbol{\Lambda}^{\mathrm{T}}(\boldsymbol{Z})\boldsymbol{P}(t) \tag{6.2.17}$$

为得到非线性控制器式(6.2.13)的显示表达,可选择正定多项式(Yang et al, 1996)

$$g(\boldsymbol{Z},t)=\sum_{i=2}^{k}\frac{1}{i}[\boldsymbol{Z}^{\mathrm{T}}(t)\boldsymbol{M}_i(t)\boldsymbol{Z}(t)]^i \tag{6.2.18}$$

式中,$\boldsymbol{M}_i(t)$, $i=2, 3, \cdots, k$ 为 $2n\times 2n$ 维 Lyapunov 矩阵函数。

将式(6.2.18)代入式(6.2.16)中,有

$$\begin{aligned}-2\sum_{i=2}^{k}&[\boldsymbol{Z}^{\mathrm{T}}(t)\boldsymbol{M}_i(t)\boldsymbol{Z}(t)]^{i-1}\boldsymbol{Z}^{\mathrm{T}}(t)\dot{\boldsymbol{M}}_i(t)\boldsymbol{Z}(t)=h(\boldsymbol{Z},t)\\-4\Big\{\sum_{i=2}^{k}&[\boldsymbol{Z}^{\mathrm{T}}(t)\boldsymbol{M}_i(t)\boldsymbol{Z}(t)]^{i-1}\boldsymbol{M}_i(t)\boldsymbol{Z}(t)\Big\}^{\mathrm{T}}\boldsymbol{B}\boldsymbol{R}_U^{-1}\boldsymbol{B}^{\mathrm{T}}\Big\{\sum_{i=2}^{k}[\boldsymbol{Z}^{\mathrm{T}}(t)\boldsymbol{M}_i(t)\boldsymbol{Z}(t)]^{i-1}\boldsymbol{M}_i(t)\boldsymbol{Z}(t)\Big\}\\+4\Big\{\sum_{i=2}^{k}&[\boldsymbol{Z}^{\mathrm{T}}(t)\boldsymbol{M}_i(t)\boldsymbol{Z}(t)]^{i-1}\boldsymbol{M}_i(t)\boldsymbol{Z}(t)\Big\}^{\mathrm{T}}[\boldsymbol{\Lambda}(Z)-\boldsymbol{B}\boldsymbol{R}_U^{-1}\boldsymbol{B}^{\mathrm{T}}\boldsymbol{P}(t)]\boldsymbol{Z}(t)\end{aligned} \tag{6.2.19}$$

若

$$\begin{aligned}h(\boldsymbol{Z},t)=&2\sum_{i=2}^{k}[\boldsymbol{Z}^{\mathrm{T}}(t)\boldsymbol{M}_i(t)\boldsymbol{Z}(t)]^{i-1}\boldsymbol{Z}^{\mathrm{T}}(t)\boldsymbol{Q}_{Z,i}(t)\boldsymbol{Z}(t)+\\&4\Big\{\sum_{i=2}^{k}[\boldsymbol{Z}^{\mathrm{T}}(t)\boldsymbol{M}_i(t)\boldsymbol{Z}(t)]^{i-1}\boldsymbol{M}_i(t)\boldsymbol{Z}(t)\Big\}^{\mathrm{T}}\boldsymbol{B}\boldsymbol{R}_U^{-1}\boldsymbol{B}^{\mathrm{T}}\Big\{\sum_{i=2}^{k}[\boldsymbol{Z}^{\mathrm{T}}(t)\boldsymbol{M}_i(t)\boldsymbol{Z}(t)]^{i-1}\boldsymbol{M}_i(t)\boldsymbol{Z}(t)\Big\}\end{aligned} \tag{6.2.20}$$

则可以构造非线性控制器的简单形式。上式中，$\boldsymbol{Q}_{Z,i}$，$i=2, 3, \cdots, k$ 为 $2n\times 2n$ 维半正定状态权矩阵。由此，可以通过下式求解 Lyapunov 矩阵 $\boldsymbol{M}_i(t)$

$$-\dot{\boldsymbol{M}}_i(t)=\boldsymbol{M}_i(t)[\boldsymbol{\Lambda}(\boldsymbol{Z})-\boldsymbol{B}\boldsymbol{R}_U^{-1}\boldsymbol{B}^{\mathrm{T}}\boldsymbol{P}(t)]+[\boldsymbol{\Lambda}(\boldsymbol{Z})-\boldsymbol{B}\boldsymbol{R}_U^{-1}\boldsymbol{B}^{\mathrm{T}}\boldsymbol{\Lambda}^{\mathrm{T}}(\boldsymbol{Z})\boldsymbol{P}(t)]^{\mathrm{T}}\boldsymbol{M}_i(t)+\boldsymbol{Q}_{Z,i} \tag{6.2.21}$$

在此推导过程采用了式(6.2.17)的矩阵等价形式。

式(6.2.15)、式(6.2.21)分别为 Riccati 矩阵方程和 Lyapunov 矩阵方程。

不难看出，$\boldsymbol{P}(t)$，$\boldsymbol{M}_i(t)$ 均依赖于梯度矩阵 $\boldsymbol{\Lambda}(\boldsymbol{Z})$，表明多项式控制器的控制律参数不能离线计算。因此，最优多项式控制器的分析解答为

$$\boldsymbol{U}(t)=-\boldsymbol{R}_U^{-1}\boldsymbol{B}^{\mathrm{T}}\boldsymbol{P}(t)\boldsymbol{Z}(t)-\boldsymbol{R}_U^{-1}\boldsymbol{B}^{\mathrm{T}}\sum_{i=2}^{k}[\boldsymbol{Z}^{\mathrm{T}}(t)\boldsymbol{M}_i(t)\boldsymbol{Z}(t)]^{i-1}\boldsymbol{M}_i(t)\boldsymbol{Z}(t) \tag{6.2.22}$$

可见，多项式控制器由线性项和非线性项组成，前者为多项式的 1 阶项，后者为多项式的奇数高阶项。

将得到的状态量 $\boldsymbol{Z}(\boldsymbol{\Theta}, t)$ 和控制力 $\boldsymbol{U}(\boldsymbol{\Theta}, t)$ 的形式解答代入广义概率密度演化方程

$$\frac{\partial p_{Z\Theta}(z, \boldsymbol{\theta}, t)}{\partial t}+\dot{Z}(\boldsymbol{\theta}, t)\frac{\partial p_{Z\Theta}(z, \boldsymbol{\theta}, t)}{\partial z}=0 \tag{6.2.23}$$

$$\frac{\partial p_{U\Theta}(u, \boldsymbol{\theta}, t)}{\partial t}+\dot{U}(\boldsymbol{\theta}, t)\frac{\partial p_{U\Theta}(u, \boldsymbol{\theta}, t)}{\partial u}=0 \tag{6.2.24}$$

即可得到物理量的概率密度演化过程。上式中，$Z(t)$ 和 $U(t)$ 分别为 $\boldsymbol{Z}(t)$ 和 $\boldsymbol{U}(t)$ 的分量形式。

对于无限时间最优控制系统，若系统矩阵不依赖于时间时，Riccati 矩阵和 Lyapunov 矩阵分别为方程(6.2.15)、方程(6.2.21)的稳态形式的解

$$\boldsymbol{P}\boldsymbol{\Lambda}_0+\boldsymbol{\Lambda}_0^{\mathrm{T}}\boldsymbol{P}-\boldsymbol{P}\boldsymbol{B}\boldsymbol{R}_U^{-1}\boldsymbol{B}^{\mathrm{T}}\boldsymbol{P}+\boldsymbol{Q}_Z=\boldsymbol{0} \tag{6.2.25}$$

$$\boldsymbol{M}_i(\boldsymbol{\Lambda}_0-\boldsymbol{B}\boldsymbol{R}_U^{-1}\boldsymbol{B}^{\mathrm{T}}\boldsymbol{P})+(\boldsymbol{\Lambda}_0-\boldsymbol{B}\boldsymbol{R}_U^{-1}\boldsymbol{B}^{\mathrm{T}}\boldsymbol{P})^{\mathrm{T}}\boldsymbol{M}_i+\boldsymbol{Q}_{Z,i}=\boldsymbol{0},\ i=2, 3, \cdots, k \tag{6.2.26}$$

式中，$\boldsymbol{\Lambda}_0=\boldsymbol{\Lambda}(\boldsymbol{Z})|_{z_0}$ 为梯度矩阵 $\boldsymbol{\Lambda}(\boldsymbol{Z})$ 取初始状态值 z_0 得到(Yang et al, 1996)。其中，矩阵 $\boldsymbol{P}$，$\boldsymbol{M}_i$ 可以采用数值算法或 MATLAB 工具箱函数方便地求解。

而对于本章研究的问题：有限时间最优控制系统、系统矩阵依赖于时间，可以将数值积分步长小尺度时间上的系统矩阵视为不依赖于时间。因此，第 j 个积分时步 t_j 处的 Riccati 矩阵和 Lyapunov 矩阵近似为以下方程的解

$$\boldsymbol{P}(t_j)\boldsymbol{\Lambda}(\boldsymbol{Z})+\boldsymbol{\Lambda}^{\mathrm{T}}(\boldsymbol{Z})\boldsymbol{P}(t_j)-\boldsymbol{P}(t_j)\boldsymbol{B}\boldsymbol{R}_U^{-1}\boldsymbol{B}^{\mathrm{T}}\boldsymbol{P}(t_j)+\boldsymbol{Q}_Z=\boldsymbol{0} \tag{6.2.27}$$

$$\boldsymbol{M}_i(t_j)[\boldsymbol{\Lambda}(\boldsymbol{Z})-\boldsymbol{B}\boldsymbol{R}_U^{-1}\boldsymbol{B}^{\mathrm{T}}\boldsymbol{P}(t_j)]+[\boldsymbol{\Lambda}(\boldsymbol{Z})-\boldsymbol{B}\boldsymbol{R}_U^{-1}\boldsymbol{B}^{\mathrm{T}}\boldsymbol{P}(t_j)]^{\mathrm{T}}\boldsymbol{M}_i(t_j)+\boldsymbol{Q}_{Z,i}=\boldsymbol{0} \tag{6.2.28}$$

6.3 非线性振子系统随机最优控制

将上述理论应用于具体问题，这里考察随机激励作用下的一类受控硬弹簧 Duffing 振

子,其动力方程为

$$\ddot{x}(t)+2\zeta\omega_0\dot{x}(t)+\omega_0^2[x(t)+\mu x^3(t)]=u(t)+F(\boldsymbol{\Theta},t),\ x(t_0)=\dot{x}(t_0)=0 \tag{6.3.1}$$

式中,$x(t)$ 为振子的位移;ζ, ω_0 分别为阻尼比和自振频率;μ 为非线性水平系数;$u(t)$ 为单位质量控制力;$F(\cdot)$ 为单位质量随机激励。

引用 Maclaurin 级数并忽略交叉项,在状态空间中,式(6.3.1)转化为

$$\dot{\boldsymbol{Z}}(t)=\boldsymbol{A}(\boldsymbol{Z})\boldsymbol{Z}(t)+\boldsymbol{B}u(t)+\boldsymbol{D}F(\boldsymbol{\Theta},t) \tag{6.3.2}$$

式中,

$$\boldsymbol{Z}(t)=\begin{bmatrix}x(t)\\ \dot{x}(t)\end{bmatrix},\ \boldsymbol{A}(\boldsymbol{Z})=\begin{bmatrix}0 & 1\\ -[1+6\mu x^2(t)]\omega_0^2 & -2\zeta\omega_0\end{bmatrix},\ \boldsymbol{B}=\begin{bmatrix}0\\1\end{bmatrix},\ \boldsymbol{D}=\begin{bmatrix}0\\1\end{bmatrix} \tag{6.3.3}$$

6.3.1 主动拉索控制性能分析

图6.3.1所示为采用主动拉索控制的随机激励作用下铰接桥梁板振动的问题,这一结构系统可模型化为上述受控硬弹簧 Duffing 振子(Peng & Li, 2011)。设阻尼比 ζ 和自振频率 ω_0 分别假定为0.02和2 rad/s;非线性水平系数 μ 分别定义为200(强非线性水平)和10(弱非线性水平)两种工况。可采用上述控制理论对其作具体分析。

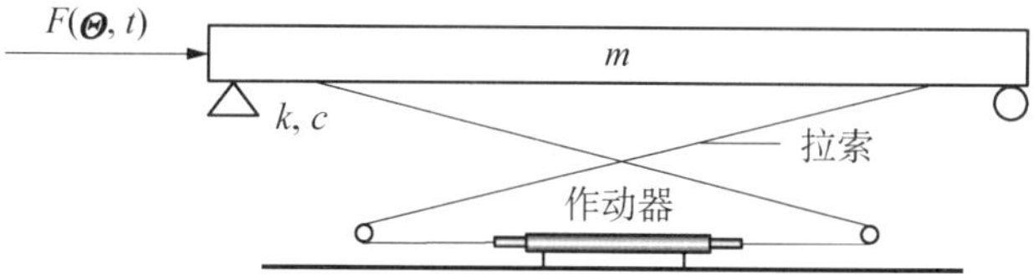

图6.3.1 铰接桥梁板主动拉索控制系统

采用3.4.1节中的物理随机地震动模型作为输入,峰值加速度0.3g,采用自适应步长的四阶 Runge-Kutta 格式进行确定性非线性动力反应分析。根据超越概率性态泛函(Exceedance Probability Performance Function, EPPF)准则式(5.4.1)确定系统控制律参数。振子位移、振子速度、振子加速度和单位质量控制力的阈值分别假定为50 mm、300 mm/s、2 000 mm/s^2 和5 000 mm/s^2。

权矩阵形式为

$$\boldsymbol{Q}_Z=\begin{bmatrix}Q_d & 0\\ 0 & Q_v\end{bmatrix},\ \boldsymbol{Q}_{Z,i}=\begin{bmatrix}Q_{d,i} & 0\\ 0 & Q_{v,i}\end{bmatrix},\ \boldsymbol{R}_U=R_u,\ i=2,3,\cdots,k \tag{6.3.4}$$

表6.3.1所示为采用超越概率控制准则式(5.4.1)优化得到的多项式控制器设计参数。可以看到,对于两种非线性水平工况,控制器高阶项(3阶和5阶)的状态权矩阵元素几乎均为0,而且在同一非线性水平,各阶控制的目标函数相同,这表明:采用能量均衡超越概率准

则,1 阶线性控制器可以覆盖高阶非线性控制器的控制效果。显然,这是有实践意义的。

表 6.3.1 多项式控制器的设计参数

非线性水平系数	控制器阶数	设计参数*							目标函数 J_2
		Q_d	Q_v	$Q_{d,2}$	$Q_{v,2}$	$Q_{d,3}$	$Q_{v,3}$	R_u	
$\mu=200$	1 阶	0.0	39.4	—	—	—	—	1.0	0.016 1
	3 阶	0.0	39.4	0.0	0.0	—	—	1.0	0.016 1
	5 阶	0.0	39.4	0.0	0.0	0.0	16.8	1.0	0.016 1
$\mu=10$	1 阶	0.0	40.4	—	—	—	—	1.0	0.015 3
	3 阶	0.0	40.4	0.0	0.0	—	—	1.0	0.015 3
	5 阶	0.0	40.4	0.0	0.0	0.0	0.0	1.0	0.015 3

注：* 初设控制律参数 $Q_d = Q_v = 100$, $Q_{d,2} = Q_{v,2} = Q_{d,3} = Q_{v,3} = 20$, $R_u = 1$。

图 6.3.2 所示为 1 阶控制器和高阶控制器的状态反馈模型。从图中可以看出，1 阶控制器是量测系统状态的线性反馈,而高阶控制器是量测状态的非线性反馈,需要实时求解量测状态的高次方,在时滞影响下可能使得计算控制力严重偏离设计预期的控制力,导致系统不稳定。因此,采用 1 阶线性控制器或低阶非线性控制器是控制实践所期望的。基于超越概率准则的多项式控制器,仅用 1 阶线性反馈就能达到高阶非线性反馈的控制效果,具有重要的实践意义。

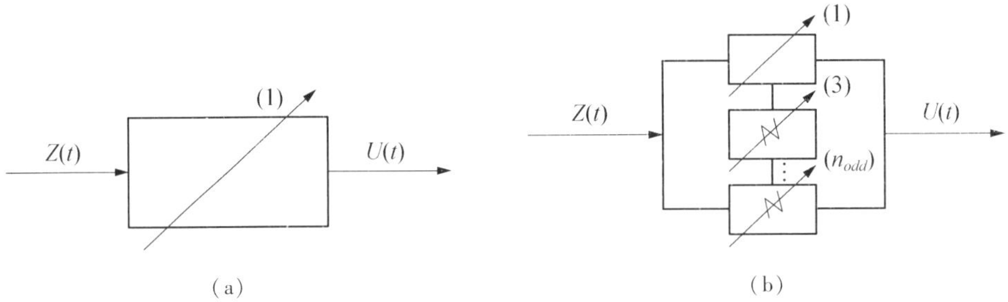

图 6.3.2 多项式控制器的状态反馈模型

(a)1 阶控制器;(b)高阶控制器

另一方面,注意到两种非线性水平工况下的控制器参数和目标函数非常接近,表明至少对于此类 Duffing 振子,多项式控制器具有良好的鲁棒性。

图 6.3.3 示出了 Duffing 振子最优控制前后位移、加速度反应的均值和标准差时程的比较。从图中可见,两种非线性水平系统在受控后位移的均方特征明显改善。强非线性水平时,受控系统的加速度除在初始时段较受控前略为增大外,整体幅值显著减小;而在弱非线性水平时,受控系统的加速度较受控前有较大增长。这可以理解为,弱非线性水平的无控系统对地震加速度具有较强的屏蔽作用,而控制力的输入改变了结构特性,同时也弱化了这种过滤效应。此外,不难看出,两种非线性水平系统受控后,各反应的均方时程曲线几乎重合。如前所述,两种非线性水平工况下的多项式控制器几近相同,多项式控制器对 Duffing 振子的非线性水平不敏感。

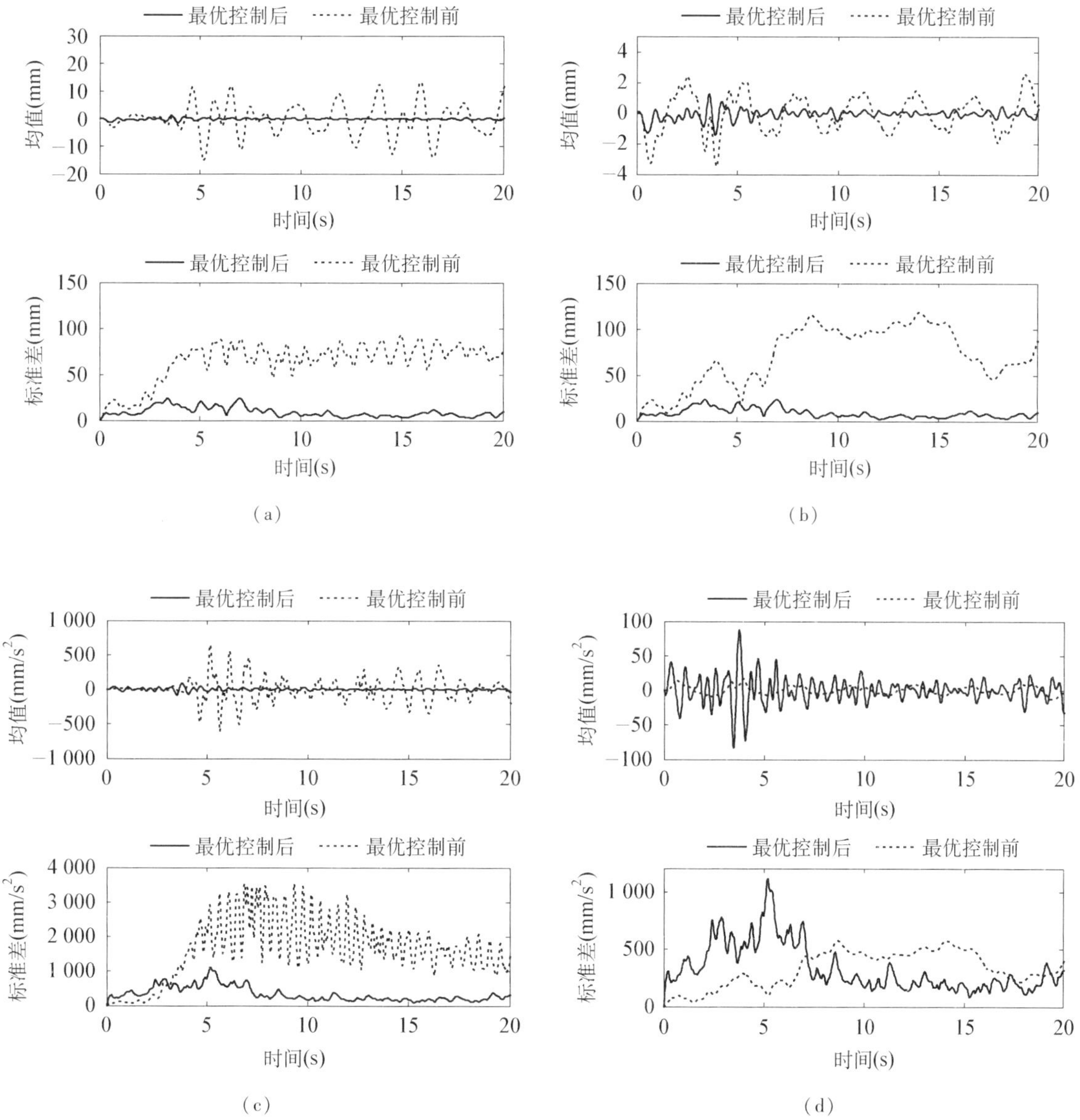

图 6.3.3　Duffing 振子最优控制前后反应的均值和标准差时程比较

(a)振子位移(强非线性);(b)振子位移(弱非线性);
(c)振子加速度(强非线性);(d)振子加速度(弱非线性)

图 6.3.4 所示为强非线性水平 Duffing 振子最优控制前后,典型时刻处反应的概率密度函数。可见,系统受控后反应的离散性大大降低,与图 6.3.3a、c 的结果一致。图6.3.5 和图 6.3.6 进一步给出了最优控制后振子位移、振子加速度在典型时段的概率密度曲面和等概率密度曲线。

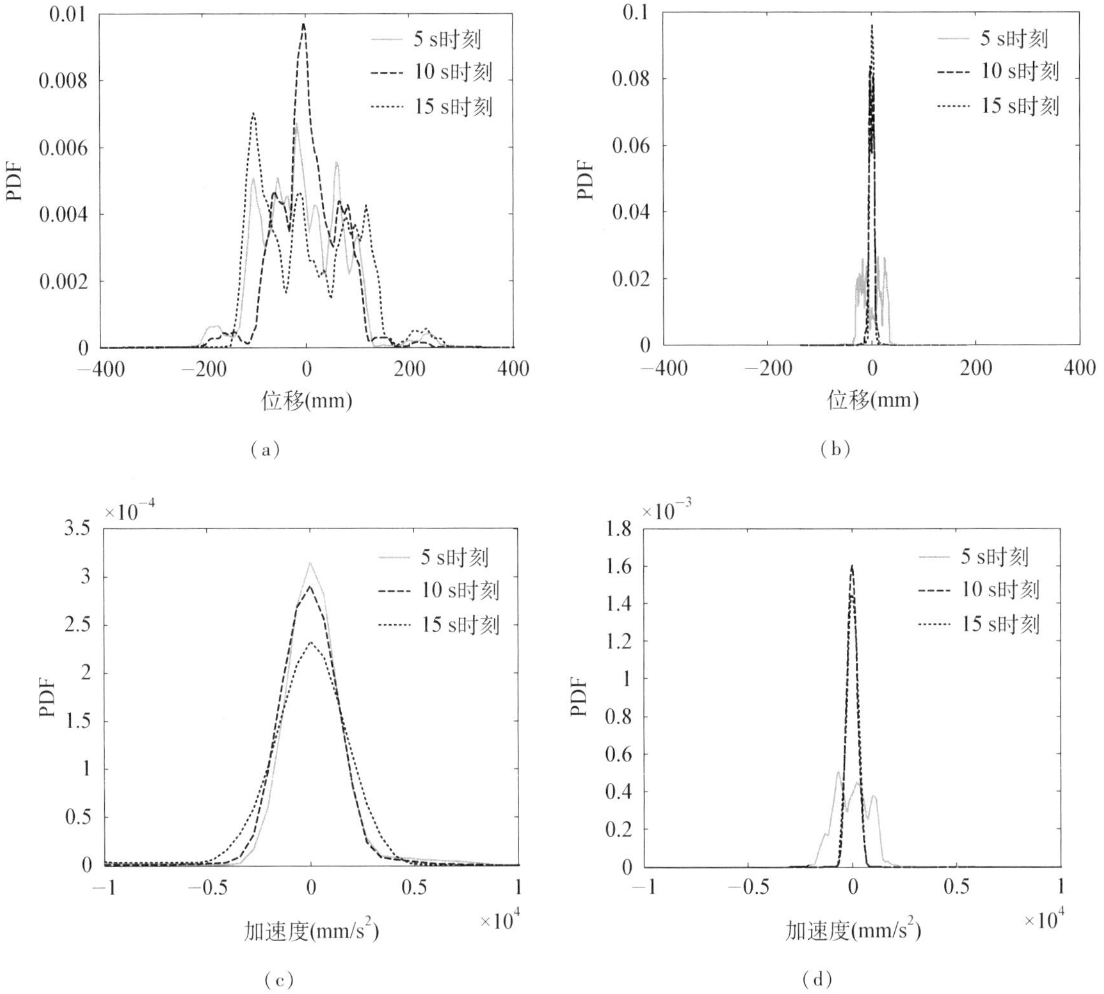

图 6.3.4 Duffing 振子最优控制前后典型时刻反应的概率密度比较(强非线性)

(a)无控振子位移;(b)受控振子位移;(c)无控振子加速度;(d)受控振子加速度

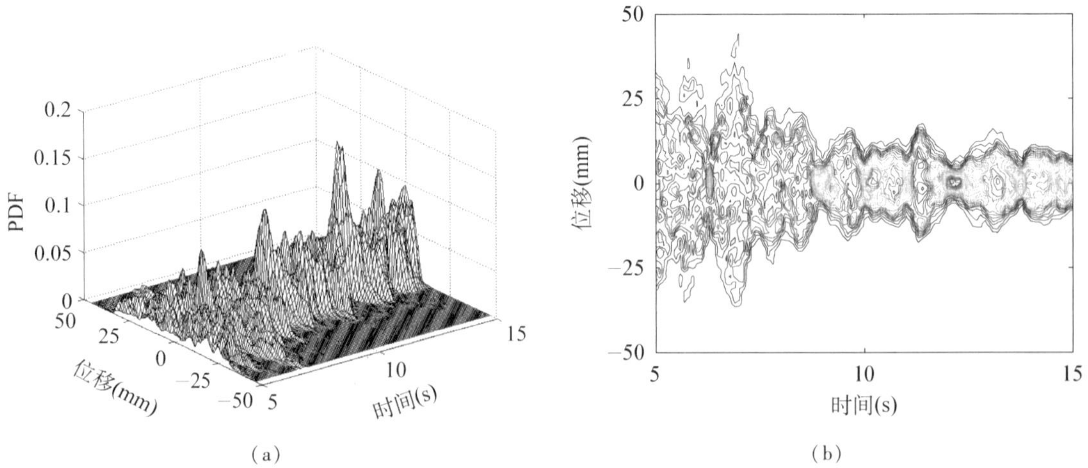

图 6.3.5 Duffing 振子最优控制后位移在典型时段的概率密度曲面(强非线性)

(a)概率密度曲面;(b)等概率密度曲线

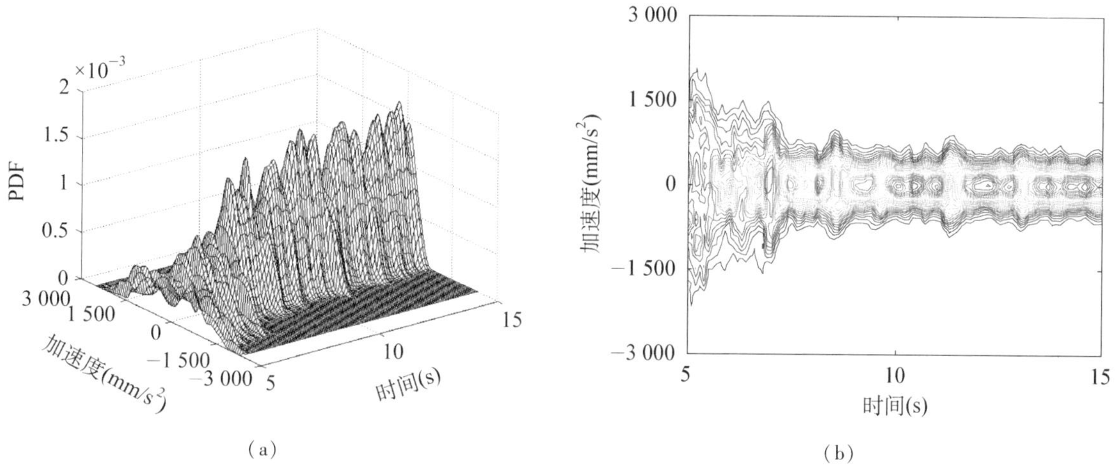

图 6.3.6 Duffing 振子最优控制后加速度在典型时段的概率密度曲面(强非线性)

(a) 概率密度曲面;(b) 等概率密度曲线

图 6.3.7 是强非线性水平 Duffing 振子系统最优控制力的均值、标准差过程和在典型时刻的概率密度曲线。由图可见:最优控制力的标准差时程曲线、典型时刻的概率密度曲线与振子位移和加速度的标准差时程曲线、典型时刻的概率密度曲线具有某种相似性。

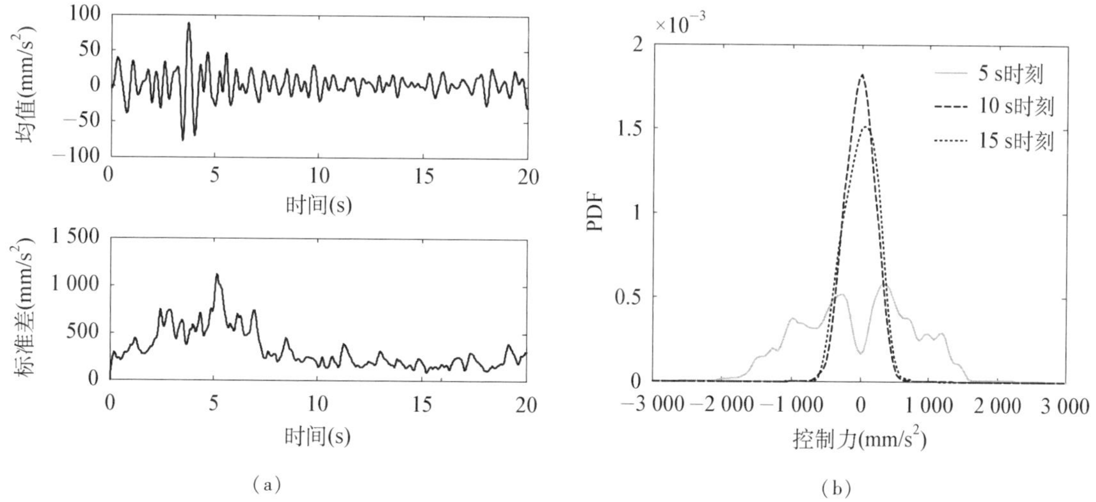

图 6.3.7 Duffing 振子系统最优控制力的概率特征(强非线性)

(a) 均值与标准差过程;(b) 典型时刻概率密度曲线

图 6.3.8 表现了强非线性水平 Duffing 振子最优控制前后均方根相平面演化轨迹。不难看出,无控振子主要在远端运动,在外加激励下一旦离开初始位置就不会返回到平衡点附近;而受控振子离开平衡点后,在控制力的作用下会返回到平衡点附近。这一点也可以从代表样本相平面的演化看到,如图 6.3.9 所示。无控振子起初在内层形成稳定闭合环,然后跳跃到外层并在外层做环状运动。事实上,这种跳跃现象即所谓的分叉,可根据不同代表样本

相面演化轨迹的相似特性分析得到。分叉是 Duffing 振子的本质属性，只是由于外加随机激励的扰动，Duffing 系统呈现随机分叉。受控样本相面的演化轨迹则表明，控制后振子的稳定闭合环数目增长，大多分布在初始平衡点附近。

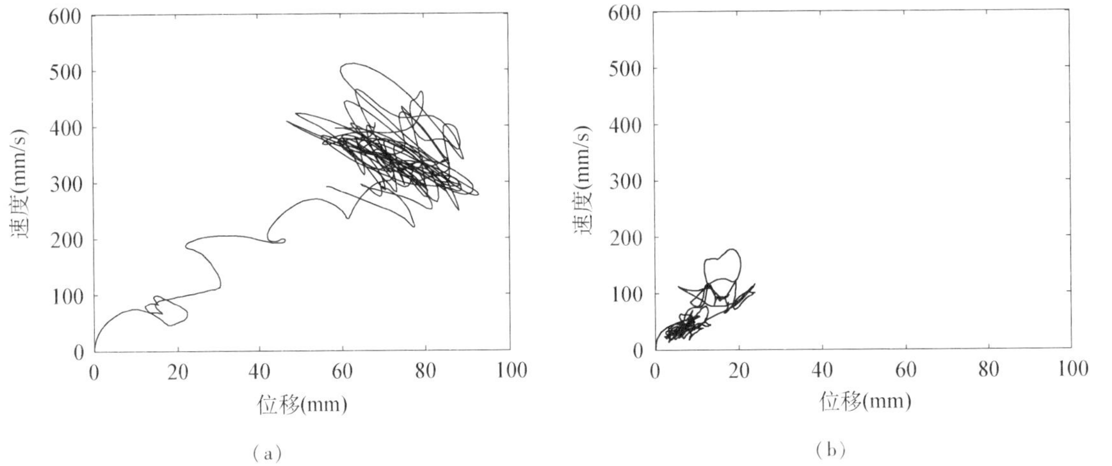

图 6.3.8 Duffing 振子最优控制前后均方根相平面演化轨迹（强非线性）

(a) 无控均方根相面；(b) 受控均方根相面

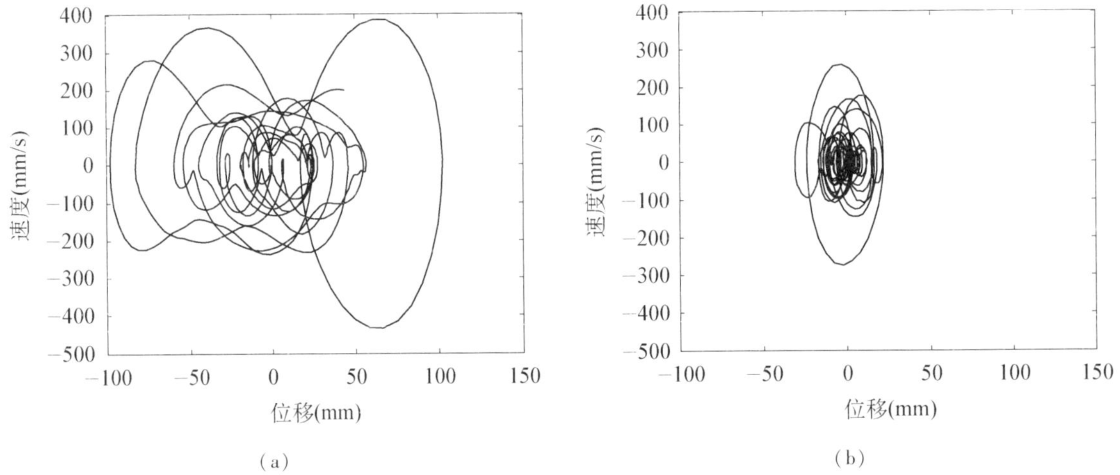

图 6.3.9 Duffing 振子最优控制前后代表样本相平面演化轨迹（强非线性）

(a) 无控样本相面；(b) 受控样本相面

为了与经典的随机最优控制方法做比较，对比分析了基于随机等价线性化的 LQG 控制。对于非线性控制系统式(6.3.1)，LQG 控制导出的均方位移和均方控制力分别为（具体推导见附录 B）

$$E[x^2(t)] = \frac{\sqrt{(\omega_0^2 + \bar{K})^2 + \dfrac{12\pi\mu\omega_0^2 S_0}{(2\zeta\omega_0 + \bar{C})}} - (\omega_0^2 + \bar{K})}{6\mu\omega_0^2} \tag{6.3.5}$$

$$E[u^2(t)] = \frac{\pi S_0 \bar{C}^2}{2\zeta\omega_0 + \bar{C}} + \frac{\left[\sqrt{(\omega_0^2 + \bar{K})^2 + \dfrac{12\pi\mu\omega_0^2 S_0}{(2\zeta\omega_0 + \bar{C})}} - (\omega_0^2 + \bar{K})\right]\bar{K}^2}{6\mu\omega_0^2} \tag{6.3.6}$$

式中，S_0 为随机地震动的谱强度因子；$\bar{C}$，$\bar{K}$ 分别为最优控制力 $u(t)$ 附加的数值阻尼和数值刚度，见附录 B 式(B.14)，在此式中，LQG 控制的权矩阵与表 6.3.1 中的设计参数一致，分别为

$$\boldsymbol{Q}_Z = \begin{bmatrix} 0.0 & 0 \\ 0 & 40.0 \end{bmatrix},\ \boldsymbol{R}_U = 1.0 \tag{6.3.7}$$

图 6.3.10 为随机多项式最优控制的位移等价极值和控制力等价极值的均方根、基于随机等价线性化的 LQG 控制的均方根位移和均方根控制力随 Duffing 振子非线性水平的变化。可以看到，当控制力权矩阵均为 1.0 时，随机多项式最优控制的位移要小于 LQG 控制的位移，两者的差异随着非线性水平的增强变小；此时，随机多项式最优控制需要的控制力较大。同时，对于所考察的 Duffing 系统，LQG 控制不具备良好的鲁棒性，系统反应对非线性水平敏感：随着非线性增强，均方根位移逐渐变小。当 LQG 的控制力权矩阵设为 0.1 时，均方根位移显著降低、小于随机多项式最优控制的位移，均方根控制力变大。同样地，此控制律参数下，LQG 控制系统的反应对非线性水平敏感。总体而言，LQG 控制不具备良好的鲁棒性、低估了所需要的控制力。因此，采用 Gaussian 白噪声输入不能合理设计土木工程结构控制系统。

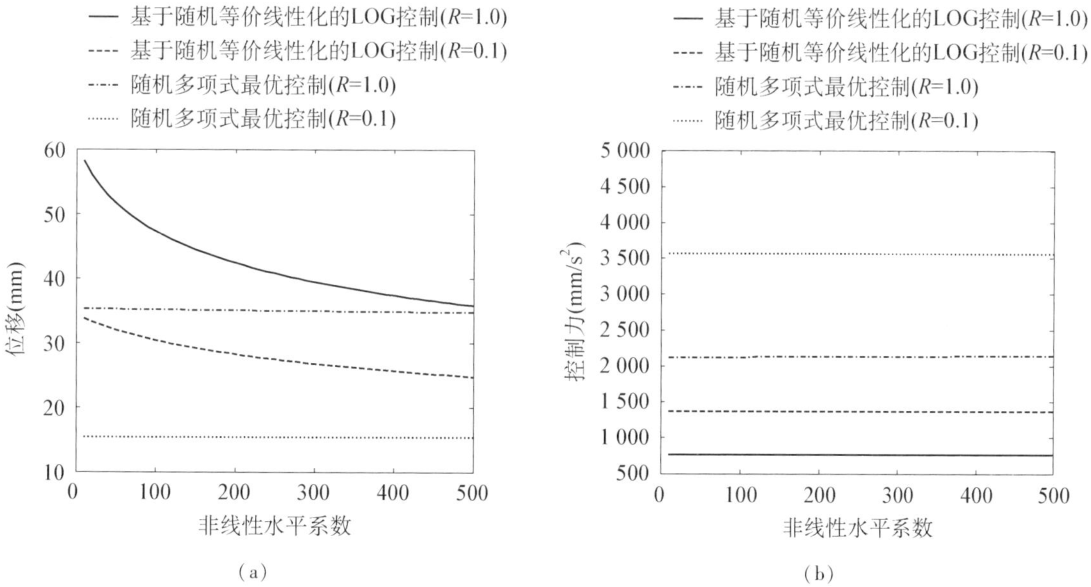

图 6.3.10 随机多项式最优控制与基于随机等价线性化的 LQG 控制比较

(a)均方根位移；(b)均方根控制力

6.3.2 控制准则比较

前已述及，采用超越概率性态泛函准则，1 阶线性控制器能够覆盖高阶非线性控制器的控制效果。那么，其他控制准则是否也具备这一特点呢？作为比较，本章以强非线性水平

Duffing 振子为考察对象，进一步分析系统二阶统计量评价（System Second-order Statistics Evaluation, SSSE）准则（Zhang & Xu, 2001）和 Lyapunov 渐近稳定条件（Lyapunov Asymptotic Stability Condition, LASC）准则（Yang et al, 1992c）。

对于系统二阶统计量评价准则，约束量设为振子位移，评价量包括振子位移、振子加速度和控制力，分位值函数定义为均值加 1 倍标准差，权矩阵形式如下

$$\boldsymbol{Q}_Z = q\begin{bmatrix} 1 & 0 \\ 0 & 1 \end{bmatrix},\ \boldsymbol{R}_U = r,\ \boldsymbol{Q}_{Z,2} = \frac{q}{5}\begin{bmatrix} 1 & 0 \\ 0 & 1 \end{bmatrix},\ \boldsymbol{Q}_{Z,i} = \frac{q}{10}\begin{bmatrix} 1 & 0 \\ 0 & 1 \end{bmatrix},\ i = 3, 4, \cdots, k \tag{6.3.8}$$

采用系统二阶统计量评价准则的一阶控制，振子位移、振子加速度和控制力等价极值向量的二阶统计特征与权矩阵系数比 q/r 的关系见图 6.3.11（$r=1.0$）。从图中可以看出：

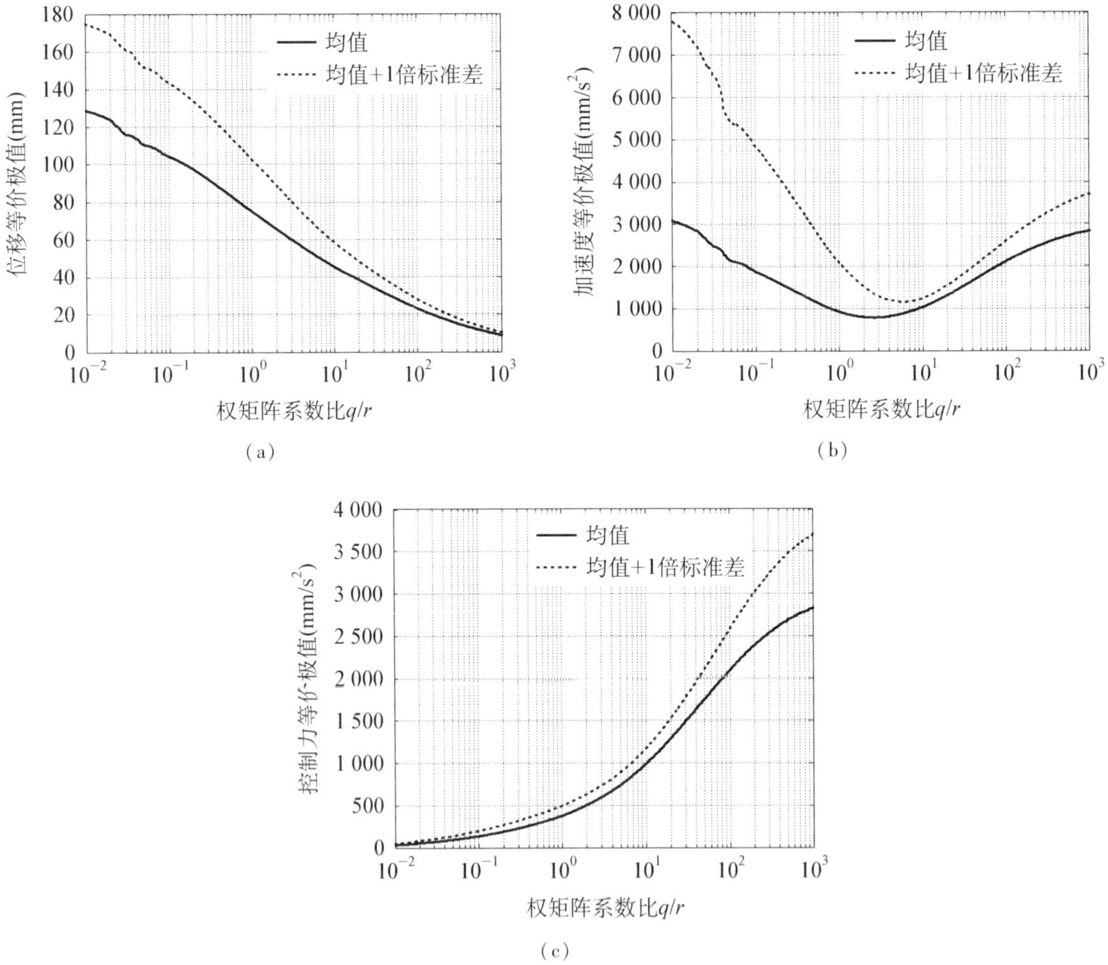

图 6.3.11 等价极值向量的二阶统计与权矩阵系数比的关系（强非线性）

（a）振子位移等价极值；（b）振子加速度等价极值；（c）控制力等价极值

① 当 $q/r \geqslant 20$，位移约束量的分位值在阈值 50 mm 范围内，此时振子位移的均值和标准差逐渐变小、控制力的均值和标准差快速增大；

② 当 $q/r=20$，振子加速度的均值和标准差在满足约束条件下最小。

因此，可选择 $q=20$，$r=1.0$ 为最优控制律参数。

对于 Lyapunov 渐近稳定条件准则，权矩阵形式为(Yang et al, 1992c)

$$\boldsymbol{Q}_Z=q\begin{bmatrix}\omega_0^2 & 0\\ 0 & 1\end{bmatrix},\ \boldsymbol{R}_U=r,\ \boldsymbol{Q}_{Z,2}=\frac{q}{5}\begin{bmatrix}\omega_0^2 & 0\\ 0 & 1\end{bmatrix},\ \boldsymbol{Q}_{Z,i}=\frac{q}{10}\begin{bmatrix}\omega_0^2 & 0\\ 0 & 1\end{bmatrix},\ i=3,4,\cdots,k \tag{6.3.9}$$

参考系统二阶统计量评价准则的权矩阵大小，式(6.3.9)的权矩阵系数选择为 $q=10$，$r=1.0$。

三类不同控制准则下的多项式控制效果见表6.3.2。从表中可以看到，对于超越概率性态泛函准则的1阶控制，其目标函数小于系统二阶统计量评价准则、Lyapunov 渐近稳定条件准则的控制结果。这主要是因为后两个控制准则不涉及权矩阵设计的定量优化程序，因此至多只能得到近似最优的解答；而超越概率控制准则促使系统超越概率在整体均衡意义上最小。另一方面，系统二阶统计量评价准则、Lyapunov 渐近稳定条件准则的高阶控制比它们的1阶控制效果更好，表明非定量优化的控制准则并不具备1阶线性控制覆盖高阶非线性控制的特点，而且高阶控制比1阶控制有明显改善。不难看出，系统二阶统计量评价准则和 Lyapunov 渐近稳定条件准则符合传统的认识，即非线性控制比线性控制更有效、鲁棒性更好(Bernstein, 1993)。此外，非定量优化控制准则的3阶控制达到了与5阶控制相近的效果，表明对于所考察的 Duffing 系统，采用后两个控制准则，3阶控制就足够了。

表6.3.2 不同控制准则下的多项式控制效果(强非线性)

多项式控制器	超越概率				目标函数 J_2
	$P_{f,d}$	$P_{f,v}$	$P_{f,a}$	$P_{f,u}$	
1阶(EPPF)	0.066 8	0.147 4	0.077 1	3.601×10^{-7}	0.016 1
1阶(SSSE)	0.094 1	0.227 6	0.001 6	0.000 0	0.030 3
3阶(SSSE)	0.087 0	0.196 9	0.054 8	3.602×10^{-7}	0.024 7
5阶(SSSE)	0.086 9	0.196 0	0.057 9	3.604×10^{-7}	0.024 7
1阶(LASC)	0.147 1	0.370 8	0.002 8	0.000 0	0.079 6
3阶(LASC)	0.071 6	0.034 9	0.233 9	3.603×10^{-7}	0.030 5
5阶(LASC)	0.070 7	0.026 2	0.245 8	3.601×10^{-7}	0.033 0
无控	1.000 0	0.996 8	0.455 9	—	1.100 7

综合考察，超越概率性态泛函准则是随机动力系统最优控制的首选准则。

仔细分析表6.3.2还可以看到，三种准则各有其控制重点。超越概率性态泛函准则的1阶控制有更好的位移控制；Lyapunov 渐近稳定条件准则的3阶控制有更好的速度控制；系统二阶统计量评价准则的3阶控制有更好的加速度控制。这是可以理解的，因为这些典型的特性与控制准则的物理意义密切相关，依赖于权矩阵的位移分量、速度分量和控制力分量，并促使系统量相互制约。显然，超越概率性态泛函准则达到了最好的均衡。图6.3.12进一步给出了不同控制准则下，强非线性水平 Duffing 振子的均方根反应时程曲线，比较结果与表6.3.2是一致的。

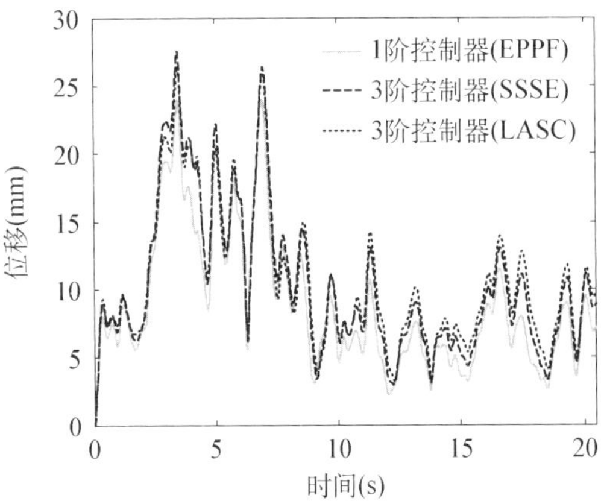

(a)

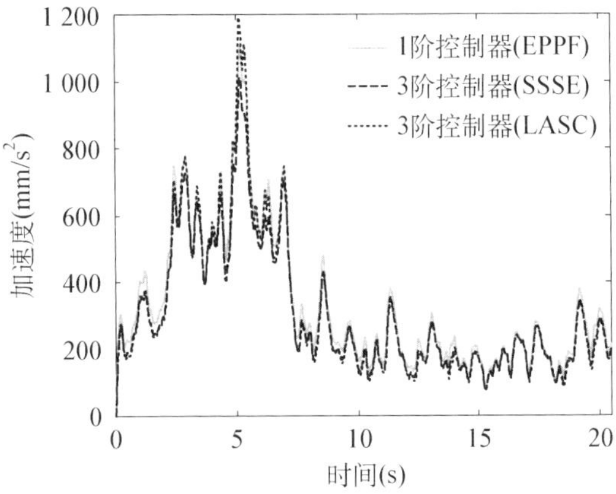

(b)

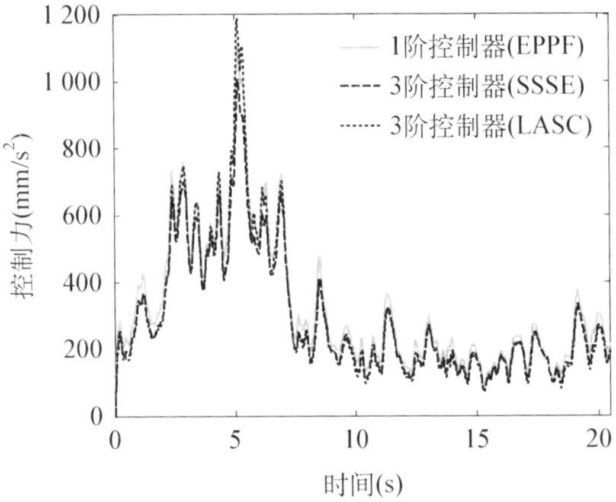

(c)

图 6.3.12 不同控制准则下均方根反应时程比较(强非线性)

(a)均方根振子位移;(b)均方根振子加速度;(c)均方根控制力

6.4 滞回结构系统随机最优控制

将第 5 章所述广义最优控制律和前述多项式最优控制方法相结合,可进一步研究多自由度非线性滞回结构系统的随机最优控制问题。

随机激励下受控滞回系统的运动方程为

$$\boldsymbol{M}\ddot{\boldsymbol{X}}(t)+\boldsymbol{C}\dot{\boldsymbol{X}}(t)+\boldsymbol{R}_t(\boldsymbol{X},z)=\boldsymbol{B}_s\boldsymbol{U}(t)+\boldsymbol{D}_s\boldsymbol{F}(\boldsymbol{\Theta},t),\ \boldsymbol{X}(t_0)=\boldsymbol{0},\ \dot{\boldsymbol{X}}(t_0)=\boldsymbol{0} \tag{6.4.1}$$

式中,$\boldsymbol{C}$ 为阻尼矩阵;$\boldsymbol{R}_t(\boldsymbol{X},z)$ 为维恢复力向量,包括弹性力和由滞变位移 $z=z(\boldsymbol{X})$ 引起的滞回力,模型为双线型恢复力

$$\boldsymbol{R}_t(\boldsymbol{X},z)=\alpha\boldsymbol{K}_0\boldsymbol{X}+(1-\alpha)\boldsymbol{K}_0 z \tag{6.4.2}$$

式中,α 为构件屈服后 $\boldsymbol{K}_1$ 刚度与屈服前刚度 $\boldsymbol{K}_0$ 之比。

滞变位移 z 的函数表达决定了不同形式的滞回力模型。本章具体考察两类滞回系统：Clough 双线型滞回特性和 Bouc-Wen 光滑型滞回特性。

引用 Maclaurin 级数并忽略交叉项，在状态空间，式(6.4.1)可转化为

$$\dot{\boldsymbol{Z}}(t)=\boldsymbol{\Lambda}(\boldsymbol{Z})\boldsymbol{Z}(t)+\boldsymbol{B}\boldsymbol{U}(t)+\boldsymbol{D}\boldsymbol{F}(\boldsymbol{\Theta},t) \tag{6.4.3}$$

式中，

$$\boldsymbol{Z}(t)=\begin{bmatrix}\boldsymbol{X}(t)\\ \dot{\boldsymbol{X}}(t)\end{bmatrix},\ \boldsymbol{B}=\begin{bmatrix}\boldsymbol{0}\\ \boldsymbol{M}^{-1}\boldsymbol{B}_s\end{bmatrix},\ \boldsymbol{D}=\begin{bmatrix}\boldsymbol{0}\\ \boldsymbol{M}^{-1}\boldsymbol{D}_s\end{bmatrix},$$

$$\boldsymbol{\Lambda}(\boldsymbol{Z})=\begin{bmatrix}\boldsymbol{0} & \boldsymbol{I}\\ -\boldsymbol{M}^{-1}\left(\alpha\boldsymbol{K}_0+(1-\alpha)\boldsymbol{K}_0\sum_{i=1}^{m}\frac{1}{i!}\frac{\partial^i z(\boldsymbol{0},\boldsymbol{0})}{\partial\boldsymbol{X}^i}\cdot\boldsymbol{X}^{i-1}\right) & -\boldsymbol{M}^{-1}\left(\boldsymbol{C}+(1-\alpha)\boldsymbol{K}_0\sum_{i=1}^{m}\frac{1}{i!}\frac{\partial^i z(\boldsymbol{0},\boldsymbol{0})}{\partial\dot{\boldsymbol{X}}^i}\cdot\dot{\boldsymbol{X}}^{i-1}\right)\end{bmatrix} \tag{6.4.4}$$

式(6.2.27)、式(6.2.28)表明，Riccati 矩阵和 Lyapunov 矩阵与系统矩阵 $\boldsymbol{\Lambda}(\boldsymbol{Z})$ 相关。对于式(6.4.4)所示的系统矩阵一般形式，控制律参数迭代优化将非常耗时。为降低计算工作量，系统矩阵展开为 Maclaurin 级数的零阶和一阶项(二阶及以上截断)，即

$$\boldsymbol{\Lambda}(\boldsymbol{Z})\doteq\begin{bmatrix}\boldsymbol{0} & \boldsymbol{I}\\ -\boldsymbol{M}^{-1}\left(\alpha\boldsymbol{K}_0+(1-\alpha)\boldsymbol{K}_0\frac{\partial z(\boldsymbol{0},\boldsymbol{0})}{\partial\boldsymbol{X}}\right) & -\boldsymbol{M}^{-1}\left(\boldsymbol{C}+(1-\alpha)\boldsymbol{K}_0\frac{\partial z(\boldsymbol{0},\boldsymbol{0})}{\partial\dot{\boldsymbol{X}}}\right)\end{bmatrix} \tag{6.4.5}$$

对于多项式最优控制，控制力具有如下统一表达式

$$\boldsymbol{U}(\boldsymbol{\Theta},t)=-\boldsymbol{f}(\boldsymbol{I}^*,\boldsymbol{L}^*)\boldsymbol{f}(\ddot{\boldsymbol{X}},\dot{\boldsymbol{X}},\boldsymbol{X}) \tag{6.4.6}$$

求解广义最优控制律即是寻求满足目标性态的最优控制律参数向量($\boldsymbol{I}^*$, $\boldsymbol{L}^*$)。

非线性系统的刚度和阻尼往往是依赖于系统状态的，因此控制系统必须满足非线性发展全过程的可控性、可观性，即要求每个演化时刻均满足

$$\mathrm{Rank}([\boldsymbol{B}\quad\boldsymbol{\Lambda}\boldsymbol{B}\quad\boldsymbol{\Lambda}^2\boldsymbol{B}\quad\cdots\quad\boldsymbol{\Lambda}^{2n-1}\boldsymbol{B}])=2n \tag{6.4.7}$$

$$\mathrm{Rank}([\bar{\boldsymbol{C}}\quad\bar{\boldsymbol{C}}\boldsymbol{\Lambda}\quad\bar{\boldsymbol{C}}\boldsymbol{\Lambda}^2\quad\cdots\quad\bar{\boldsymbol{C}}\boldsymbol{\Lambda}^{2n-1}]^{\mathrm{T}})=2n \tag{6.4.8}$$

式中，$\bar{\boldsymbol{C}}$ 为输出矩阵。若为全状态输出，存在 $\bar{\boldsymbol{C}}=[\boldsymbol{0}_{n\times n}\quad\boldsymbol{I}_{n\times n}]$；Rank(·) 表示矩阵的秩。

对于主动控制系统，每个序列的权矩阵参数 $\boldsymbol{Q}_{\mathrm{Z}}^j$, $\boldsymbol{R}_U^j$ 必须满足系统稳定性，即要求

$$\boldsymbol{P}\boldsymbol{\Lambda}_0+\boldsymbol{\Lambda}_0^{\mathrm{T}}\boldsymbol{P}+\boldsymbol{Q}_{\mathrm{Z}}^j=\boldsymbol{0} \tag{6.4.9}$$

式中，$\boldsymbol{\Lambda}_0=\boldsymbol{\Lambda}(\boldsymbol{Z})|_{z_0}$ 为梯度矩阵 $\boldsymbol{\Lambda}(\boldsymbol{Z})$ 取初始状态值 z_0；高阶权矩阵参数 $\boldsymbol{Q}_{\mathrm{Z},i}^j$($i=2,3,\cdots,k$；$j$ 为控制装置放入的序列号)自恰满足 Lyapunov 矩阵方程式(6.2.21)。

采用超越概率性态泛函准则式(5.4.1)确定控制律参数。采用一定数目的控制装置,设计控制律,优化控制器参数,分配控制装置位置,使控制效益最大化,并采用自底向上布设相同数目,具有统一优化参数控制装置的工况作为参考。

6.4.1 Clough 双线型滞回系统

随机地震动作用下具有 Clough 双线型滞回特征的十层剪切型框架结构,其层质量和层间刚度见表 6.4.1, Rayleigh 阻尼 $\boldsymbol{C} = a\boldsymbol{M} + b\boldsymbol{K}_t$, $a = 0.01$, $b = 0.005$;由此,结构第 1 阶振动模态阻尼比为 1.01%;屈服前结构自振频率(rad/s)分别为 3.46、10.00、15.83、21.26、26.57、31.39、35.25、38.64、41.33、44.44。采用 3.4.1 节中的物理随机地震动模型作为输入,峰值加速度 0.3g。Clough 双线型滞回构件的恢复力关系如图 6.4.1 所示。构件屈服后与屈服前刚度比 $\alpha = K_1/K_0$ 均为 0.1,初始屈服位移见表 6.4.1。根据滞回构件的恢复力关系评价瞬时切线刚度矩阵 $\boldsymbol{K}_t$。采用 6 根主动拉索进行结构振动控制。层间位移、层间速度、层加速度和层间控制力的阈值分别假定为 15 mm、150 mm/s、8 000 mm/s^2 和 200 kN。采用 Newmark - β 隐式积分格式进行确定性非线性动力反应分析(Clough & Penzien, 1993)。

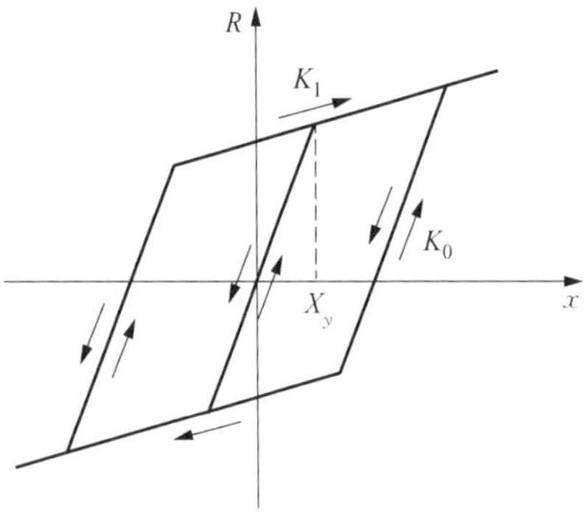

图 6.4.1 Clough 双线型滞回构件的恢复力关系

表 6.4.1 十层剪切型框架结构参数

层间号	0—1	1—2	2—3	3—4	4—5	5—6	6—7	7—8	8—9	9—10
质量 (1×10^5 kg)	1.2	1.2	1.0	1.0	1.0	1.0	1.0	1.0	0.6	0.6
屈服前刚度 (kN/mm)	48	48	45	45	45	45	45	45	40	40
屈服位移 (mm)	10.0	10.0	8.0	8.0	8.0	8.0	8.0	8.0	6.0	6.0

采用本书第 5 章所述广义最优控制律确定主动拉索系统的参数和位置。表 6.4.2 列出了每个序列工况下新加入的拉索位置及其设计参数(1 阶控制器)。从表中可以看到,6 根拉索先后放置于第 10 层、第 7 层、第 6 层、第 8 层、第 5 层和第 3 层。参考第 5 章中广义最优控制律参数向量的表示方式,可构造如下广义最优控制律参数向量

$$(Q_d^*, Q_v^*, R_u^*, L^*) = \begin{bmatrix} 0 & 0 & 0.0 & 0 & 73.3 & 207.9 & 84.3 & 0.0 & 0 & 187.2 \\ 0 & 0 & 62.3 & 0 & 0.0 & 0.0 & 217.5 & 532.2 & 0 & 0.0 \\ 0 & 0 & 10^{-10} & 0 & 10^{-10} & 10^{-10} & 10^{-10} & 10^{-10} & 0 & 10^{-10} \\ 0 & 0 & 6 & 0 & 5 & 3 & 2 & 4 & 0 & 1 \end{bmatrix}^{\mathrm{T}} \tag{6.4.10}$$

表 6.4.2 同时给出了优化布设的 6 根拉索控制器高阶项(3 阶和 5 阶)的设计参数(假定各

拉索控制器高阶项的设计参数均相同)。可以看到,高阶项对结构性态控制几乎没有贡献。事实上,高阶控制的性态函数与1阶控制的性态函数在四位有效数值内完全相同。可见,如前所述,

表 6.4.2　Clough 双线型滞回系统新加入拉索位置及其设计参数

序列号	拓扑向量	设计参数*						
		Q_d	Q_v	$Q_{d,2}$	$Q_{v,2}$	$Q_{d,3}$	$Q_{v,3}$	R_u
0	$[0\,0\,0\,0\,0\,0\,0\,0\,0\,0]^T$	—	—	—	—	—	—	—
1	$[0\,0\,0\,0\,0\,0\,0\,0\,0\,1]^T$	187.2	0.0	—	—	—	—	10^{-10}
2	$[0\,0\,0\,0\,0\,0\,2\,0\,0\,1]^T$	84.3	217.5	—	—	—	—	10^{-10}
3	$[0\,0\,0\,0\,0\,3\,2\,0\,0\,1]^T$	207.9	0.0	—	—	—	—	10^{-10}
4	$[0\,0\,0\,0\,0\,3\,2\,4\,0\,1]^T$	0.0	532.2	—	—	—	—	10^{-10}
5	$[0\,0\,0\,0\,5\,3\,2\,4\,0\,1]^T$	73.3	0.0	—	—	—	—	10^{-10}
6	$[0\,0\,6\,0\,5\,3\,2\,4\,0\,1]^T$	0.0	62.3	—	—	—	—	10^{-10}
6(3阶)	$[0\,0\,6\,0\,5\,3\,2\,4\,0\,1]^T$	0.0	62.3	0.0	0.0	—	—	10^{-10}
6(5阶)	$[0\,0\,6\,0\,5\,3\,2\,4\,0\,1]^T$	0.0	62.3	0.0	0.0	0.0	1.8	10^{-10}
参考	$[1\,1\,1\,1\,1\,1\,0\,0\,0\,0]^T$	300.0	0.0	—	—	—	—	10^{-10}

注:* 初设拉索设计参数 $Q_d = Q_v = 100$, $Q_{d,2} = Q_{v,2} = 5$, $Q_{d,3} = Q_{v,3} = 2$, $R_u = 10^{-10}$。

采用超越概率性态泛函准则,1阶线性控制器能够覆盖高阶非线性控制器的控制效果。

相应各工况的系统量超越概率和目标函数示于表6.4.3中。可见,随着拉索的布设,受控结构性态逐渐改善。图6.4.2给出了拉索布设的顺序,图中拉索编号表示放置的先后次序。同时,拉索自底向上布设的参考工况,控制效果只与序列3相近,表明按最小层可控指标梯度准则,只需优化布设3根拉索就能达到自底向上布设6根拉索的控制效果。图6.4.3对比了具有相近控制效果的两种拉索布设方式。

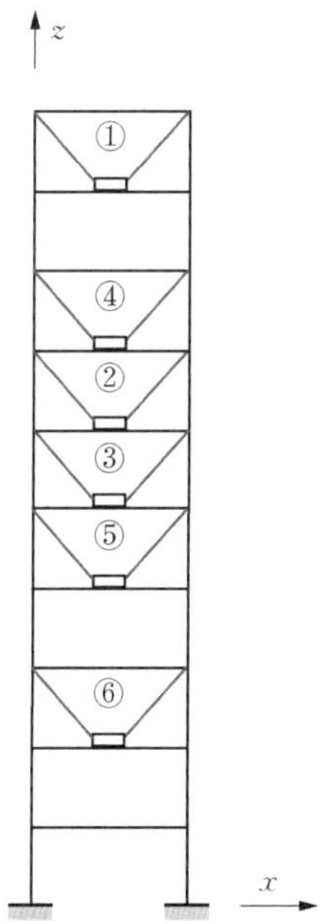

图 6.4.2　拉索布设图示

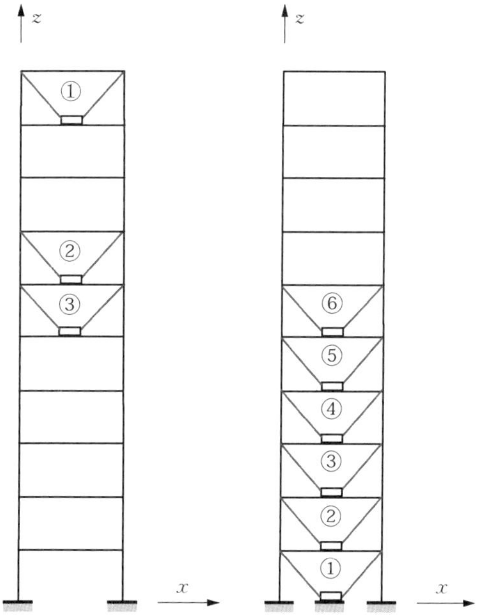

(a)　　(b)

图 6.4.3　具有相近控制效果的两种拉索布设方式

(a)采用 MinSCIG 准则;(b)自底向上布设

表 6.4.3 Clough 双线型滞回系统的拉索最优控制结果

序列号	拓扑向量	超越概率				目标函数 J_2
		$P_{f,d}$	$P_{f,v}$	$P_{f,a}$	$P_{f,u}$	
0	$[0\ 0\ 0\ 0\ 0\ 0\ 0\ 0\ 0\ 0]^T$	0.501 6	0.603 2	0.782 9	—	0.614 2
1	$[0\ 0\ 0\ 0\ 0\ 0\ 0\ 0\ 0\ 1]^T$	0.494 2	0.582 2	0.768 5	3.600×10^{-7}	0.586 9
2	$[0\ 0\ 0\ 0\ 0\ 0\ 2\ 0\ 0\ 1]^T$	0.435 5	0.542 0	0.759 7	0.026 8	0.530 6
3	$[0\ 0\ 0\ 0\ 0\ 3\ 2\ 0\ 0\ 1]^T$	0.392 7	0.515 2	0.757 3	0.036 4	0.497 3
4	$[0\ 0\ 0\ 0\ 0\ 3\ 2\ 4\ 0\ 1]^T$	0.369 4	0.433 0	0.753 4	0.185 9	0.463 0
5	$[0\ 0\ 0\ 0\ 5\ 3\ 2\ 4\ 0\ 1]^T$	0.358 0	0.409 1	0.751 1	0.032 6	0.430 4
6	$[0\ 0\ 6\ 0\ 5\ 3\ 2\ 4\ 0\ 1]^T$	0.352 7	0.391 8	0.749 7	0.070 5	0.422 5
参考	$[1\ 1\ 1\ 1\ 1\ 1\ 0\ 0\ 0\ 0]^T$	0.395 2	0.517 8	0.759 6	0.022 1	0.500 9

图 6.4.4 所示为层间位移极值的二阶统计特征随拉索布设的变化关系。从图中可见，各层层间位移极值的均值和标准差随着拉索的布设逐步变小。尽管出于非线性系统稳定性的考虑，施加在结构上的控制力不能过大，系统的控制效果受限，但有较大位移反应的层间位移仍然得到了重点改善。各层加速度极值的均值和标准差随拉索布设的变化见图 6.4.5，可见各层加速度极值的均值随着拉索的布设逐步减小；同样地，在较大加速度反应的上部各层、减小较为明显；然而，各层加速度极值的标准差并非沿层高均匀减小，出现下部各层随拉索的布设减小、上部各层随控制器的布设略为增大的情形，这主要是由于控制力的输入改变了非线性系统对地面加速度的过滤效应。因此，相比较位移，加速度的改善不明显，这与表 6.4.3 的结果一致。

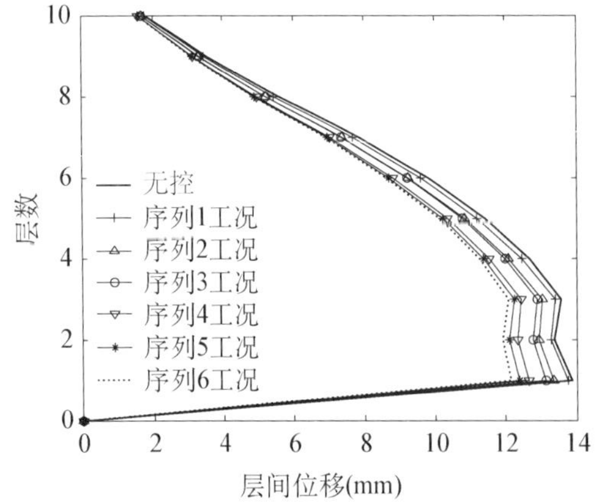

(a)

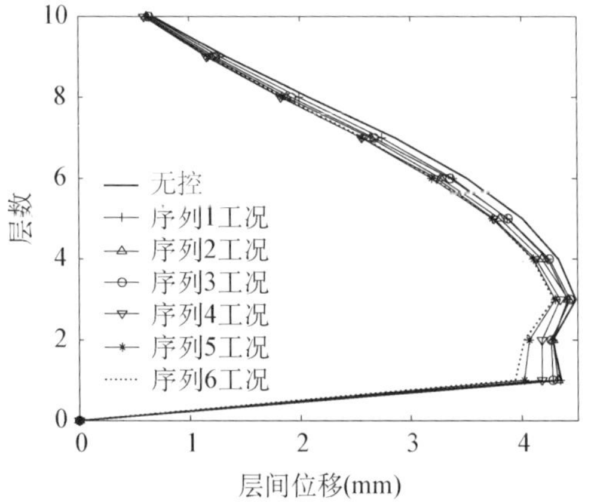

(b)

图 6.4.4 层间位移极值的二阶统计特征随拉索布设的变化

(a)层间位移极值均值；(b)层间位移极值标准差

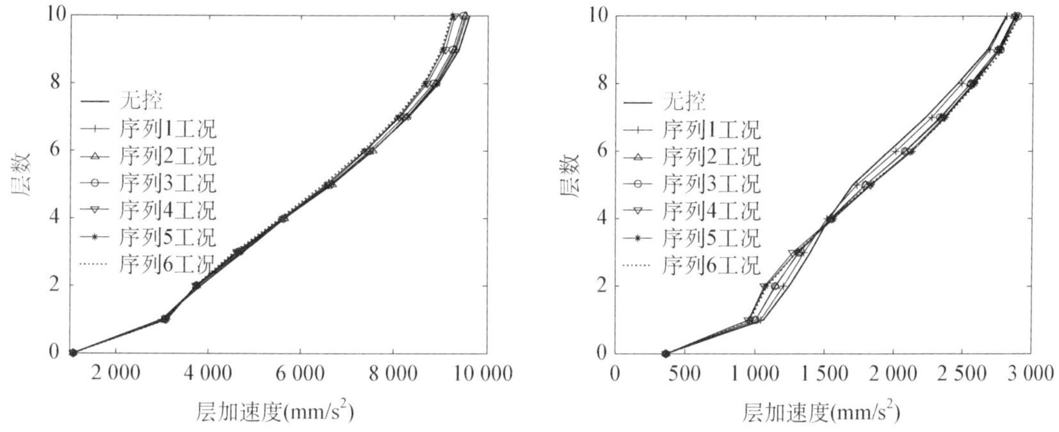

(a) (b)

图 6.4.5 层加速度极值的二阶统计特征随拉索布设的变化

(a)层加速度极值均值;(b)层加速度极值标准差

图 6.4.6、图 6.4.7 分别给出了最优控制前后,代表性地震动样本作用下第 1 层和第 10 层构件的滞回曲线。可以看到,最优控制后结构层间位移较受控前变小,由于外加控制力的补偿,构件恢复力也较受控前减小。最优控制前后第 1 层构件的滞回曲线形态相似,只是相比较受控前,结构耗能主要来自于构件在较小范围内的往复运动,最优控制前后第 10 层构件的滞回曲线也具有这一特点。这表明,实施控制后,结构构件反应是处于平衡点附近小范围内的运动。

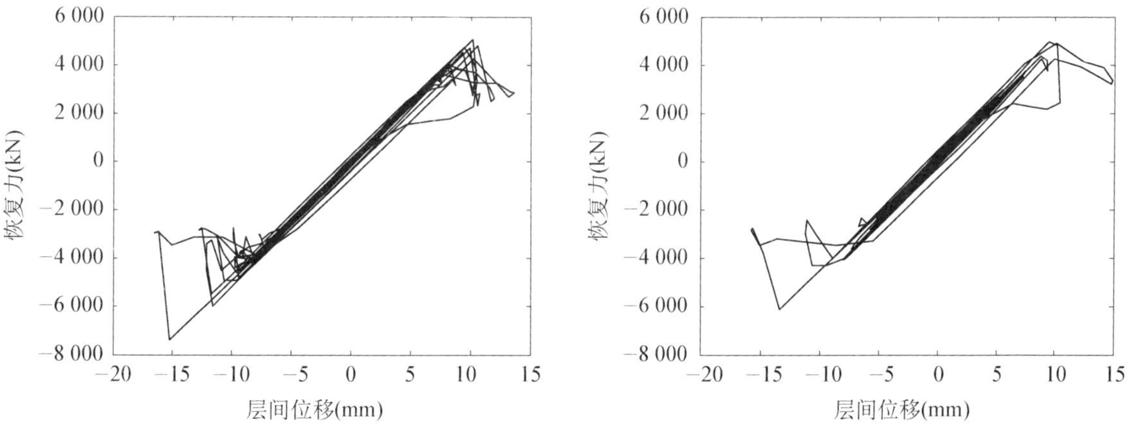

(a) (b)

图 6.4.6 最优控制前后第 1 层构件的代表滞回曲线

(a)最优控制前;(b)最优控制后

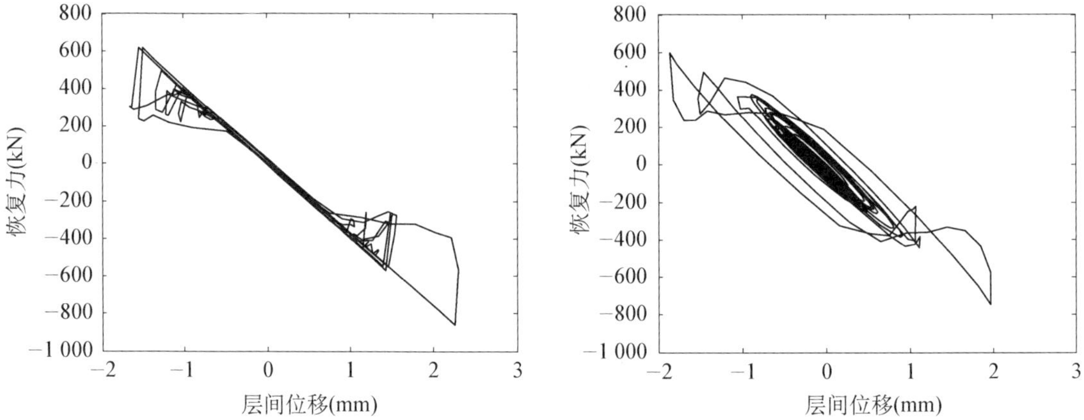

(a)　　　　　　　　　　　　(b)

图 6.4.7　最优控制前后第 10 层构件的代表滞回曲线

(a)最优控制前;(b)最优控制后

图 6.4.8 为最优控制前后第 1 层和第 10 层层间位移的均值、标准差时程曲线比较。从图中可以看到,实施最优控制后,结构各层间位移反应均得到不同程度的降低。最优控制前后第 1 层和第 10 层层加速度的均值、标准差时程曲线见图 6.4.9。同图 6.4.5 的分析,由于控制力的输入改变了非线性系统对地面加速度的过滤效应,因此加速度的改善不明显。

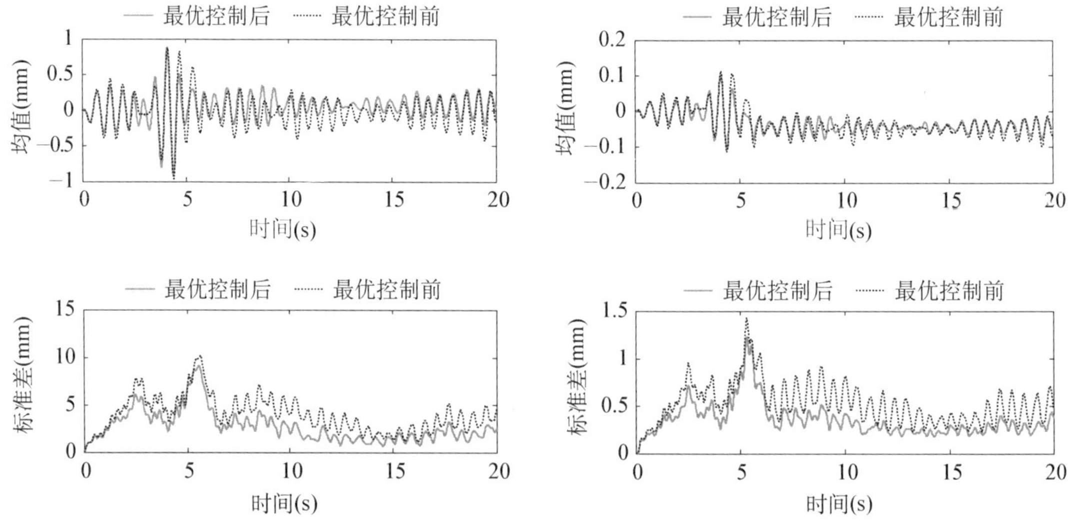

(a)　　　　　　　　　　　　(b)

图 6.4.8　最优控制前后层间位移的均值、标准差时程曲线比较

(a)第 1 层;(b)第 10 层

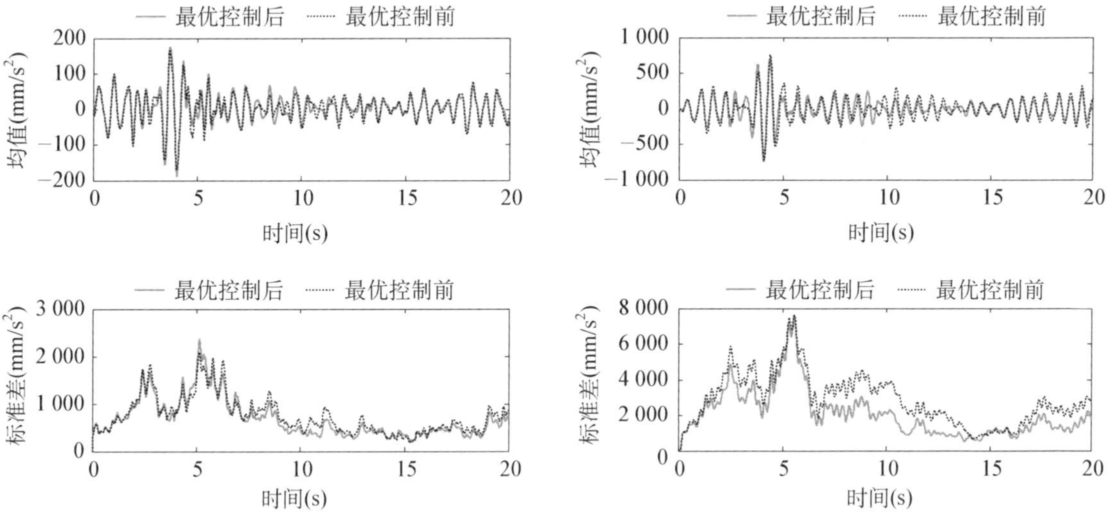

(a)　　　　(b)

图 6.4.9　最优控制前后层加速度的均值、标准差时程曲线比较

(a)第 1 层;(b)第 10 层

各典型时刻第 1 层和第 10 层的层间位移和层加速度的概率密度曲线如图 6.4.10 —图 6.4.13所示。从图中不难看出,层间位移和层加速度的控制效果与图 6.4.8、图 6.4.9 的分析结果一致。图 6.4.14、图 6.4.15 进一步给出了最优控制后第 1 层层间位移和层加速度在典型时段的概率密度曲面和等概率密度曲线。

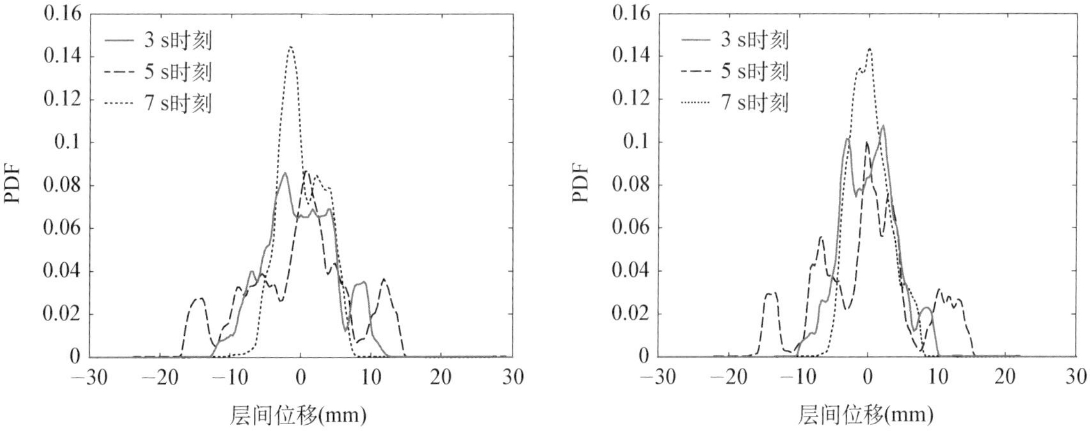

(a)　　　　(b)

图 6.4.10　最优控制前后第 1 层层间位移在典型时刻的概率密度曲线

(a)最优控制前;(b)最优控制后

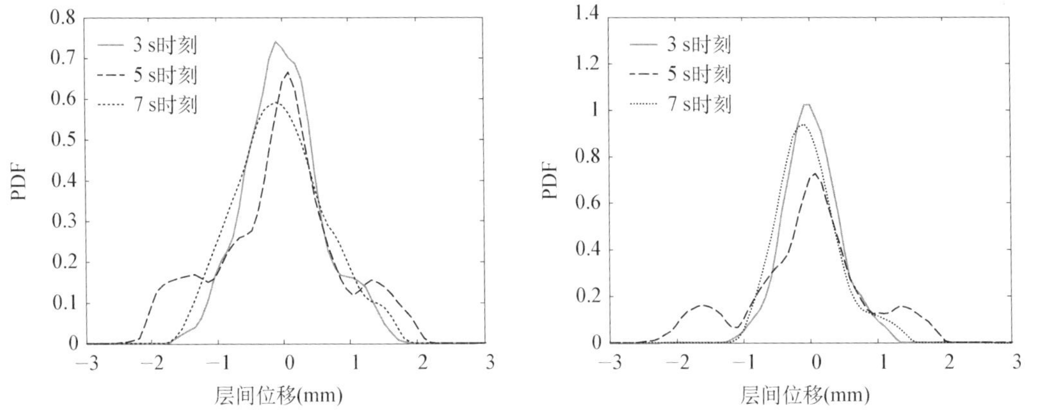

(a) (b)

图 6.4.11 最优控制前后第 10 层层间位移在典型时刻的概率密度曲线

(a)最优控制前;(b)最优控制后

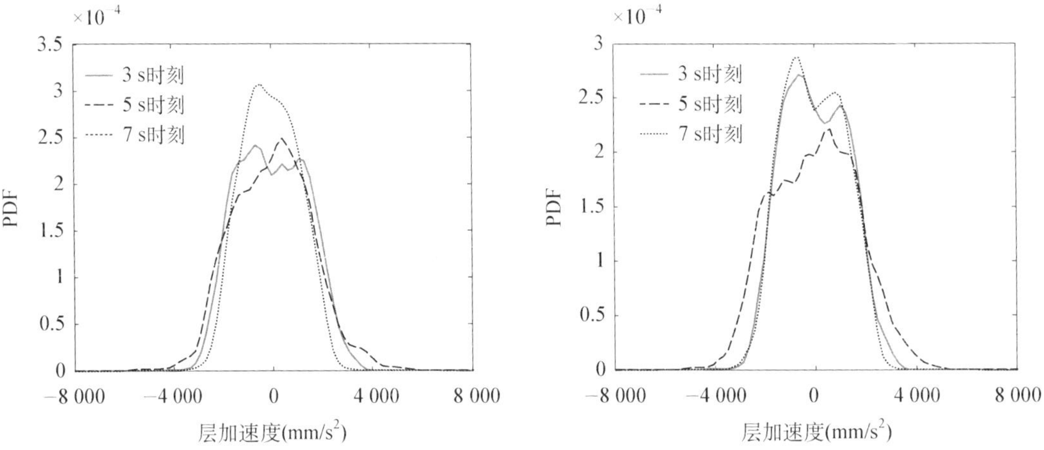

(a) (b)

图 6.4.12 最优控制前后第 1 层层加速度在典型时刻的概率密度曲线

(a)最优控制前;(b)最优控制后

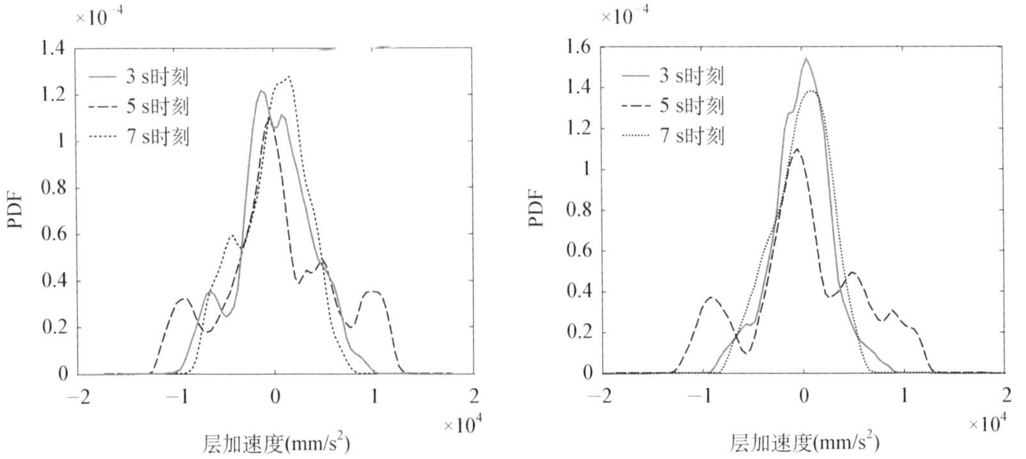

(a) (b)

图 6.4.13 最优控制前后第 10 层层加速度在典型时刻的概率密度曲线

(a)最优控制前;(b)最优控制后

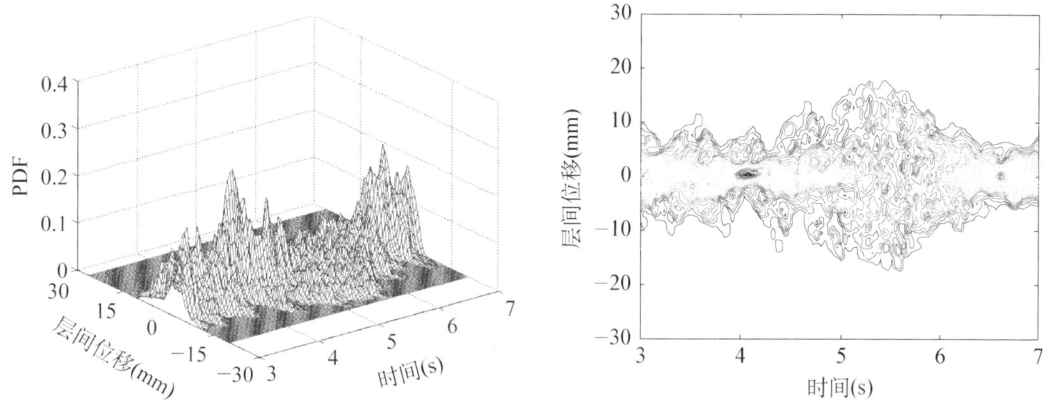

(a) (b)

图 6.4.14 最优控制后第 1 层层间位移在典型时段的概率密度曲面

(a) 概率密度曲面;(b) 等概率密度曲线

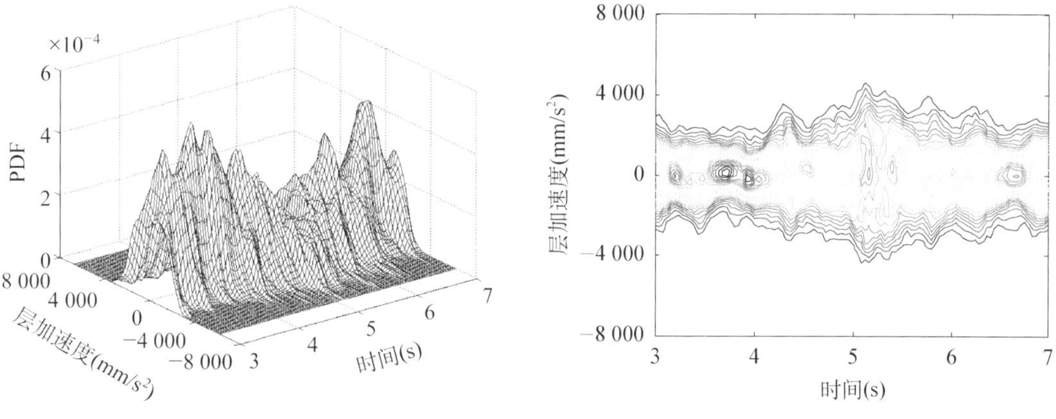

(a) (b)

图 6.4.15 最优控制后第 1 层层加速度在典型时段的概率密度曲面

(a) 概率密度曲面;(b) 等概率密度曲线

6.4.2 Bouc-Wen 光滑型滞回系统

以随机地震动作用下具有 Bouc-Wen 滞回特性的八层剪切型框架结构为控制对象,采用 5 根主动拉索进行结构控制。层质量和层间刚度分别为 $m_1 = m_2 = 1.0 \times 10^5$ kg, $m_3 = m_4 = 0.9 \times 10^5$ kg, $m_5 = m_6 = 0.9 \times 10^5$ kg, $m_7 = m_8 = 0.8 \times 10^5$ kg; $k_1 = k_2 = 3.6 \times 10^1$ kN/mm, $k_3 = k_4 = 3.2 \times 10^1$ kN/mm, $k_5 = k_6 = 3.2 \times 10^1$ kN/mm, $k_7 = k_8 = 2.8 \times 10^1$ kN/mm。采用 Rayleigh 阻尼 $\boldsymbol{C} = a\boldsymbol{M} + b\boldsymbol{K}_t$, $\boldsymbol{K}_t$ 为时变刚度矩阵,$a = 0.01$, $b = 0.005$。结构第 1 阶振动模态的阻尼比为 1.05%,屈服前结构自振频率(rad/s)分别为 3.64、10.40、16.46、22.45、27.91、31.89、34.68、36.81。仍采用 3.4.1 节中的物理随机地震动模型,峰值加速度 $0.3g$。

借鉴 Osgood-Ramberg 模型的基本曲线形状，Bouc 提出了关于光滑滞变位移分量的微分方程(Bouc, 1967)

$$\dot{z}=A\dot{x}-\beta|\dot{x}||z|^{n-1}z+\gamma\dot{x}|z|^{n} \tag{6.4.11}$$

经典的 Bouc-Wen 模型能够反映构件恢复力的滞回特性(Wen, 1976)，但难以反映实验观测的构件强度退化、刚度退化和捏拢效应(Ma et al, 2004)。后来的扩展 Bouc-Wen 模型能反映上述特点，其中滞变位移 z 的分量形式为(Foliente, 1995)

$$\dot{z}=h(z)\left\{\frac{A\dot{x}-v(\beta|\dot{x}||z|^{n-1}z+\gamma\dot{x}|z|^{n})}{\eta}\right\} \tag{6.4.12}$$

式中，$h(z)$, v, η 分别为描述捏拢效应、强度退化和刚度退化的指标，均依赖于构件的非线性发展过程，一般与构件的能量耗散相关。能量耗散指标定义为

$$\varepsilon_b(t)=\int_0^t z\dot{x}\mathrm{d}\tau \tag{6.4.13}$$

由此，构造

$$v(\varepsilon_b)=1+\delta_v\varepsilon_b,\ \eta(\varepsilon_b)=1+\delta_\eta\varepsilon_b \tag{6.4.14}$$

式中，δ_v, δ_η 分别为强度退化和刚度退化参数。

进而，定义

$$h(z)=1-\zeta_1\mathrm{e}^{-[z\mathrm{sgn}(\dot{x})-qz_{\mathrm{u}}]^2/\zeta_2^2} \tag{6.4.15}$$

其中，z_{u} 为滞变位移分量极值

$$z_{\mathrm{u}}=\left(\frac{1}{v(\beta+\gamma)}\right)^{\frac{1}{n}} \tag{6.4.16}$$

$\zeta_1(\varepsilon_b)$, $\zeta_2(\varepsilon_b)$ 均为捏拢效应参数

$$\zeta_1(\varepsilon_b)=\zeta_s(1-\mathrm{e}^{-p\varepsilon_b}) \tag{6.4.17}$$

$$\zeta_2(\varepsilon_b)=(\psi+\delta_\psi\varepsilon_b)(\lambda+\zeta_1) \tag{6.4.18}$$

不难看出，扩展 Bouc-Wen 模型有 13 个待定参数，在本例中分别取值为(Li et al, 2011b) $\alpha=0.01$、$A=1.0$、$\beta=140.0$、$\gamma=20.0\ \mathrm{m}^{-1}$、$n=1.0$、$\delta_v=0.002$、$\delta_\eta=0.001$、$\psi=0.2$、$\delta_\psi=0.005$、$\lambda=0.1$、$\zeta_s=0.95$、$q=0.25$、$p=2\,000.0$。

层间位移、层间速度、层加速度和层间控制力的阈值分别假定为30 mm、300 mm/s、3 000 mm/s^2 和200 kN。采用如下显示积分格式进行确定性非线性动力反应分析

$$\ddot{\boldsymbol{X}}(k+1)=\boldsymbol{M}^{-1}[\boldsymbol{B}_s\boldsymbol{U}(k)+\boldsymbol{D}_s\boldsymbol{F}(\boldsymbol{\Theta},k)-\boldsymbol{C}\dot{\boldsymbol{X}}(k)-\boldsymbol{R}_t(\boldsymbol{X}(k),z(k))] \tag{6.4.19}$$

$$\dot{\boldsymbol{X}}(k+1)=\dot{\boldsymbol{X}}(k)+(1-\gamma_a)\ddot{\boldsymbol{X}}(k)\Delta t+\gamma_a\ddot{\boldsymbol{X}}(k+1)\Delta t \tag{6.4.20}$$

$$\boldsymbol{X}(k+1)=\boldsymbol{X}(k)+\dot{\boldsymbol{X}}(k)\Delta t+\left(\frac{1}{2}-\beta_a\right)\ddot{\boldsymbol{X}}(k)\Delta t^2+\beta_a\ddot{\boldsymbol{X}}(k+1)\Delta t^2 \tag{6.4.21}$$

已证明(Chung & Lee, 1994),当$\gamma_a = \frac{3}{2}$,积分格式是二阶精度的;当$1 \leqslant \beta_a \leqslant \frac{28}{27}$,积分格式是无条件稳定的。本例中取$\gamma_a = 1.5$、$\beta_a = 1.0$。此外,滞变位移$z$采用4阶Runge-Kutta格式求解。

表6.4.4列出了每个序列工况下的新加入拉索位置及其设计参数。从表中可以看到,5根拉索先后放置于第1层、第2层、第3层、第4层和第6层。

表6.4.4　Bouc-Wen光滑型滞回系统新加入拉索位置及其设计参数

序列号	拓扑向量	设计参数*						
		Q_d	Q_v	$Q_{d,2}$	$Q_{v,2}$	$Q_{d,3}$	$Q_{v,3}$	R_u
0	$[0\,0\,0\,0\,0\,0\,0\,0]^T$	—	—	—	—	—	—	—
1	$[1\,0\,0\,0\,0\,0\,0\,0]^T$	642.5	73.0	—	—	—	—	10^{-9}
2	$[1\,2\,0\,0\,0\,0\,0\,0]^T$	100.2	47.9	—	—	—	—	10^{-9}
3	$[1\,2\,3\,0\,0\,0\,0\,0]^T$	777.9	485.7	—	—	—	—	10^{-9}
4	$[1\,2\,3\,4\,0\,0\,0\,0]^T$	57.1	1 072.0	—	—	—	—	10^{-9}
5	$[1\,2\,3\,4\,0\,5\,0\,0]^T$	225.5	193.1	—	—	—	—	10^{-9}
5(3阶)	$[1\,2\,3\,4\,0\,5\,0\,0]^T$	225.5	193.1	0.0	0.0	—	—	10^{-9}
5(5阶)	$[1\,2\,3\,4\,0\,5\,0\,0]^T$	225.5	193.1	0.0	0.0	0.0	0.6	10^{-9}
参考	$[1\,1\,1\,1\,1\,0\,0\,0]^T$	0.0	1 027.0	—	—	—	—	10^{-9}

注:*初设拉索设计参数$Q_d = Q_v = 100$,$Q_{d,2} = Q_{v,2} = 20$,$Q_{d,3} = Q_{v,3} = 10$,$R_u = 10^{-9}$。

由此,构造如下广义最优控制律参数向量

$$(Q_d^*,\ Q_v^*,\ R_u^*,\ L^*) = \begin{bmatrix} 642.5 & 100.2 & 777.9 & 57.1 & 0 & 225.5 & 0 & 0 \\ 73.0 & 47.9 & 485.7 & 1\,072.0 & 0 & 193.1 & 0 & 0 \\ 10^{-9} & 10^{-9} & 10^{-9} & 10^{-9} & 0 & 10^{-9} & 0 & 0 \\ 1 & 2 & 3 & 4 & 0 & 5 & 0 & 0 \end{bmatrix}^T \tag{6.4.22}$$

从表6.4.4中高阶控制器的设计参数(假定各拉索控制器高阶项的设计参数均相同)可以看到,高阶项对结构性态控制几乎没有贡献。事实上,高阶控制的性态函数与1阶控制的性态函数在四位有效数值内完全相同。由此,再次证明,采用超越概率性态泛函准则,1阶线性控制器能够覆盖高阶非线性控制器的控制效果。

相应各工况的系统量超越概率和目标函数示于表6.4.5中。可见,随着拉索的布设,受控结构性态逐渐改善,直到5根拉索全部设置,目标函数达到最小。拉索布设的顺序示于图6.4.16中,图中拉索编号表示放置的先后次序。同时,拉索自底向上布设的参考工况,控制效果只介于序列2和序列3之间,表明按最小层可控指标梯度准则优化的控制器拓扑,取得了很好的效果。图6.4.17示意对比了具有相近控制效果的两种拉索布设方式。

表 6.4.5 Bouc-Wen 光滑型滞回系统的拉索最优控制结果

序列号	拓扑向量	超越概率				目标函数 J_2
		$P_{f,d}$	$P_{f,v}$	$P_{f,a}$	$P_{f,u}$	
0	$[0\ 0\ 0\ 0\ 0\ 0\ 0\ 0]^T$	0.835 4	0.133 4	0.844 1	—	0.714 1
1	$[1\ 0\ 0\ 0\ 0\ 0\ 0\ 0]^T$	0.571 4	0.018 6	0.686 7	0.000 0	0.399 2
2	$[1\ 2\ 0\ 0\ 0\ 0\ 0\ 0]^T$	0.583 3	0.021 0	0.625 2	3.603×10^{-7}	0.365 8
3	$[1\ 2\ 3\ 0\ 0\ 0\ 0\ 0]^T$	0.527 9	0.058 5	0.391 7	3.602×10^{-7}	0.217 8
4	$[1\ 2\ 3\ 4\ 0\ 0\ 0\ 0]^T$	0.477 7	0.091 9	0.184 6	4.276×10^{-7}	0.135 4
5	$[1\ 2\ 3\ 4\ 0\ 5\ 0\ 0]^T$	0.428 6	0.075 6	0.174 0	3.603×10^{-7}	0.109 8
评价	$[1\ 1\ 1\ 1\ 1\ 0\ 0\ 0]^T$	0.712 5	0.137 2	0.134 5	0.004 1	0.272 3

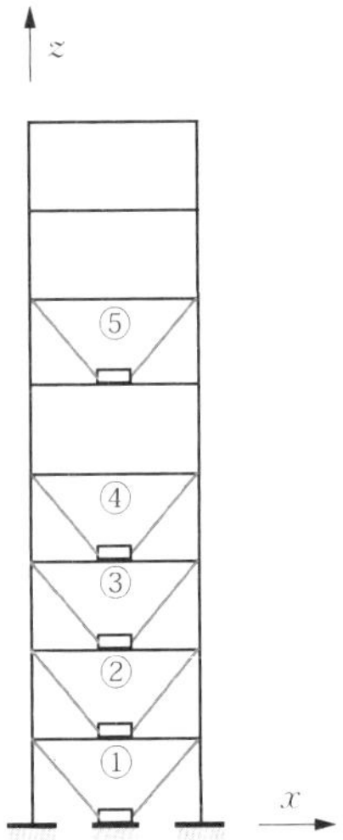

图 6.4.16 拉索布设图示

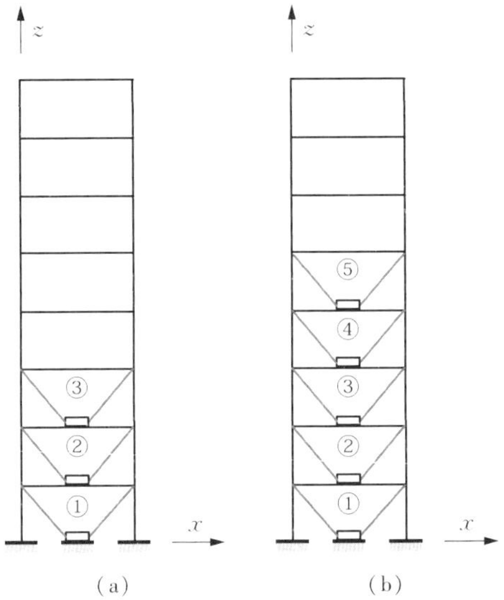

图 6.4.17 具有相近控制效果的两种拉索布设方式

(a)采用 MinSCIG 准则;(b)自底向上布设

图 6.4.18 所示为层间位移极值的二阶统计特征随拉索布设的变化关系。从图中可见,

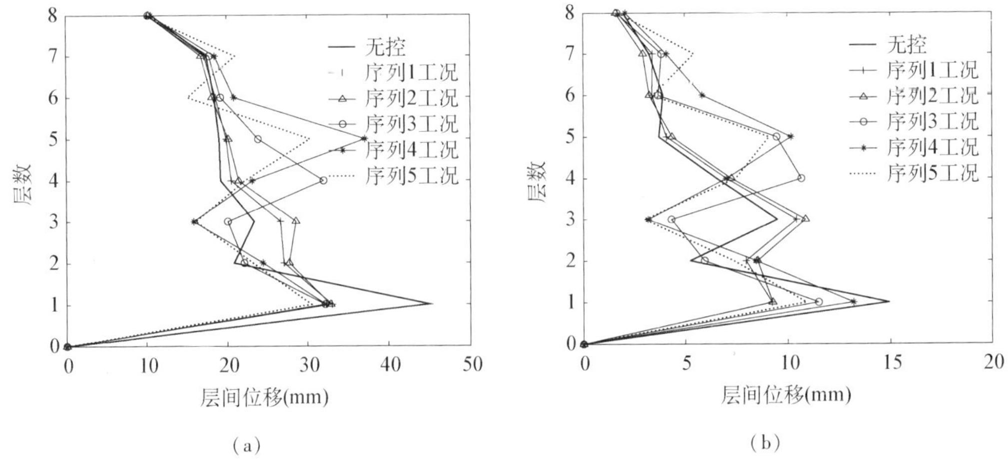

图 6.4.18 层间位移极值的二阶统计特征随拉索布设的变化

(a)层间位移极值均值;(b)层间位移极值标准差

各层层间位移极值的均值和标准差随拉索的布设变化不均匀,中部层间位移反而出现放大,表明非线性系统稳定是拉索拓扑设计的一个重要方面。但从表 6.4.5 中可以看到,受控后位移反应的整体性态要好于受控前。同时可见,加速度的控制效果要好于位移的控制效果,如图 6.4.19 所示的各层加速度极值的二阶统计特征随拉索布设的变化关系。在有较大加速度反应的上部各层,受控后的加速度反应性态较受控前有明显改善。

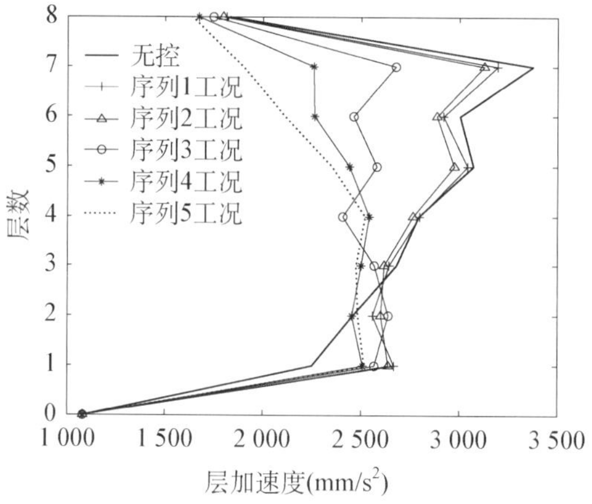

(a)

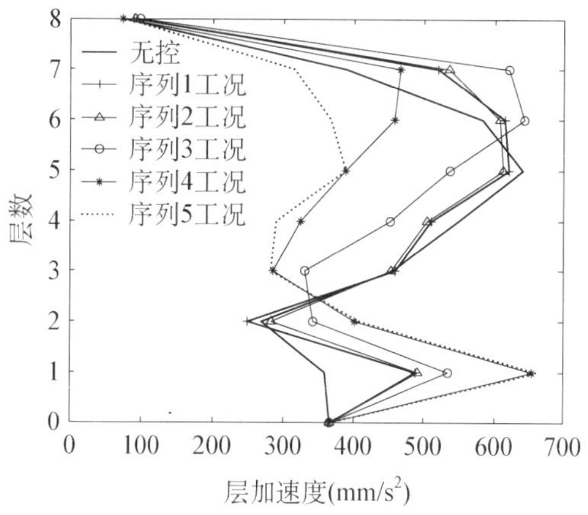

(b)

图 6.4.19　层加速度极值的二阶统计特征随拉索布设的变化

(a)层加速度极值均值;(b)层加速度极值标准差

图 6.4.20 给出了最优控制前后,代表性地震动样本作用下第 1 层构件的滞回曲线。可以看到,实施控制后,结构层间的耗能得到明显改善:构件运动往复区间范围变小、趋于平衡点附近,构件刚度退化不明显。因此,最优控制在一定程度上改善了结构的滞回性态。

最优控制前后,第 1 层的均方根滞回能量耗散时程如图 6.4.21 所示。从图中可以看到,受控后各层构件的耗散能量较受控前显著减少,且随时间发展变缓,这亦表明最优控制明显改善了滞回结构的耗能特性。

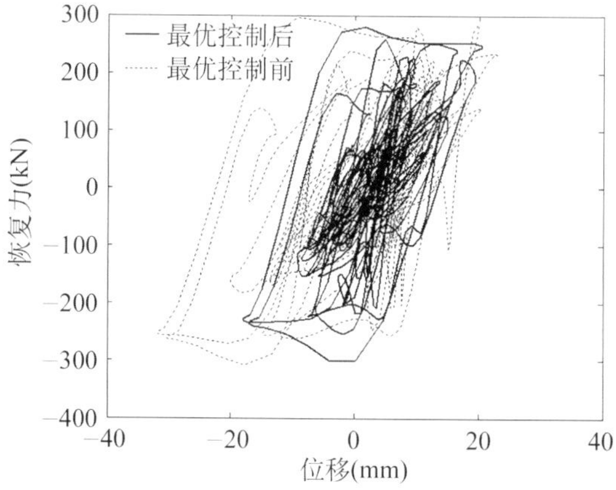

图 6.4.20　最优控制前后第 1 层构件的代表滞回曲线

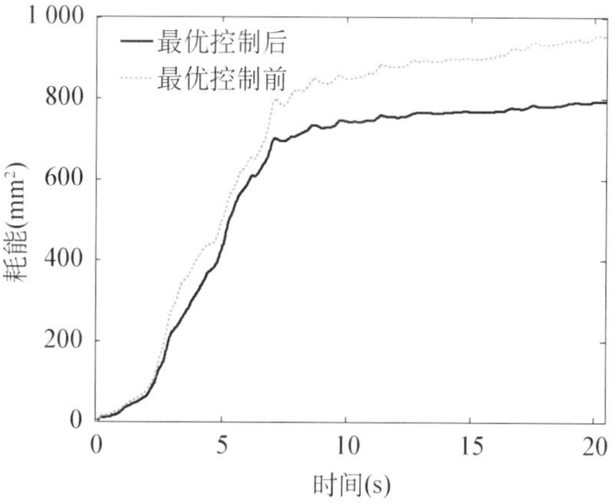

图 6.4.21　最优控制前后第 1 层均方根滞回能量耗散时程

图 6.4.22、图 6.4.23 分别为最优控制前后第 1 层和第 8 层层间位移的均值和标准差、层加速度的均值和标准差时程曲线比较。从图中不难看出，实施最优控制后，具有较大反应的结构层得到了重点改善，层间位移和层加速度沿层分布较受控前更均匀。

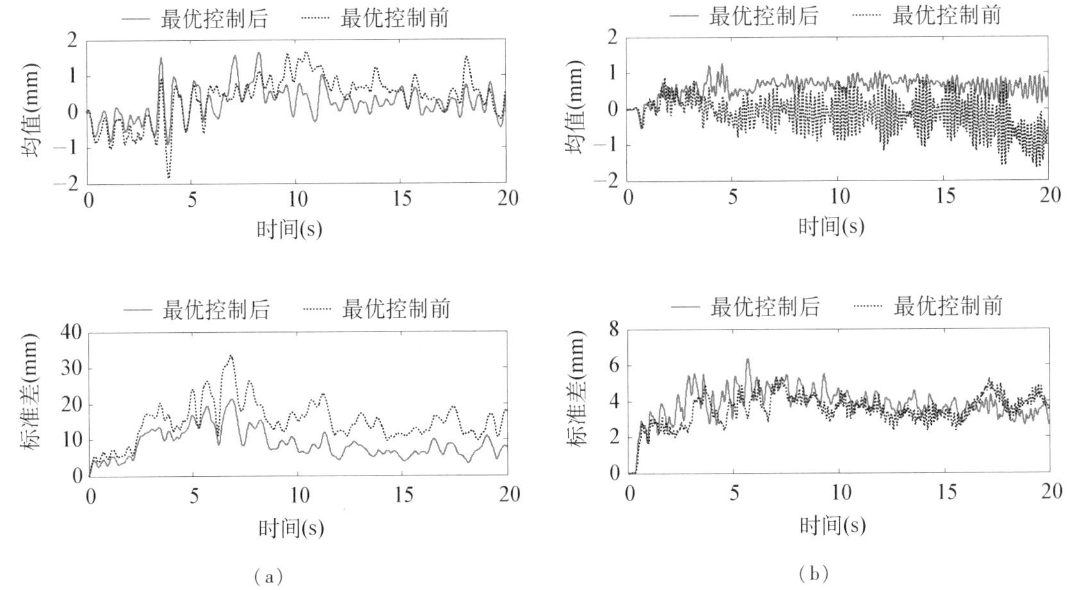

图 6.4.22 最优控制前后层间位移的均值、标准差时程曲线比较

(a)第 1 层；(b)第 8 层

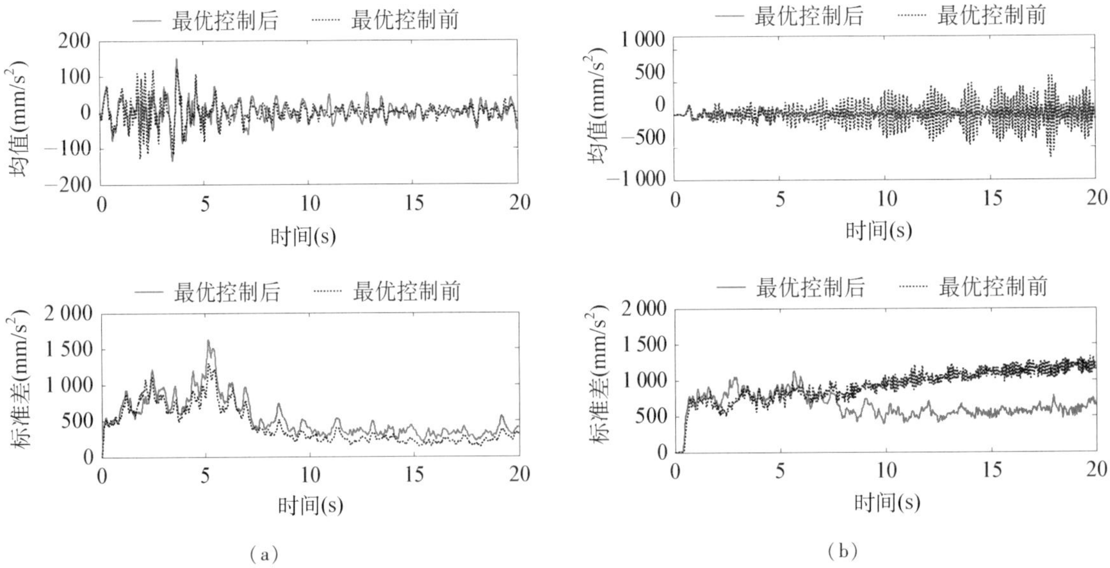

图 6.4.23 最优控制前后层加速度的均值、标准差时程曲线比较

(a)第 1 层；(b)第 8 层

各典型时刻第1层的层间位移和层加速度的概率密度曲线如图6.4.24—图6.4.25所示。分析可知,层间位移和和层加速度的控制效果与图6.4.22a、图6.4.23a中的分析结果一致。图6.4.26、图6.4.27进一步给出了最优控制后第1层层间位移和层加速度在典型时段的概率密度曲面和等概率密度曲线。

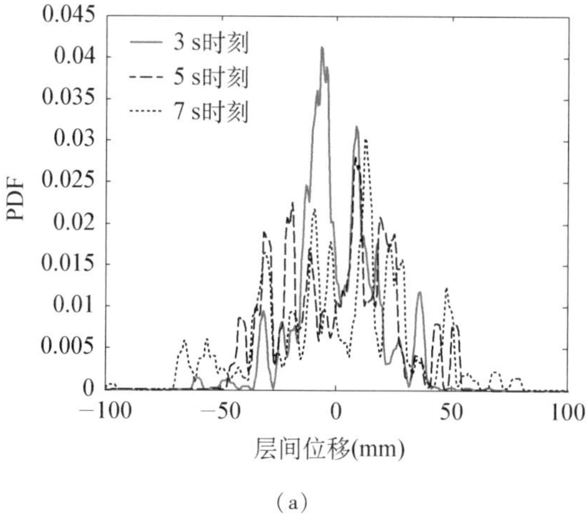

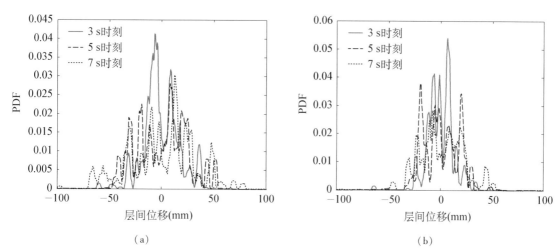

图6.4.24 最优控制前后第1层层间位移在典型时刻的概率密度曲线

(a)最优控制前;(b)最优控制后

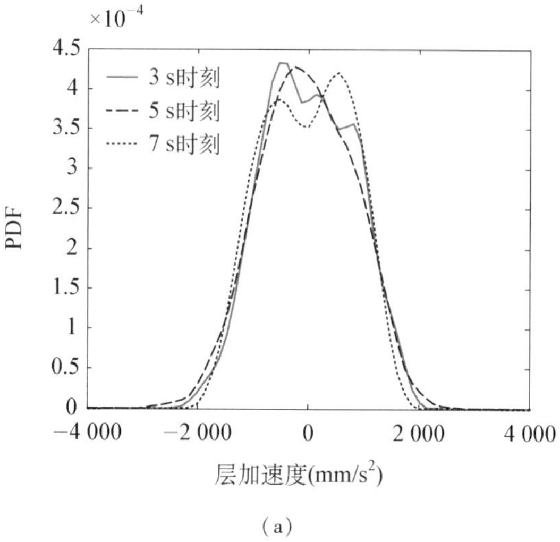

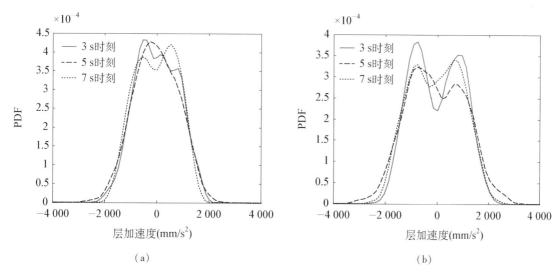

图6.4.25 最优控制前后第1层层加速度在典型时刻的概率密度曲线

(a)最优控制前;(b)最优控制后

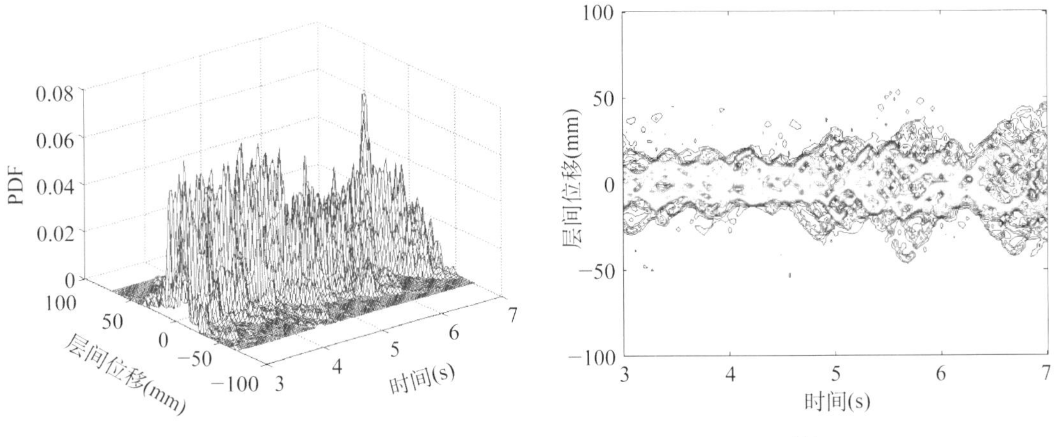

图 6.4.26 最优控制后第 1 层层间位移在典型时段的概率密度曲面

(a)概率密度曲面;(b)等概率密度曲线

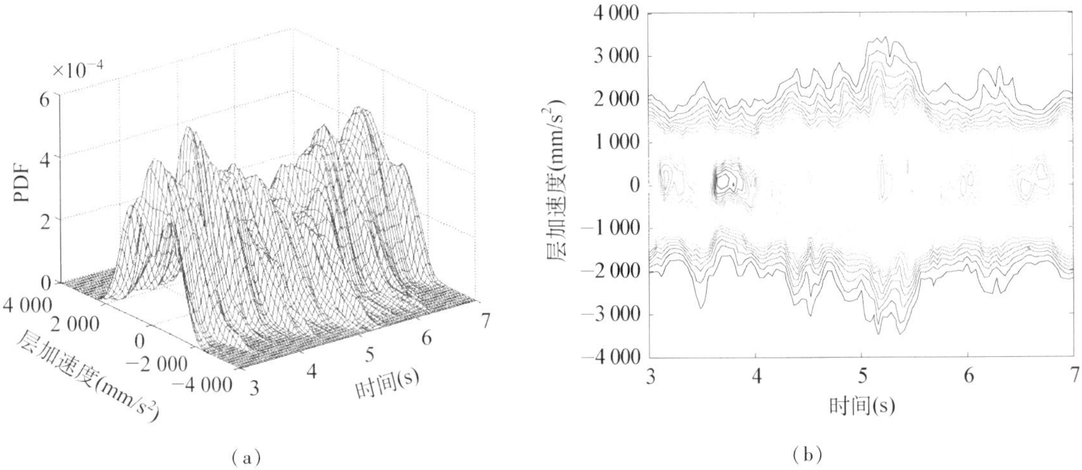

图 6.4.27 最优控制后第 1 层层加速度在典型时段的概率密度曲面

(a)概率密度曲面;(b)等概率密度曲线

6.5 讨论与小结

本章采用多项式最优控制的基本思想,将物理随机最优控制推广到非线性和滞回结构系统的随机最优控制中,分别考察了随机地震动作用下 Duffing 振子系统、具有 Clough 双线型滞回特征的十层剪切型框架结构和具有 Bouc-Wen 光滑型滞回特征的八层剪切型框架结构的随机最优控制。

不同非线性水平 Duffing 振子的控制表明:采用能量均衡的超越概率准则,1 阶线性控制器可以覆盖高阶非线性控制器的控制效果,从而可以避免高阶控制器因时滞影响造成反馈误差放大,导致系统不稳定的情况;而其他控制准则,如二阶统计量评价和 Lyapunov 渐近稳定条件,并不具备这一特点,这具有重要的实践意义。同时,相比较基于随机等价线性化的 LQG 控制,物理随机最优控制策略对 Duffing 振子系统的非线性水平不敏感,具有良好的鲁棒性。

滞回系统的随机最优控制也表明: 1 阶线性控制器可以覆盖高阶非线性控制器的控制效果。实施控制后, Clough 双线型、Bouc-Wen 光滑型滞回系统的反应均得到了不同程度的控制,滞回性态和耗能特性得到了明显改善。同时表明,采用基于最小层可控指标梯度准则的广义最优控制律,能够满足既定的控制目标、使控制效益最大化。

第7章

结构风振舒适度随机最优控制

7.1 引言

我国人口众多，城市用地紧缺，建设高层建筑甚至是超高层建筑成为节约城市用地资源的有效途径。自20世纪90年代以来，高层建筑在我国发展迅猛。对高耸、高层建筑等柔性结构体系而言，风荷载是重要的甚至是决定性的设计荷载。同时，高层建筑结构在风荷载作用下，将发生顺风向或横风向振动，当振动达到一定限值时，将产生振动舒适度问题。例如，我国台北101大厦中调谐质量阻尼器(Tuned Mass Damper, TMD)的工作效能分析表明：即使在良态风作用下(半年回归期风荷载)，无控结构的最大加速度将超出规范阈值的30%(Chung et al, 2013)。因此，高层及超高层建筑结构的风振响应控制具有重要实践意义。

结构风振响应的控制大体上可以分为被动控制和主动控制两种模式，其中前者应用较为广泛(Housner et al, 1997)。作为具有优良性能的消能减振装置之一，非线性黏滞阻尼器具有对温度不敏感(在 −40～70 ℃保持稳定的性质)(Symans & Constantinou, 1998)、在较宽的频域范围内都能保持黏滞反应(Soong & Costantinou, 1994)、产生的阻尼力与位移异相(Soong & Dargush, 1997)等特点。黏滞阻尼器的另一个突出的优势在于提供的附加刚度较小，这对于降低结构的加速度极为有利。因此，黏滞阻尼器是高层与超高层建筑风振舒适度控制的优选方案。然而，黏滞阻尼器是速度相关型阻尼器，自身具有较强的非线性。结构添加阻尼器后，整体系统将本质上成为非线性系统。因此，寻求高效、精确的求解策略是结构黏滞阻尼器最优控制的首要任务。

本章首先介绍非线性黏滞阻尼器－结构系统的等效线性化方法，进而给出结构随机风振作用下黏滞阻尼器优化布设的概率准则及方法，以海口地区某超高层建筑风振舒适度随机最优控制为例，介绍了工程实践案例。

7.2 非线性黏滞阻尼器－结构系统等效线性化

结构黏滞阻尼器最优控制包括阻尼器的参数选择和阻尼器的数量、位置优化等，这对于可利用空间有限的高层建筑而言尤为重要。如第1章绪论所述，经典的阻尼器位置优化方法主要分为三类：第一类是序列工况方法(Zhang & Soong, 1992)；第二类是基于梯度最小的优化方法(Takewaki, 1997; Peng et al, 2013);第三类是基于遗传算法的优化方法(Singh & Moreschi, 2002)。这三类优化方法均涉及非线性黏滞阻尼器结构系统的迭代求解,因此高效的非线性黏滞阻尼器-结构系统分析方法是优化设计的基础。

结构风振黏滞阻尼器控制的分析方法主要有频域方法和时域方法。频域方法计算简单、概念清晰,因此应用广泛(Davenport, 1961);近年来,能够更精细地反映结构响应过程的时域方法得到了更多的关注。对于基于动力可靠度的结构风振控制,时域分析方法通常是必要的。研究表明(陈建兵等, 2016):低阻尼指数的黏滞阻尼器-结构系统的动力学方程存在刚性特征,具有强非线性行为,给传统的等效线性化方法(如耗能等效线性化、随机等价线性化)带来严峻挑战。

7.2.1 黏滞阻尼器-结构系统的刚性特征

考虑附加黏滞阻尼器的单自由度结构系统,受到时变荷载 $p(t)$ 的作用,其运动方程可以表示为

$$m\ddot{x}(t) + c\dot{x}(t) + kx(t) - f_D(\dot{x}(t)) = p(t) \tag{7.2.1}$$

$$f_D(\dot{x}(t)) = -c_D \text{sgn}(\dot{x}(t)) |\dot{x}(t)|^{\alpha} \tag{7.2.2}$$

式中, m, c 和 k 分别表示系统的质量、阻尼和刚度; $x(t)$, $\dot{x}(t)$ 和 $\ddot{x}(t)$ 分别表示结构的位移、速度和加速度,与阻尼器活塞的相对位移、相对速度大小相等、方向相反; $f_D(\cdot)$ 表示黏滞阻尼器的阻尼力; c_D 表示阻尼系数; α 为阻尼指数,通常介于0和1之间:在建筑结构工程中, α 的取值一般为 $0.3 \leqslant \alpha \leqslant 0.5$,桥梁结构工程中, α 的取值一般为 $0.15 \leqslant \alpha \leqslant 0.3$; sgn(·)表示符号函数。

当 $\alpha = 1.0$ 时,式(7.2.2)为线性阻尼力公式;当 $\alpha = 0$ 时,式(7.2.2)为摩擦阻尼力公式;当 $0 < \alpha < 1.0$ 时,式(7.2.2)为非线性阻尼力公式: α 越小其非线性越强。图7.2.1和图7.2.2所示分别为阻尼系数 $c_D = 1.0$、单位幅值谐波加载时的黏滞阻尼器力-位移滞回曲线和黏滞阻尼器力-速度滞回曲线。从图7.2.1可以看出,随着阻尼指数 α 的减小,黏滞阻尼器的滞回曲线由椭圆形逐渐向矩形方向演变。在相同最大阻尼力和最大位移值条件下, α 值越小,滞回曲线越接近矩形,其面积也越大,阻尼器耗能性能更加出色,对结构的控制效果更好。然而,阻尼力随着速度的变化会表现出快变和慢变特征,如图7.2.2所示:如 $\alpha = 0.3$ 时,在速度接近0的区域,阻尼力变化非常迅速,而其他区域这种变化较为平缓。这种黏滞阻尼器的非线性行为使得附加阻尼器的结构系统具有典型的刚性系统特征(袁新鼎等, 1987)。

式(7.2.1)的特征方程为

$$\lambda^2 + \left(2\zeta\omega_0 + \alpha \frac{c_D |\dot{x}(t)|^{\alpha-1}}{m}\right)\lambda + \omega_0^2 = 0 \tag{7.2.3}$$

式中, λ 表示特征值; ζ 表示阻尼比; ω_0 表示结构基本圆频率。若上式满足

$$\begin{cases} \text{Re}(\lambda_j) < 0,\ j = 1, 2, \cdots, m \\ s := \max\limits_{1\leqslant j\leqslant m} |\text{Re}(\lambda_j)| / \min\limits_{1\leqslant j\leqslant m} |\text{Re}(\lambda_j)| \gg 1 \end{cases} \tag{7.2.4}$$

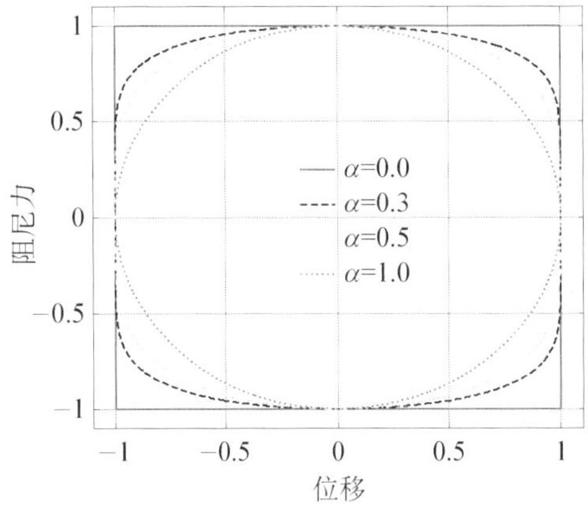

图 7.2.1 黏滞阻尼器力 - 位移滞回曲线

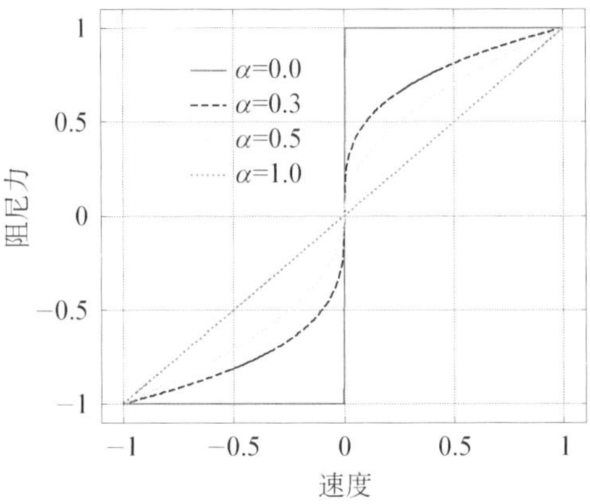

图 7.2.2 黏滞阻尼器力 - 速度滞回曲线

则式(7.2.3)定义为刚性方程,其中 s 表示刚性比。

当刚性比大于 $10^p(p \geq 1)$ 时,式(7.2.3)表征的系统称为刚性系统(葛渭高等, 2010)。

为了考察黏滞阻尼器 - 结构系统的刚性特征,取如下系统参数:质量 $m = 3.75 \times 10^7$ kg,阻尼比为 $\zeta = 0.01$,速度 $\dot{x} = 0.1$ mm/s(速度较小时阻尼力随着速度的变化而快速变化),结构基本周期 $T_n = 4.94$ s(基本圆频率 $\omega_0 = 1.27$ rad/s),阻尼系数 $c_D = 10\,000$ kN · s/m。采用式(7.2.3)、式(7.2.4)计算结构系统的刚性比,对应于阻尼指数 $\alpha = 0.3$、0.5、0.7、1.0 的刚性比分别为 1574.6、108.3、3.19、1,可见:在给定参数条件下,阻尼指数 $\alpha = 0.5$ 时黏滞阻尼器 - 结构系统为刚性系统。图 7.2.3 所示为阻尼指数 $\alpha = 0.5$ 时,刚性比随阻尼系数和结构基本周期的变化关系,从图中可以看出,刚性比随阻尼系数和结构基本周期呈几何增长。

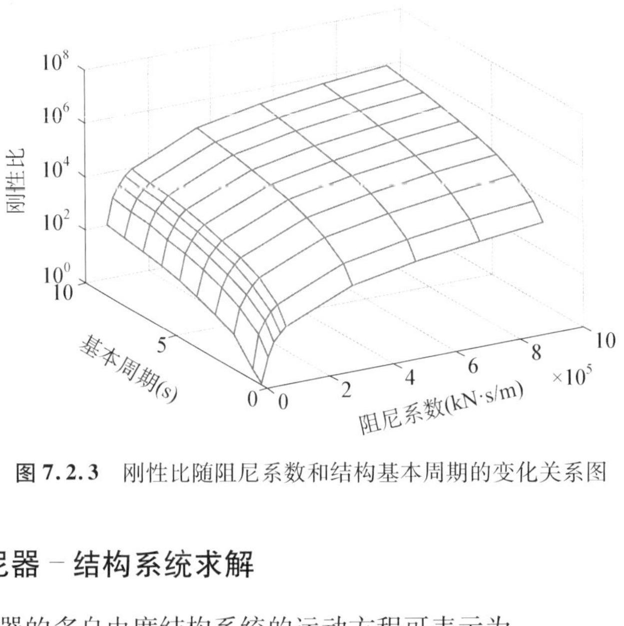

图 7.2.3 刚性比随阻尼系数和结构基本周期的变化关系图

7.2.2 黏滞阻尼器 - 结构系统求解

附加黏滞阻尼器的多自由度结构系统的运动方程可表示为

$$\boldsymbol{M}\ddot{\boldsymbol{X}}(t)+\boldsymbol{C}\dot{\boldsymbol{X}}(t)+\boldsymbol{K}\boldsymbol{X}(t)+\boldsymbol{f}(\dot{\boldsymbol{X}}(t))=\boldsymbol{F}(\boldsymbol{\Theta},t) \tag{7.2.5}$$

式中,$\boldsymbol{M}$, $\boldsymbol{C}$ 和 $\boldsymbol{K}$ 分别表示原结构的质量、阻尼和刚度矩阵;$\boldsymbol{X}$, $\dot{\boldsymbol{X}}$ 和 $\ddot{\boldsymbol{X}}$ 分别表示结构的位移、速度和加速度向量;$\boldsymbol{F}(\boldsymbol{\Theta},t)$ 表示输入的随机风荷载;$\boldsymbol{\Theta}$ 为表征风荷载随机性的随机参数向量;$\boldsymbol{f}(\dot{\boldsymbol{X}}(t))$ 是附加的黏滞阻尼力,表达式为:

$$\boldsymbol{f}(\dot{\boldsymbol{X}}(t))=\boldsymbol{S}[\,|\boldsymbol{T}_{\dot{X}}|^{\alpha}\times\operatorname{sgn}(\boldsymbol{T}_{\dot{X}})\,]=\begin{bmatrix} c_{D,1} & -c_{D,2} & 0 & \cdots & 0 & 0\\ 0 & c_{D,2} & -c_{D,3} & \cdots & 0 & 0\\ 0 & 0 & c_{D,3} & \cdots & 0 & 0\\ \vdots & \vdots & \vdots & & \vdots & \vdots\\ 0 & 0 & 0 & \cdots & c_{D,n-1} & -c_{D,n}\\ 0 & 0 & 0 & \cdots & 0 & c_{D,n}\end{bmatrix}$$

$$\cdot\left(\left|\begin{bmatrix} 1 & 0 & 0 & \cdots & 0 & 0\\ -1 & 1 & 0 & \cdots & 0 & 0\\ 0 & -1 & 1 & \cdots & 0 & 0\\ \vdots & \vdots & \vdots & & \vdots & \vdots\\ 0 & 0 & 0 & \cdots & 1 & 0\\ 0 & 0 & 0 & \cdots & -1 & 1\end{bmatrix}\begin{Bmatrix}\dot{X}_1\\ \dot{X}_2\\ \dot{X}_3\\ \vdots\\ \dot{X}_{n-1}\\ \dot{X}_n\end{Bmatrix}\right|^{\alpha}\times\operatorname{sgn}\left(\begin{bmatrix} 1 & 0 & 0 & \cdots & 0 & 0\\ -1 & 1 & 0 & \cdots & 0 & 0\\ 0 & -1 & 1 & \cdots & 0 & 0\\ \vdots & \vdots & \vdots & & \vdots & \vdots\\ 0 & 0 & 0 & \cdots & 1 & 0\\ 0 & 0 & 0 & \cdots & -1 & 1\end{bmatrix}\begin{Bmatrix}\dot{X}_1\\ \dot{X}_2\\ \dot{X}_3\\ \vdots\\ \dot{X}_{n-1}\\ \dot{X}_n\end{Bmatrix}\right)\right) \tag{7.2.6}$$

式中,$\boldsymbol{S}$ 表示阻尼系数矩阵,$c_{D,j}(j=1,2,\cdots,n)$ 表示结构第 j 层设置黏滞阻尼器的总阻尼系数大小;$\boldsymbol{T}_{\dot{X}}$ 表示层间速度向量。

由于附加黏滞阻尼器的结构系统一般具有刚性特征,因此常规的时程积分格式,如Newmark方法,往往难以胜任(陈建兵等,2016)。事实上,对于刚性特征系统的求解,向后差分法(Backward Differentiation Formulas, BDF)往往具有良好效果,其扩展形式为(Shampine & Reichelt, 1997)

$$\sum_{j=1}^{k}\frac{1}{j}\nabla^{j}x_{n+1}=hf(t_{n+1},x_{n+1})+\kappa\gamma_k(x_{n+1}-x_{n+1}^{(0)}) \tag{7.2.7}$$

其中

$$\gamma_k=\sum_{j=1}^{k}\frac{1}{j},\quad x_{n+1}-x_{n+1}^{(0)}=\nabla^{k+1}x_{n+1} \tag{7.2.8}$$

式中,$\nabla^{j}x_n=\nabla^{j-1}x_n-\nabla^{j-1}x_{n-1}$ 表示向后差分,$\nabla^{0}x_n=x_n$;k 为计算阶数;h 为差分步长;κ 为标量参数,当 $\kappa=0$,式(7.2.7)即为经典的BDF格式。

从式(7.2.7)不难看出,求解非线性系统的向后差分法尽管精确,但其涉及多步求解,不适宜于黏滞阻尼器-结构系统的迭代优化与设计。在工程实践中,人们往往采用等效线性化方法,通过某种准则将原非线性系统等效为线性系统,使得两者的响应相等或在可接受的误差范围内。这其中,应用最广泛的是耗能等效线性化方法。

耗能等效线性化方法的等效准则为:等效线性系统与原非线性系统的附加阻尼器耗能

相等。基于耗能等效准则导出的附加等效阻尼比 $\zeta_k^{(\mathrm{E-E})}$ 如下（Seleemah & Constantinou, 1997）

$$\zeta_k^{(\mathrm{E-E})} = \frac{T_k^{2-\alpha}\sum_j c_{D,j}\lambda\left[(u_{k,j}-u_{k,j-1})\cos(\theta_j)\right]^{1+\alpha}}{(2\pi)^{3-\alpha}A_k^{1-\alpha}\sum_i m_i u_{k,i}^2} \tag{7.2.9}$$

其中

$$\lambda = 2^{2+\alpha}\frac{\Gamma^2(1+\alpha/2)}{\Gamma(2+\alpha)} \tag{7.2.10}$$

式中，T_k 为第 k 阶模态的周期；θ_j 为第 j 层阻尼器倾角；$u_{k,j}$ 为第 k 阶模态的第 j 层模态位移；m_i 为第 i 层的质量；A_k 为第 k 阶模态结构顶层以模态位移 $u_{k,j}$ 为单位的位移幅值；$\Gamma(\cdot)$ 为 Gamma 函数 $\Gamma(z) = \int_0^\infty (t^{z-1}/\mathrm{e}^t)\mathrm{d}t$。

不难看出，基于耗能等效准则的等效阻尼比公式中包含了结构第 k 阶模态最大位移 A_k，求解等效阻尼比 $\zeta_k^{(\mathrm{E-E})}$ 需要求解模态最大位移 A_k，而求解模态最大位移 A_k 同时又需要求解等效阻尼比，因此耗能等效线性化方法需要通过迭代求解。

耗能等效线化方法中，通常假定结构响应为谐波过程，这显然与实际工程结构在地震或风荷载作用下的结构响应特征不一致。非线性系统求解的另一个思路是采用随机等价线性化方法，即统计线性化（Statistical Linearization Technique）（Roberts & Spanos, 1990），假定结构响应为平稳 Gaussian 随机过程，使等价线性系统与原非线性系统的差异在均方意义上最小。根据这一原理，多自由度系统的等效模态阻尼比可表示为（Di Paola & Navarra, 2009）

$$\zeta_k^{(\mathrm{S-E})} = \eta_k\rho(\alpha)\left(\frac{G_{\tilde{F}_k(t)}(\omega)}{(\zeta_k^{(\mathrm{S-E})}+\zeta_k)\omega_k}\right)^{(\alpha-1)/2} \tag{7.2.11}$$

其中，$\rho(\alpha) = \Gamma(1+\alpha/2)\sqrt{2^{3-\alpha}\pi^{\alpha-2}}$；$G_{\tilde{F}_k(t)}(\omega)$ 为第 k 阶模态的广义激励向量 $\tilde{F}_k(t) = \phi_k^{\mathrm{T}}\boldsymbol{F}(\boldsymbol{\Theta}, t)/(\boldsymbol{\phi}_k^{\mathrm{T}}\boldsymbol{M}\boldsymbol{\phi}_k)$ 的单边功率谱；$\boldsymbol{\phi}_k$ 为第 k 阶模态向量；$\eta_k = q_k/(2\overline{m}_k\omega_k)$，$q_k = \sum_{j=1}^{n}(c_{D,j}\Delta_j^{(k)} + c_{D,j+1}\Delta_{j+1}^{(k)})u_{k,j}^2 - 2\sum_{j=2}^{n}c_{D,j}\Delta_j^{(k)}u_{k,j}u_{k,j-1}$，$\Delta_j^{(k)} = |u_{k,j}-u_{k,j-1}|^{\alpha-1}$，$\overline{m}_k$ 为第 k 阶模态质量；ω_k 为第 k 阶模态频率。

20 层钢结构等效线性系统分析。分析对象为 20 层钢结构，总高 72 m，层高 3.6 m，结构高宽比为 2.2，各层的质量均相同：$m_1 = m_2 = \cdots = m_{20} = 2.0\times10^5$ kg，各层层间抗侧刚度为（单位 N/m）：$k_1 = \cdots = k_4 = 1.7\times10^8$，$k_5 = \cdots = k_{10} = 1.5\times10^8$，$k_{11} = \cdots = k_{16} = 1.2\times10^8$，$k_{17} = \cdots = k_{20} = 1.0\times10^8$，前 10 阶模态频率（rad/s）为 2.09，5.88，9.74，13.45，17.27，20.94，24.28，27.81，30.90，33.93。采用黏滞阻尼器对结构进行减振，阻尼器采用均布的方式，每一层阻尼器系数为 500 kN · s/m，阻尼指数分别取 $\alpha = 1.0, 0.5, 0.3$。

分别采用基于耗能等效线性系统的 Newmark－β 法（EEN）、基于随机等价线性系统的 Newmark－β 法（SEN）和非线性系统的向后差分法（BDF）进行时域求解分析。输入采用 2.5.2 节所述的空间脉动风速场模型，其中 Fourier 风速谱模型的 3 个随机变量：10 m 高

10 min 平均风速 $\overline{U}_{10}$服从极值 I 型分布，均值为 39.33 m/s，变异系数为 0.1；地面粗糙度系数 z_0 服从对数正态分布，均值为 0.2 m，变异系数为 0.2；零点演化时间 T_e 服从 Gamma 分布，均值为 0.902×10^9 s，变异系数为 0.1。图 7.2.4 所示为代表性顶层风荷载时程，来流方向与建筑物表面垂直。代表性风荷载作用下，采用不同阻尼指数、不同等效线性化方法所得结构顶层响应对比见图 7.2.5 — 图 7.2.7。

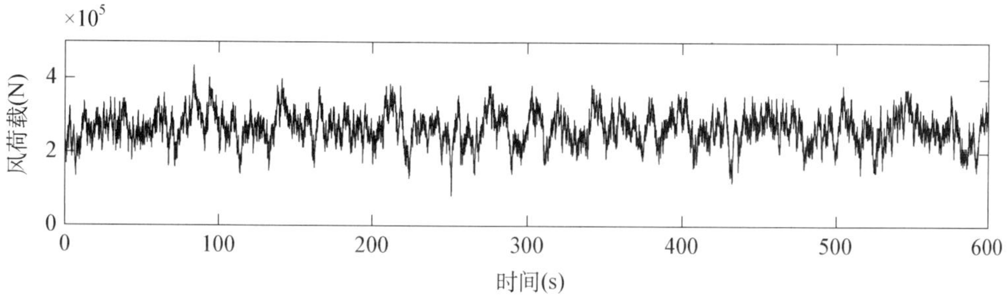

图 7.2.4　代表性顶层风荷载时程

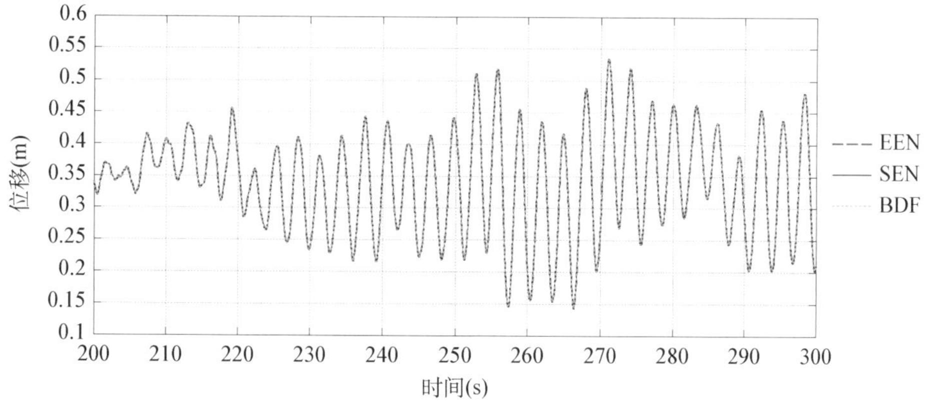

(a)

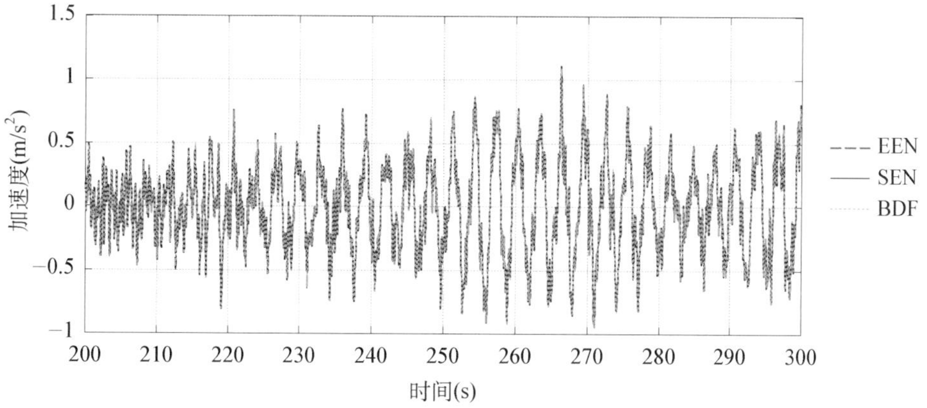

(b)

图 7.2.5　α = 1.0 时三种方法在 200 ~ 300 s

(a)顶层位移响应；(b)顶层加速度响应

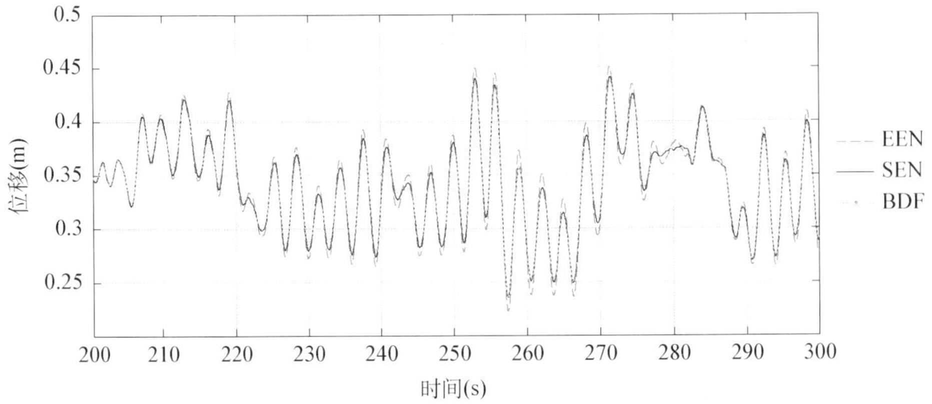

(a)

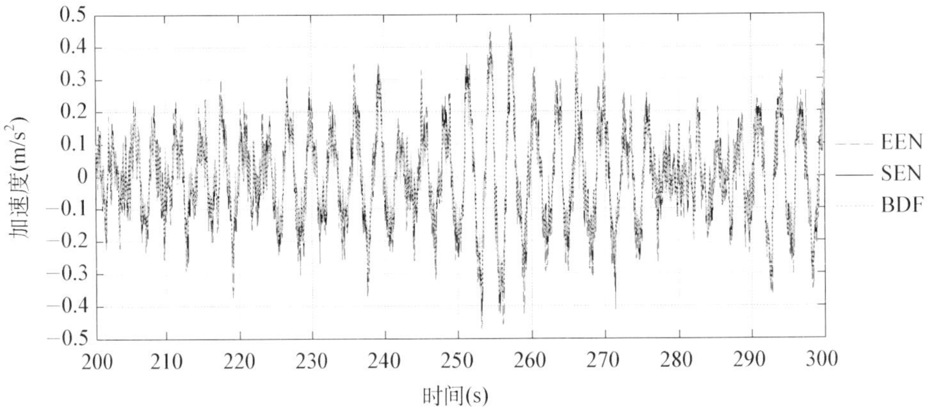

(b)

图 7.2.6 α = 0.5 时三种方法在 200 ~ 300 s

(a) 顶层位移响应；(b) 顶层加速度响应

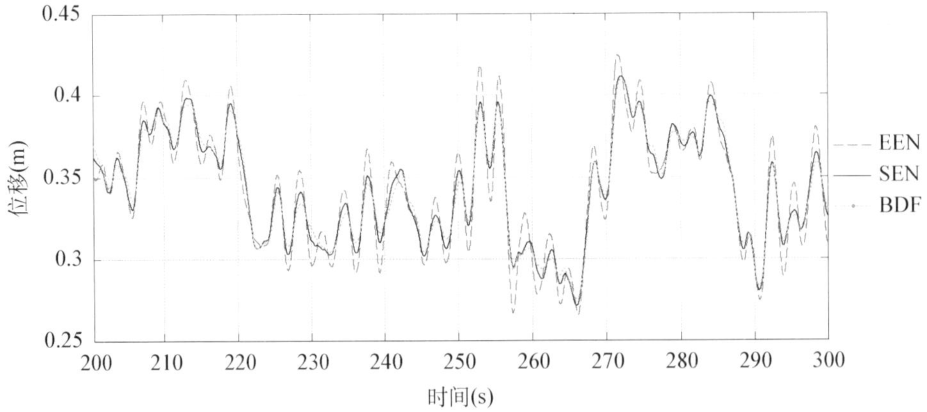

(a)

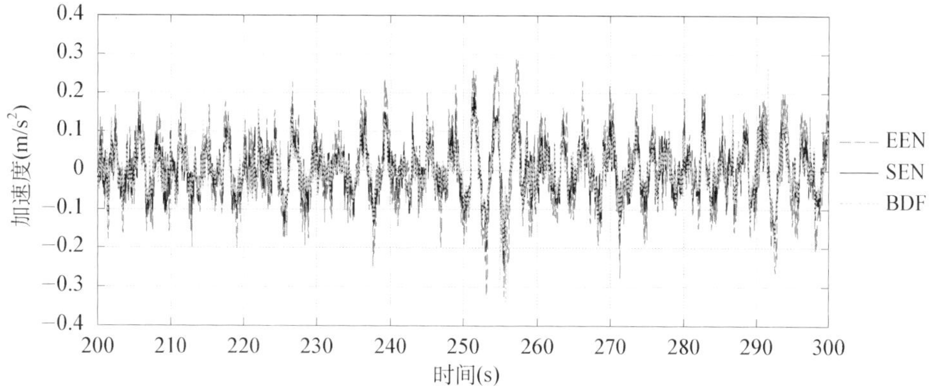

(b)

图7.2.7　$\alpha = 0.3$ 时三种方法在 200 ~ 300 s

(a)顶层位移响应;(b)顶层加速度响应

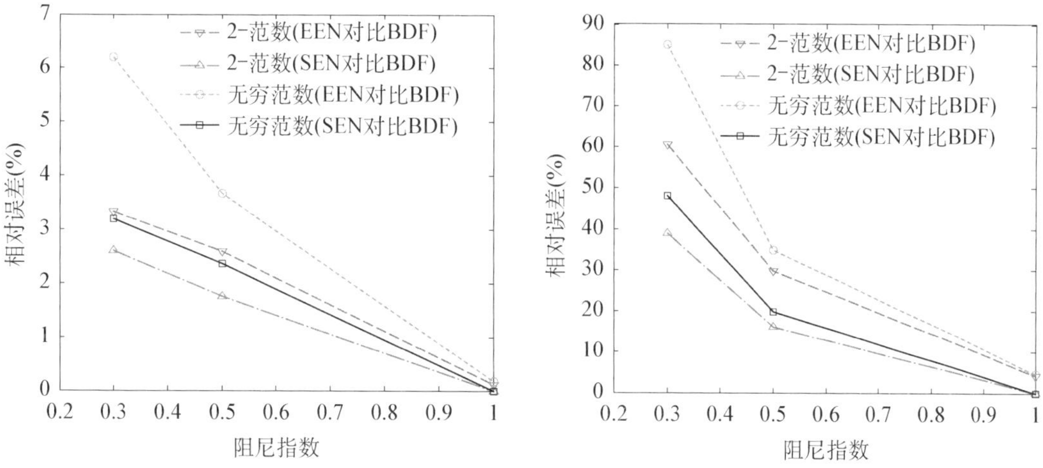

图7.2.8　耗能等效线性化方法和随机等价线性化方法相对于向后差分法结果的2-范数与无穷范数误差

(a)顶层位移响应;(b)顶层加速度响应

图7.2.8所示为耗能等效线性化方法和随机等价线性化方法相对于BDF结果的2-范数与无穷范数误差。从图中不难看出：①采用2-范数标定的相对误差比采用无穷范数标定的结果偏小;②加速度响应的相对误差比位移响应的相对误差高一个量级,表明精确求解加速度响应较为困难;③随着阻尼指数的减小,相对误差显著增长;④无论是考量2-范数误差,还是考量无穷范数误差,随机等价线性化方法均较耗能等效线性化方法精确：当阻尼指数 α 为0.5时,随机等价线性化方法相对于向后差分法的2-范数与无穷范数误差约为耗能等效线性化方法的一半。

综上所述,随机等价线性化方法假定结构响应为平稳 Gaussian 随机过程,通过等效系统误差均方最小构造等效模态阻尼比,能够较好地刻画结构响应的随机性特征,且相比较耗能等效线性化方法,随机等价线性化方法的结果更接近向后差分法,因此可用于黏滞阻尼器-结构系统风振响应分析与优化控制。

7.3 黏滞阻尼器最优布设准则及方法

第5.3节所述,舒适性是结构系统性态的重要表征之一,它通常采用加速度进行标定。对于超高层建筑,结构顶层的加速度响应一般大于其他层,因此在工程实践中,往往通过顶层加速度控制来提升结构的舒适性能。

随机激励作用下结构的加速度响应为随机过程,因此参考第4章阐述的概率准则,采用如下两类单目标函数。

(1) 目标函数 J_1: 顶层加速度均方差。

以顶层加速度均方差 $\sigma_{\ddot{X}_n}$ 作为目标函数 J_1,寻找最优阻尼器布置,使 J_1 值最小。表达式为

$$J_1 = \sigma_{\ddot{X}_n} \rightarrow \min \tag{7.3.1}$$

(2) 目标函数 J_2: 顶层加速度失效概率。

基于广义最优控制律,可以建立以结构失效概率为目标函数的阻尼器拓扑优化准则:以计算时间尺度 $[0, T]$ 内顶层加速度 $\ddot{X}_n$ 超出阈值 $\ddot{X}_{\text{thd}}$ 的概率作为目标函数 J_2,寻求最优阻尼器布置,使 J_2 值最小。表达式为

$$J_2 = \Pr\{\bigcup_{t\in[0,\ T]}(|\ddot{X}_n(t)| > \ddot{X}_{\text{thd}})\} \rightarrow \min \tag{7.3.2}$$

显然,基于首超准则的结构失效概率,可以通过引入等价极值事件,采用概率密度演化理论进行求解。

由于随机等价线性化方法对多自由度系统具有较高的精度和效率,因此在黏滞阻尼器-结构系统优化分析中首先对系统进行随机等价线性化,进而基于等效线性系统,分别采用频域模态叠加法和等价极值事件准则求解目标函数 J_1 和 J_2。

根据随机等价线性化公式(7.2.11)求解等效黏滞阻尼比,将非线性系统转化为线性系统。进而,线性系统解耦可得到 n 个独立的单自由度运动方程

$$\ddot{u}_j(t) + 2\zeta_j^{(e)}\omega_j\dot{u}_j(t) + \omega_j^2 u_j(t) = \widetilde{F}_j(t) \tag{7.3.3}$$

式中, $\widetilde{F}_j(t) = \boldsymbol{\phi}_j^{\text{T}}\boldsymbol{F}(\boldsymbol{\Theta},\ t)/\bar{m}_j$ 表示结构第 j 阶模态广义风荷载; $\omega_j = \sqrt{\bar{k}_j/\bar{m}_j}$ 为结构第 j 阶模态频率; $\zeta_j^{(e)} = \zeta_j^{(\text{S-E})} + \zeta_j$ 表示结构第 j 阶模态固有阻尼比与等效阻尼比之和; $\bar{m}_j$、$\bar{k}_j$ 分别为第 j 阶模态质量和模态刚度; $\boldsymbol{\phi}_j^{\text{T}}$ 为第 j 阶模态向量。

由模态叠加法可以得到第 j 阶模态和第 k 阶模态广义脉动风荷载的互谱密度

$$S_{\widetilde{F}_j\widetilde{F}_k}(\omega) = \frac{1}{\bar{m}_j\bar{m}_k}\boldsymbol{\phi}_j^{\text{T}}\boldsymbol{S}_{\boldsymbol{F}}(\omega)\boldsymbol{\phi}_k \tag{7.3.4}$$

根据结构随机振动理论,模态空间中结构位移响应 $u_j(t)$ 的自功率谱密度函数可用传递函数和广义风荷载自谱密度函数表示

$$S_{U_j}(\omega) = |H_j(\omega)|^2 S_{\widetilde{F}_j}(\omega) \tag{7.3.5}$$

式中, $H_j(\omega)$ 为传递函数,其表达式为

$$|H_j(\omega)|^2 = \frac{1}{(\omega_j^4 - 2\omega_j^2\omega^2 + \omega^4) + 4[\zeta_j^{(e)}]^2\omega_j^2\omega^2} \tag{7.3.6}$$

则结构层间位移响应的自功率谱密度为

$$S_{X_j}(\omega) = \sum_{k=1}^{n} \phi_{jk}^2 S_{U_j}(\omega) = \sum_{k=1}^{n} \phi_{jk}^2 |H_j(\omega)|^2 S_{\tilde{F}_j}(\omega) \tag{7.3.7}$$

式中，ϕ_{jk} 表示结构第 j 阶模态向量的第 k 个分量。

依据结构响应及其导函数功率谱密度函数之间的关系，可得到结构顶层加速度的自功率谱密度函数与顶层位移自功率谱密度函数之间的关系

$$S_{\ddot{X}_j}(\omega) = \omega^4 S_{X_j}(\omega) \tag{7.3.8}$$

进而，有顶层加速度响应的均方差

$$\sigma_{\ddot{X}_j}^2 = \int_{-\infty}^{\infty} \omega^4 S_{X_j}(\omega)\mathrm{d}\omega = \sum_{k=1}^{n} \phi_{jk}^2 \int_{-\infty}^{\infty} \omega^4 |H_j(\omega)|^2 S_{\tilde{F}_j}(\omega)\mathrm{d}\omega \tag{7.3.9}$$

根据等价极值事件准则，计算时间尺度 $[0, T]$ 内顶层加速度 $\ddot{X}_n$ 的极值变量为

$$W(\boldsymbol{\Theta}, T) = \max_{t\in[0, T]}(|\ddot{X}_n(\boldsymbol{\Theta}, t)|) \tag{7.3.10}$$

引入虚拟随机过程

$$Z(\tau) = \varphi(W(\boldsymbol{\Theta}, T), \tau) \tag{7.3.11}$$

$$Z(\tau)|_{\tau=\tau_0} = 0,\ Z(\tau)|_{\tau=\tau_c} = W(\boldsymbol{\Theta}, T) \tag{7.3.12}$$

$Z(\tau)$ 与随机参数 $\boldsymbol{\Theta}$ 构成了一个保守的动力系统，满足广义概率密度演化方程

$$\frac{\partial p_{Z\Theta}(z, \boldsymbol{\theta}, \tau)}{\partial \tau} + \dot{Z}(\tau)\frac{\partial p_{Z\Theta}(z, \boldsymbol{\theta}, \tau)}{\partial z} = 0 \tag{7.3.13}$$

式中，τ 表示广义时间。相应的初始条件为

$$p_{Z\Theta}(z, \boldsymbol{\theta}, \tau_0) = \delta(z - z_0)p_{\Theta}(\boldsymbol{\theta}) \tag{7.3.14}$$

参考2.3.3节中广义概率密度演化方程的数值求解方法，可以方便地获得顶层加速度 $\ddot{X}_n$ 的极值的概率分布 $p_Z(z, \tau_c)$。进而，得到结构动力可靠度

$$R(T) = \Pr\{W(\boldsymbol{\Theta}, T) \in \Omega_s\} = \int_0^{\ddot{X}_{\mathrm{thd}}} p_Z(z, \tau_c)\mathrm{d}z \tag{7.3.15}$$

式中，$p_Z(z, \tau_c)$ 为虚拟随机过程 $Z(\tau)$ 在 $\tau = \tau_c$ 时刻的概率密度。

如此，计算时间尺度 $[0, T]$ 内顶层加速度 $\ddot{X}_n$ 的失效概率为

$$\Pr\{\max_{t\in[0, T]}(|\ddot{X}_n(t)|) > \ddot{X}_{\mathrm{thd}}\} = 1 - \int_0^{\ddot{X}_{\mathrm{thd}}} p_Z(z, \tau_c)\mathrm{d}z \tag{7.3.16}$$

如7.2节所述，阻尼器优化布设方法主要有序列工况、梯度最小和遗传算法等三类方法。其中，序列工况优化方法和梯度最小优化方法均为目标逼近的显式策略，方便设计者根

据结构性态的分步最优确定阻尼器的参数和位置,相比较而言,梯度最小优化方法收敛速度更快(Peng et al, 2013);遗传算法为目标函数最小化的隐式策略,尽管目标性态改变需要引入约束重新进行优化,但由于遗传算法具有自适应性和全局优化能力,在阻尼器优化布设中应用广泛(Silvestri & Trombetti, 2007)。对于本章所关心的结构风振舒适度控制问题,将梯度最小优化方法与遗传算法结合,考虑顶层加速度均方差或失效概率在搜索点的值及变化率(即梯度),并将该信息加入适应度函数,从而获得较高收敛速度的遗传算法。

遗传算法是一种适者生存的迭代过程。每一代种群中,首先根据所考察的问题中个体的适应度的评估结果选择个体,适应度大的个体具有较高的入选概率;然后模拟遗传学中遗传算子的组合交叉和变异,产生下一代种群。这个过程使下一代在问题域的适应性更强,最后一代中最优个体可作为问题的最优解。遗传算法涉及三步操作,即选择、交叉和变异。对于所考察的基于顶层加速度失效概率最小化的阻尼器最优布设问题,每一代种群中个体的适应度评估均涉及广义概率密度演化方程求解,这将颇为费时。为降低计算工作量,可引用神经网络算法。

神经网络通过对已有的数据进行训练和预测,建立具有记忆和预测功能的非线性函数映射模型(Rojas, 1996)。利用该预测模型,目标函数计算时间将大大减小,从而提高计算效率。

这里采用支持向量机(Support Vector Machine, SVM)作为神经网络的建模工具。图 7.3.1 给出了基于 SVM 模型的遗传算法优化具体计算流程图。从图中可以看出,遗传算法中个体适应度评估依赖于 SVM 模型;因此,预测模型的准确性对于最优解的获取至关重要。

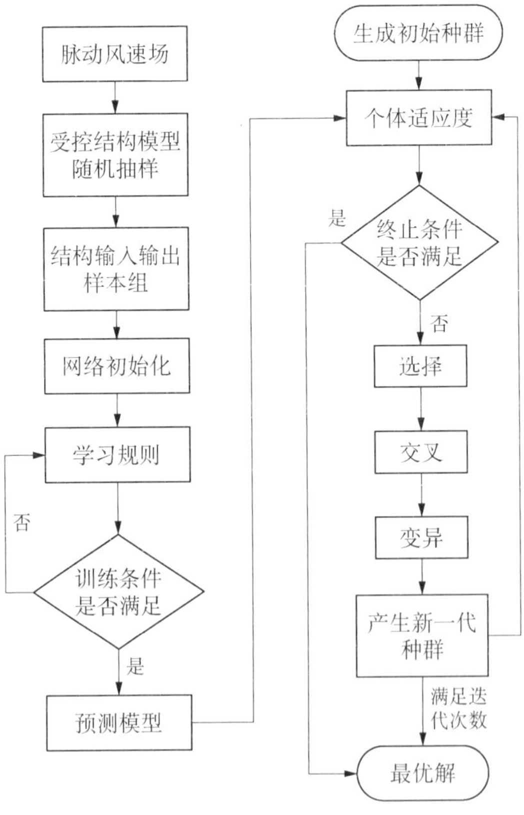

图 7.3.1 基于 SVM 模型的遗传算法流程图

7.4 工程实例分析

海口某超高层建筑是钢框架结构，地上 58 层，结构顶标高 249 m，建筑面积约 1.25 km^2。根据《建筑结构荷载规范》(GB 50009—2012)：结构基本风压 0.75 kN/m^2，风荷载作用下舒适度验算风压 0.45 kN/m^2，地面粗糙度 A 类；抗震设防烈度 8，场地类别Ⅱ类，设计地震分组第一组，特征周期 0.4 s，地震影响系数最大值 0.24。

采用 SAP 软件进行建模分析，分别依据《高层民用建筑钢结构技术规程》(JGJ 99—1998)、《建筑结构荷载规范》(GB 50009—2012)得到结构反应计算结果：横风 Y 向顶层最大加速度为 0.426 m/s^2、0.381 m/s^2；横风 X 向顶层最大加速度为 0.399 m/s^2、0.308 m/s^2。规范规定的结构顶层风振加速度限值分别为 0.28 m/s^2(《高层民用建筑钢结构技术规程》(JGJ 99—1998)，公共建筑)、0.25 m/s^2(《建筑结构荷载规范》(GB 50009—2012)，办公、旅馆)。上述分析结果超出设计规范限值 50% 左右，因此设计结构控制策略使结构风振舒适度满足规范要求成为该结构设计的关键任务之一。

7.4.1 模型缩聚与结构动力学分析

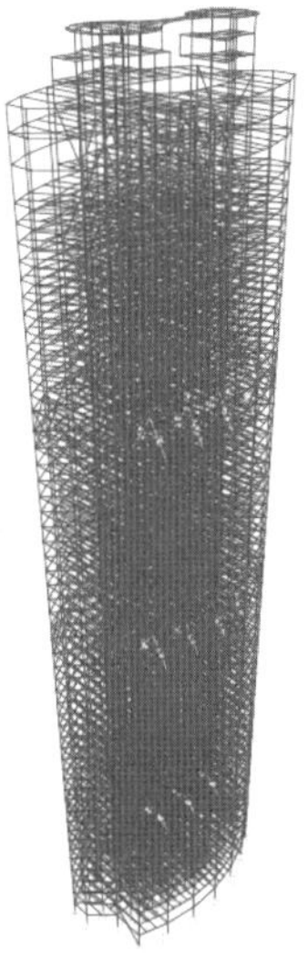

图 7.4.1 SAP 有限元模型

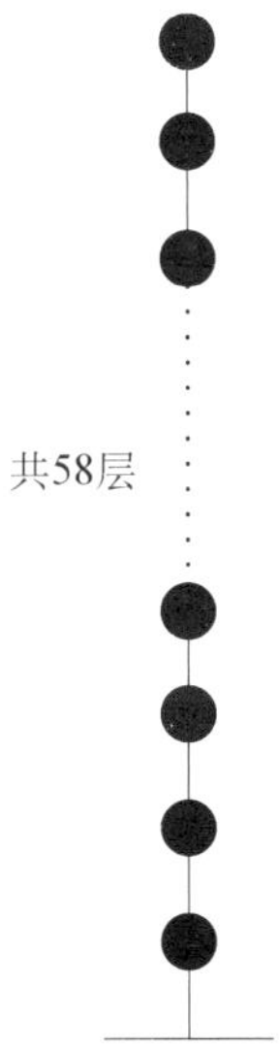

图 7.4.2 多自由度模型简图

利用 SAP 模型导出的结构刚度和质量矩阵，可获得二维多自由度模型层间刚度和层质量相关参数，如表 7.4.1 所示。采用 Rayleigh 阻尼，表 7.4.2 给出了两种模型的对比(该对比取基本风压 0.75 kN/m^2)。

表 7.4.1　层间刚度和层质量

层间号	X 向层间刚度(kN/m)	Y 向层间刚度(kN/m)	层质量(t)
1	9 400 000	22 300 000	97.81
2	5 450 000	10 700 000	50.73
3	4 850 000	8 530 000	42.84
4	4 590 000	7 210 000	38.56
5	4 560 000	6 800 000	37.89
6	6 160 000	8 780 000	39.65
7	6 090 000	8 150 000	38.51
8	6 030 000	7 400 000	37.07
9	6 050 000	6 910 000	36.51
10	6 960 000	7 730 000	42.23
11	9 420 000	9 120 000	65.84
12	6 450 000	6 680 000	40.35
13	5 000 000	5 510 000	33.05
14	4 620 000	5 040 000	31.06
15	4 450 000	4 950 000	30.94
16	4 330 000	4 980 000	31.38
17	4 240 000	4 660 000	30.74
18	4 160 000	4 410 000	30.38
19	4 110 000	4 180 000	30.13
20	4 040 000	4 070 000	30.31
21	4 020 000	4 000 000	30.77
22	4 020 000	3 860 000	31.08
23	4 090 000	3 700 000	31.63
24	4 680 000	3 780 000	35.34
25	6 550 000	3 870 000	54.62
26	7 560 000	4 420 000	54.97
27	4 340 000	3 540 000	37.82
28	3 400 000	3 120 000	32.37
29	3 150 000	2 930 000	31.24
30	3 030 000	12 820 000	31.19
31	2 960 000	2 730 000	31.49
32	2 910 000	2 670 000	32.08
33	2 870 000	2 640 000	32.97
34	2 840 000	2 590 000	33.94
35	2 800 000	2 500 000	34.63
36	2 800 000	2 410 000	35.60
37	2 840 000	2 300 000	36.82
38	3 180 000	2 340 000	41.60
39	5 080 000	2 710 000	62.67
40	4 000 000	2 140 000	65.22
41	3 550 000	2 310 000	49.11
42	2 720 000	2 030 000	42.48

（续表）

层间号	X 向层间刚度(kN/m)	Y 向层间刚度(kN/m)	层质量(t)
43	2 480 000	1 920 000	42.09
44	2 350 000	1 810 000	43.00
45	2 260 000	1 750 000	44.76
46	2 170 000	1 690 000	47.12
47	2 090 000	1 620 000	49.89
48	2 010 000	1 550 000	53.15
49	1 900 000	1 460 000	56.37
50	1 680 000	1 290 000	60.33
51	1 560 000	1 180 000	65.10
52	1 410 000	1 070 000	70.56
53	599 000	514 000	73.19
54	742 000	565 000	87.87
55	559 000	398 000	119.88
56	459 000	301 000	158.18
57	425 000	243 000	181.74
58	330 000	177 000	207.25

表 7.4.2 SAP 模型与多自由度模型对比

对比 模型	X 方向 基本周期(s)	Y 方向 基本周期(s)	顺风 X 向顶层 最大位移(m)	顺风 Y 向顶层 最大位移(m)
SAP 有限元模型	4.99	5.26	0.336	0.480
多自由度模型	4.91	4.94	0.355	0.506
误差*	1.60%	6.08%	5.65%	5.42%

注：* 误差 = |多自由度模型 − SAP 有限元模型|/SAP 有限元模型。

可见，简化的二维多自由度模型在合理误差范围内均能较好地模拟原三维结构，为后续结构性态分析与优化控制提供了基础。

从表 7.4.3 可以看到，无论顺风向或是横风向，结构 Y 向的响应总是大于 X 向响应，因此本节以结构 Y 向模型和响应作为对象进行舒适度控制研究（结构 X 向模型和响应的舒适度控制方法相同）。结构 Y 向前 10 阶模态的基本性质如表 7.4.4 所示。

表 7.4.3 风荷载作用下顶层最大加速度

计算工况	多自由度模型(m/s^2)	PKPM 高钢规(m/s^2)	PKPM 荷载规(m/s^2)
顺风 X 向	0.154	0.080	0.115
顺风 Y 向	0.255	0.132	0.183
横风 X 向	0.361	0.399	0.308
横风 Y 向	0.413	0.426	0.381

表 7.4.4 高层建筑结构 Y 方向的动力特性

参数	模态									
	1	2	3	4	5	6	7	8	9	10
T_i(s)	4.94	1.99	1.29	0.93	0.77	0.63	0.55	0.47	0.42	0.36
ω_i(rad/s)	1.27	3.15	4.86	6.78	8.20	10.02	11.37	13.23	14.84	17.27

X 向和 Y 向的建筑宽度分别为 37.26 m、63.34 m，高宽比分别为 6.68 和 3.99，均大于 3.0，横风效应突出。横风力主要由分离流中涡旋的随机脱落引起，并且风谱对应的折算频率等于漩涡脱落的卓越频率。图 7.4.3 所示为横风 Y 向的代表性顶层脉动风荷载时程。

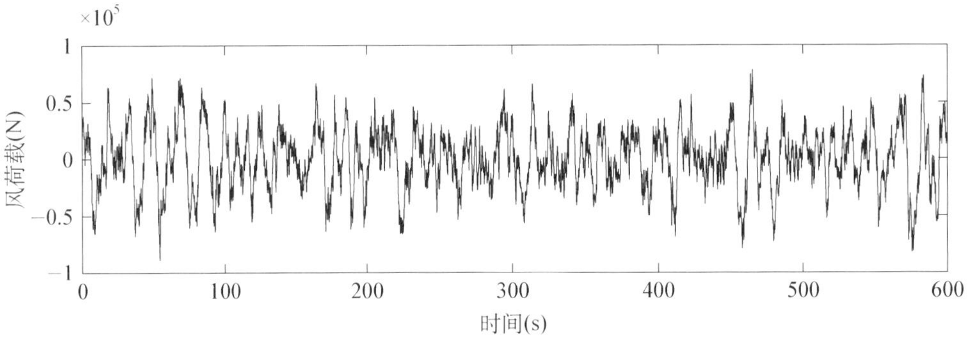

图 7.4.3 横风 Y 向代表性顶层风荷载时程

7.4.2 结构风振舒适度控制

采用 Newmark－β 积分方法计算风荷载作用下结构各层的加速度响应时程，图 7.4.4 给出了代表性脉动风荷载作用下顶层加速度响应。

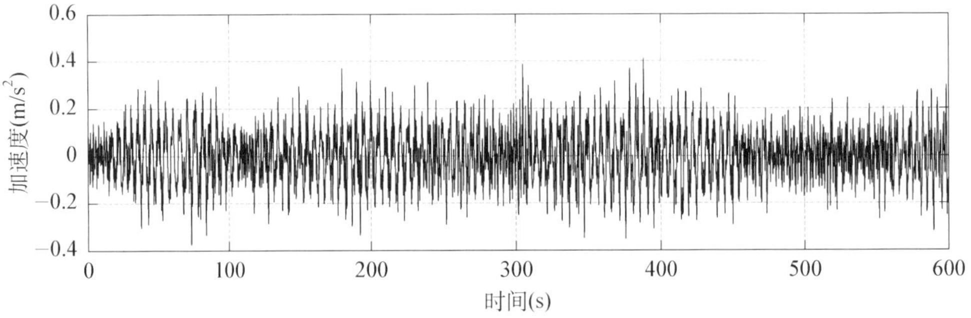

图 7.4.4 无控时结构顶层加速度响应

首先采用均匀布置的方式确定总体的阻尼器参数。假定 58 层结构均匀布置的各层阻尼器的阻尼指数均为 $\alpha = 0.5$，总阻尼系数 $C_{\text{total}} = 8 \times 10^4$ kN·s/m。在该工况下可获得结构顶层加速度响应，并且与无控制情况进行对比，如图 7.4.5 所示。

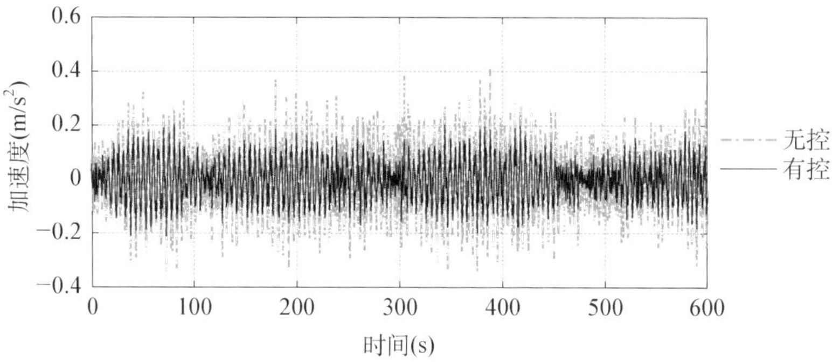

图 7.4.5　控制前后顶层加速度响应

在该控制工况下,结构顶层加速度大大降低,并且已经降低到规范允许的范围之内,控制后的最大加速度响应为 0.21 m/s^2。由此,后续的阻尼器位置优化分析将采用总阻尼系数 $C_{total} = 8 \times 10^4$ kN · s/m,阻尼指数均取为 $\alpha = 0.5$。

阻尼器布设位置优化的目标函数同时采用目标函数 J_1 和 J_2 进行对比分析。其中,目标函数 J_1 采用遗传算法进行优化,目标函数 J_2 由于涉及求解失效概率的大量计算,因此采用基于 SVM 模型的遗传算法进行优化。两种目标函数所采用的遗传算法参数相同:初始种群大小为 1 024、其他种群大小为 200、遗传代数 300 代、变量维数为 58;自适应交叉和变异概率的参数 k_1、k_2、k_3、k_4 分别为 0.5、0.3、0.7、0.5。

经过遗传算法优化,基于目标函数 J_1、J_2 的阻尼器布置方案图(GA − J_1、GA − J_2)如图 7.4.6 所示。从图中可以看出,以传统结构响应均方差 GA − J_1 作为优化准则时,在中、高层

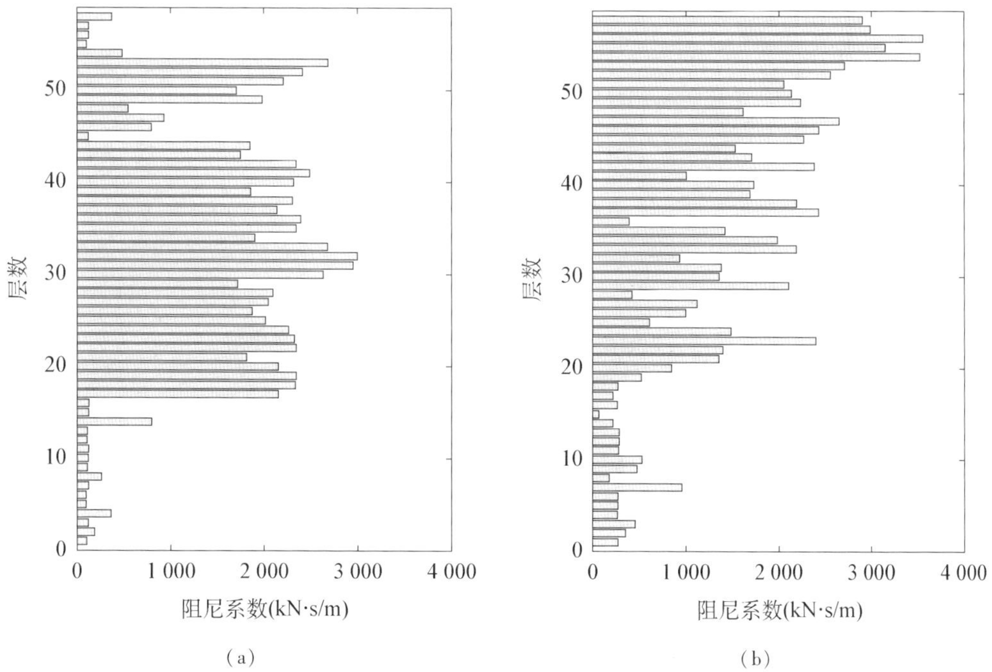

图 7.4.6　不同优化准则对应的阻尼器布置方案

(a) GA − J_1;(b) GA − J_2

(17—44 层、49—53 层)需要布置较多的阻尼器,而在其他层则布置较少;以结构失效概率 GA－J_2 作为优化准则时,在中、高层也需要布置较多的阻尼器,特别是在高层(50—58 层)阻尼器的需求最大。

为比较阻尼器工况的减振效果,图 7.4.7 给出了在代表性风荷载样本作用下,无控、未优化(阻尼器沿结构层高均匀布设,布设方案为 T_0)和优化后结构风振加速度响应最大值和均方差沿高度变化图(结果均由基于随机等价线性系统的 Newmark－β 方法时程分析获得)。从图 7.4.7 可看出,无控工况下结构各层加速度远远大于控制工况下各层加速度,说明黏滞阻尼器控制的有效性;GA－J_1 工况和 GA－J_2 工况所计算的结构各层最大加速度响应均小于 T_0 工况,说明两种目标函数优化均能获得较好的减振效果,阻尼器优化布设具有良好的经济性和有效性。关于顶层加速度最大值,GA－J_1 和 GA－J_2 两种工况相对于 T_0 工况分别降低了 10.6% 和 15.7%;关于顶层加速度均方差,GA－J_1 和 GA－J_2 两种工况相对于 T_0 工况分别降低了 8.8% 和 10.1%。这表明:以失效概率作为优化准则可以获得更好的舒适度控制效果。

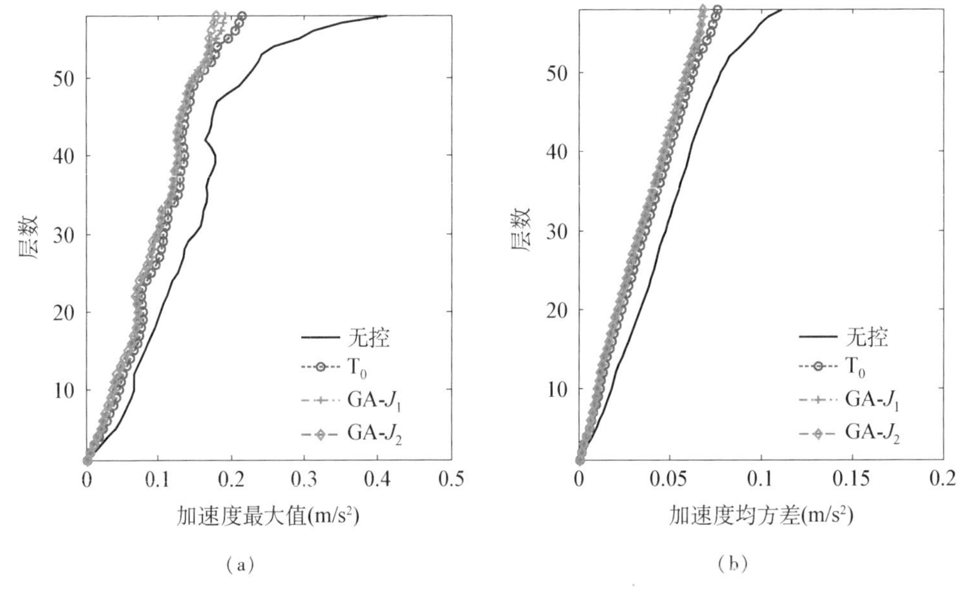

图 7.4.7 加速度最大值及均方差值沿结构高度变化图

(a)加速度最大值;(b)加速度均方差

进一步,采用概率密度演化理论对结构进行随机响应分析,可获得结构的动力可靠度。针对无控工况以及未优化和优化后的阻尼器布置方案,计算结构顶层加速度极值的概率密度函数和概率分布函数,其结果分别见图 7.4.8 和图 7.4.9(其中,图 7.4.8 中同时给出了 95% 分位值)。为了定量分析不同工况的减振效果,表 7.4.5 给出了不同限定加速度(阈值)下结构动力可靠度的比较(仅给出控制工况下可靠度)。

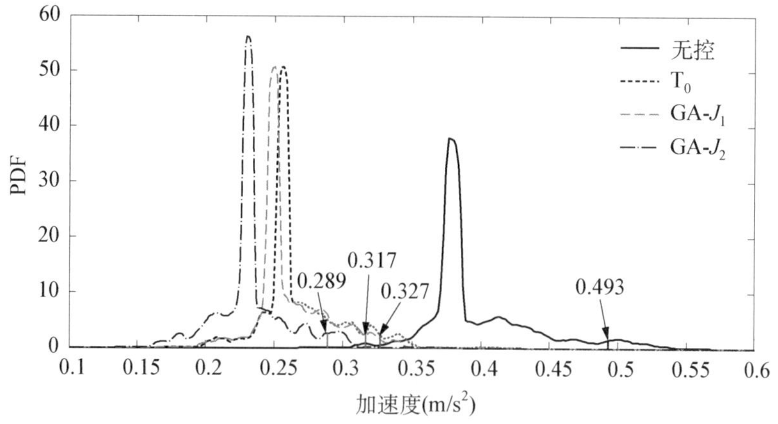

图7.4.8 不同工况下结构顶层加速度极值概率密度函数及95%分位值

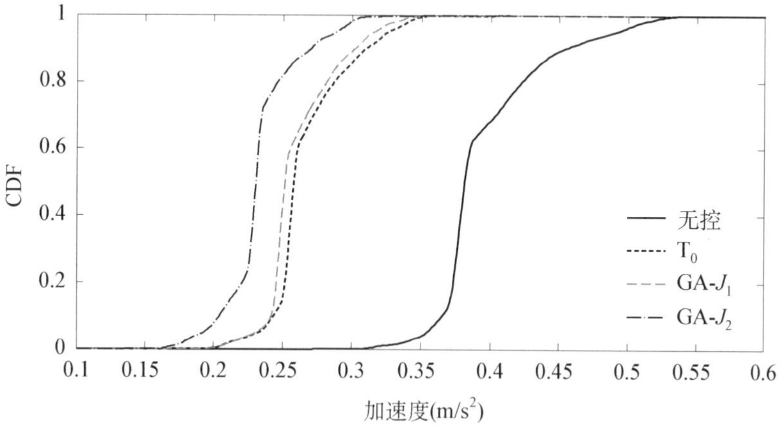

图7.4.9 不同工况下结构顶层加速度极值概率分布函数

表7.4.5 不同阈值条件下顶层加速度可靠度对比表

工况＼阈值	0.2	0.21	0.22	0.23	0.24	0.25	0.26	0.27	0.28
T_0	0.002 6	0.017 7	0.031 5	0.047 6	0.081 4	0.165 4	0.609 9	0.685 5	0.760 0
$GA-J_1$	0.005 7	0.015 8	0.032 8	0.049 0	0.089 7	0.432 1	0.649 7	0.732 9	0.791 8
$GA-J_2$	0.077 9	0.142 0	0.199 9	0.512 7	0.759 5	0.826 9	0.870 4	0.901 5	0.932 6

注：加速度单位为 m/s^2。

从图7.4.8和图7.4.9可以看出,无控工况概率密度函数曲线和概率分布函数曲线形态较有控工况差别显著,充分说明黏滞阻尼器控制的有效性;在有控工况中,$GA-J_2$ 工况的加速度极值最小,$GA-J_1$ 次之,而未优化工况 T_0 最大。95%分位值给出了定量结果。表7.4.5则进一步表明,在总阻尼系数相同的条件下,以结构失效概率为准则的阻尼器优化布设方案($GA-J_2$)获得了更为显著的风振舒适度。

7.5 讨论与小结

以高层建筑结构风振舒适度黏滞阻尼器控制为工程背景，本章分析了非线性黏滞阻尼器－结构系统的刚性特征，对比了两类经典的等效线性化方法，给出了结构随机风振作用下黏滞阻尼器最优布设的概率准则，结合工程实例，详细阐述了基于可靠度的结构风振舒适度随机最优控制方法。这些研究表明：

（1）非线性黏滞阻尼器的阻尼力随着速度的变化表现出快变和慢变特征，这使得附加黏滞阻尼器的结构系统具有典型的刚性特征，且这一特征随阻尼系数和结构基本周期的增大愈发显著。

（2）随机等价线性化方法能够较好地刻画结构响应的随机性特征，相比较耗能等效线性化方法更接近向后差分法的结果，可用于黏滞阻尼器－结构系统风振响应分析与优化控制。

（3）在总黏滞阻尼器系数相同的条件下，以顶层加速度均方差和失效概率为目标函数的黏滞阻尼器优化布设方案，均能显著降低结构的加速度响应，且相对于未优化的阻尼器均匀满布方案更经济、更有效；但以加速度均方差为目标函数的传统阻尼器优化布设本质上是确定性分析方法，相比以加速度失效概率为目标函数的阻尼器优化布设方法，对于提升高层建筑结构风振舒适度性能有限。

第8章

结构半主动随机最优控制

8.1 引言

如本书绪论所述,结构主动控制虽然一般能够达到所期望的性态,但在灾害性荷载作用下控制能源供应系统可能会受到严重破坏(Patten et al, 1998),且系统建模误差、量测噪声和时滞等原因可能使得整个结构系统动力失稳(Soong, 1990)。通过优化组合主动控制与被动控制的半主动控制方式,在满足系统性态的同时,可以减小能源需求和动力失稳的危险;因此,为了提高结构系统的稳定性和安全性,半主动控制近年来在工程应用中受到广泛关注(Chu et al, 2005; Dan et al, 2015)。

由于其优异的动态阻尼性能,磁流变阻尼器被认为是最具应用前景的半主动控制装置之一(Casciati et al, 2006)。过去二十年来,磁流变阻尼器在世界范围内一直是相当活跃的研究领域,相关研究方向包括:半主动控制算法与控制策略(Jansen & Dyke, 2000; Yoshioka et al, 2002; Nagarajaiah & Narasimhan, 2006; Li et al, 2007; Xu & Guo, 2008; Hogsberg, 2011),磁流变阻尼器动力学建模(Spencer et al, 1997; Yang et al, 2002; Tsang et al, 2006; Boada et al, 2011; Xu et al, 2012; Chae et al, 2013),新材料与新技术应用(Carlson & Jolly, 2000; Tse & Chang, 2004; Jung et al, 2010; Imaduddin et al, 2013),实时混合模拟(Carrion et al, 2009; Cha et al, 2013; Asai et al, 2015)等。事实上,在经典随机最优控制理论框架下也出现了关于结构磁流变阻尼器半主动随机最优控制的若干尝试性探讨。如,Dyke 等人发展了用于改善结构地震反应性态的磁流变阻尼限幅 LQG 控制策略(Dyke et al, 1996b)。Ni 等人提出了斜拉桥磁流变阻尼控制的神经网络控制策略,能够达到部分状态观测条件下限幅 LQG 控制的效果(Ni et al, 2002)。Ying 等人基于随机平均法和随机动态规划原理,提出了磁流变阻尼系统的随机半主动控制策略(Ying et al, 2009)。Wang 和 Dyke 采用模态 LQG 控制策略,设计了基于磁流变阻尼器的智能基础隔震系统(Wang & Dyke, 2013)等。

磁流变阻尼器作为一种半主动控制装置,在应用到土木工程领域时,必须建立准确的阻尼器动力学模型,以便基于模型、半主动控制力和结构的状态实时预测每个时间步需要加载的电流大小(即控制律)。然而,由于磁流变液的力学性能受到外加磁场、剪切加载速率等诸多因素的影响,其动态本构关系非常复杂,给精确建立磁流变阻尼器动力学模型带来了极大的困难。实际动力测试结果也表明,磁流变阻尼器的动力特性确实表现出强烈的非线性特性。因此,为了充分发挥磁流变阻尼器良好的性能,必须建立精确、简单、实用的力学模型,以保证控制策略的实时有效。

本章首先介绍基于磁流变阻尼器的结构随机最优控制策略,进而论述磁流变阻尼器动力学建模、加载电流辨识及其在磁流变液微观悬浮尺度上的表现形式,在此基础上,介绍结构随机地震响应的磁流变阻尼器最优控制实例。

8.2 基于磁流变阻尼器的结构随机最优控制策略

为有效发挥磁流变阻尼器的工作性能,近年来发展了多种半主动控制算法和控制策略。如,Jansen 和 Dyke 评价了包括 Lyapunov 控制算法、分散 Bang - Bang 控制算法、均匀调制摩擦算法以及限幅最优控制算法在内的经典半主动控制策略的有效性(Jansen & Dyke, 2000)。Chae 等人发展了更新的 Maxwell 非线性滑移(Maxwell Nonlinear Slider, MNS)模型,用于预测磁流变阻尼器在两态控制模式(Passive - Off/Passive - On)和阻尼器随机位移加载条件下的变电流和出力(Chae et al, 2013)。为了获得与磁流变阻尼器动态阻尼行为一致的效果,文献(彭勇波 & 李杰, 2010)结合概率密度演化理论,发展了基于限界 Hrovat 算法的简单、有效的半主动控制策略。本节具体介绍这一方法。

8.2.1 限界 Hrovat 控制算法

考察随机激励作用下的磁流变阻尼控制系统

$$\boldsymbol{M}\ddot{\boldsymbol{X}}(\boldsymbol{\Theta}, t) + \boldsymbol{C}\dot{\boldsymbol{X}}(\boldsymbol{\Theta}, t) + \boldsymbol{K}\boldsymbol{X}(\boldsymbol{\Theta}, t) = \boldsymbol{B}_s\boldsymbol{U}_s(\boldsymbol{\Theta}, t) + \boldsymbol{D}_s\boldsymbol{F}(\boldsymbol{\Theta}, t) \tag{8.2.1}$$

式中, $\boldsymbol{M}$, $\boldsymbol{C}$, $\boldsymbol{K}$ 分别为 $n \times n$ 维质量、阻尼和刚度矩阵;$\boldsymbol{B}_s$ 为 $n \times r$ 维磁流变液阻尼器位置矩阵;$\boldsymbol{U}_s(\cdot)$ 为 r 维磁流变液阻尼器控制力向量。

考虑常用的剪切阀式磁流变液阻尼器,式(8.2.1)中的变阻尼力为

$$\boldsymbol{B}_s\boldsymbol{U}_s(t) = -\boldsymbol{B}_s\boldsymbol{C}_d\dot{\boldsymbol{X}}(t) - \boldsymbol{B}_s\boldsymbol{U}_{dc}(t) \tag{8.2.2}$$

其中,式(8.2.2)右边 $\boldsymbol{C}_d\dot{\boldsymbol{X}}(t)$ 是磁流变液阻尼器的被动黏滞阻尼力;$\boldsymbol{U}_{dc}(t)$ 项是磁流变液阻尼器的可变库仑阻尼力,它是可调节或控制的,调节或控制的过程是依据某种半主动控制算法和阻尼器模型,结合系统状态量反向确定电流,进而并通过电流驱动器,改变阻尼器的磁场强度和磁流变液剪切屈服强度,实现控制算法所期望的阻尼力。

将式(8.2.2)代入式(8.2.1)中,有

$$\boldsymbol{M}\ddot{\boldsymbol{X}}(t) + (\boldsymbol{C} + \boldsymbol{B}_s\boldsymbol{C}_d)\dot{\boldsymbol{X}}(t) + \boldsymbol{K}\boldsymbol{X}(t) = -\boldsymbol{B}_s\boldsymbol{U}_{dc}(t) + \boldsymbol{D}_s\boldsymbol{F}(\boldsymbol{\Theta}, t) \tag{8.2.3}$$

引入扩展状态向量 $\boldsymbol{Z}(t) = [\boldsymbol{X}^{\mathrm{T}}(t) \quad \dot{\boldsymbol{X}}^{\mathrm{T}}(t)]^{\mathrm{T}}$, 式(8.2.3)变为

$$\dot{\boldsymbol{Z}}(t) = \boldsymbol{A}\boldsymbol{Z}(t) + \boldsymbol{B}\boldsymbol{U}_{dc}(t) + \boldsymbol{D}\boldsymbol{F}(\boldsymbol{\Theta}, t) \tag{8.2.4}$$

式中, $\boldsymbol{A}$ 为 $2n \times 2n$ 维系统矩阵;$\boldsymbol{B}$ 为 $2n \times r$ 维阻尼器位置矩阵;$\boldsymbol{D}$ 为 $2n \times p$ 维随机激励位置矩阵。

$$\boldsymbol{A} = \begin{bmatrix} \boldsymbol{0} & \boldsymbol{I} \\ -\boldsymbol{M}^{-1}\boldsymbol{K} & -\boldsymbol{M}^{-1}(\boldsymbol{C}+\boldsymbol{B}_s\boldsymbol{C}_d) \end{bmatrix},\ \boldsymbol{B} = \begin{bmatrix} \boldsymbol{0} \\ -\boldsymbol{M}^{-1}\boldsymbol{B}_s \end{bmatrix},\ \boldsymbol{D} = \begin{bmatrix} \boldsymbol{0} \\ \boldsymbol{M}^{-1}\boldsymbol{D}_s \end{bmatrix} \tag{8.2.5}$$

根据限界 Hrovat 控制算法(Hrovat et al, 1983),可建立磁流变阻尼器控制力的分量表达式

$$U_s(\boldsymbol{\Theta},t) = \begin{cases} C_d\dot{Y}(\boldsymbol{\Theta},t) + U_{dc,\max}\mathrm{sgn}(\dot{Y}(\boldsymbol{\Theta},t)), & \text{Case A: } U_a\dot{Y}<0,\ |U_a|>U_{d,\max} \\ |U_a|\ \mathrm{sgn}(\dot{Y}(\boldsymbol{\Theta},t)), & \text{Case B: } U_a\dot{Y}<0,\ |U_a|<U_{d,\max} \\ C_d\dot{Y}(\boldsymbol{\Theta},t) + U_{dc,\min}\mathrm{sgn}(\dot{Y}(\boldsymbol{\Theta},t)), & \text{Case C: } U_a\dot{Y}>0 \end{cases} \tag{8.2.6}$$

式(8.2.6)中,$U_s(\boldsymbol{\Theta},t)$ 是期望磁流变阻尼器实现的半主动随机最优控制力;$U_a(\boldsymbol{\Theta},t)$ 是参考主动随机最优控制力;$U_{d,\max}(\boldsymbol{\Theta},t) = C_d|\dot{Y}(\boldsymbol{\Theta},t)| + U_{dc,\max}$ 是磁流变阻尼器在 t 时刻可能实现的最大阻尼力;$\dot{Y}(\boldsymbol{\Theta},t)$ 为阻尼器速度;C_d 为黏滞阻尼系数,$U_{dc,\max}$, $U_{dc,\min}$ 分别是磁流变阻尼器的最大、最小库仑阻尼力。其中,$U_{dc,\max}$, $U_{dc,\min}$, C_d 均为磁流变阻尼器参数。

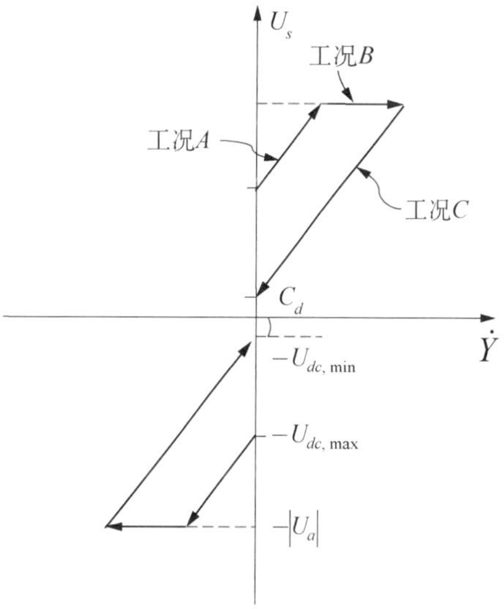

图 8.2.1　变阻尼力与层间速度的关系

图 8.2.1 所示为某一实现样本在某一时刻的磁流变阻尼器变阻尼力与速度的关系。在实际应用中,磁流变阻尼器的有效性高度依赖于磁流变阻尼器模型的精度和计算效率,这里假定驱动器施加的电流能完全实现式(8.2.6)所要求的控制增益。

上述随机动力系统的速度分量 $\dot{X}(\boldsymbol{\Theta},t)$、半主动最优控制力分量 $U_s(\boldsymbol{\Theta},t)$、主动最优控制力分量 $U_a(\boldsymbol{\Theta},t)$ 分别满足形如式(3.2.4)、式(3.2.5)的广义概率密度演化方程

$$\frac{\partial p_{\dot{X}\boldsymbol{\Theta}}(\dot{x},\boldsymbol{\theta},t)}{\partial t} + \ddot{X}(\boldsymbol{\theta},t)\frac{\partial p_{\dot{X}\boldsymbol{\Theta}}(\dot{x},\boldsymbol{\theta},t)}{\partial \dot{x}} = 0 \tag{8.2.7}$$

$$\frac{\partial p_{U_s\boldsymbol{\Theta}}(u_s,\boldsymbol{\theta},t)}{\partial t} + \dot{U}_s(\boldsymbol{\theta},t)\frac{\partial p_{U_s\boldsymbol{\Theta}}(u_s,\boldsymbol{\theta},t)}{\partial u_s} = 0 \tag{8.2.8}$$

$$\frac{\partial p_{U_a\boldsymbol{\Theta}}(u_a,\boldsymbol{\theta},t)}{\partial t} + \dot{U}_a(\boldsymbol{\theta},t)\frac{\partial p_{U_a\boldsymbol{\Theta}}(u_a,\boldsymbol{\theta},t)}{\partial u_a} = 0 \tag{8.2.9}$$

在给定初始条件下

$$p_{\dot{X}\boldsymbol{\Theta}}(\dot{x},\boldsymbol{\theta},t)|_{t=0} = \delta(\dot{x}-\dot{x}_0)p_{\boldsymbol{\Theta}}(\boldsymbol{\theta}) \tag{8.2.10}$$

$$p_{U_s\boldsymbol{\Theta}}(u_s,\boldsymbol{\theta},t)|_{t=0} = \delta(u_s-u_{s0})p_{\boldsymbol{\Theta}}(\boldsymbol{\theta}) \tag{8.2.11}$$

$$p_{U_a\boldsymbol{\Theta}}(u_a,\boldsymbol{\theta},t)|_{t=0} = \delta(u_a-u_{a0})p_{\boldsymbol{\Theta}}(\boldsymbol{\theta}) \tag{8.2.12}$$

可得控制系统在任一时刻 $\dot{X}(t)$、$U_s(t)$ 和 $U_a(t)$ 的概率密度函数

$$p_{\dot{X}}(\dot{x}, t) = \int_{\Omega_{\boldsymbol{\Theta}}} p_{\dot{X}\boldsymbol{\Theta}}(\dot{x}, \boldsymbol{\theta}, t)\mathrm{d}\boldsymbol{\theta} \tag{8.2.13}$$

$$p_{U_s}(u_s, t) = \int_{\Omega_{\boldsymbol{\Theta}}} p_{U_s\boldsymbol{\Theta}}(u_s, \boldsymbol{\theta}, t)\mathrm{d}\boldsymbol{\theta} \tag{8.2.14}$$

$$p_{U_a}(u_a, t) = \int_{\Omega_{\boldsymbol{\Theta}}} p_{U_a\boldsymbol{\Theta}}(u_a, \boldsymbol{\theta}, t)\mathrm{d}\boldsymbol{\theta} \tag{8.2.15}$$

式(8.2.10)—式(8.2.12)中，$\dot{x}_0$，u_{s0}，u_{a0} 为 $\dot{X}(t)$，$U_s(t)$，$U_a(t)$ 的确定性初始值。

8.2.2 磁流变阻尼器控制力参数设计

对于前述的半主动控制系统，为了获得与主动随机最优控制相近的控制效果，可以设计磁流变液阻尼器，使包括被动黏滞阻尼力在内的最大阻尼力等于最大主动最优控制力（主动最优控制力极值）。

假定磁流变阻尼器控制与主动最优控制的效果一致（设计最大控制力时层间速度相同），即

$$U_{s,\max}(\boldsymbol{\Theta}) = C_d|\dot{X}_{s|U_{s,\max}(\boldsymbol{\Theta})}| + |U_{dc,\max}| = C_d|\dot{X}_{a|U_{a,\max}(\boldsymbol{\Theta})}| + |U_{dc,\max}| = U_{a,\max}(\boldsymbol{\Theta}) \tag{8.2.16}$$

由于磁流变阻尼器的阻尼力可通过电流强度连续调节，则有

$$U_{s,\max}(\boldsymbol{\Theta}) = C_d|\dot{X}_{s|U_{s,\max}(\boldsymbol{\Theta})}| + U_{dc,\max} = s(C_d|\dot{X}_{s|U_{s,\max}(\boldsymbol{\Theta})}| + U_{dc,\min}) \tag{8.2.17}$$

式中，s 为阻尼力的可调倍数。

假定最小库仑阻尼力 $U_{dc,\min} = 0$，则由式(8.2.17)有

$$U_{s,\max}(\boldsymbol{\Theta}) = sC_d|\dot{X}_{a|U_{a,\max}(\boldsymbol{\Theta})}| = U_{a,\max}(\boldsymbol{\Theta}) \tag{8.2.18}$$

于是，被动黏滞阻尼系数

$$C_d = \frac{U_{a,\max}(\boldsymbol{\Theta})}{s|\dot{X}_{a|U_{a,\max}}(\boldsymbol{\Theta})|} \tag{8.2.19}$$

磁流变液阻尼器的最大库仑力由式(8.2.17)—式(8.2.19)得到

$$U_{dc,\max} = (s-1)C_d|\dot{X}_{a|U_{a,\max}(\boldsymbol{\Theta})}| \tag{8.2.20}$$

式(8.2.20)表明，对于考虑随机输入的结构控制系统，系统状态量及其相关的最优控制力为随机过程，在样本集合所构成的空间中，系统控制律参数亦表现出不确定性，如 $U_{dc,\max}$，C_d 的客观表现形式是依赖于 $\boldsymbol{\Theta}$ 的。然而，系统控制律参数设计是设定的确定模式。即：无论针对什么样的随机输入样本，系统控制的基本设计参数是不变的。

基于前述半主动随机最优控制策略,获得结构响应控制所需要的实时最优阻尼力,并根据磁流变阻尼器动力学模型和受控结构的实时状态反算电流,从而得到磁流变阻尼器的控制律(加载电流),这是工程实践中结构磁流变阻尼控制的一般思路。在这一过程中,如果假定理想条件,即认为在结构状态的实时量测、电流反算和电流信号阻尼器输入过程中不存在噪声和误差,且从状态量测→半主动控制力计算→电流反算→磁流变阻尼器电流加载→磁流变阻尼力实施不引入时滞,那么磁流变阻尼器的实际出力取决于电流施加的大小和结构的实时状态,在理论上应该可以获得半主动最优控制力的精确预期。然而,即使理想条件成立,由于磁流变阻尼器的物理条件约束(如磁流变液复杂流变学行为),实际阻尼器的出力将与预期的半主动最优控制力存在偏差。事实上,由于磁流变阻尼控制系统在逻辑上属于一类反馈控制系统,量测噪声、时滞的影响将客观存在,而且由于阻尼器动力学模型误差,实际反算的电流可能会较大的偏离预期;因此,在应用中,通常采用测力元件监测磁流变阻尼器的实际出力,并借助电流实时补偿的方式改善磁流变阻尼器的控制效果。

结构磁流变阻尼器控制系统实施流程如图 8.2.2 所示。图中,基于参考主动控制力的半主动控制器(控制策略)设计和阻尼器动力学建模是形成磁流变阻尼器控制律的基础。

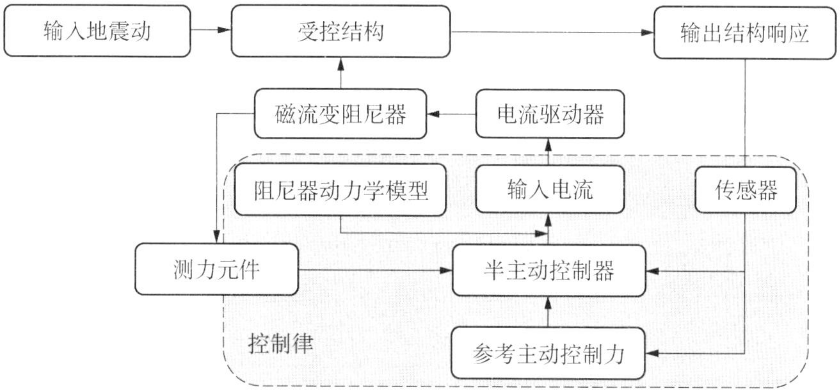

图 8.2.2　结构磁流变阻尼器控制系统实施流程

8.3　磁流变阻尼器动力学建模

8.3.1　磁流变阻尼器参数模型

磁流变阻尼器动力学模型主要有参数化模型和非参数化模型两类(Yang et al, 2013)。参数化模型大多基于磁流变阻尼器动力性能测试中得到的阻尼力－位移及阻尼力－速度试验曲线,基于曲线拟合的办法给出阻尼力的数学表达式。参数化模型通常可由一些基本力学单元(如弹簧单元、黏滞阻尼单元、库仑摩擦单元等)的串/并联来进行表示(Spencer et al,

1997)。比较常见的磁流变阻尼器参数化模型主要有 Bingham 模型、Gamota-Filisko 模型、非线性双黏性滞回模型、Bouc - Wen 模型及其修正模型等。非参数化模型同样是基于磁流变阻尼器的动力性能测试试验数据,采用神经网络、模糊逻辑等方法建模(Chang and Roschke, 1998)。从本质上来说,这两类建模方法都是从现象学的角度,以磁流变阻尼器宏观动力学性能的准确描述为目标的建模方式,但前者具有更好的模型扩展性和工程适用性。

一般认为:修正的 Bouc - Wen 模型是用于磁流变阻尼器动力学建模的较好模型。这一最早由 Bouc 提出(Bouc, 1967),后来由 Wen 加以改进(Wen, 1976)的模型,由于其易于计算、通用性强,在滞回结构系统建模方面得到广泛应用。然而,经典 Bouc - Wen 模型不能较好地拟合在速度幅值很小且速度与加速度反向的情况下的阻尼力 - 速度关系的非线性特性,鉴于此, Spencer 及其合作者提出一种修正 Bouc - Wen 模型,如图 8.3.1 所示。这一修正模型将原 Bouc - Wen 模型与一个阻尼单元串联后,再与一个弹簧单元并联。如此,磁流变阻尼器的阻尼力由下式给出

$$F = c_1\dot{y} + k_1(x - x_0) \tag{8.3.1}$$

$$\dot{y} = \frac{1}{(c_0 + c_1)}[\alpha z + c_0\dot{x} + k_0(x - y)] \tag{8.3.2}$$

$$\dot{z} = -\gamma|\dot{x} - \dot{y}|z|z|^{n-1} - \beta(\dot{x} - \dot{y})|z|^n + A(\dot{x} - \dot{y}) \tag{8.3.3}$$

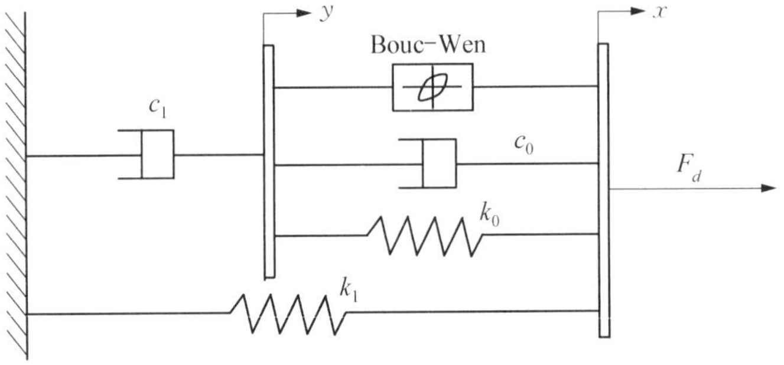

图 8.3.1 磁流变阻尼器的力学模型图(Spencer et al, 1997)

式中,系数 α 由控制系统和磁流变液确定;c_0 为速度较大时的黏滞阻尼系数;k_0 为阻尼器高速时的轴向弹簧刚度;c_1 表示低速时的黏滞阻尼系数;k_1 为阻尼器的等效轴向弹簧刚度;x_0 为蓄能器 k_1 的初始位移。

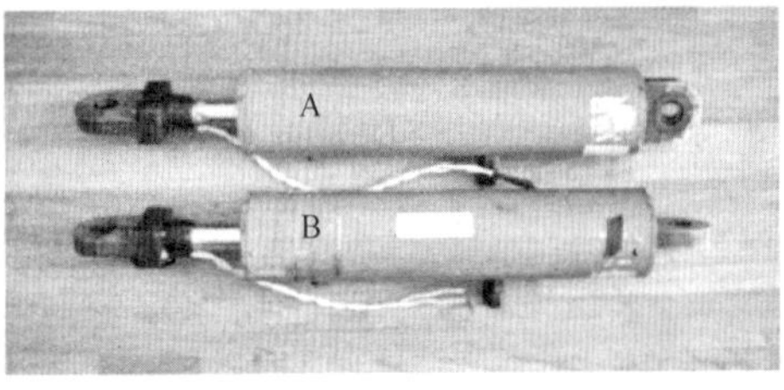

图 8.3.2 MRD - 100 - 10 型磁流变阻尼器

以下采用国内某公司生产的 MRD - 100 - 10 型磁流变阻尼器为试验对象,进行阻尼器的性能测试,并据之阐明利用试验数据进行磁流变阻尼器动力学建模的方法。

磁流变阻尼器试件如图 8.3.2 所示(分别记为 MRD - A、MRD - B)。这类阻尼器主要由缸体、活塞、磁流变液及电磁线圈组成。当活塞相

对于缸体做往复运动时,磁流变液通过活塞与缸体之间的间隙而产生阻尼作用,通过引出导线调节阻尼器的输入电流,可以改变电磁线圈所产生的磁场强度,最终达到控制阻尼器出力的目的。试验用磁流变阻尼器设计最大出力为 10 kN,缸体外直径 100 mm,安装长度 670 mm,行程为 ± 55 mm,最大输入电流 2.0 A,能耗 20 W。

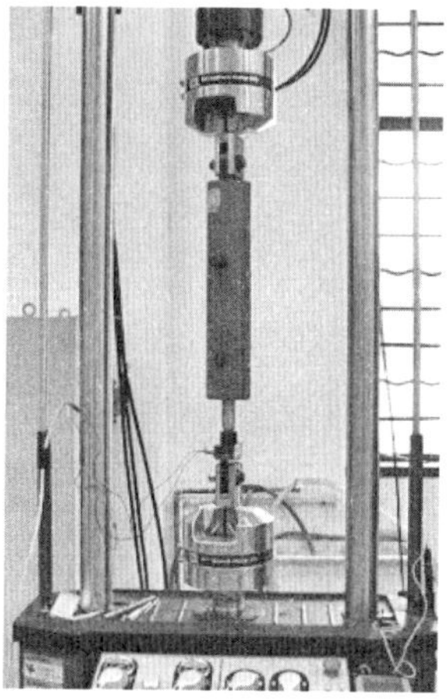

图 8.3.3 电液伺服材料试验机

如图 8.3.3 所示,采用电液伺服材料试验机进行试验。以不同的简谐位移激励振幅与频率以及输入电流进行组合,对磁流变阻尼器分别进行不同工况下的动力性能测试,以研究外激励的性质及输入电流的大小对阻尼器动力性能的影响。磁流变阻尼器动力性能测试的试验工况如表 8.3.1 所示。

表 8.3.1 磁流变阻尼器动力性能测试试验工况

振幅(mm)	频率(Hz)					输入电流(A)
	0.25	0.5	0.75	1.0	1.5	
5		√				0
10		√				
15	√	√	√	√	√	0.5
20		√				1.0
25		√				1.5

典型测试工况下的试验结果如图 8.3.4 及图 8.3.5 所示。图中,由于磁流变阻尼器电流在一个试验工况内连续分级输入,因此从里至外曲线环分别对应电流强度(A)为: 0, 0.5, 1.0 和1.5 的情况。同时应当指出,磁流变阻尼器活塞相对于缸体运动的速度是通过对记录的位移数据进行数值微分计算得到。

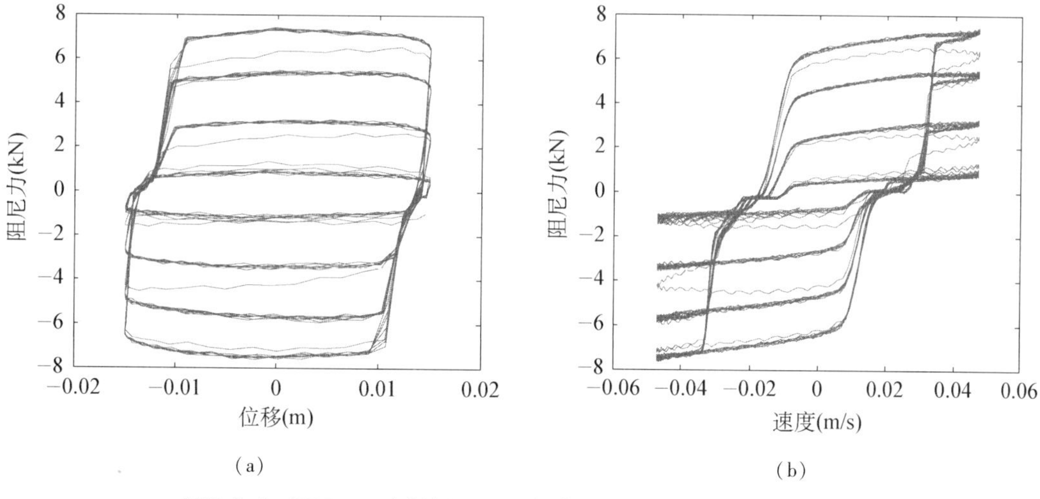

图 8.3.4 MRD－A 在振幅 15 mm、频率 0.5 Hz 简谐激励下试验曲线

(a)阻尼力－位移;(b)阻尼力－速度

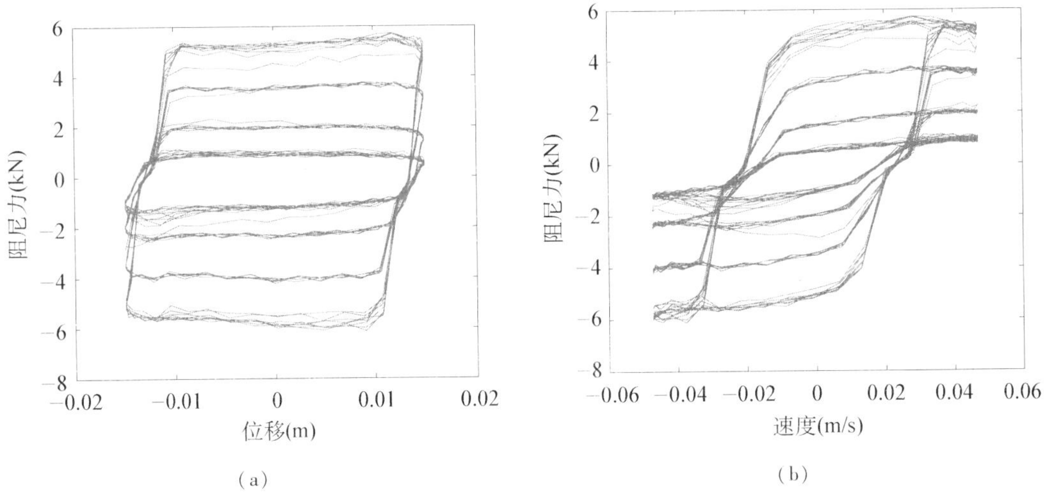

图 8.3.5 MRD - B 在振幅 15 mm、频率 0.5 Hz 简谐激励下试验曲线

(a)阻尼力 - 位移;(b)阻尼力 - 速度

从图中可以看出:当输入电流为零时,磁流变阻尼器大体上呈现出黏滞阻尼器的特性,即阻尼力 - 位移曲线近似于椭圆,而阻尼力 - 速度曲线接近于 S 形;随着输入电流的增大,磁流变液的剪切屈服应力相应增大,磁流变阻尼器逐渐表现出塑性材料与黏滞阻尼器并联系统的力学特性,符合图 8.3.1 所示的力学模型。

8.3.2 模型参数识别

从公式(8.3.1)—式(8.3.3)可以看到,修正 Bouc - Wen 模型涉及微分方程组求解,且包含高次绝对值函数。这为模型参数识别带来了困难。这里采用遗传算法进行参数识别。

以磁流变阻尼器 MRD - B 为例进行模型参数识别,考察的试验工况为:①加载频率 0.25 Hz、幅值 15 mm、加载电流为 0 ~ 1.5 A;②加载频率 0.50 Hz、幅值 15 mm、加载电流为 0 ~ 1.5 A;③加载频率 1.00 Hz、幅值 15 mm、加载电流为 0 ~ 1.5 A。

由于扩展 Bouc - Wen 模型为微分方程组,应用四阶龙格库塔方法进行阻尼力的求解。同时,基于遗传算法进行模型参数识别:利用 MARLAB 自带的遗传算法工具箱函数 ga 进行每个循环步的参数赋值和优化(在遗传算法工具箱中设置种群大小为 100、遗传代数 200 代、停止循环代数 50,相邻代内最优种子的适应度变化区间限值 0.001)。

适应度函数选择 Spencer 提出的误差计算公式(Spencer et al, 1997)

$$Fitness = \frac{\sqrt{\frac{1}{n}\sum_{i=1}^{n}(F_i^{\exp} - F_i^{\mathrm{mod}})^2}}{\sqrt{\frac{1}{n}\sum_{i=1}^{n}\left(F_i^{\exp} - \frac{1}{n}(\sum_{i=1}^{n}F_i^{\exp})\right)^2}} \tag{8.3.4}$$

式中, n 为实验所得数据点的个数; $F_i^{\exp}$ 为实验所得第 i 个数据点的阻尼力值; F_i^{mod} 为模型第 i 个数据点的阻尼力值。

扩展 Bouc - Wen 模型有 c_1、k_1、x_0、c_0、α、k_0、γ、n、β 和 A 共10个识别参数,若不设置一定的约束条件,则遗传算法计算过程将会很漫长,且精度也难以保证。为此,将蓄能器的初始位移设为0.2,余下9个参数 c_1、k_1、c_0、α、k_0、γ、n、β 和 A 的取值范围分别设定为:[1e4, 1e7],[1e2, 1e4],[1e2, 1e5],[1e3, 1e5],[1e1, 1e4],[1e2, 1e5],[1e0, 5e0],[1e2, 1e5],[1e1, 1e3]。

利用 MATLAB 的 Simulink 模块建立模型的求解流程,以四阶龙格库塔法(ode4)作为 Simulink 的求解器,为了在确定时间点输出阻尼力,求解器设置为定步长(fixed-step),时间步长设置为0.000 1 s,计算时长设置为20 s。

识别结果发现,在9个参数中,除了 c_1、c_0 和 α,其余6个参数与电流的相关性均不明晰。c_1、c_0 和 α 称为主控参数,随电流的变化趋势均近似于线性关系(图8.3.6):

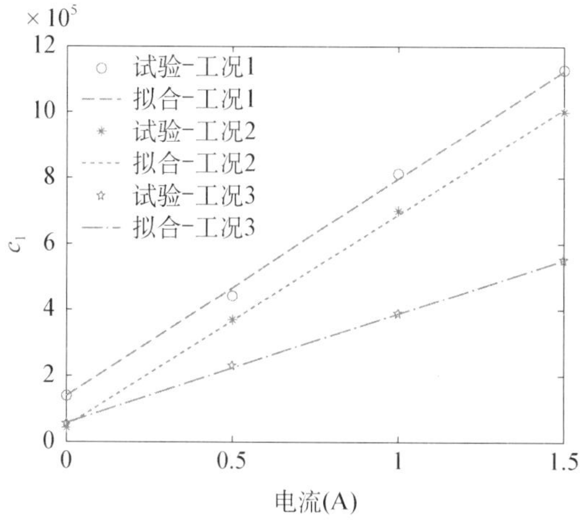

(a)

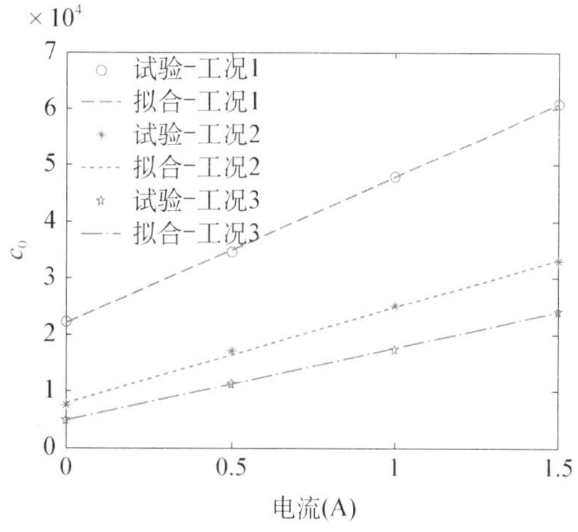

(b)

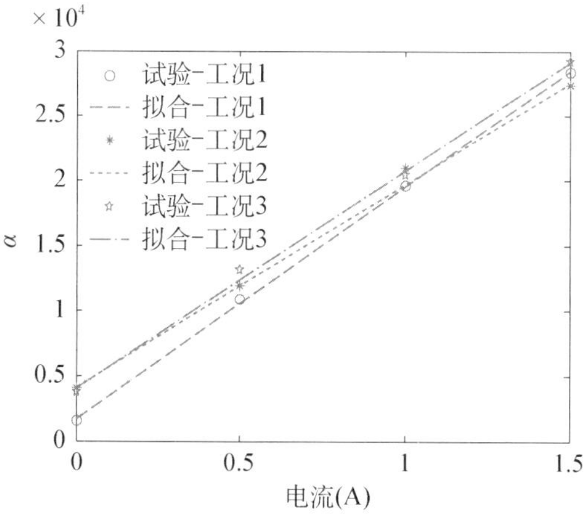

(c)

图8.3.6 主控参数与电流相关性的拟合曲线

(a)参数 c_1;(b)参数 c_0;(c)参数 α

工况 1(0.25 Hz, 15 mm):

$$c_1 = 6.59 \times 10^5 \times I + 1.38 \times 10^5 \tag{8.3.5}$$

$$c_0 = 2.59 \times 10^4 \times I + 2.20 \times 10^4 \tag{8.3.6}$$

$$\alpha = 1.78 \times 10^4 \times I + 1.73 \times 10^3 \tag{8.3.7}$$

工况 2(0.50 Hz, 15 mm)

$$c_1 = 6.42 \times 10^5 \times I + 4.6 \times 10^4 \tag{8.3.8}$$

$$c_0 = 1.69 \times 10^4 \times I + 7.95 \times 10^3 \tag{8.3.9}$$

$$\alpha = 1.561 \times 10^4 \times I + 4.13 \times 10^3 \tag{8.3.10}$$

工况 3(1.00 Hz, 15 mm)

$$c_1 = 3.30 \times 10^5 \times I + 5.74 \times 10^4 \tag{8.3.11}$$

$$c_0 = 1.28 \times 10^4 \times I + 4.83 \times 10^3 \tag{8.3.12}$$

$$\alpha = 1.67 \times 10^4 \times I + 4.10 \times 10^3 \tag{8.3.13}$$

根据函数关系式(8.3.1)—式(8.3.3),固定 c_1、c_0 和 α,其余 6 个参数从初步识别得到的参数值中选择各自的最小值作为取值范围下限,最大值作为取值范围上限,再次进行遗传算法运算。经迭代计算,其余 6 个参数的值分别为,工况 1:$[k_1, k_0, \gamma, n, \beta, A]$ = [782.16, 3 007.79, 61 530.17, 4.35, 30 746.83, 164.20],适应度值为 0.141 6;工况 2:$[k_1, k_0, \gamma, n, \beta, A]$ = [413.68, 9 562.50, 1 010.11, 2.00, 1 011.73, 105.87],适应度值为 0.132 6;工况 3:$[k_1, k_0, \gamma, n, \beta, A]$ = [3 609.01, 5 012.80, 1 944.34, 2.00, 1 660.78, 173.43],适应度值为 0.141。

将识别后的参数代入模型中,与实验结果进行对比,如图 8.3.7 — 图 8.3.9 所示。从图中可见,基于遗传算法标定的扩展 Bouc - Wen 参数模型能有效刻画磁流变阻尼器的动力学行为。

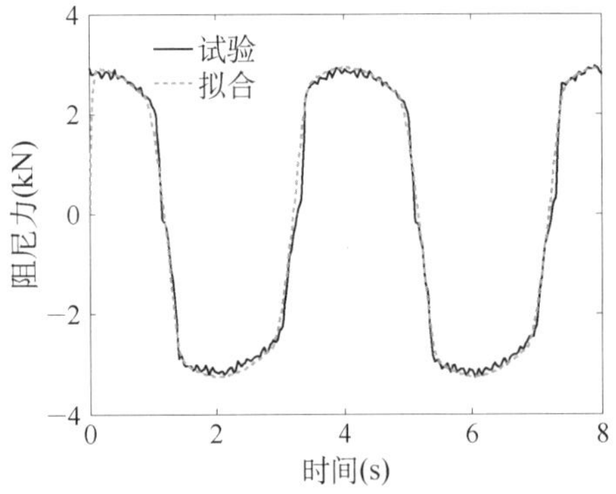

(a)

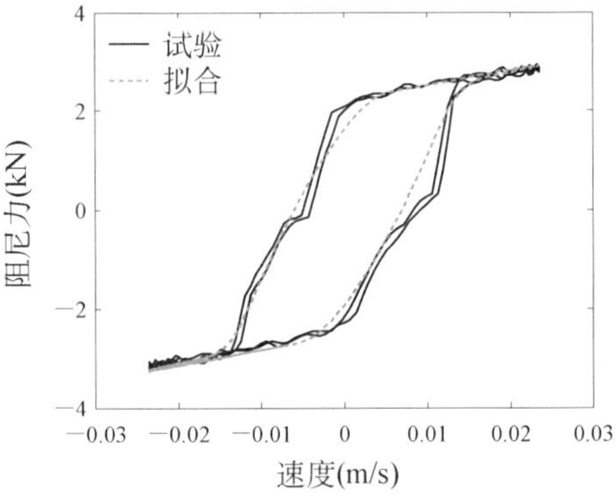

(b)

图 8.3.7 工况 1:加载电流为 0.5 A 时的拟合结果对比

(a)阻尼力时程;(b)阻尼力 - 速度关系曲线

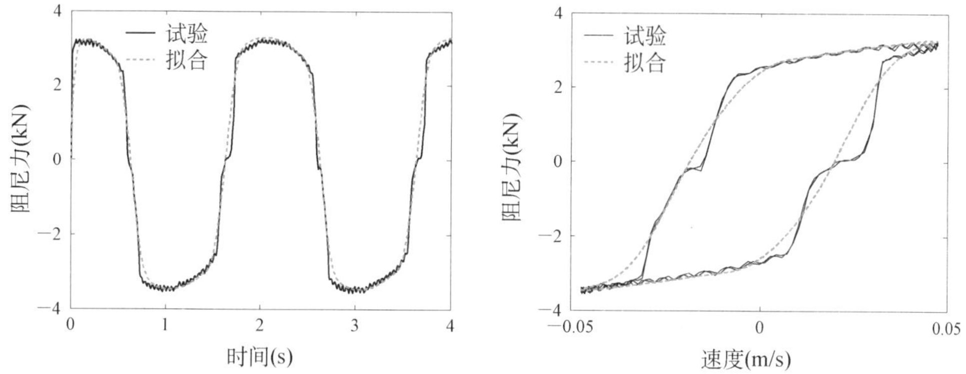

(a) (b)

图 8.3.8 工况 2：加载电流为 0.5 A 时的拟合结果对比

(a)阻尼力时程；(b)阻尼力－速度关系曲线

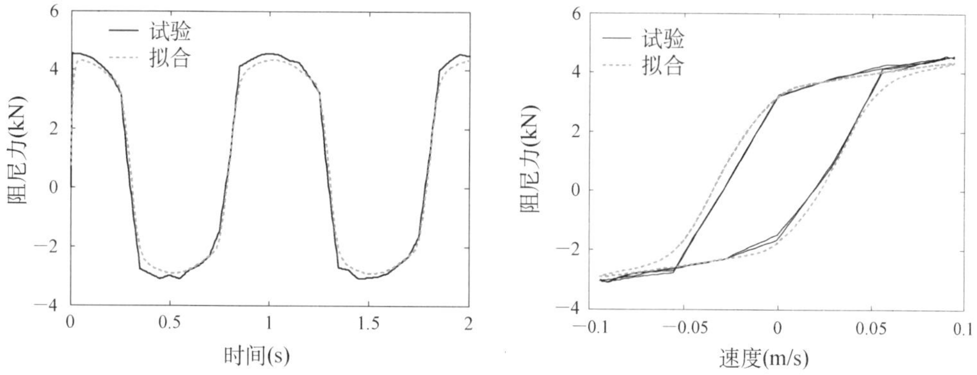

(a) (b)

图 8.3.9 工况 3：加载电流为 0.5 A 时的拟合结果对比

(a)阻尼力时程；(b)阻尼力－速度关系曲线

根据识别得到的模型参数与电流的关系，可以进一步采用 BP(Back Propagation)神经网络进行磁流变阻尼器加载电流的辨识(Metered et al, 2010)。

8.3.3 磁流变阻尼器微观尺度表现

关于磁流变液悬浮结构的考察，对于揭示磁流变阻尼器复杂动力学行为的内在机制、优化控制律具有重要意义。文献(Peng et al, 2012)首次进行了这方面的研究。

磁流变液是磁流变阻尼器的基本材料，一般是由微米级高磁导率的颗粒与非磁性的流体组成，具有快速、完全可逆的相变特性。在外加磁场作用时，悬浮颗粒磁化为磁极子，颗粒之间相互作用形成链、簇、片式结构。这种细观结构形态能显著增强微观悬浮粒子的黏性，明显改变磁流变液的流场特征，具有良好的可控特性。而磁流变阻尼控制的实质，则是以驱动磁流变阻尼器的电流信号为控制律，引导磁场作用于磁流变液，促使微观悬浮性态变化，抑制由于外加激励效应导致的流场输运，如图 8.3.10 所示。

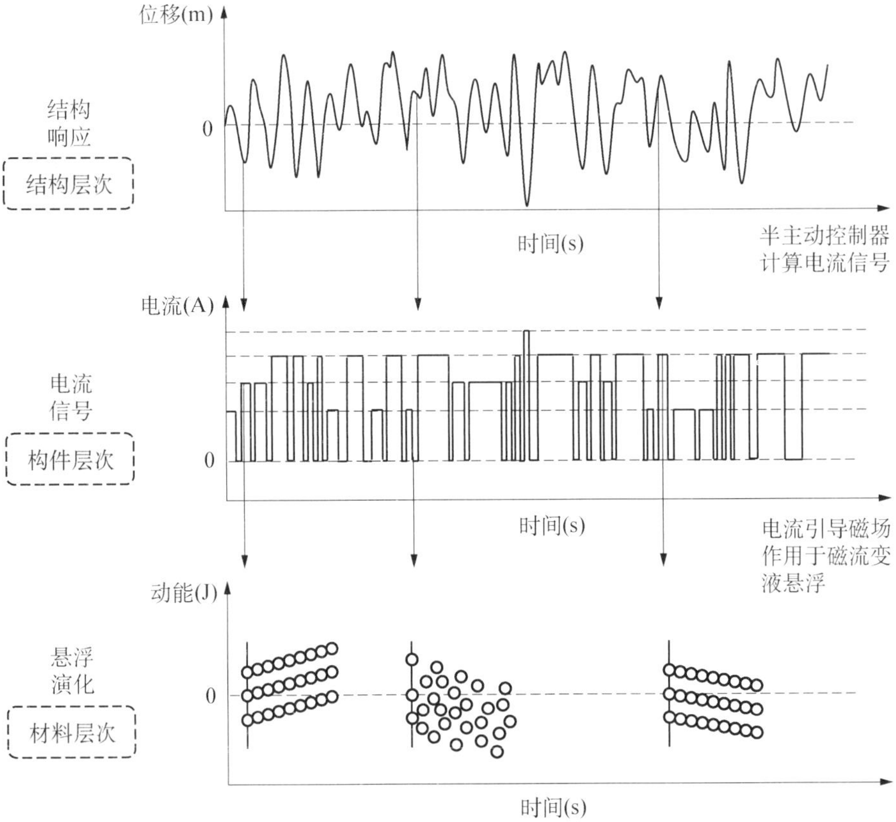

图 8.3.10 驱动磁流变阻尼器电流的微观尺度表现

内嵌 Brownian 动力学仿真程序的分子动力学模拟软件 LAMMPS(Plimpton, 1995)可用于磁流变液悬浮大规模分子动力学模拟。

以 MRD－9000 型双出杆剪切阀式磁流变阻尼器为分析对象,磁流变液采用硅油溶液、微米级羟基铁粒子的双分散悬浮系;主要物理量参数列于表 8.3.2 中。

表 8.3.2 磁流变液主要物理参数

物理量		参数值
颗粒体积率		0.3
颗粒半径	大颗粒 a_L	5×10^{-6}m
	小颗粒 a_S	2.5×10^{-6}m
颗粒质量	大颗粒 M_L	1×10^{-13}kg
	小颗粒 M_S	1.25×10^{-14}kg
双分散系大小颗粒体积比		75 : 25
相对磁导率	溶液 μ_c	1.0
	颗粒 μ_p	1×10^{3}
颗粒饱和磁化		2 T
溶液黏度		0.3 Pa·s

（续表）

物理量	参数值
溶液密度	$3.6\times10^3\ kg\cdot m^{-3}$
温度	298 K
稳态磁场幅值 H_0	$100\ kA\cdot m^{-1}$

采用LAMMPS模拟悬浮链、簇在动态磁场和动态剪切场、流场耦合作用下的旋转、平动、断裂、重构、分散、聚合等细观结构运动特征。其中，动态磁场由于变化的电流信号（控制律）产生，动态剪切场、流场由结构响应（如层间位移、层间速度）产生。模拟中，悬浮粒子的初始构型是随机的、服从均匀分布，初始速度是随机的，服从 Maxwell - Boltzmann 分布（Liu et al, 2006）。粒子之间的相互作用根据邻域列表算法（Verlet, 1967）采用截断半径方法进行评价。悬浮粒子动力学方程的数值求解采用速度 Verlet 积分格式（Swope et al, 1982）。模拟区域$(L_x^*, L_y^*, L_z^*) = (20, 10, 10)$，其中"＊"表示无量纲单位（单位长度$10^{-5}$m），边界条件为$X$、$Y$、$Z$三方向周期性边界。

图8.3.11所示为10 μs时磁流变液悬浮沿XY平面的簇－片相。可以看到：在均匀稳态场作用下、具有初始均匀分布构型的分散悬浮形成的簇－片结构，大部分结构的方向沿短轴Y而非长轴X。这些悬浮粒子具有边界尺寸依赖性，它们寻找最易形成片的方向排列成簇（Peng et al, 2012）。

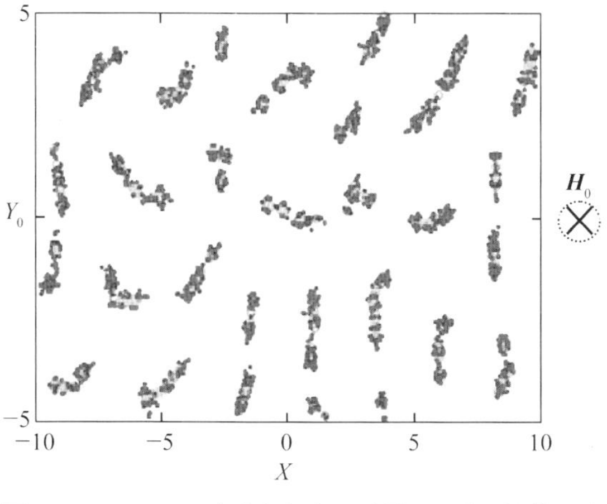

图8.3.11 10 μs时磁流变液悬浮沿XY平面的簇－片相（Z方向加载磁场）

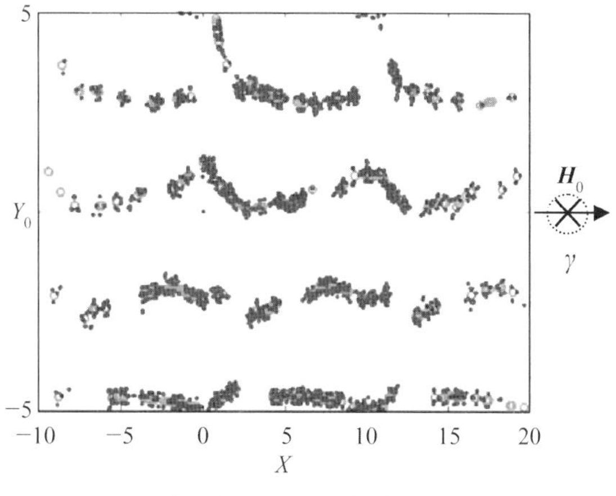

图8.3.12 稳态磁场和剪切场耦合作用下磁流变液的聚合结构异性

图8.3.12所示为稳态磁场和剪切场（剪切应变速率1 000 s^{-1}）耦合作用下、磁流变液的聚合结构异性。对比图8.3.11，可见：在剪切流的引导下，悬浮粒子排列与流场方向一致，悬浮结构出现明显屈服、甚至被拉裂成数段，呈弧形簇－片状，以拟制流场的输运。

进一步，模拟和求解磁流变阻尼器在正弦波位移加载条件下磁流变液的动态屈服应力（求解采用微观悬浮粒子动能与单位体积内宏观动态屈服应变能等效的磁流变液多尺度本构关系模型）（Peng & Li, 2011b）。图8.3.13所示为4 ms周期内正弦波位移加载路径及对应的屈服应力与剪变率关系。采用 Bouc - Wen 模型拟合分子动力学模拟的数据点(图 8.3.13b),可见,与图 8.3.7—图 8.3.9 中磁流变阻尼器阻尼力与速度的关系曲线具有明显相似性。事实上,这种相似性正是磁流变阻尼器电流加载及正弦波位移加载在磁流变液微观悬浮结构上的表现。

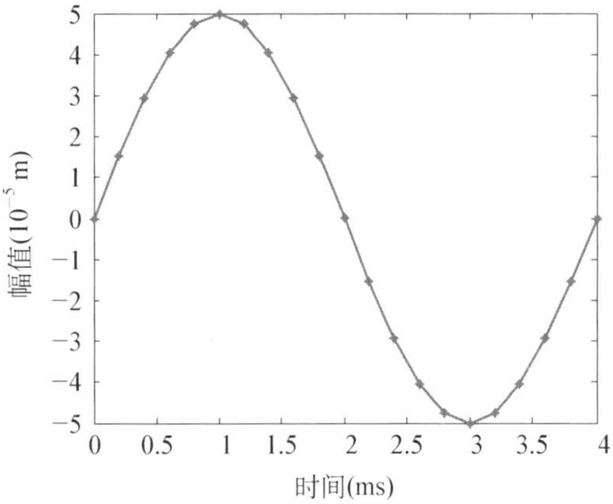

(a)

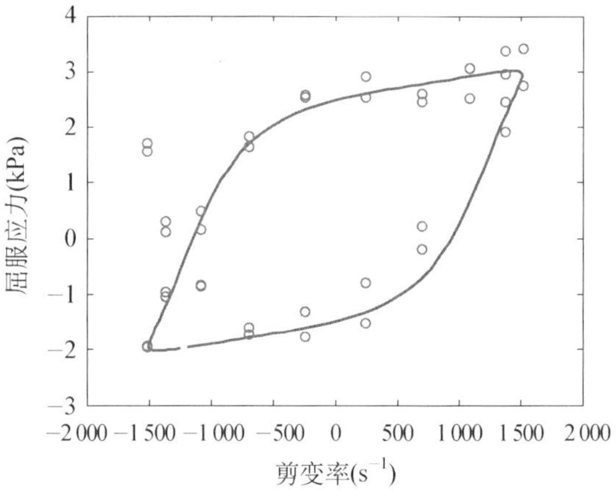

(b)

图 8.3.13 正弦波位移加载路径及对应的屈服应力与剪变率关系

(a) 正弦波位移加载路径;(b) 屈服应力与剪变率关系

8.4 框架结构的磁流变阻尼器随机最优控制

考察图 3.4.1 所示的单层剪切型框架结构,初始位移 $x(t_0)=0$,初始速度 $\dot{x}(t_0)=0$。采用物理随机地震动模型作为输入,地震动峰值加速度为 $0.11g$。利用剪切阀式磁流变阻尼器实施半主动控制。

为达成上述目标,采用形如式(8.2.6)的控制策略,其中阻尼力的可调倍数 $s=8$,设计参数为黏滞阻尼力和最大库仑力。由于半主动控制算法的分段性特征,在控制增益计算时需要将原系统的连续状态方程进行离散,在本实例中采用精细积分法进行离散状态方程系数的标定(钟万勰,1994)。为求解格式的统一,参考主动最优控制力及相应层间速度的计算采用基于离散动态规划法(内嵌 Riccati 矩阵差分方程,见附录 C)的物理随机最优控制方法。求解广义概率密度演化方程中速度量的确定性动力反应分析,采用与离散动态规划相同的一阶向前差分格式。二次性能泛函优化的权矩阵按系统 2 阶统计量评价准则式(3.3.20)进行设计:层间位移作为约束量,评价量包括层间位移、层绝对加速度和层间控制力,分位值函数定义为均值加上 3 倍标准差。层间位移的阈值为 10 mm。

由于结构系统与地震动输入参数与算例 3.4.1 节一致,因此可直接参考图 3.4.8 中等价极值向量的二阶统计特征与权矩阵系数比关系。为进一步降低结构位移反应,采用如下状态权矩阵和控制力权矩阵

$$\boldsymbol{Q}_Z = 80\begin{bmatrix}1 & 0\\0 & 1\end{bmatrix},\ \boldsymbol{R}_U = 10^{-12} \tag{8.4.1}$$

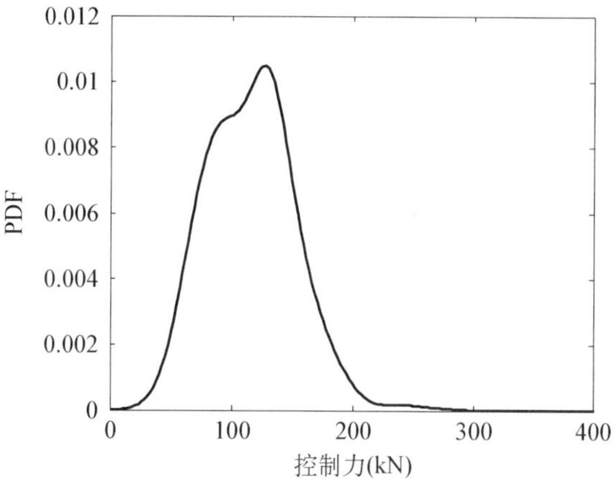

图 8.4.1　主动最优控制力极值的概率密度曲线

采用上述控制律参数，利用式(3.3.19)进行主动随机最优控制力计算，图 8.4.1 所示为主动最优控制力极值的概率密度。

从图 8.4.1 可见：设计采用的最大主动最优控制力分布在一个较大的范围，均值 115.44 kN，标准差 34.68 kN。式(8.2.20)表明，磁流变阻尼器参数由最大主动控制力及其对应的速度量确定，由于最大主动控制力的随机性，使得按确定性控制思路设计的阻尼器参数在物理意义上是不确定的。根据结构设计的一般方法，通常取最大主动控制力的均值或者某一分位值作为设计控制力。仔细分析不难发现，这一设计思路缺乏对结构性态的精细化考量。合理的方式是根据结构性态来确定设计最大主动控制力。

图 8.4.2 给出了样本空间中系统最大层间位移、最大层加速度与最大主动控制力的关系。图中可见，位移与主动控制力的变化并不明显，基本上分布在 2 ~ 5 mm；加速度与主动控制力呈同向变化关系。从 3 阶拟合曲线的变化趋势可以看出，采用较大的设计主动控制力并不能使系统位移进一步减小。可见：半主动控制器和被动控制器对降低结构位移存在瓶颈，比较而言，主动控制器对于控制结构位移有较大的优势；加速度与主动控制力的拟合关系与主动控制系统中两者的变化关系相似。

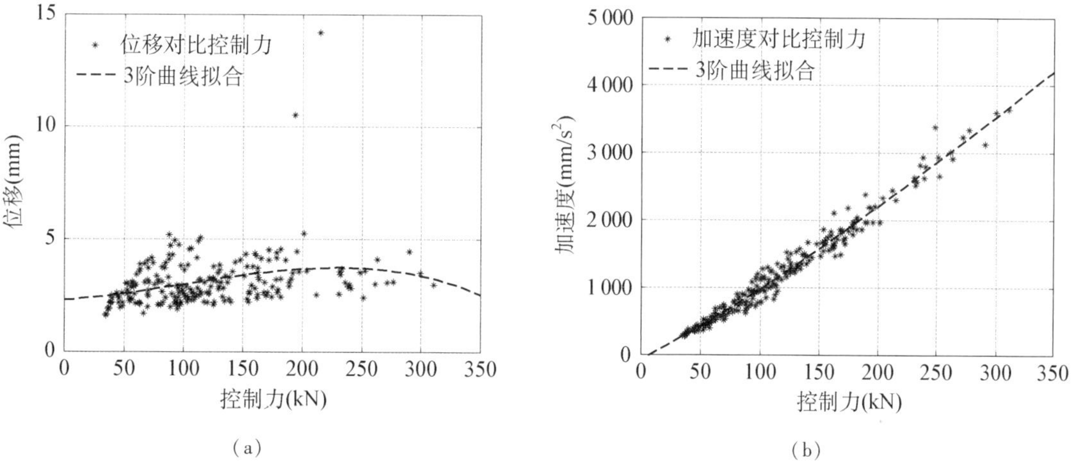

图 8.4.2　系统最大层间位移、最大层加速度与最大主动控制力的关系

(a)层间位移与主动控制力；(b)层加速度与主动控制力

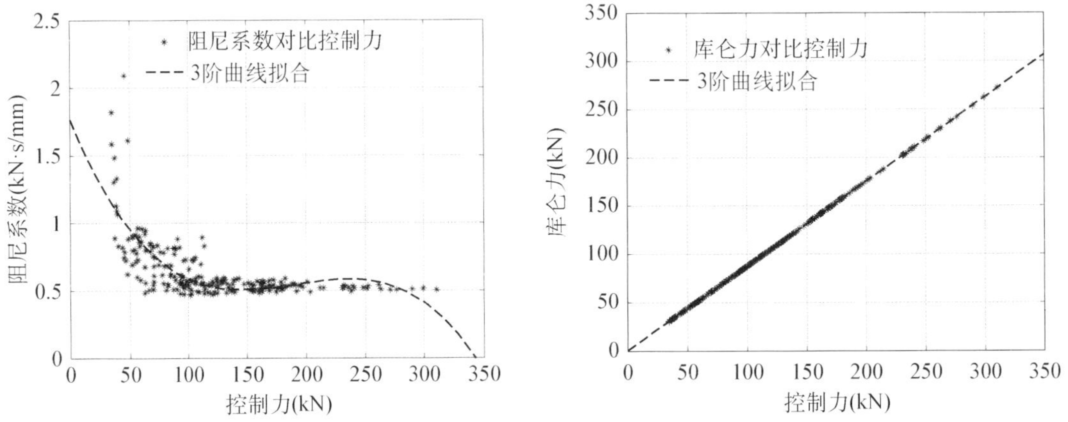

(a)　　　　(b)

图 8.4.3　黏滞阻尼系数、最大库仑力与最大主动控制力的关系

(a)黏滞阻尼系数与主动控制力;(b)库仑力与主动控制力

图8.4.3表明了黏滞阻尼系数、最大库仑力与最大主动控制力的变化关系。对比图8.4.2,可以看出:

(1) 系统性态对黏滞阻尼系数不敏感,说明对于给定的控制系统,可以采用不太精密的、成本较低的元件,构成精确的控制系统;

(2) 最大库仑力与最大主动控制力线性变化,这是由于设计中库仑力假定为线性调节的。

事实上,选择设计最大主动控制力要参考磁流变液阻尼器的物理背景,如所考察的磁流变阻尼器最大出力为200 kN,高黏滞的流变液不便于维护和保养。因此,若考虑控制结构位移3 mm、结构加速度1 000 mm/s^2 以内,应选择在最大主动控制力100 kN附近、赋得概率最大(即出现概率最大)的代表点作为设计最大主动控制力,如图8.4.4所示。

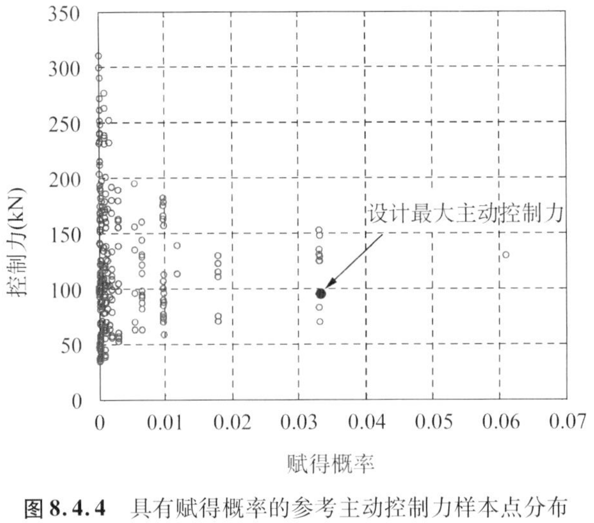

图 8.4.4　具有赋得概率的参考主动控制力样本点分布

综合上述分析，设计最大主动控制力为 94.03 kN，它在最大主动控制力的均值附近。由此，黏滞阻尼系数 C_d 设计为 0.611 9 kN · s/mm，最大库仑力 $U_{dc,\max}$ 设计为 82.28 kN。

图 8.4.5 所示为半主动、主动最优控制前后层间位移的均方根时程比较。可以看到，最优控制后，位移反应显著降低。在较小无控反应的时域，半主动最优控制与主动最优控制具有几乎相同的效果；在较大无控反应的时域，主动控制的效果则更好。这是因为：考虑到磁流变阻尼器存在出力饱和的物理背景（Xu et al, 2012），采用的半主动控制算法是限幅控制模式。当响应域内的控制需求超过磁流变阻尼器的最大出力时，半主动控制将不能实施追踪主动最优控制。图 8.4.6 给出了半主动最优控制力在均方根意义上追踪主动最优控制力的情况，可以看到，基于限界 Hrovat 控制策略的半主动控制力总体上能较好地跟踪实现主动最优控制力。

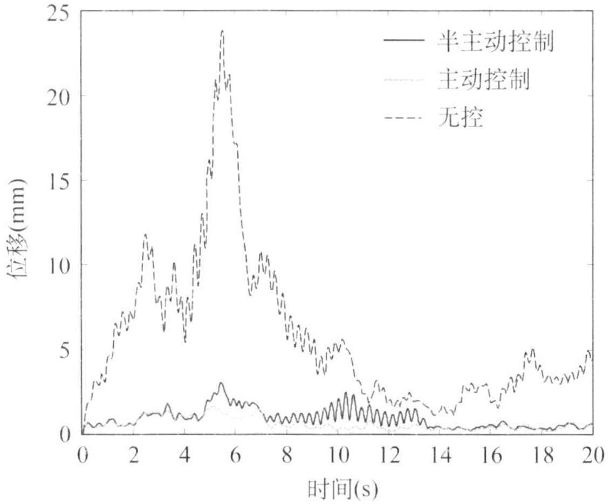

图 8.4.5　最优控制前后层间位移的均方根时程曲线

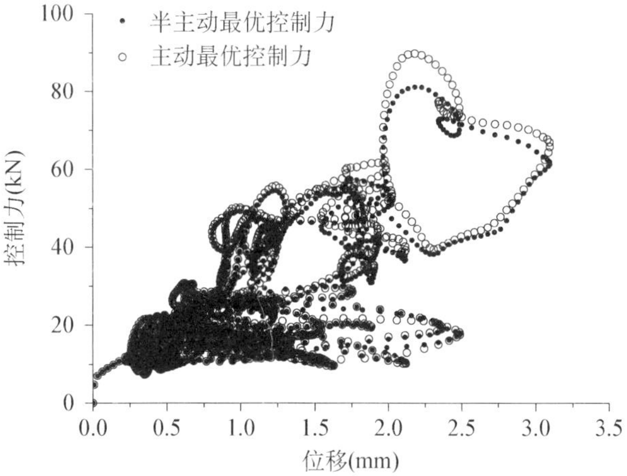

图 8.4.6　半主动最优控制力在均方根意义上追踪主动最优控制力

半主动、主动最优控制力在典型时刻的概率密度曲线亦表现出较好的一致性，如图 8.4.7 所示。其细微差异在于：当主动控制力与层间速度同向或者主动控制力与层间速度反向、主动控制力大于磁流变液阻尼器可能实现的最大阻尼力时，半主动控制实施的阻尼力仅与最大主动控制力相关，而不是实时跟踪主动最优控制力。

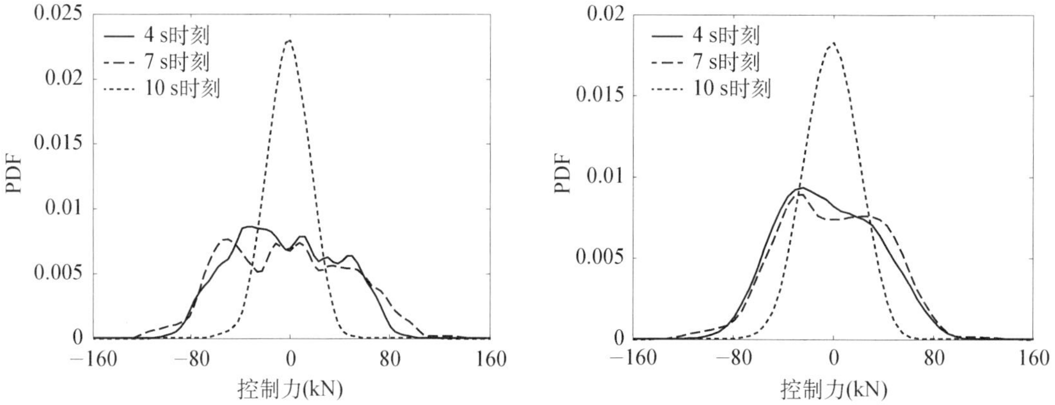

(a)　　(b)

图 8.4.7　最优控制力在典型时刻的概率密度曲线

(a) 半主动控制；(b) 主动控制

图 8.4.8 进一步给出了半主动控制前后层间位移反应在典型时刻的概率密度曲线，可以看到，受控后位移反应的变异性显著降低。同时，对比图 3.4.10b，主动控制的位移幅值降低比半主动控制更显著（前者的 PDF 峰值接近 0.9，后者的 PDF 峰值接近 0.45）。如前所指出的，半主动控制器和被动控制器对降低结构位移存在瓶颈。此外，本例按权矩阵系数比 8×10^{13} 设计的半主动控制器，其效果要略差于按权矩阵系数比 8×10^{12} 设计的主动控制器，这同样表明半主动控制器对降低位移存在瓶颈（采用较大设计主动控制力确定的半主动控制策略，控制效果反而低于较小出力的主动控制策略）。

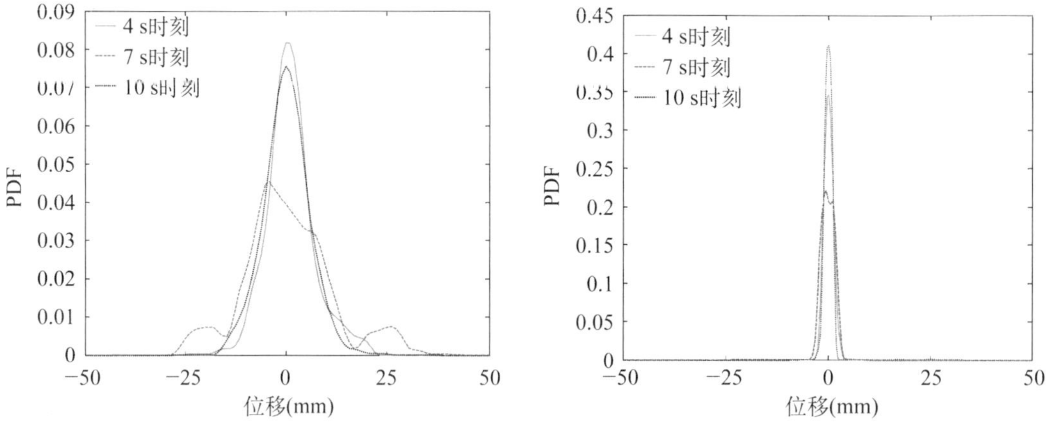

(a)　　(b)

图 8.4.8　半主动控制前后层间位移在典型时刻的概率密度

(a) 无控；(b) 半主动控制

为了进一步分析半主动控制策略对磁流变阻尼器动态阻尼性能的影响,图 8.4.9 给出了某一代表性地震动作用下磁流变阻尼器的阻尼力曲线(位移与阻尼力关系、速度与阻尼力关系)。可以看出:速度与阻尼力几乎只出现在第一、三象限,即半主动控制力的方向基本上在所有的时刻都与速度方向相反,这证明了采用磁流变阻尼力装置可以实时调整阻尼力、跟踪实现主动最优控制力的合理性。同时,图中示意了 Dyke 等人关于磁流变阻尼器性能的仿真预测与试验结果的比例轮廓曲线(他们以 3 kN 磁流变阻尼器为考察对象,采用扩展 Bouc - Wen 模型建模,得到了窄带 Gaussian 激励下的阻尼力曲线(Dyke et al, 1996b; Spencer et al, 1997))。对比表明,限界 Hrovat 控制策略能充分发挥磁流变液阻尼器的动态阻尼性能,恢复力曲线表现出了与 Bouc - Wen 模型相似的强度退化、刚度退化以及捏拢效应(Wen, 1976)。

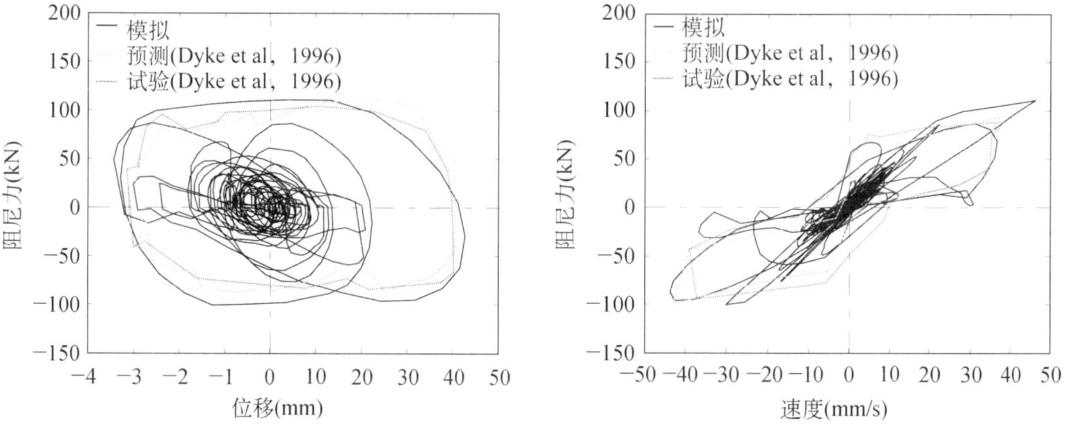

(a) (b)

图 8.4.9 磁流变阻尼器的阻尼力曲线及模型比较

(a)位移与阻尼力关系;(b)速度与阻尼力关系

采用 BP 神经网络逆向模型,进行不同地震动样本输入下结构磁流变阻控制的最优电流辨识,如图 8.4.10。由可以看出,对于代表性地震动样本作用,结构半主动控制所需电流在 0 ~ 0.6 A 呈现不规则跳动,且不同地震动样本作用对应的电流信号明显不同。这表明,实时反馈控制对于改善结构性态具有显著意义,实现高效的磁流变阻尼控制应从目前实践中的简单 Bang - Bang 控制或 Passive on/Passive off 阶跃控制向精细化控制模式发展。这一发展过程,充分说明采用物理随机最优控制、基于概率优化与设计控制器参数或控制装置的重要作用。

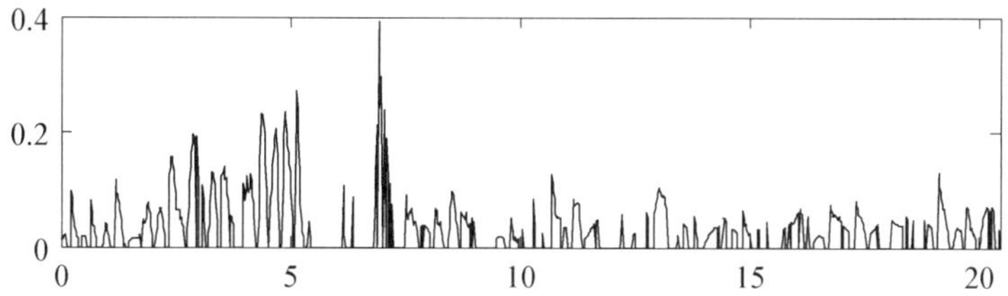

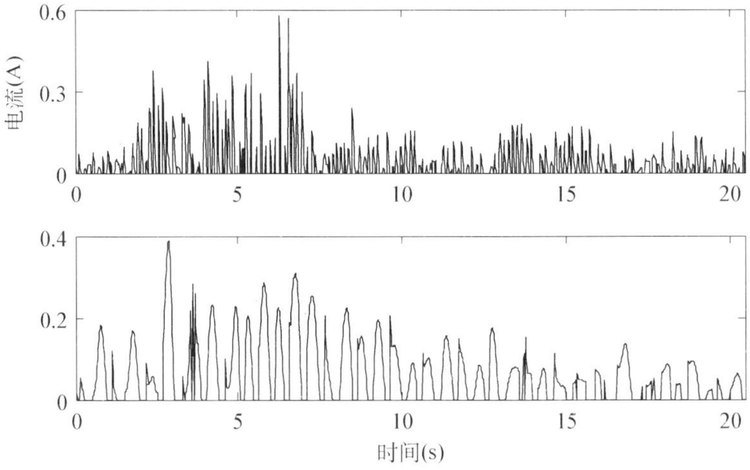

图 8.4.10 不同地震动样本输入下结构磁流变阻尼控制的电流信号

8.5 讨论与小结

驱动磁流变阻尼器的电流一般根据阻尼器模型的反向求解获得,在多大程度上能发挥磁流变阻尼器的性能取决于这一模型的有效性。本章首先采用限界 Hrovat 控制算法,发展了结构磁流变阻尼器随机最优控制策略。进而,结合具体案例,介绍了不同输入电流、不同振幅与频率简谐激励作用下磁流变阻尼器的动力性能及参数化动力学模型;研究了磁流变液阻尼器加载电流的辨识方法,以及加载电流在磁流变液微观悬浮尺度上的表现形式。

基于分子动力学模拟揭示了磁流变阻尼器中磁流变液微观悬浮结构的演化机理,为磁流变阻尼器控制律优化和性能提升提供了新途径:可以通过数值仿真与试验分析,研究磁流变液悬浮结构与加载电流和磁流变液材性参数(动力黏度、屈服应力等)之间的定量化关联特征,揭示磁流变液涡旋电流效应和悬浮非线性磁化对磁流变阻尼器性能影响的物理实质,实现磁流变阻尼器的多尺度、高效调控。

以随机地震动作用下磁流变阻尼控制系统为研究对象,根据系统性态和跟踪实现日标主动最优控制力的控制准则,进行了磁流变液阻尼器的参数设计和加载电流的辨识。结果表明:在概率意义上,恰当设计的半主动控制器可以达到与主动控制器几乎相同的控制效果。同时,限界 Hrovat 控制策略能充分发挥磁流变液阻尼器的动态阻尼性能,恢复力曲线表现出了与 Bouc - Wen 模型相似的强度退化、刚度退化以及捏拢效应。

第9章

受控结构振动台试验

9.1 引言

利用振动台进行工程结构地震响应模拟试验,是研究工程结构抗震能力和破坏机理的重要手段和方法。随着振动台试验技术的不断发展以及相关理论研究的深入,近 30 年来振动台试验研究已从传统以结构或设备抗震为目的发展到包括结构减振控制、土 - 结相互作用等为目的(沈德建 & 吕西林,2006)。如,Chung 等人在 Clough 试验模型的基础上进行了带有主动控制装置的振动台试验(Chung et al, 1989)。Spencer 和 Dyke 等人分别进行了主动质量控制和主动拉索控制下的结构振动台试验,并将其试验中采用的两个不同缩尺的结构模型引入到建筑结构振动控制的 Benchmark 问题中,分别作为第一阶段的主动质量控制模型和主动拉索控制模型(Dyke et al, 1996a; Spencer et al, 1998a; 1998b)。10 余年来,混合模拟技术和综合模拟技术在结构减振控制试验研究方面备受关注(Wu et al, 2007; Carrion et al, 2009; Asai et al, 2015)。在国内,以欧进萍、李忠献、瞿伟廉、李宏男等学者为代表的研究团队,在结构减振控制振动台试验方面开展了卓有成效的研究工作(隋莉莉等,2002;李忠献等,2004a; 2004b;瞿伟廉等,2006;杨飏 & 欧进萍,2006;李秀领 & 李宏男,2008)。

值得注意的是,现有的结构控制振动台试验,几乎均采用具有不同峰值加速度的一条或几条典型地震动记录或人工地震波作为台面输入(Dyke et al, 1996a; Nagarajaiah et al, 2000; Kim et al, 2006; Lee et al, 2008; Jung et al, 2009),并没有考虑工程场地实际地震作用的随机性。本书研究表明,考虑工程结构动力作用的随机性是结构随机控制研究的一个重要方面。鉴于此,我们在国内外首次实施了随机地震动输入下的受控结构振动台试验,以验证前述结构随机最优控制理论和方法的正确性和有效性。

9.2 受控结构试验设计

9.2.1 试验模型结构特征

试验模型为六层、单跨钢框架结构,几何尺寸由原型结构按相似关系折算得到,模型几何相似常数为 1 : 5。模型结构平面尺寸为 1.6 m×1.6 m,底层层高 1.0 m,其余各层层高均为0.80 m,总高5.0 m,自重约为2.80 t。试验模型主要受力构件均采用Q345槽钢(材料屈服强度345 MPa),其中,柱为[8,框架梁与非框架梁均为[6.3。另外,楼面板采用10 mm厚的Q235钢板(材料屈服强度235 MPa)。

取模型与原型的时间相似比为 $S_t = 0.4472$,质量相似比为 $S_m = 0.04$,长度相似比为 $S_l = 0.2$,则试验模型的动力相似关系如表9.2.1所示。

表9.2.1　试验模型的动力相似关系

类型	物理量	相似关系	1/5模型	备注
材料特性	应力 σ	$S_\sigma = S_E$	1	
	应变 ε	1	1	
	弹性模量 E	S_E	1	模型设计控制
	泊松比 υ	1	1	
	密度 ρ	$S_\rho = S_E/S_l$	5	模型设计控制
几何特性	长度 l	S_l	0.2	模型设计控制
	线位移 x	$S_x = S_l$	0.2	
	角位移 θ	1	1	
	面积 A	$S_A = S_l^2$	0.04	
	惯性矩 I	$S_I = S_l^4$	0.0016	
荷载	集中荷载 P	$S_P = S_E S_l^2$	0.04	
	线荷载 ω	$S_\omega = S_E S_l$	0.2	
	面荷载 q	$S_q = S_E$	1	
	力矩 M	$S_M = S_E S_l^3$	0.008	
动力性能	质量 m	$S_m = S_\rho S_l^3$	0.04	
	刚度 k	$S_k = S_E S_l$	0.2	
	阻尼 c	$S_c = S_m/S_t$	0.0894	
	时间 t、固有周期 T	$S_t = S_T = (S_m/S_k)^{1/2}$	0.4472	动力荷载控制
	反应速度 $\dot{x}$	$S_{\dot{x}} = S_x/S_t$	0.4472	
	反应加速度 $\ddot{x}$	$S_{\ddot{x}} = S_x/S_t^2 = S_{\ddot{x}_g}$	1	动力荷载控制

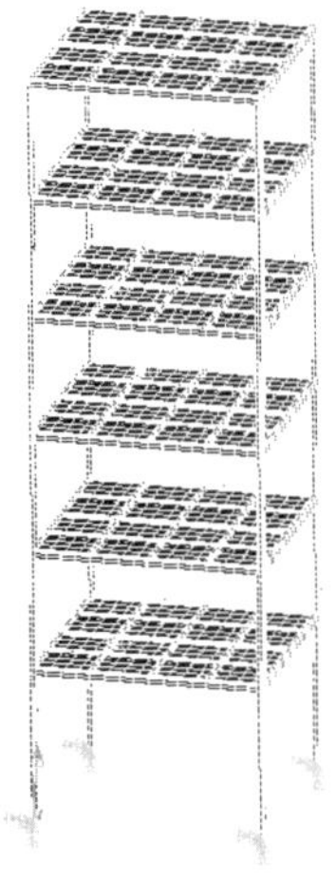

图9.2.1　试验模型的三维有限元建模

考虑到密度相似系数为5,原型结构中楼面装修、吊顶、屋面处理、内外隔墙以及楼面与屋面活载等,在试验模型的每层楼面上分别布置1.2 t的附加人工质量,以尽量满足既定的动力相似关系。

采用ANSYS有限元程序进行试验模型的建模分析。有限元模型如图9.2.1所示,由3000个单元组成,单元类型包括BEAM 188(梁、柱单元)、SHELL 63(楼板单元)、MASS 21(附加质量块单元)。结构前6阶频率(Hz)分别为:1.46,4.62,8.38,12.46,16.79,20.25。模态分析表明,在一维水平激励下结构的侧向变形沿振动主方向呈剪切型结构形式,这是由于楼板平面内刚度远大于柱刚度,因此在后面的数值分析中结构模型可以近似简化为6自由度集中质量模型。

9.2.2 试验地震动样本

采用基于物理的随机地震动模型(李杰 & 艾晓秋, 2006)生成试验用地震动。在这一模型中,涉及4个基本随机变量,即:基底幅值、场地基本频率、场地等价阻尼比、初始相角。考虑到试验结构原型的工程背景:场地类别Ⅱ类,抗震设防烈度7;引入条件随机地震动(地震重现期475年,设防地震,峰值加速度0.10g),将基底幅值取为定值。选取随机地震动模型相关参数值如表9.2.2所示。

表9.2.2 物理随机地震动模型参数

变量名	基底幅值	场地基本频率	场地等价阻尼比	初始相角
均值	0.25($m \cdot s^{-2}$)	20($rad \cdot s^{-1}$)	0.7	π
变异系数	0	0.4	0.3	1.2

基于表9.2.2中的参数,按多变量概率空间剖分方法(陈建兵 & 李杰, 2006),生成121条地震动样本(其中一条为均值参数地震动),采样频率50 Hz,时长均为20.48 s。由随机地震动模型生成的地震动样本,其典型特征是具有幅值与频谱的随机性,即各样本的加速度峰值和频谱特性均不相同。

为了使模型结构在整个试验过程中始终处于线弹性状态(保证各地震动样本输入时结构初始条件一致),试验时必须对输入地震加速度峰值进行控制。利用ANSYS有限元程序对试验结构进行弹性动力时程分析,发现当设置均值参数地震动峰值2.15 m/s^2 作为输入时,无控试验模型底层位移响应峰值达到12.0 mm,应力最大部位(柱脚)的von Mises应力达到307 MPa,接近于模型制作材料Q345钢材的拉/压强度设计值310 MPa。另一方面,考虑到添加阻尼器作为控制装置时,试验模型的动力响应不能太小(否则将没有明显的减振效果),即输入地震加速度峰值不能太小。因此,根据以上情况调整输入地震动峰值,调整后的地震动样本(除均值参数地震动以外的120条)加速度峰值的最小值、最大值、均值以及变异系数分别为0.39 m/s^2、2.30 m/s^2、1.09 m/s^2、0.256。调整后的均值参数地震动的加速度峰值为1.00 m/sec^2,对应于《建筑抗震设计规范》(GB 50011—2010)规定的7度设防设计基本地震加速度。

图9.2.2中给出了3条典型试验地震加速度时程及相应的Fourier幅值谱:分别为第67条(记为W067)、第105条(W105)和均值参数地震动(W000)。可见,不同样本的地震动时程与频谱之间有显著差异,这恰恰是研究随机地震动的意义所在。

9.2.3 黏滞阻尼器设计参数

由于其有效的耗能特性和优异的耐久性能,黏滞阻尼器被广泛应用于工程结构的振动控制实践(Symans & Constantinou, 1998; McNamara & Taylor, 2003)。在本章的受控结构振动台试验中,采用三套黏滞阻尼器(分别编号为VD-1、VD-2和VD-3),如图9.2.3所示。根据ANSYS有限元分析的结果,三套黏滞阻尼器均设计为相同规格(KZ-10S×50X):最大出力10 kN、冲程范围±50 mm、安装长度670 mm、缸体直径85 mm。轴向正弦位移加载条件下

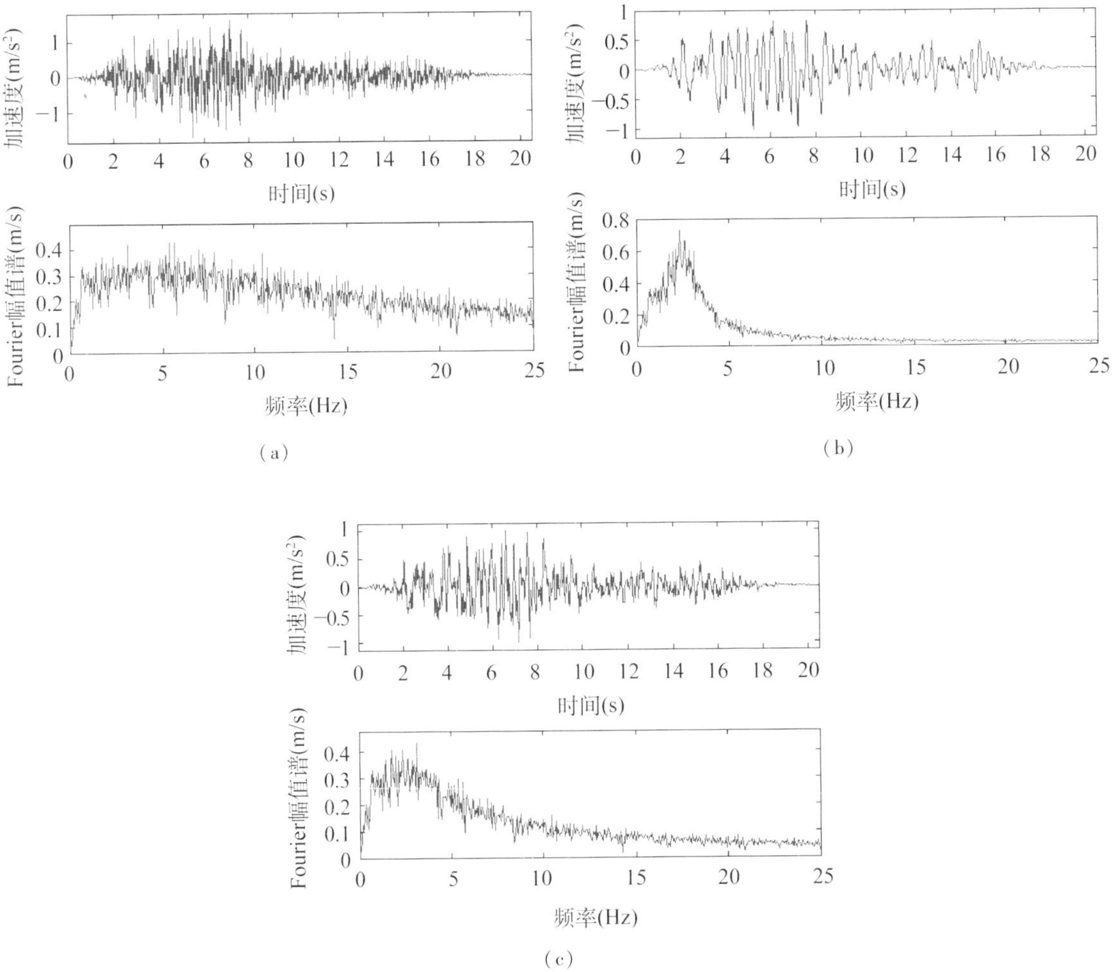

图 9.2.2 典型试验地震动样本的加速度时程及 Fourier 幅值谱

(a)样本地震动(W067);(b)样本地震动(W105);(c)均值参数地震动(W000)

图 9.2.3 黏滞阻尼器照片

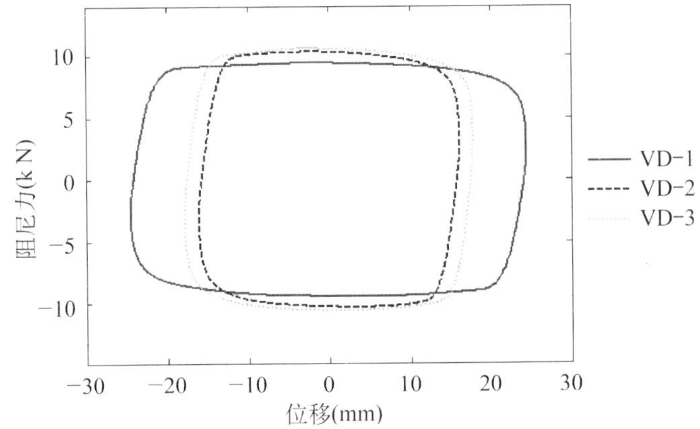

图 9.2.4 轴向正弦位移加载条件下典型滞回曲线

三套阻尼器的典型滞回曲线如图 9.2.4 所示。从图中可以看到,滞回曲线非常饱满,表明阻尼器均具有良好的耗能特性。表 9.2.3 所示为轴向正弦位移加载条件下阻尼器的测试结果。

表 9.2.3 轴向正弦位移加载条件下阻尼器的测试结果

阻尼器编号	正弦加载		V_{max} (mm/s)	$F_{d,act}$ (kN)	$F_{d,des}$ (kN)	$(F_{d,act} - F_{d,des})/F_{d,des}$	平均值
	频率(Hz)	幅值(mm)					
VD-1	0.4	16.56	41.63	8.83	7.71	14.58%	6.3%
	0.4	24.49	61.56	9.44	8.67	8.93%	
	0.8	16.61	83.50	9.36	9.50	-1.43%	
	1.0	17.86	112.23	10.71	10.38	3.21%	
VD-2	0.4	16.60	41.73	9.05	7.71	17.35%	10.6%
	0.8	16.12	81.04	10.32	9.41	9.66%	
	1.0	17.88	112.36	10.89	10.38	4.91%	
VD-3	0.4	16.60	41.73	8.77	7.71	13.72%	6.9%
	0.8	18.09	90.94	10.21	9.74	4.80%	
	1.0	17.84	112.11	10.59	10.37	2.09%	

注：V_{max}— 最大速度，$F_{d,act}$— 实测阻尼力，$F_{d,des}$— 设计阻尼力。

从表9.2.3可见，相同加载条件下，不同编号的黏滞阻尼器的出力略有不同，考虑黏滞阻尼器的样本差异和速度相关性，根据其动力学模型(Yun et al, 2008)，通过优化分析得到阻尼器的设计参数：$F_d = C \cdot V^{\alpha}$，其中F_d表示阻尼力；C表示阻尼系数，取值20 kN·(m/s)$^{-1}$；V表示活塞运动速度；α表示阻尼指数，取值0.3。图9.2.5所示为黏滞阻尼器的设计曲线以及测试数据，结合表9.2.3，可见尽管阻尼器的实际性能与设计性能存在偏差，但在可接受的范围内。

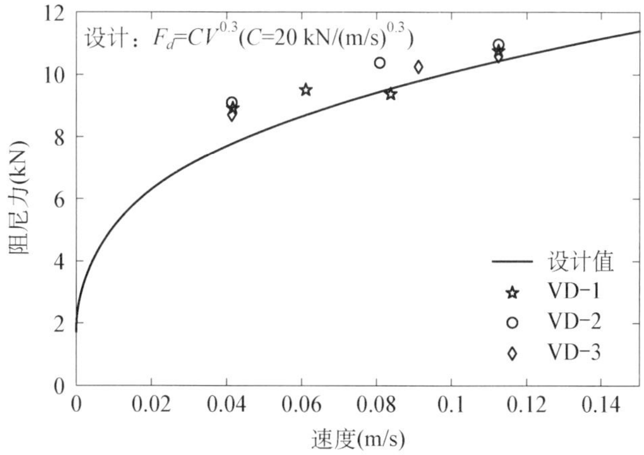

图 9.2.5 黏滞阻尼器的设计曲线以及测试数据

9.3 试验布设与试验工况

9.3.1 试验布设方案

试验在同济大学土木工程防灾国家重点实验室振动台试验室进行。主要试验装置为MTS 模拟地震振动台,台面尺寸为4.0 m×4.0 m,振动台控制方式为三方向六自由度,最大载重 25 t。当承重 15 t 时,台面两个水平方向最大加速度可分别达到 1.2g 和 0.8g。试验模型结构简图及实物图分别如图 9.3.1、图 9.3.2 所示。

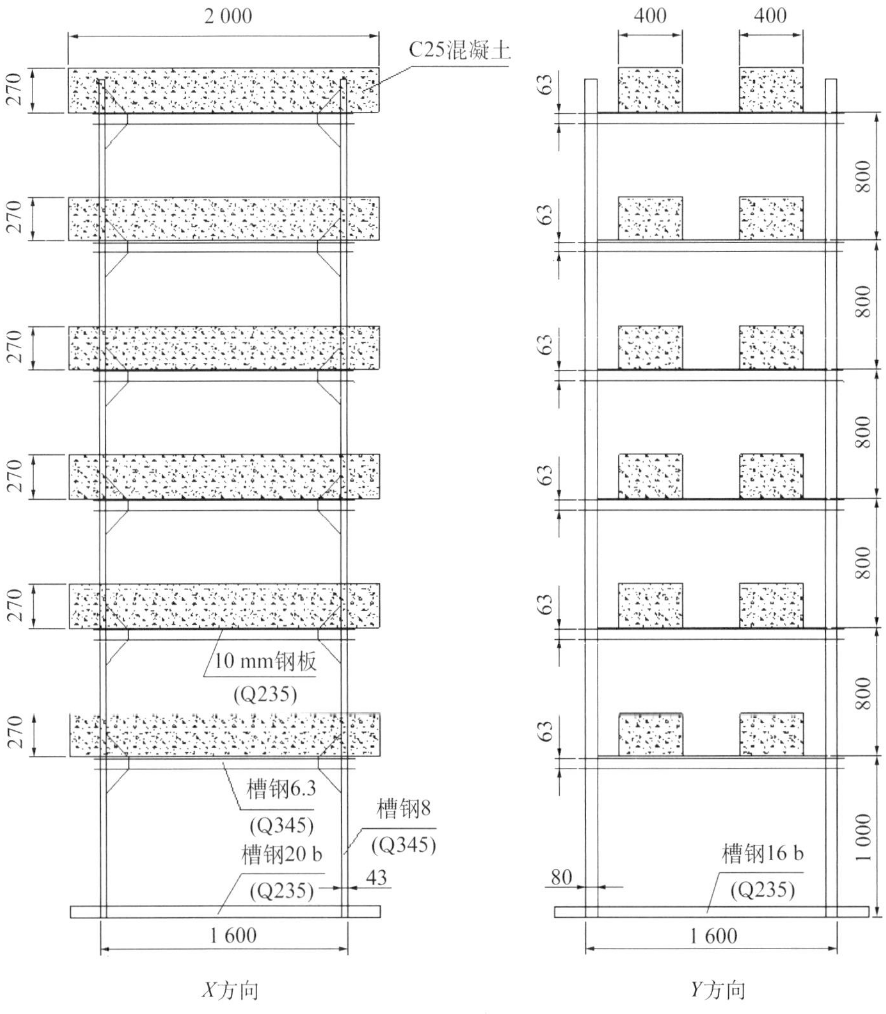

图 9.3.1 试验模型结构简图(图中单位: mm)

试验中,采用拉线式位移计、压电式加速度计以及电阻应变计量测模型结构的动力响应。位移计和加速度计在 X、Y 两个水平方向均有布置,其中,X 方向为模型结构的主振方向,即地震动输入方向(水平单向输入)。位移计与加速度计的测点布置如图 9.3.3,各有 10 个测点:顺地震动输入方向,在振动台台面以及各层楼面各布置 1 个位移计和 1 个加速度计;垂直地震动输入方向,在振动台台面以及第三层和第六层的楼面各布置 1 个位移计和 1 个加速度计。X 方向各测点用于测量试验模型在地震动输入方向的动力响应,而 Y 方向布置的测点则用于判断模型结构在垂直于地震动输入方向是否存在明显的振动。

图 9.3.2 模型结构实物图

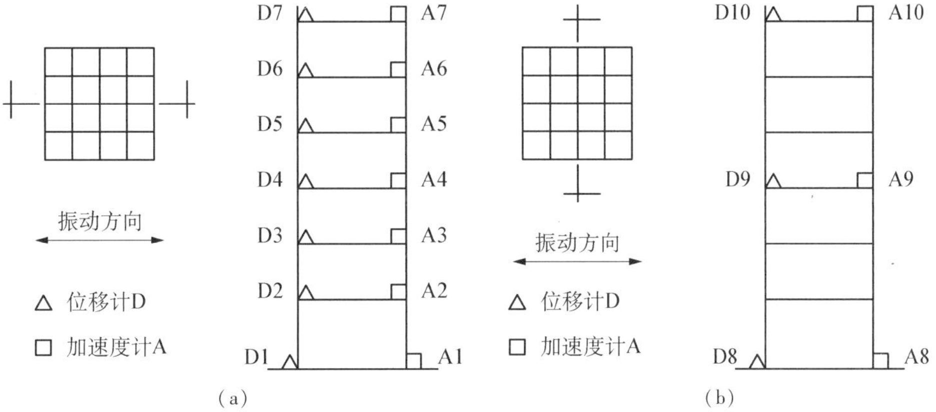

图 9.3.3 位移计和加速度计的测点布置

(a)X 方向;(b)Y 方向

试验中,电阻应变计主要用来量测模型结构柱脚及底层梁柱节点等应力相对较大部位的动应变,以判断结构受力是否维持在线弹性阶段。具体测点布置如图 9.3.4 所示,共有 8 个应变测点。

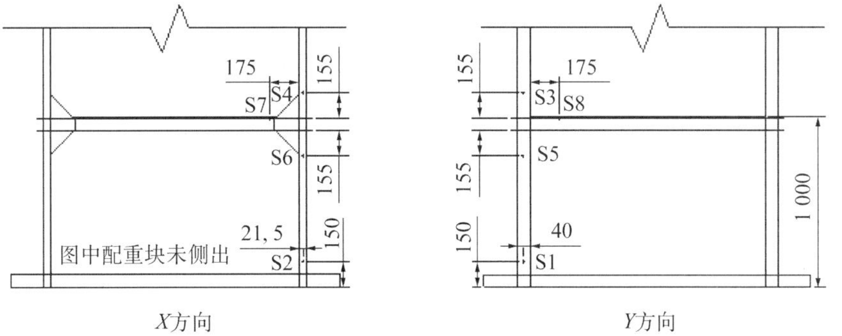

(a)

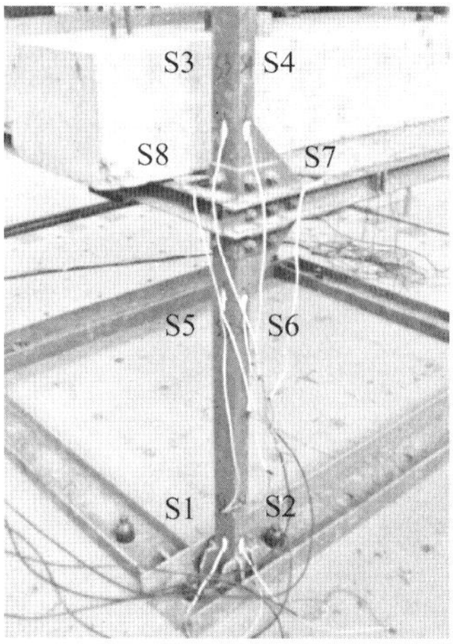

(b)

图 9.3.4 电阻应变计各测点位置(图中单位: mm)

(a)电阻应变计测点布设图;(b)电阻应变计测点实物图

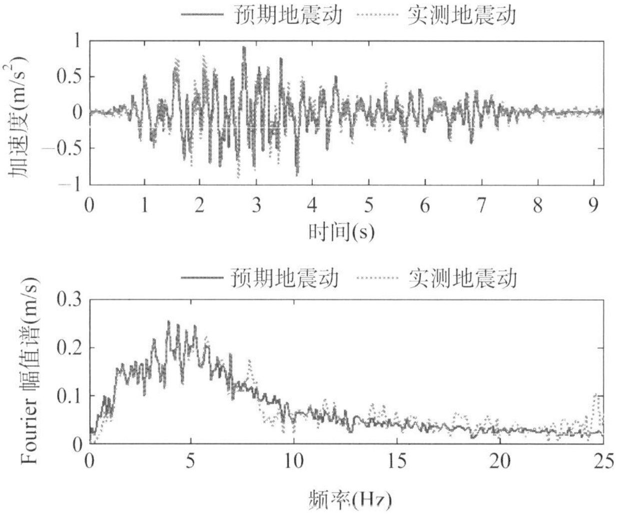

图 9.3.5 预期地震动与振动台台面实测地震动的比较

研究表明,由于试验加载过程中振动台控制系统 D/A 转换会产生误差,可能导致台面实际输入的地震动与设计预期的地震动不一致。为验证振动台控制系统的精度,采用地震动样本作了测试。图 9.3.5 所示为地震动样本 W056 作为输入时,预期地震动与振动台台面实测地震动的比较。从图中可以看到,两者吻合良好,表明振动台控制系统具有良好的精度。

9.3.2 试验工况与校核

振动台试验的试验工况如表 9.3.1 所示。其中,工况 1 及工况 242 的地震动输入为加速度峰值 1.0 m/s^2 的均值参数地震动(W000),这两个工况主要用于 6 自由度集中质量模型的参数识别(用于试验模型数值分析与阻尼器位置优化),并验证整个试验过程中模型结构始终处于线弹性状态。工况 2－121 为有控工况,此时,黏滞阻尼器分别布置于模型结构的底三层。工况 122－241 为无控工况,用于阻尼器减振效果分析。

表 9.3.1　振动台试验工况

工况编号	地震动输入	地震加速度峰值(m/s^2)	备注
1	W000	1.00	无控
2－121	W001～W120	最小值 0.39;最大值 2.30; 均值 1.09;变异系数 0.28	有控
122－241	W001～W120	最小值 0.39;最大值 2.30; 均值 1.09;变异系数 0.28	无控
242	W000	1.00	无控

考虑到试验模型与原型的时间相似比为 0.447 2,台面输入地震加速度序列点的时间间隔由原型的 0.02 s 调整为 0.008 9 s,加速度序列时长由原型的 20.48 s 调整为 9.16 s。

由于多自由度系统的各阶模态频率均可由各自由度加速度响应幅频特性曲线识别得到(李国强 & 李杰,2002),因此基于工况 1 及工况 242 中测量得到的各层(自由度)加速度响应数据可进行试验模型参数识别。图 9.3.6 中给出了工况 1 各层加速度响应幅频特性曲线。图中,各层幅频特性曲线峰值处对应于相关模态频率,由此可识别出模型结构的前 6 阶模态频率,如表 9.3.2 所示。

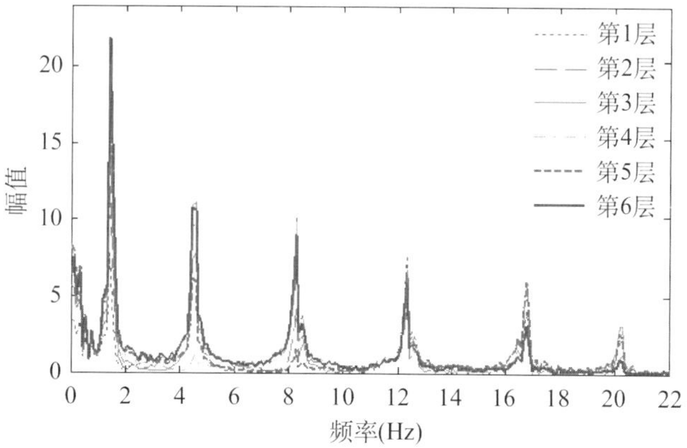

图 9.3.6　工况 1 各层加速度响应幅频特性曲线

表 9.3.2　试验模型前 6 阶模态频率识别结果

工况编号	前 6 阶模态频率(Hz)					
	1	2	3	4	5	6
1	1.460	4.624	8.365	12.452	16.803	20.277
242	1.453	4.605	8.338	12.385	16.745	20.184

由表 9.3.2 可知，试验模型的前 6 阶模态频率在整个试验过程中只发生了微小的变化，如模型结构的基频由 1.460 Hz 变为 1.453 Hz，仅减小了 0.48%。同时，试验模型的前 3 阶振型基本保持不变。因此，可认为试验模型在振动台试验过程中始终处于线弹性状态。

基于各阶模态频率、振型的识别结果，可确定多自由度分析模型参数。质量矩阵 $\boldsymbol{M}$ 可由试验模型各楼层的自重加上相应的附加人工质量计算得到，刚度矩阵 $\boldsymbol{K}$ 由下式给出

$$\boldsymbol{K} = [\boldsymbol{\Phi}^{\mathrm{T}}]^{-1}\boldsymbol{\Omega}[\boldsymbol{\Phi}]^{-1} \tag{9.3.1}$$

式中，$\boldsymbol{\Phi}$ 为振型矩阵（各阶振型对质量矩阵归一化）；T 表示转置；$\boldsymbol{\Omega}$ 是对角元素为 ω_i^2 的对角阵，其中，ω_i 为模型结构第 i 阶自振圆频率。此外，基于 Rayleigh 阻尼假定，可计算出集中质量模型的阻尼矩阵 $\boldsymbol{C}$。模型参数如表 9.3.3 所示。

表 9.3.3　试验模型参数识别结果

结构参数	参数值					
质量矩阵 $\boldsymbol{M}$ (kg)	1 650.0	0.0	0.0	0.0	0.0	0.0
	0.0	0.0	1 640.0	0.0	0.0	0.0
	0.0	0.0	0.0	1 570.0	0.0	0.0
	0.0	0.0	0.0	0.0	1 560.0	0.0
	0.0	0.0	0.0	0.0	0.0	1 560.0
	1 570.0	0.0	0.0	0.0	0.0	0.0
刚度矩阵 $\boldsymbol{K}$ (N/m)	8 015 844.2	-6 684 376.6	1 453 296.1	-158 645.8	91 651.8	40 338.2
	56 120.5	-6 684 376.6	12 082 761.6	-7 307 937.6	1 349 673.9	-248 284.3
	-224 321.8	1 453 296.1	-7 307 937.6	11 821 305.5	-6 988 277.6	1 390 059.2
	1 155 521.9	-158 645.8	1 349 673.9	-6 988 277.6	11 630 474.0	-7 012 874.1
	-5 454 943.7	91 651.8	-248 284.3	1 390 059.2	-7 012 874.1	11 286 009.9
	4 393 435.1	40 338.2	56 120.5	-224 321.8	1 155 521.9	-5 454 943.7
阻尼矩阵 $\boldsymbol{C}$ [N·(m/s)$^{-1}$]	1 018.1	-350.2	76.1	-8.3	4.8	2.1
	2.9	-350.2	1 227.5	-382.8	70.7	-13.0
	-11.8	76.1	-382.8	1 188.4	-366.1	72.8
	60.5	-8.3	70.7	-366.1	1 174.8	-367.4
	-285.8	4.8	-13.0	72.8	-367.4	1 156.8
	799.3	2.1	2.9	-11.8	60.5	-285.8

为了验证上述模型参数的正确性，图 9.3.7 与图 9.3.8 分别给出了工况 122 与工况 241 时，试验模型典型动力响应振动台试验结果与数值仿真结果的对比。可见：基于振动台试验结果识别得到的六自由度模型参数能够较好地反映试验模型的动力特性。

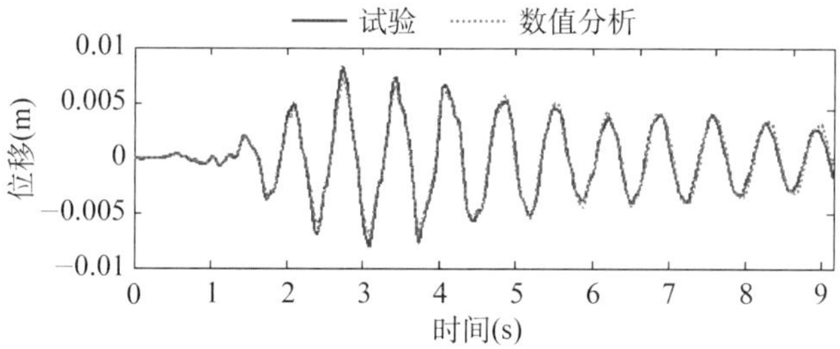

(a)

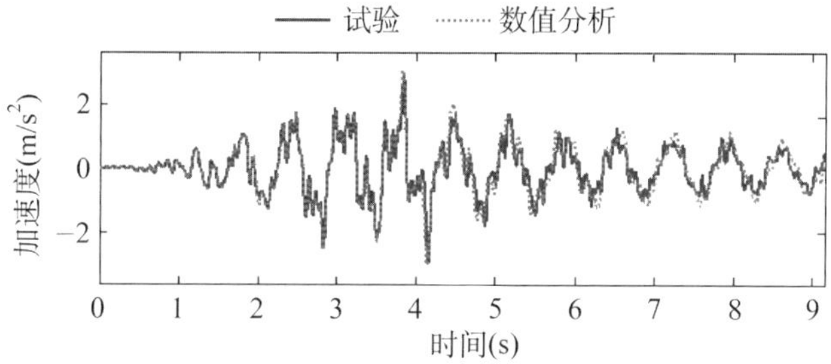

(b)

图 9.3.7 工况 122 试验模型典型动力响应对比

(a)底层层间位移;(b)顶层加速度

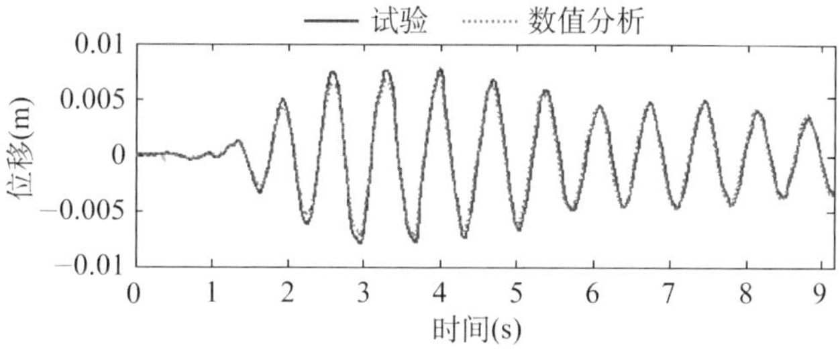

(a)

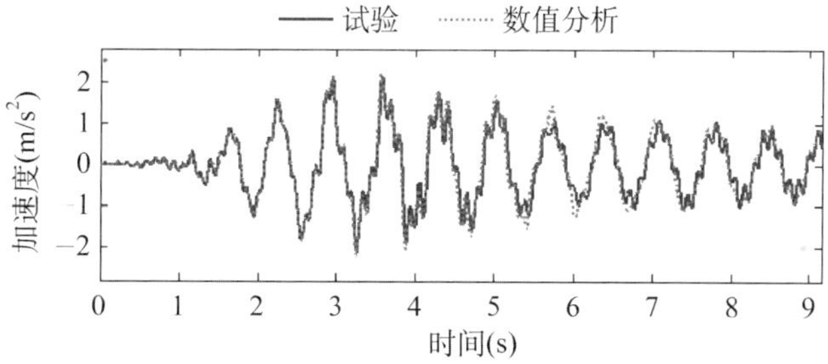

(b)

图 9.3.8 工况 241 试验模型典型动力响应对比

(a)底层层间位移;(b)顶层加速度

采用简化的6自由度模型进行随机地震动作用下结构空间中阻尼器的位置优化。如前所述，由于地震激励本质的非平稳、非Gaussian性，以LQG为代表的经典随机最优控制方法不适用。采用物理随机最优控制方法，以层间位移等价极值的均值最小化为概率准则，进行阻尼器的拓扑优化，结果表明(Peng et al, 2014b)：阻尼器分别放置在底三层、其减振效果最佳，设置有黏滞阻尼器的模型结构见图9.3.2。

9.4 受控结构试验分析

9.4.1 样本与系综特征

图9.4.1—图9.4.3分别给出了3条典型地震动样本输入时试验模型有控及无控动力响应时程对比，同时，表9.4.1中列出了相应工况均方根响应的减振率。

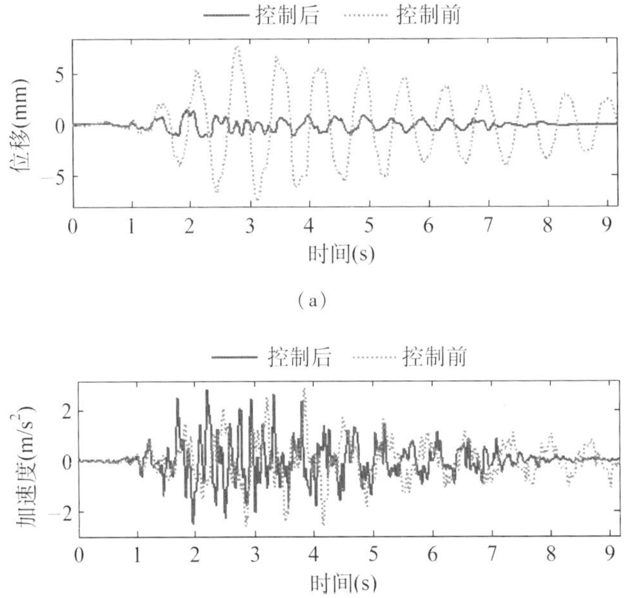

(b)

图9.4.1 W067地震动输入时试验模型典型动力响应时程对比

(a)底层层间位移；(b)顶层加速度

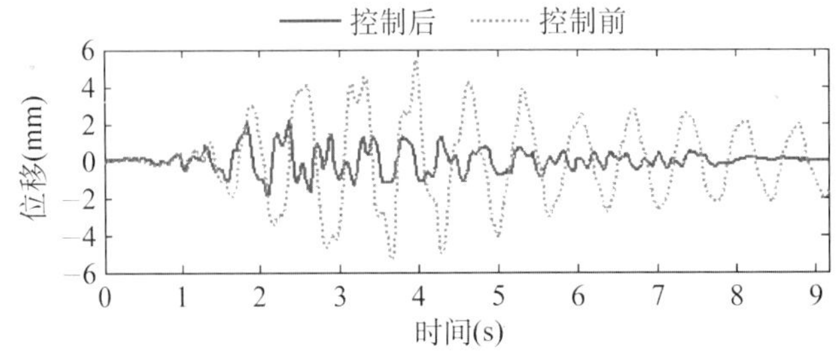

(a)

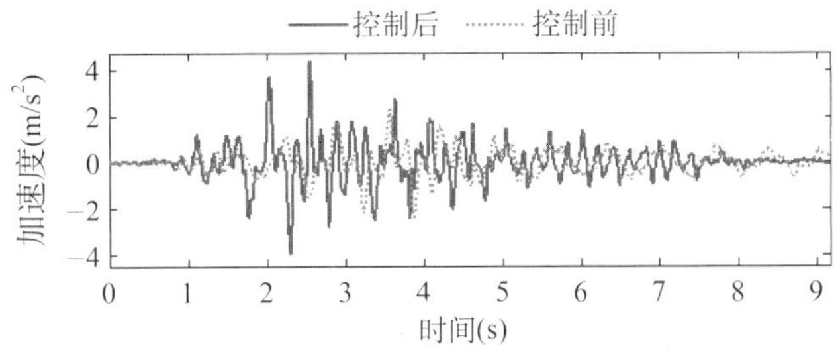

(b)

图 9.4.2　W105 地震动输入时试验模型典型动力响应时程对比

(a)底层层间位移;(b)顶层加速度

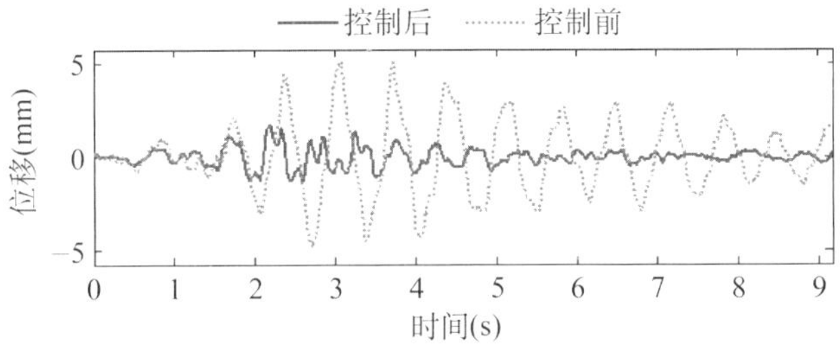

(a)

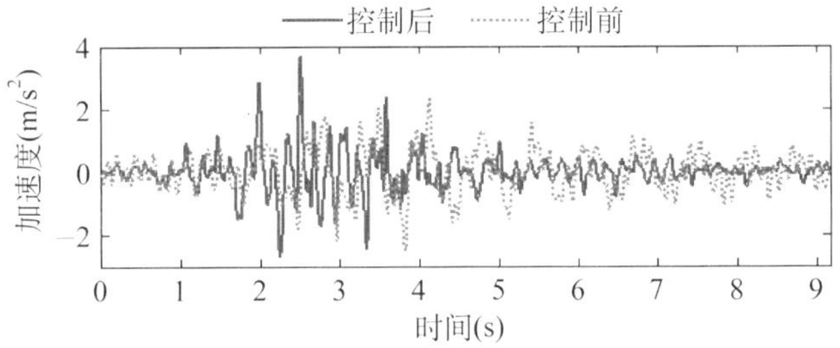

(b)

图 9.4.3　W000 地震动输入时试验模型典型动力响应时程对比

(a)底层层间位移;(b)顶层加速度

表 9.4.1　典型地震动作用下试验模型减振效果对比

结构响应	地震动输入	均方根响应		
		无控	有控	控制效果
底层层间位移(mm)	W067	3.22	0.47	85.42%
	W105	2.21	0.63	71.48%
	W000	1.95	0.48	75.38%
顶层加速度(m/s^2)	W067	0.75	0.68	0.10%
	W105	0.57	0.80	-40.79%
	W000	0.69	0.59	14.49%

从图 9.4.1 — 图 9.4.3 和表 9.4.1 可知,不同地震动样本输入时,采用同一阻尼器布设方案,获得的减振效果存在较大差异。当以地震动样本 W067 作为输入时,底层层间位移取得了非常明显的减振效果,而顶层加速度控制效果不明显;当以地震动样本 W105 作为输入时,虽然底层层间位移取得了一定的减振效果,但顶层加速度却出现了明显放大;当以均值参数地震动 W000 作为输入时,底层层间位移和顶层加速度均取得了良好的减振效果。可见:地震动作用的随机性对黏滞阻尼器的减振效果有非常显著的影响。事实上,在黏滞阻尼器优化布设时,采用概率准则具有全局最优性;换言之,采用随机最优控制准则,可使结构减振效果对于地震动输入总体是最优的。这可以从图 9.4.4 的结果得到验证。

显然,经优化设计的控制系统对于未来结构可能遭受的地震作用具有鲁棒性,从而实现"任你千路来,我只一路去"的结构随机最优控制目标。

无论是在样本层次还是在系综层次,结构层间位移的控制效果要远好于层加速度的控制效果,这是因为这里采用的阻尼器拓扑优化准则为层间位移等价极值的均值最小化。结构随机最优控制的核心是控制律及其参数(含控制装置拓扑)的设计优化,这恰恰依赖于基于结构性态的概率准则。

图 9.4.4、图 9.4.5 所示为黏滞阻尼器布设前后,均方根层间位移、均方根层间剪力的均值、标准差沿结构层高的变化,可见控制效果明显。表 9.4.2 所示为黏滞阻尼器布设前后,代表性测点处的均方根应力(由应变测试数据计算得到)的统计特征值。从表中可以看到,代表性测点处应力的控制效果达到 80% 左右,与结构层间位移的控制效果一致。

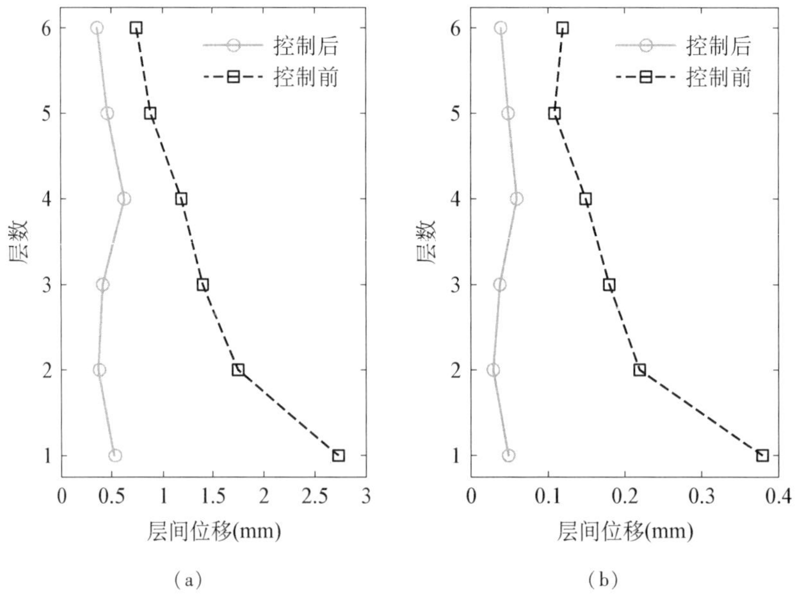

图 9.4.4 均方根层间位移均值、标准差沿结构层高的变化

(a) 均值;(b) 标准差

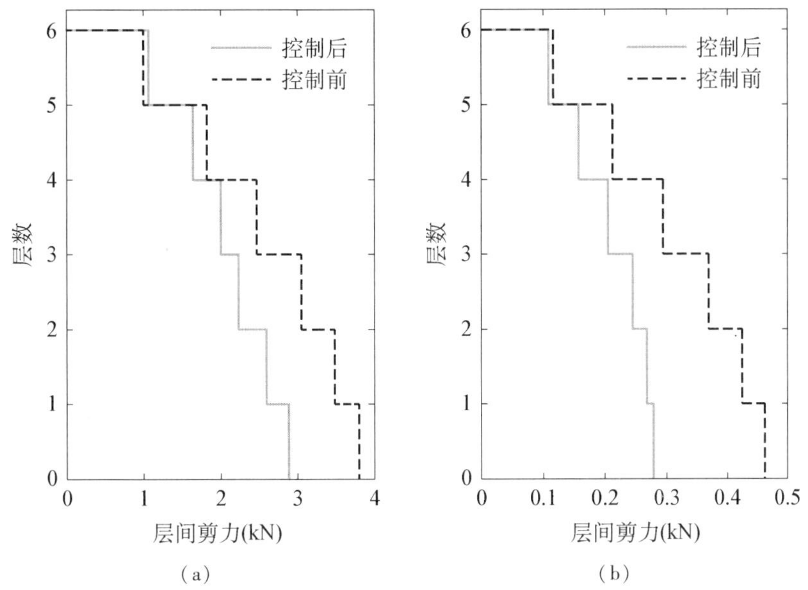

图 9.4.5 均方根层间剪力均值、标准差沿结构层高的变化

(a)均值;(b)标准差

表 9.4.2 代表性测点处的均方根应力的统计特征值

测点		S1	S2	S5	S6	S7
均值(MPa)	无控	49.49	27.95	26.91	29.22	42.13
	有控	11.54	6.10	5.56	7.38	9.16
	效果*	-76.68%	-78.18%	-79.34%	-74.74%	-78.26%
标准差(MPa)	无控	6.04	3.39	3.23	3.60	5.12
	有控	1.02	0.55	0.54	0.67	0.77
	效果*	-83.11%	-83.78%	-83.28%	-81.39%	-84.96%

注:* 效果 =(有控 - 无控)/无控。

根据试验模型层间位移测试数据,可以进一步分析结构地震响应控制系统中黏滞阻尼器的工作性能。以地震动输入样本 W105 为例,图 9.4.6 所示为底层布设阻尼器(VD-1)的阻尼力时程曲线、阻尼力-位移和阻尼力-速度曲线。从图中可以看到,非线性阻尼器具有良好的出力性能,即使结构层间速度较小时,结构模型中的黏滞阻尼器也具有优异的耗能能力。另外,第 2、3 层阻尼器 VD-2、VDV-3 的工作性能同样良好,且由于结构模型以第一模态的剪切型振动为主,两阻尼器的阻尼力时程曲线与图 9.4.6a 存在相似性。

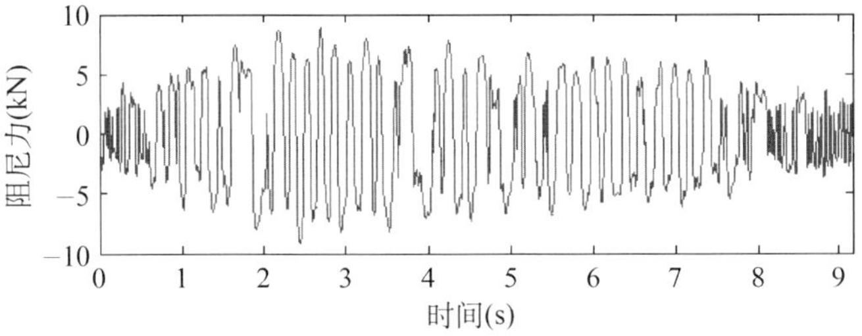

(a)

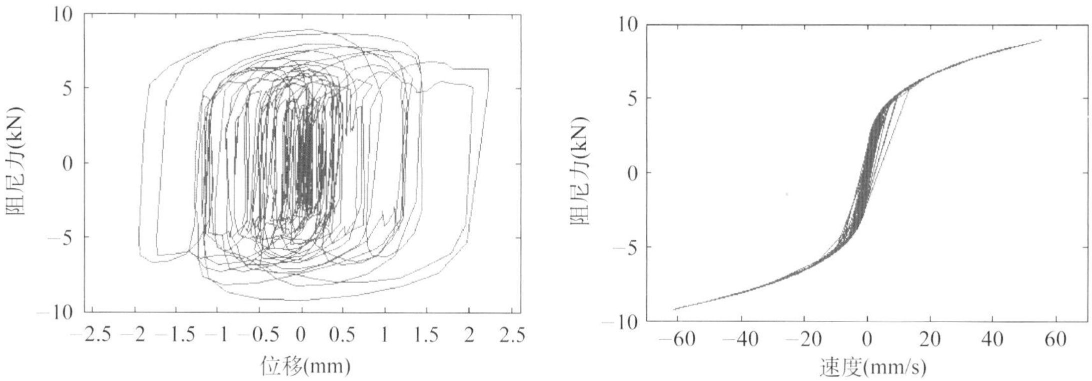

(b) (c)

图 9.4.6 底层布设阻尼器(VD-1)的阻尼力时程曲线、阻尼力-位移和阻尼力-速度曲线

(a)阻尼力时程曲线;(b)阻尼力-位移曲线;(c)阻尼力-速度曲线

9.4.2 概率密度调控

精细的结构动力响应控制是进行概率密度层次的调控。为分析这一调控的效果,首先将有控和无控模型结构在典型时刻的动力响应数据绘制成统计直方图,再基于核密度估计法(Kernel Smoothing Density Estimation, KSDE, Bowman & Azzalini, 1997)对相应的概率密度函数进行估计。图 9.4.7、图 9.4.8 所示分别为有控及无控时试验模型底层层间位移在典型时刻 3 s、8 s 的统计直方图以及相应的概率密度估计结果。从图中可见,核密度估计方法估计的概率密度函数与统计直方图具有较好的一致性。对比相同时刻的概率分布可知,受控试验模型底层层间位移的分布宽度较无控时明显减小,表明模型结构位移响应的变异性大大降低、安全性显著提升。通过合理的随机最优控制准则,可以实现结构随机响应的概率密度调控。

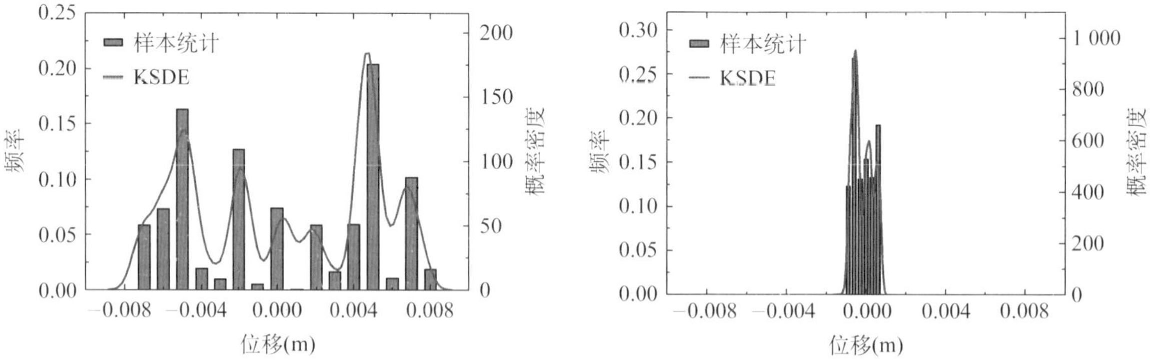

(a) (b)

图 9.4.7 控制前后底层层间位移在 3 s 时刻的概率密度

(a)无控;(b)有控

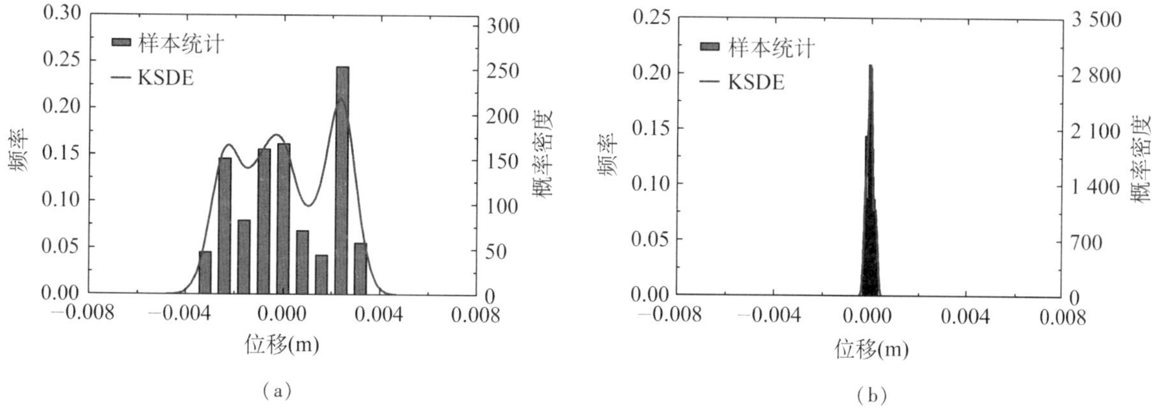

图 9.4.8　控制前后底层层间位移在 8 s 时刻的概率密度

(a)无控;(b)有控

9.5　受控结构可靠度分析

层间位移角是关于结构系统可靠度评价的重要指标。根据试验测得的层间位移数据，采用 2.4.2 节的等价极值事件准则，可以得到给定阈值条件下[依据《建筑结构抗震设计规范》(GB 50011—2010)确定的弹性结构层间位移角限值]有控及无控时结构层间位移角的单元可靠度和整体可靠度，见表 9.5.1 所示。

表 9.5.1　受控前后结构层间位移角可靠度

阈值	工况	层单元可靠度						结构整体可靠度
		1	2	3	4	5	6	
0.004	无控	0.055 5	0.402 9	0.756 9	0.873 6	1.000 0	1.000 0	0.049 2
	有控	1.000 0	1.000 0	1.000 0	1.000 0	1.000 0	1.000 0	1.000 0

从表中可以看到，附加黏滞阻尼器后结构层间位移角的单元可靠度和整体可靠度相比受控前均有显著提升，表明附加黏滞阻尼器获得了所期望的结构性态。

结构层间位移角等价极值的概率密度和概率分布，如图 9.5.1 及图 9.5.2 所示。从图 9.5.1 可以看到，附加黏滞阻尼器后，层间位移角等价极值的值域范围显著减小；而且分布宽度明显变窄，这表明结构系统具有更强的可靠性。特别地，当阈值在 0.002 ~ 0.009 时，改善效果显著(如图 9.5.2，特别当阈值取为 0.004 时、结构整体可靠度从无控时的几乎 0 值到受控后的接近 1)，这一范围可定义为黏滞阻尼器的有效域。设计决策者可根据结构的目标性态(低阈值意味结构层间位移高要求，高阈值意味结构层间位移低要求)，通过投资 - 效益分析来决定是否需要布设阻尼器。

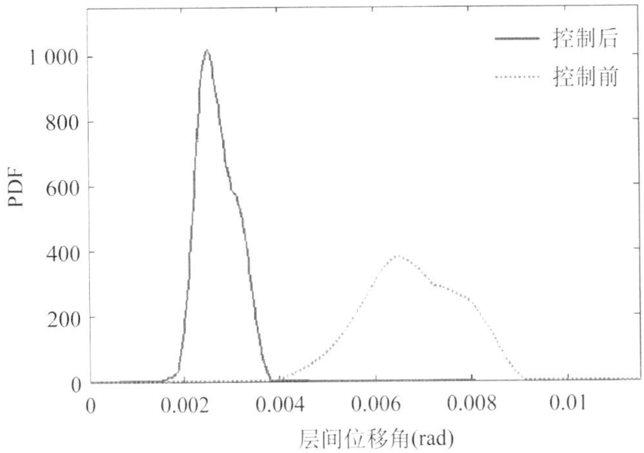

图 9.5.1 控制前后结构层间位移角等价极值的概率密度

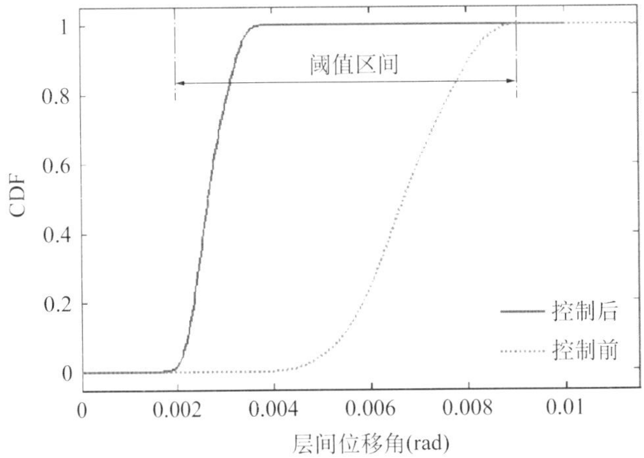

图 9.5.2 控制前后结构层间位移角等价极值的概率分布

9.6 讨论与小结

本章基于物理随机地震动模型生成随机地震动输入,对一设定试验模型分别进行了有控及无控振动台试验研究。从样本与系综特征、概率密度调控、可靠度等不同方面对振动控制效果进行了分析。研究表明:

(1) 物理随机最优控制方法能获得受控结构的整体性态最佳效果:受控结构层间位移和层间剪力沿层高分布更均匀,经优化设计的控制装置系统具有良好的鲁棒性。

(2) 结构随机最优控制的核心是控制律及其参数(含控制装置拓扑)的设计优化,而这恰恰依赖于基于结构性态的概率准则。基于层间位移等价极值均值最小化的阻尼器拓扑优化准则可获得很好的层间位移控制效果。

附录 A

协态向量与激励向量之间的映射关系

若协态量 $\boldsymbol{\lambda}(t)$ 与 $\boldsymbol{F}(\boldsymbol{\Theta}, t)$ 不相关,则在泛函 J 极小条件下 Hamilton 函数式(3.3.7)满足

$$\frac{\partial H(Z^*, U^*, \lambda^*, \boldsymbol{F}, \boldsymbol{\Theta}, t)}{\partial \boldsymbol{F}} = \boldsymbol{D}^{\mathrm{T}}\boldsymbol{\lambda}(t) = \boldsymbol{0} \tag{A.1}$$

代入式(3.3.4)中激励位置矩阵 $\boldsymbol{D}$,有

$$\begin{bmatrix} \boldsymbol{0} \\ \boldsymbol{M}^{-1}\boldsymbol{D}_s \end{bmatrix}^{\mathrm{T}} \begin{bmatrix} \boldsymbol{\lambda}_1(t) \\ \boldsymbol{\lambda}_2(t) \end{bmatrix} = \boldsymbol{0} \tag{A.2}$$

即

$$\boldsymbol{M}^{-1}\boldsymbol{D}_s\boldsymbol{\lambda}_2(t) = \boldsymbol{0} \tag{A.3}$$

分析可知,$\boldsymbol{M}^{-1}\boldsymbol{D}_s$ 为满秩矩阵。由此,满足式(A.3)的充要条件为 $\boldsymbol{\lambda}_2(t) = \boldsymbol{0}$。然而,协态向量 $\boldsymbol{\lambda}(t)$ 与状态向量 $\boldsymbol{Z}(t)$ 是一一对应的,状态向量的零分量条件并不成立。于是,$\boldsymbol{\lambda}_2(t) = \boldsymbol{0}$ 不满足正则方程组式(2.2.14)和式(2.2.16)。因此,在闭-开环控制系统中,协态量 $\boldsymbol{\lambda}(t)$ 与 $\boldsymbol{F}(\boldsymbol{\Theta}, t)$ 必相关。

假定 $\boldsymbol{\lambda}(t)$ 与 $\boldsymbol{F}(\boldsymbol{\Theta}, t)$ 线性相关以便构成输入反馈

$$\boldsymbol{\lambda}(t) = \boldsymbol{S}_{\boldsymbol{F}}(t)\boldsymbol{F}(\boldsymbol{\Theta}, t) \tag{A.4}$$

式中,$\boldsymbol{S}_F(t)$ 为输入权矩阵函数,满足

$$\frac{\partial H}{\partial \boldsymbol{F}} = \boldsymbol{S}_{\boldsymbol{F}}^{\mathrm{T}}(t)[\boldsymbol{A}\boldsymbol{Z}(t) + \boldsymbol{B}\boldsymbol{U}(t) + \boldsymbol{D}\boldsymbol{F}(\boldsymbol{\Theta}, t)] + \boldsymbol{D}^{\mathrm{T}}\boldsymbol{S}_{\boldsymbol{F}}(t)\boldsymbol{F}(\boldsymbol{\Theta}, t) = \boldsymbol{0} \tag{A.5}$$

显然,对于无限时间最优控制,有 $\boldsymbol{S}_{\boldsymbol{F}}(t_f) = \boldsymbol{0}$。

根据 Lagrange 乘子理论,性能泛函的最小化增量为零,存在终端边界条件

$$\boldsymbol{\lambda}(t_f) = \frac{1}{2}\frac{\partial[\boldsymbol{Z}^{\mathrm{T}}(t_f)\boldsymbol{P}(t_f)\boldsymbol{Z}(t_f)]}{\partial \boldsymbol{Z}(t_f)} = \boldsymbol{P}(t_f)\boldsymbol{Z}(t_f) \tag{A.6}$$

所以,Lagrange 乘子向量 $\boldsymbol{\lambda}(t)$ 与状态向量 $\boldsymbol{Z}(t)$ 之间具有如下线性关系(Bryson & Ho, 1975)

$$\boldsymbol{\lambda}(t) = \boldsymbol{P}(t)\boldsymbol{Z}(t) \tag{A.7}$$

式中，$\boldsymbol{P}(t)$为 Riccati 矩阵函数，存在$\boldsymbol{P}(t_f)=\boldsymbol{0}$。

因此，对于一般的闭-开环控制系统，为了使$\boldsymbol{U}(t)$能由状态反馈和输入反馈同时实现，可以建立$\boldsymbol{\lambda}(t)$与$\boldsymbol{Z}(t)$和$\boldsymbol{F}(\boldsymbol{\Theta}, t)$的线性变换关系

$$\boldsymbol{\lambda}(t)=\boldsymbol{P}(t)\boldsymbol{Z}(t)+\boldsymbol{S}_{\boldsymbol{F}}(t)\boldsymbol{F}(\boldsymbol{\Theta}, t) \tag{A.8}$$

附录 B

基于随机等价线性化的 LQG 控制

对于式(6.3.1)所示的拉索控制系统,假设等价线性系统具有如下运动方程

$$\ddot{x}(t) + 2\zeta\omega_0\dot{x}(t) + \omega_{eq}^2 x(t) = u(t) - \ddot{x}_g(\boldsymbol{\Theta}, t),\ x(t_0) = \dot{x}(t_0) = 0 \tag{B.1}$$

式中,ω_{eq}为等价线性振子的圆频率,可通过在最小二乘意义上式(B.1)与式(6.3.1)之差的期望最小求解

$$\frac{\mathrm{d}}{\mathrm{d}\omega_{eq}^2}E[\{\omega_0^2[x(t) + \mu x^3(t)] - \omega_{eq}^2 x(t)\}^2] = 0 \tag{B.2}$$

由此可得

$$\omega_{eq}^2 = \omega_0^2\left(1 + \mu\frac{E[x^4(t)]}{E[x^2(t)]}\right) \tag{B.3}$$

可见,ω_{eq}依赖于$x(t)$的前4阶统计矩,因此上式中ω_{eq}^2的精确求解需已知$x(t)$的概率密度函数。作为精确解的近似,$x(t)$可假定为Gaussian过程,由此式(B.3)简化为(Roberts and Spanos, 1990)

$$\omega_{eq}^2 = \omega_0^2(1 + 3\mu E[x^2(t)]) \tag{B.4}$$

这里,对于Gaussian向量采用了一类分解法则

$$E[f(\boldsymbol{\eta})\boldsymbol{\eta}] = E[\boldsymbol{\eta}\boldsymbol{\eta}^{\mathrm{T}}]E[\nabla f(\boldsymbol{\eta})] \tag{B.5}$$

其中,∇表示梯度算子,定义为

$$\nabla = \left[\frac{\partial}{\partial\eta_1}, \frac{\partial}{\partial\eta_2}, \cdots, \frac{\partial}{\partial\eta_n}\right]^{\mathrm{T}} \tag{B.6}$$

在状态空间,式(B.1)写为

$$\dot{\boldsymbol{Z}}(t) = \boldsymbol{A}(t)\boldsymbol{Z}(t) + \boldsymbol{B}u(t) + \boldsymbol{D}\ddot{x}_g(\boldsymbol{\Theta}, t) \tag{B.7}$$

式中,

$$\boldsymbol{Z}(t) = \begin{bmatrix} x(t) \\ \dot{x}(t) \end{bmatrix},\ \boldsymbol{A}(t) = \begin{bmatrix} 0 & 1 \\ -\omega_{eq}^2 & -2\zeta\omega_0 \end{bmatrix},\ \boldsymbol{B} = \begin{bmatrix} 0 \\ 1 \end{bmatrix},\ \boldsymbol{D} = \begin{bmatrix} 0 \\ -1 \end{bmatrix} \tag{B.8}$$

随机线性二次调节器(LQR)的性能函数定义为(Chen et al, 1998)

$$J(\boldsymbol{Z}, u) = E\left[\boldsymbol{\phi}(\boldsymbol{Z}(t_f), t_f) + \frac{1}{2}\int_{t_0}^{t_f}[\boldsymbol{Z}^{\mathrm{T}}(t)\boldsymbol{Q}_Z\boldsymbol{Z}(t) + \boldsymbol{R}_U u^2(t)]\mathrm{d}t\right] \tag{B.9}$$

约束条件为

$$\begin{cases}\mathrm{d}\boldsymbol{Z}(t) = [\boldsymbol{A}(t)\boldsymbol{Z}(t) + \boldsymbol{B}u(t)]\mathrm{d}t + \boldsymbol{L}\mathrm{d}W(t) \\ \boldsymbol{Z}(t_0) = \boldsymbol{0}\end{cases} \tag{B.10}$$

式中,$\boldsymbol{L}$ 为(2×1)维激励影响矩阵;$W(t)$为一维 Brownian 运动,模型化为 Gaussian 白噪声

$$E[\mathrm{d}W(t)] = 0,\ E[\mathrm{d}W^2(t)] = 2\pi S_0\mathrm{d}t \tag{B.11}$$

式中,S_0 为 $\ddot{x}_g(\boldsymbol{\Theta}, t)$ 的谱强度因子,参考表 3.5.1 取值。

将约束泛函式(B.9)的极值问题转化为无约束泛函极值问题,进而通过求解随机背景下的 Hamilton-Jacobi-Bellman 方程获得解答。推导得到

$$u(t) = -\boldsymbol{R}_U^{-1}\boldsymbol{B}^{\mathrm{T}}\boldsymbol{P}(t)\boldsymbol{Z}(t) \tag{B.12}$$

式中,由于系统矩阵 $\boldsymbol{A}(t)$与 ω_{eq}相关,因此 Riccati 矩阵 $\boldsymbol{P}(t)$依赖于 $E[x^2(t)]$ 的解,但由于系统响应为 Gaussian 过程,其均方值为常数,Riccati 矩阵仍为时不变矩阵。

将式(B.12)代入式(B.1)中,并通过 Fourier 变换得到

$$\{[(\omega_{\mathrm{eq}}^2 + \bar{K}) - \omega^2] + (2\zeta\omega_0 + \bar{C})(\mathrm{i}\omega)\}x(\omega) = -\ddot{x}_{\mathrm{g}}(\boldsymbol{\Theta}, \omega) \tag{B.13}$$

式中,$\bar{C}$, $\bar{K}$ 分别为最优控制力 $u(t)$附加的数值阻尼和数值刚度

$$\bar{C} = \boldsymbol{R}^{-1}(B_1P_{12} + B_2P_{22}),\ \bar{K} = \boldsymbol{R}^{-1}(B_1P_{11} + B_2P_{21}) \tag{B.14}$$

式中,$B_i(i = 1, 2)$ 为控制力位置向量的元素;$P_{ij}(i, j = 1, 2)$ 为 Riccati 矩阵的元素。

由 Wiener-Khintchine 公式,得到均方控制位移

$$E[x^2(t)] = \int_{-\infty}^{\infty}\frac{S_0}{[(\omega_{\mathrm{eq}}^2 + \bar{K}) - \omega^2]^2 + (2\zeta\omega_0 + \bar{C})^2\omega^2}\mathrm{d}\omega \tag{B.15}$$

进一步导出如下

$$E[x^2(t)] = \frac{\pi S_0}{(\omega_{\mathrm{eq}}^2 + \bar{K})(2\zeta\omega_0 + \bar{C})} \tag{B.16}$$

将式(B.4)代入式(B.16),得到

$$E[x^2(t)] = \frac{\sqrt{(\omega_0^2 + \bar{K})^2 + \dfrac{12\pi\mu\omega_0^2 S_0}{2\zeta\omega_0 + \bar{C}}(\omega_0^2 + \bar{K})}}{6\mu\omega_0^2} \tag{B.17}$$

由于状态量和控制力在频域内具有如下关系

$$u(\omega) = [-\bar{C}(\mathrm{i}\omega) - \bar{K}]x(\omega) \tag{B.18}$$

因此有

$$E[u^2(t)] = \int_{-\infty}^{\infty} \frac{(\bar{K}^2 + \bar{C}^2\omega^2)S_0}{[(\omega_0^2 + m^{-1}\bar{K}) - \omega^2]^2 + (2\zeta\omega_0 + m^{-1}\bar{C})^2\omega^2}\mathrm{d}\omega \tag{B.19}$$

代入式(B.4),则有

$$E[u^2(t)] = \frac{\pi S_0 \bar{C}^2}{2\zeta\omega_0 + \bar{C}} + \frac{\left[\sqrt{(\omega_0^2 + \bar{K})^2 + \dfrac{12\pi\mu\omega_0^2 S_0}{2\zeta\omega_0 + \bar{C}}(\omega_0^2 + \bar{K})}\right]\bar{K}^2}{6\mu\omega_0^2} \tag{B.20}$$

附录 C

Riccati 矩阵差分方程与离散动态规划法

考察线性受控系统

$$\dot{\boldsymbol{Z}}(t) = \boldsymbol{A}\boldsymbol{Z}(t) + \boldsymbol{B}\boldsymbol{U}(t) + \boldsymbol{D}\boldsymbol{F}(t) \tag{C.1}$$

离散状态方程为

$$\boldsymbol{Z}(k+1) = \boldsymbol{A}_d\boldsymbol{Z}(k) + \boldsymbol{B}_d\boldsymbol{U}(k) + \boldsymbol{D}_d\boldsymbol{F}(k) \tag{C.2}$$

其中

$$\boldsymbol{A}_d = \mathrm{e}^{\boldsymbol{A}\Delta t},\ \boldsymbol{B}_d = \mathrm{e}^{\boldsymbol{A}\Delta t}\boldsymbol{A}^{-1}(\boldsymbol{I} - \mathrm{e}^{-\boldsymbol{A}\Delta t})\boldsymbol{B},\ \boldsymbol{D}_d = \mathrm{e}^{\boldsymbol{A}\Delta t}\boldsymbol{A}^{-1}(\boldsymbol{I} - \mathrm{e}^{-\boldsymbol{A}\Delta t})\boldsymbol{D} \tag{C.3}$$

式中,$\boldsymbol{I}$ 为单位矩阵。

相应的二次性能函数

$$J(N) = \frac{1}{2}\boldsymbol{Z}^{\mathrm{T}}(N)\boldsymbol{S}(N)\boldsymbol{Z}(N) + \frac{1}{2}\sum_{k=0}^{N-1}(\boldsymbol{Z}^{\mathrm{T}}(k)\boldsymbol{Q}(k)\boldsymbol{Z}(k) + \boldsymbol{U}^{\mathrm{T}}(k)\boldsymbol{R}(k)\boldsymbol{U}(k)) \tag{C.4}$$

式中,$\boldsymbol{Q}(\cdot)$、$\boldsymbol{S}(N)$ 为对称、半正定状态权矩阵,$\boldsymbol{R}(\cdot)$ 为对称、正定控制力权矩阵,理论上 $\boldsymbol{Q}(\cdot)$ 和 $\boldsymbol{R}(\cdot)$ 均为时变矩阵。为了便于实践应用,通常在控制律中将 $\boldsymbol{Q}$, $\boldsymbol{R}$ 设定为时不变参数。因此,最优控制的目标寻求最优控制力序列 $\boldsymbol{U}^*(0)$, $\boldsymbol{U}^*(1)$, $\cdots$, $\boldsymbol{U}^*(N-1)$ 使性能泛函 J 最小(或最大)。

C.1 Riccati 矩阵差分方程

从 Pontryagin 极大值原理出发,推导离散系统式(C.2)的 Riccati 方程。引入离散 Hamilton 函数

$$H(k) = \frac{1}{2}[\boldsymbol{Z}^{\mathrm{T}}(k)\boldsymbol{Q}\boldsymbol{Z}(k) + \boldsymbol{U}^{\mathrm{T}}(k)\boldsymbol{R}\boldsymbol{U}(k)] + \boldsymbol{\lambda}^{\mathrm{T}}(k+1)[\boldsymbol{A}_d\boldsymbol{Z}(k) + \boldsymbol{B}_d\boldsymbol{U}(k) + \boldsymbol{D}_d\boldsymbol{F}(k)] \tag{C.5}$$

协态方程

$$\boldsymbol{\lambda}(k) = \left(\frac{\partial H(k)}{\partial \boldsymbol{Z}(k)}\right)^{\mathrm{T}} = \boldsymbol{Q}\boldsymbol{Z}(k) + \boldsymbol{A}_d^{\mathrm{T}}\boldsymbol{\lambda}(k+1) \tag{C.6}$$

控制方程

$$\frac{\partial H(k)}{\partial \boldsymbol{U}(k)} = \boldsymbol{U}^{\mathrm{T}}(k)\boldsymbol{R} + \boldsymbol{\lambda}^{\mathrm{T}}(k+1)\boldsymbol{B} = \boldsymbol{0} \tag{C.7}$$

可以得到

$$\boldsymbol{U}(k) = -\boldsymbol{R}^{-1}\boldsymbol{B}_d^{\mathrm{T}}\boldsymbol{\lambda}(k+1) \tag{C.8}$$

对于一般的闭－开环控制

$$\boldsymbol{\lambda}(k) = \boldsymbol{P}(k)\boldsymbol{Z}(k) + \boldsymbol{S}_{\boldsymbol{F}}(k-1)\boldsymbol{F}(k-1) \tag{C.9}$$

即同时考虑状态反馈和输入反馈。将式(C.8)、式(C.9)代入式(C.2)中,得到

$$\boldsymbol{Z}(k+1) = (\boldsymbol{I} + \boldsymbol{B}_d\boldsymbol{R}^{-1}\boldsymbol{B}_d^{\mathrm{T}}\boldsymbol{P}(k+1))^{-1}[\boldsymbol{A}_d\boldsymbol{Z}(k) - \boldsymbol{B}_d\boldsymbol{R}^{-1}\boldsymbol{B}_d^{\mathrm{T}}\boldsymbol{S}_{\boldsymbol{F}}(k)\boldsymbol{F}(k) + \boldsymbol{D}_d\boldsymbol{F}(k)] \tag{C.10}$$

对于状态量,这是一个后向递归差分方程。

将式(C.9)代入式(C.6),有

$$\boldsymbol{P}(k)\boldsymbol{Z}(k) + \boldsymbol{S}_{\boldsymbol{F}}(k-1)\boldsymbol{F}(k-1) = \boldsymbol{Q}\boldsymbol{Z}(k) + \boldsymbol{A}_d^{\mathrm{T}}[\boldsymbol{P}(k+1)\boldsymbol{Z}(k+1) + \boldsymbol{S}_{\boldsymbol{F}}(k)\boldsymbol{F}(k)] \tag{C.11}$$

即

$$\boldsymbol{P}(k) = -\boldsymbol{S}_{\boldsymbol{F}}(k)\boldsymbol{F}(k)\boldsymbol{Z}^{-1}(k) + \boldsymbol{Q} + \boldsymbol{A}_d^{\mathrm{T}}\boldsymbol{P}(k+1)\boldsymbol{Z}(k+1)\boldsymbol{Z}^{-1}(k) + \boldsymbol{A}_d^{\mathrm{T}}\boldsymbol{S}_{\boldsymbol{F}}(k)\boldsymbol{F}(k)\boldsymbol{Z}^{-1}(k) \tag{C.12}$$

结合式(C.10),显然,对于待求矩阵 $\boldsymbol{P}(k)$,式(C.12)是一个前向递归差分方程,称为 Riccati 矩阵差分方程,$\boldsymbol{P}(k)$ 为 Riccati 矩阵函数。

将式(C.9)代入式(C.8),并考虑到式(C.2),有

$$\begin{aligned}\boldsymbol{U}(k) = &-[\boldsymbol{B}_d^{\mathrm{T}}\boldsymbol{P}(k+1)\boldsymbol{B}_d + \boldsymbol{R}]^{-1}\boldsymbol{B}_d^{\mathrm{T}}\boldsymbol{P}(k+1)\boldsymbol{A}_d\boldsymbol{Z}(k) - [\boldsymbol{B}_d^{\mathrm{T}}\boldsymbol{P}\\&(k+1)\boldsymbol{B}_d + \boldsymbol{R}]^{-1}\boldsymbol{B}_d^{\mathrm{T}}[\boldsymbol{P}(k+1)\boldsymbol{D}_d + \boldsymbol{S}_{\boldsymbol{F}}(k)]\boldsymbol{F}(k)\end{aligned} \tag{C.13}$$

写为反馈增益矩阵的形式

$$\boldsymbol{U}(k) = -\boldsymbol{G}_{\boldsymbol{Z}}(k)\boldsymbol{Z}(k) - \boldsymbol{G}_{\boldsymbol{F}}(k)\boldsymbol{F}(k) \tag{C.14}$$

式中,$\boldsymbol{G}_{\boldsymbol{Z}}(k)$ 为状态反馈增益矩阵

$$\boldsymbol{G}_{\boldsymbol{Z}}(k) = [\boldsymbol{B}_d^{\mathrm{T}}\boldsymbol{P}(k+1)\boldsymbol{B}_d + \boldsymbol{R}]^{-1}\boldsymbol{B}_d^{\mathrm{T}}\boldsymbol{P}(k+1)\boldsymbol{A}_d \tag{C.15}$$

$\boldsymbol{G}_{\boldsymbol{F}}(k)$ 为输入反馈增益矩阵

$$\boldsymbol{G}_{\boldsymbol{F}}(k) = [\boldsymbol{B}_d^{\mathrm{T}}\boldsymbol{P}(k+1)\boldsymbol{B}_d + \boldsymbol{R}]^{-1}\boldsymbol{B}_d^{\mathrm{T}}[\boldsymbol{P}(k+1)\boldsymbol{D}_d + \boldsymbol{S}_{\boldsymbol{F}}(k)] \tag{C.16}$$

此外,将式(C.9)代入控制方程 $\partial H(k)/\partial \boldsymbol{F}(k) = \boldsymbol{0}$, 得到

$$\frac{\partial H(k)}{\partial \boldsymbol{F}(k)} = [\boldsymbol{A}_d\boldsymbol{Z}(k) + \boldsymbol{B}_d\boldsymbol{U}(k)]^{\mathrm{T}}\boldsymbol{S}_{\boldsymbol{F}}(k) + [\boldsymbol{S}_{\boldsymbol{F}}^{\mathrm{T}}(k)\boldsymbol{D}_d + \boldsymbol{D}_d^{\mathrm{T}}\boldsymbol{S}_{\boldsymbol{F}}(k)]\boldsymbol{F}(k) = \boldsymbol{0} \quad (\mathrm{C.17})$$

推导得到

$$\boldsymbol{S}_{\boldsymbol{F}}(k+1) = (\boldsymbol{B}_d^{\mathrm{T}})^{-1}\boldsymbol{R}\boldsymbol{B}_d^{-1}[\boldsymbol{A}_d\boldsymbol{Z}(k)\boldsymbol{F}^{-1}(k) + \boldsymbol{S}_{\boldsymbol{F}}^{\mathrm{T}}(k)\boldsymbol{D}_d\boldsymbol{F}(k)\boldsymbol{S}_{\boldsymbol{F}}^{-1}(k)\boldsymbol{F}^{-1}(k) + \boldsymbol{D}_d^{\mathrm{T}}\boldsymbol{S}_{\boldsymbol{F}}(k)\boldsymbol{F}(k)\boldsymbol{S}_{\boldsymbol{F}}^{-1}(k)\boldsymbol{F}^{-1}(k)] \quad (\mathrm{C.18})$$

从式(C.12)和式(C.18)可以看出,考虑输入反馈的闭－开环控制,Riccati 矩阵 $\boldsymbol{P}(k)$ 和输入矩阵 $\boldsymbol{S}_F(k)$ 与每个时步的系统状态 $\boldsymbol{Z}(k)$ 和系统输入 $\boldsymbol{F}(k)$ 均相关,需要在线计算,这不便于工程实践应用。因此,一般仅考虑状态反馈的闭环控制,忽略输入对反馈增益的影响。Riccati 矩阵差分方程为

$$\boldsymbol{P}(k) = \boldsymbol{Q} + \boldsymbol{A}_d^{\mathrm{T}}\boldsymbol{P}(k+1)[\boldsymbol{I} - \boldsymbol{B}_d(\boldsymbol{B}_d^{\mathrm{T}}(\boldsymbol{P}(k+1)\boldsymbol{B}_d + \boldsymbol{R})^{-1}\boldsymbol{B}_d^{\mathrm{T}}\boldsymbol{P}(k+1)]\boldsymbol{A}_d \quad (\mathrm{C.19})$$

此时,闭环控制系统的反馈控制力

$$\boldsymbol{U}(k) = -\boldsymbol{G}_{\boldsymbol{Z}}(k)\boldsymbol{Z}(k) \quad (\mathrm{C.20})$$

C.2 离散动态规划法

动态规划法即是利用 Bellman 最优性原理,导出 $J(N)$ 与 $J(N-1)$ 之间的递推关系,从而可以将一个 N 步最优问题化为 N 个一步最优问题,它从第 N 步开始、向第 $N-1$ 步方向寻优。

首先考虑第 N 步的情况,此时初始条件为 $\boldsymbol{Z}(N)$,要求 $\boldsymbol{U}^*(N)$ 使

$$J(N) = \frac{1}{2}\boldsymbol{Z}^{\mathrm{T}}(N)\boldsymbol{P}(N)\boldsymbol{Z}(N) \quad (\mathrm{C.21})$$

最小。这是自然而然的,因为存在

$$\boldsymbol{P}(N) = 0 \quad (\mathrm{C.22})$$

式(C.22)是 Riccati 矩阵差分方程应满足的边界条件。

考虑 $N-1$ 步的情况,这时初始条件为 $\boldsymbol{Z}(N-1)$,要求 $\boldsymbol{U}^*(N-1)$ 使

$$J(N-1) = \frac{1}{2}\boldsymbol{Z}^{\mathrm{T}}(N-1)\boldsymbol{Q}\boldsymbol{Z}(N-1) + \frac{1}{2}\boldsymbol{U}^{\mathrm{T}}(N-1)\boldsymbol{R}\boldsymbol{U}(N-1) + \frac{1}{2}\boldsymbol{Z}^{\mathrm{T}}(N)\boldsymbol{P}(N)\boldsymbol{Z}(N) \quad (\mathrm{C.23})$$

最小。

将状态方程(C.2)代入式(C.23)中,得到

$$J(N-1) = \frac{1}{2}\boldsymbol{Z}^{\mathrm{T}}(N-1)\boldsymbol{Q}\boldsymbol{Z}(N-1) + \frac{1}{2}\boldsymbol{U}^{\mathrm{T}}(N-1)\boldsymbol{R}\boldsymbol{U}(N-1) + \frac{1}{2}[\boldsymbol{A}_d\boldsymbol{Z}(N-1) + \boldsymbol{B}_d\boldsymbol{U}(N-1) + \boldsymbol{D}_d\boldsymbol{F}(N-1)]^{\mathrm{T}}\boldsymbol{P}(N)[\boldsymbol{A}_d\boldsymbol{Z}(N-1) +$$

$$\boldsymbol{B}_d\boldsymbol{U}(N-1)+\boldsymbol{D}_d\boldsymbol{F}(N-1)] \tag{C.24}$$

由 $\partial J\{N-1\}/\partial \boldsymbol{U}(N-1)=\boldsymbol{0}$，有

$$\boldsymbol{R}\boldsymbol{U}(N-1)+\boldsymbol{B}_d^{\mathrm{T}}\boldsymbol{P}(N)[\boldsymbol{A}_d\boldsymbol{Z}(N-1)+\boldsymbol{B}_d\boldsymbol{U}(N-1)+\boldsymbol{D}_d\boldsymbol{F}(N-1)]=0 \tag{C.25}$$

由于 $\boldsymbol{Q}$ 半正定，$\boldsymbol{R}$ 正定，$\boldsymbol{B}^{\mathrm{T}}\boldsymbol{Q}\boldsymbol{B}\Delta t^2+\boldsymbol{R}$ 正定，因而它是可逆的。于是由式(C.25)解出

$$\boldsymbol{U}^*(N-1)=-[\boldsymbol{B}_d^{\mathrm{T}}\boldsymbol{P}(N)\boldsymbol{B}_d+\boldsymbol{R}]^{-1}\boldsymbol{B}_d^{\mathrm{T}}\boldsymbol{P}(N)[\boldsymbol{A}_d\boldsymbol{Z}(N-1)+\boldsymbol{D}_d\boldsymbol{F}(N-1)] \tag{C.26}$$

状态反馈增益矩阵定义为

$$\boldsymbol{G}_{\boldsymbol{Z}}(N-1)=[\boldsymbol{B}_d^{\mathrm{T}}\boldsymbol{P}(N)\boldsymbol{B}_d+\boldsymbol{R}]^{-1}\boldsymbol{B}_d^{\mathrm{T}}\boldsymbol{P}(N)\boldsymbol{A}_d \tag{C.27}$$

输入反馈增益矩阵定义为

$$\boldsymbol{G}_{\boldsymbol{F}}(N-1)=[\boldsymbol{B}_d^{\mathrm{T}}\boldsymbol{P}(N)\boldsymbol{B}_d+\boldsymbol{R}]^{-1}\boldsymbol{B}_d^{\mathrm{T}}\boldsymbol{P}(N)\boldsymbol{D}_d \tag{C.28}$$

闭－开环控制系统的反馈控制力

$$\boldsymbol{U}^*(N-1)=-[\boldsymbol{G}_{\boldsymbol{Z}}(N-1)\boldsymbol{Z}(N-1)+\boldsymbol{G}_{\boldsymbol{F}}(N-1)\boldsymbol{F}(N-1)] \tag{C.29}$$

将式(C.29)代入式(C.24)中，有

$$\begin{aligned}
J(N-1)=\ &\frac{1}{2}\boldsymbol{Z}^{\mathrm{T}}(N-1)\{\boldsymbol{Q}+\boldsymbol{G}_{\boldsymbol{Z}}^{\mathrm{T}}(N-1)\boldsymbol{R}\boldsymbol{G}_{\boldsymbol{Z}}(N-1)+[\boldsymbol{A}_d-\boldsymbol{B}_d\boldsymbol{G}_z(N-1)]^{\mathrm{T}}\\
&\boldsymbol{P}(N)[\boldsymbol{A}_d-\boldsymbol{B}_d\boldsymbol{G}_{\boldsymbol{Z}}(N-1)]\}\boldsymbol{Z}(N-1)+\frac{1}{2}\boldsymbol{Z}^{\mathrm{T}}(N-1)\{\boldsymbol{G}_{\boldsymbol{Z}}^{\mathrm{T}}(N-1)\\
&\boldsymbol{R}\boldsymbol{G}_{\boldsymbol{F}}(N-1)-[\boldsymbol{A}_d-\boldsymbol{B}_d\boldsymbol{G}_{\boldsymbol{Z}}(N-1)]^{\mathrm{T}}\boldsymbol{P}(N)[\boldsymbol{B}_d\boldsymbol{G}_{\boldsymbol{F}}(N-1)-\boldsymbol{D}_d]\}\boldsymbol{F}(N-1)\\
&+\frac{1}{2}\boldsymbol{F}^{\mathrm{T}}(N-1)\{\boldsymbol{G}_{\boldsymbol{F}}^{\mathrm{T}}(N-1)\boldsymbol{R}\boldsymbol{G}_{\boldsymbol{Z}}(N-1)-[\boldsymbol{B}_d\boldsymbol{G}_{\boldsymbol{F}}(N-1)-\boldsymbol{D}_d]^{\mathrm{T}}\\
&\boldsymbol{P}(N)[\boldsymbol{A}_d-\boldsymbol{B}_d\boldsymbol{G}_z(N-1)]\}\boldsymbol{Z}(N-1)+\frac{1}{2}\boldsymbol{F}^{\mathrm{T}}(N-1)\{\boldsymbol{G}_{\boldsymbol{F}}^{\mathrm{T}}(N-1)\\
&\boldsymbol{R}\boldsymbol{G}_{\boldsymbol{F}}(N-1)-[\boldsymbol{B}_d\boldsymbol{G}_{\boldsymbol{F}}(N-1)-\boldsymbol{D}_d]^{\mathrm{T}}\boldsymbol{P}(N)[\boldsymbol{B}_d\boldsymbol{G}_{\boldsymbol{F}}(N-1)-\boldsymbol{D}_d]\}\boldsymbol{F}(N-1)
\end{aligned} \tag{C.30}$$

进一步，忽略输入的影响，并定义

$$\boldsymbol{P}(N-1)=\boldsymbol{Q}+\boldsymbol{G}_{\boldsymbol{Z}}^{\mathrm{T}}(N-1)\boldsymbol{R}\boldsymbol{G}_{\boldsymbol{Z}}(N-1)+[\boldsymbol{A}_d-\boldsymbol{B}_d\boldsymbol{G}_{\boldsymbol{Z}}(N-1)]^{\mathrm{T}}\boldsymbol{P}(N)[\boldsymbol{A}_d-\boldsymbol{B}_d\boldsymbol{G}_z(N-1)] \tag{C.31}$$

于是，可以得到与式(C.21)一致的最优性能泛函

$$J(N-1)=\frac{1}{2}\boldsymbol{Z}^{\mathrm{T}}(N-1)\boldsymbol{P}(N-1)\boldsymbol{Z}(N-1) \tag{C.32}$$

进而考虑 $N-2$ 步的情况，这时初始条件为 $\boldsymbol{Z}(N-2)$，要求 $\boldsymbol{U}^*(N-2)$ 使

$$J(N-2)=\frac{1}{2}\boldsymbol{Z}^{\mathrm{T}}(N-2)\boldsymbol{QZ}(N-2)+\frac{1}{2}\boldsymbol{U}^{\mathrm{T}}(N-2)\boldsymbol{RU}(N-2)+\frac{1}{2}\boldsymbol{Z}^{\mathrm{T}}(N-1)\boldsymbol{P}(N-1)\boldsymbol{Z}(N-1) \tag{C.33}$$

最小。

由于式(C.33)与式(C.23)形式上相同,可以得到闭环控制系统控制律参数的如下递归差分方程

$$\boldsymbol{G}_{\mathrm{Z}}(k)=[\boldsymbol{B}_d^{\mathrm{T}}\boldsymbol{P}(k+1)\boldsymbol{B}_d+\boldsymbol{R}]^{-1}\boldsymbol{B}_d^{\mathrm{T}}\boldsymbol{P}(k+1)\boldsymbol{A}_d \tag{C.34}$$

$$\boldsymbol{U}^*(k)=-\boldsymbol{G}_{\mathrm{Z}}(k)\boldsymbol{Z}(k) \tag{C.35}$$

$$\boldsymbol{P}(k)=\boldsymbol{Q}+\boldsymbol{G}_{\mathrm{Z}}^{\mathrm{T}}(k)\boldsymbol{RG}_{\mathrm{Z}}(k)+[\boldsymbol{A}_d-\boldsymbol{B}_d\boldsymbol{G}_z(k)]^{\mathrm{T}}\boldsymbol{P}(k+1)[\boldsymbol{A}_d-\boldsymbol{B}_d\boldsymbol{G}_{\mathrm{Z}}(k)] \tag{C.36}$$

式(C.36)为 Joseph 稳定化的 Riccati 矩阵差分方程(Lewis and Syrmos, 1995)。变换如下

$$\begin{aligned}\boldsymbol{P}(k)=\ &\boldsymbol{Q}+\boldsymbol{G}_{\mathrm{Z}}^{\mathrm{T}}(k)[\boldsymbol{B}_d^{\mathrm{T}}\boldsymbol{P}(k+1)\boldsymbol{B}_d+\boldsymbol{R}]\boldsymbol{G}_{\mathrm{Z}}(k)+\boldsymbol{A}_d^{\mathrm{T}}\boldsymbol{P}(k+1)\boldsymbol{A}_d-\\&\boldsymbol{A}_d^{\mathrm{T}}\boldsymbol{P}(k+1)\boldsymbol{B}_d\boldsymbol{G}_z(k)-\boldsymbol{G}_{\mathrm{Z}}^{\mathrm{T}}(k)\boldsymbol{B}_d^{\mathrm{T}}\boldsymbol{P}(k+1)\boldsymbol{A}_d\end{aligned} \tag{C.37}$$

将式(C.34)代入式(C.37)中

$$\boldsymbol{P}(k)=\boldsymbol{Q}+\boldsymbol{A}_d^{\mathrm{T}}\boldsymbol{P}(k+1)[\boldsymbol{I}-\boldsymbol{B}_d(\boldsymbol{B}_d^{\mathrm{T}}\boldsymbol{P}(k+1)\boldsymbol{B}_d+\boldsymbol{R})^{-1}\boldsymbol{B}_d^{\mathrm{T}}\boldsymbol{P}(k+1)]\boldsymbol{A}_d \tag{C.38}$$

式(C.38)即式(C.19)。因此,基于 Pontryagin 极大值原理与离散动态规划的 Riccati 矩阵差分方程形式完全一致。

索　引

T

V

W

X

Y

Z

参 考 文 献

[1] Åström KJ. Introduction to Stochastic Control Theory. New York: Academic Press, 1970.

[2] Abdel-Rohman M, Nayfeh AH. Active control of nonlinear oscillations in bridges. ASCE Journal of Engineering Mechanics, 1987,113: 335 – 348.

[3] Adhikari R, Yamaguchi H. Adaptive control of non-stationary wind-induced vibration of tall buildings. Proceedings of 1st World Conference on Structural Control, 1994, TA4, pp. 43 – 52.

[4] Aiken ID, Nims DK, Whittaker AS, et al. Testing of passive energy dissipation systems. Earthquake Spectra, 1993,9(3): 335 – 368.

[5] Aki K. Scaling law of seismic spectrum. Journal of Geophysical Research, 1967,72(4): 1217 – 1231

[6] Aki K, Richards PG. Quantitative Seismology Theory and Methods. San Francisco: W. H. Freeman and Company, 1980.

[7] Amini F, Tavassoli MR. Optimal structural active control force, number and placement of controllers. Engineering Structures, 2005,27: 1306 – 1316.

[8] Anderson Brian DO, Moore J. Optimal Control: Linear Quadratic Methods. Englewood Cliffs: Prentice-Hall, 1990.

[9] Asai T, Chang CM, Spencer Jr. BF. Real-Time Hybrid Simulation of a Smart Base-Isolated Building. Journal of Engineering Mechanics, 2015,141(3): 04014128 – 1 – 10.

[10] Athans M, Falb P. Optimal Control: An Introduction to the Theory and Its Applications. New York: McGraw Hill, 1996.

[11] Baber TT, Wen YK. Random vibration of hysteretic degrading systems. ASCE Journal of the Engineering Mechanics Division, 1981,107(6): 1069 – 1087.

[12] Baber TT, Noori MN. Random vibration of degrading, pinching systems. ASCE Journal of Engineering Mechanics, 1985,111(8): 1010 – 1027.

[13] Bani-Hani KA, Alawneh MR. Prestressed active post-tensioned tendons control for bridges under moving loads. Structural Control and Health Monitoring, 2007,14: 357 – 383.

[14] Battaini M, Casciati F, Faravelli L. Some reliability aspects in structural control. Probabilistic Engineering Mechanics, 2000,15: 101 – 107.

[15] Beaman JJ, Hedrick JK. Improved statistical linearization for analysis and control of nonlinear stochastic-systems I: an extended statistical linearization technique. Journal of Dynamic Systems Measurement and Control, 1981,103(1): 14 – 21.

[16] Bellman R, Dynamic Programming. Princeton: Princeton University Press, 1957.

[17] Berardengo M, Cigada A, Guanziroli F, et al. Modelling and control of an adaptive tuned mass damper based on shape memory alloys and eddy currents. Journal of Sound and Vibration, 2015,349: 18 – 38.

[18] Bernstein DS. Nonquadratic cost and nonlinear feedback control. International Journal of Robust and Nonlinear Control, 1993,3: 211 – 229.

[19] Bhaskararao AV, Jangid RS. Seismic analysis of structures connected with friction dampers. Engineering Structures, 2006,28: 690-703.

[20] Boada MJL, Calvo JA, Boada BL, et al. Modeling of a magnetorheological damper by recursive lazy learning. International Journal of Non-Linear Mechanics, 2011,46(3): 479-485.

[21] Boore DM. Simulation of ground motion using the stochastic method. Pure and Applied Geophysics, 2003, 160: 635-676.

[22] Bouc R. Forced vibration of mechanical system with hysteresis. Proceedings of 4th Conference on Nonlinear Oscillations. Czechoslovakia: Prague, 1967.

[23] Bowman AW, Azzalini A. Applied Smoothing Techniques for Data Analysis. Oxford: Oxford University Press, 1997.

[24] Breitung K, Casciati F, Faravelli. Reliability based stability analysis for actively controlled structures. Engineering Structures, 1998,20(3): 211-215.

[25] Brogan WL. Modern Control Theory. Englewood Cliffs: Prentice-Hall, 1991.

[26] Brune JN. Tectonic stress and the spectra of seismic shear waves from earthquakes. Journal of Geophysical Research, 1970,75(26): 4997-5009.

[27] Bryson Jr. AE, Ho YC. Applied Optimal Control. New York: Hemisphere, 1975.

[28] Bucy RS, Kalman RE. New results in linear filtering and prediction theory. ASME Transactions Journal of Basic Engineering, 1961,83: 95-108.

[29] Carlson JD, Jolly MR. MR fluid, foam and elastomer devices. Mechatronics, 2000,10(4-5): 555-569.

[30] Carrion JE, Spencer Jr. BF, Phill BM. Real-time hybrid simulation for structural control performance assessment. Earthquake Engineering & Engineering Vibration, 2009,8(4): 481-492.

[31] Casciati F, Magonette G, Marazzi F. Technology of Semiactive Devices and Applications in Vibration Mitigation. Chichester: John Wiley & Sons, 2006.

[32] Caughey TK. Equivalent linearization techniques. Journal of the Acoustical Society of America, 1963,35: 1706-1711.

[33] Caughey TK. On the response of non-linear oscillators to stochastic excitation. Probabilistic Engineering Mechanics, 1986,1: 2-4.

[34] Cha YJ, Zhang JQ, Agrawal AK, et al. Comparative Studies of Semiactive Control Strategies for MR Dampers: Pure Simulation and Real-Time Hybrid Tests. Journal of Structural Engineering, 2013,139(7): 1237-1248.

[35] Chae Y, Ricles JM, Sause R. Modeling of a large-scale magneto-rheological damper for seismic hazard mitigation. Part II: Semi-active mode. Earthquake Engineering & Structural Dynamics, 2013,42(5): 687-703.

[36] Chan RWK, Albermani F. Experimental study of steel slit damper for passive energy dissipation. Engineering Structures, 2008,30(4): 1058-1066.

[37] Chandiramani KI. First Passage Problem Probability for A Linear Oscillator. Massachusetts: Department of Mechanical Engineering, MIT, Cambridge, 1964.

[38] Chang CC, Roschke P. Neural network modeling of a magnetorheological damper. Journal of Intelligent Material Systems and Structures, 1998,9(9): 755-764.

[39] Chang CC, Yu LO. A simple optimal pole location technique for structural control. Engineering Structures, 1998,20(9): 792-804.

[40] Chang James CH, Soong TT. Structural control using active tuned mass dampers. ASCE Journal of Engineering Mechanics, 1980a,106(6): 1091-1098.

[41] Chang Min IJ, Soong TT. Optimal controller placement in modal control of complex systems. Journal of Mathematical Analysis and Applications, 1980b,75(2): 340-358.

[42] Chen GP, Malik OP, Qin YH, et al. Optimization technique for the design of a linear optimal power system stabilizer. IEEE Transactions on Energy Conversion, 1992,7(3): 453-459.

[43] Chen GS, Robin JB, Salama M. Optimal placement of active/passive members in truss structures using simulated annealing. AIAA Journal, 1991,29(8): 1327-1334.

[44] Chen JB, Ghanem R, Li J. Partition of the probability space in probability density evolution analysis of non-linear stochastic structures, Probabilistic Engineering Mechanics, 2009,24(1):27-42.

[45] Chen JB, Li J. Dynamic response and reliability analysis of non-linear stochastic structures. Probabilistic Engineering Mechanics, 2005,20: 33-44.

[46] Chen JB, Li J. The extreme value distribution and dynamic reliability analysis of nonlinear structures with uncertain parameters. Structural Safety, 2007,29(2): 77-93.

[47] Chen JB, Li J. Strategy for selecting representative points via tangent spheres in the probability density evolution method. International Journal for Numerical Methods in Engineering, 2008,74(13): 1988-2014.

[48] Chen SP, Li XJ, Zhou XY. Stochastic linear quadratic regulators with indefinite control weight costs. SIAM Journal on Control and Optimization, 1998,36: 1685-1702.

[49] Cheng FY, Pantelides CP. Optimal placement of actuators for structural control. Technical Report NCEER-88-0037, National Centre for Earthquake Engineering Research, New York: State University of New York, 1988.

[50] Cheng W, Qu W, Li A. Hybrid vibration control of Nanjing TV tower under wind excitation. Proceedings of 1st World Conference on Structural Control, Los Angeles, USA, 1994, Vol. 1, WP2-32-WP2-41.

[51] Chu SY, Soong TT, Reinhorn AM. Active, Hybrid and Semi-Active Structural Control. New York: John Wiley & Sons, 2005.

[52] Chung J, Lee JM. A new family of explicit time integration methods for linear and nonlinear structural dynamics. International Journal for Numerical Methods in Engineering, 1994,37: 3961-3976.

[53] Chung LL, Lin RC, Soong TT, et al, Experimental study of active control for MDOF seismic structures. Journal of Engineering Mechanics, 1989,115(8): 1609-1627.

[54] Chung LL, Reinhorn AM, Soong TT. Experiments on active control of seismic structures. ASCE Journal of Engineering Mechanics, 1988,114(2): 241-256.

[55] Chung LL, Wu LY, Yang CSW, et al. Optimal design formulas for viscous tuned mass dampers in wind-excited structures. Structural Control & Health Monitoring, 2013,20(3): 320-336.

[56] Clough RW, Johnson SB. Effects of stiffness degradation on earthquake ductility requirements. Proceedings of 2nd Japan National Earthquake Engineering Conference, Tokyo, Japan, 1966,227-232.

[57] Clough RW, Penzien J. Dynamics of Structures. 2nd Edition. New York: McGraw-Hill, 1993.

[58] Coleman JJ. Reliability of aircraft structures in resisting chance failure. Operations Research, 1959,7(5): 639-645.

[59] Collins Jr. EG, Skelton RE. Covariance control of discrete systems. Proceedings of 24th IEEE Conference on Decision and Control, Ft. Lauderole, 1985, FL542-547.

[60] Constantinou MC, Symans MD, Tsopelas P, et al. Fluid viscous dampers in applications of seismic energy dissipation and seismic isolation. Proceedings of Seminar on Seismic Isolation, Passive Energy Dissipation, and Active Control, Applied Technology Council, Palo Alto, USA No. ATC-17-1. 1993, Vol. 2,581-592.

[61] Cornell CA. Bounds on the reliability of structural systems. ASCE Journal of Structural Division, 1967,93(1): 171-200.

[62] Crandall SH. Random Vibration. New York: Technology Press of MIT; John Wiley & Sons, 1958.

[63] Crandall SH. Perturbation techniques for random vibration of nonlinear systems. Journal of the Acoustical Society of America, 1963,35: 1700-1705.

[64] Crandall SH, Mark W. Random Vibration in Mechanical Systems. New York: Academic Press, 1963.

[65] Dan M, Ishizawa Y, Tanaka S, et al. Vibration characteristics change of a base-isolated building with semi-active dampers before, during, and after the 2011 Great East Japan earthquake. Earthquakes and Structures, 2015,8(4): 889-913.
[66] Davenport AG. The spectrum of horizontal gustiness near the ground in high winds. Quarterly Journal of the Royal Meteorological Society, 1961,87: 194-211.
[67] Debusschere BJ, Najm HN, Pébay PP, et al. Numerical challenges in the use of polynomial chaos representations for stochastic processes. SIAM Journal on Scientific Computing, 2004,26(2): 698-719.
[68] Der Kiureghian A. A response spectrum method for random vibration analysis of MDF systems. Earthquake Engineering and Structural Dynamics, 1981,9: 419-435.
[69] Der Kiureghian A, Neuenhofer A. Response spectrum method for multi-support seismic excitations. Earthquake Engineering and Structural Dynamics, 1992,21: 713-740.
[70] Dewey A, Jury E. A note onAizerman's conjecture. IEEE Transaction on Automatic Control, 1963, AC-19,482-483.
[71] Di Paola M, Navarra G. Stochastic seismic analysis of MDOF structures with nonlinear viscous dampers. Structural Control and Health Monitoring, 2009,16(3): 303-318.
[72] Ditlevsen O. Narrow reliability bounds for structural systems. ASCE Journal of Structural Mechanics, 1979, 7(4): 453-472.
[73] Doi M, Edwards SF. The Theory of Polymer Dynamics. Oxford: Oxford University Press, 1986.
[74] Dostupov BG, Pugachev VS. The equation for the integral of a system of ordinary differential equations containing random parameters. Automatika i Telemekhanika, 1957,18: 620-630.
[75] Dyke SJ, Spencer Jr. BF, Quast P, et al. Implementation of an active mass driver using acceleration feedback control. Microcomputers in civil engineering, 1996a,11(5): 305-323.
[76] Dyke SJ, Spencer Jr. BF, Sain MK, et al. Modeling and control of magnetorheological dampers for seismic response reduction. Smart Materials and Structures, 1996b,5: 565-575.
[77] Ehrgott RC, Masri SF. Use of electrorheological materials in intelligent systems. Proceedings of US-Italy-Japan Workshop/Symposium on Structural Control and Intelligent Systems, Sorrento, Italy, 87-100,1992.
[78] Einstein A. Investigations on the theory of the Brownian movement. Edited by R. Furth (1956), New York: Dover Publications, 1905.
[79] Elbeyli O, Hong L, Sun JQ. On the feedback control of stochastic systems tracking pre-specified probability density functions. Transactions of the Institute of Measurement and Control, 2005,27(5): 319-329.
[80] Elbeyli O, Sun JQ. A stochastic averaging approach for feedback control design of nonlinear systems under random excitations. Journal of Vibration and Acoustics, 2002,124: 561-565.
[81] Elbeyli O, Sun JQ. Covariance control of nonlinear dynamic systems via exact stationary probability density function. Journal of Vibration and Acoustics, 2004,126: 71-76.
[82] Eldred MS, Adams BM, Gay DM, et al. DAKOTA, A Multilevel Parallel Object-Oriented Framework for Design Optimization, Parameter Estimation, Uncertainty Quantification, and Sensitivity Analysis (Version 4.1+ User's Manual). Sandia National Laboratories, SAND 2006-6337,2007.
[83] Fang T, Zhang TS, Wang ZN. Complex modal analysis of nonstationary random process. Proceedings of the 9th International Modal Analysis Conference (IMAC), Florence, Italy, Apr. 1991,15-18.
[84] Feng Q, Shinozuka M, Fujii S. Friction-controllable sliding isolated systems. ASCE Journal of Engineering Mechanics, 1993,119(9): 1845-1864.
[85] Field Jr. RV, Bergman LA. Reliability-based approach to linear covariance control design. ASCE Journal of Engineering Mechanics, 1998,124(2): 193-199.
[86] Field Jr. RV, Bergman LA, Hall WB. Computation of probabilistic stability measures for a controlled distributed parameter system. Probabilistic Engineering Mechanics, 1995,10: 181-192.

[87] Field Jr. RV, Voulgaris PG, Bergman LA. Probabilistic stability robustness of structural systems. ASCE Journal of Engineering Mechanics, 1996,122(10): 1012 - 1021.

[88] Florentin JJ. Optimal control of continuous time, Markov, stochastic systems. Journal of Electronics Control, 1961,10: 473 - 488.

[89] Fokker AD. Die mittlere Energie rotierender elektrischer Dipole im Strahlungsfeld. Annalen der Physik (Leipzig). 1914,43: 810 - 820.

[90] Foliente GC. Hysteresis modeling of wood joints and structural systems. ASCE Journal of Structural Engineering, 1995,121(6): 1013 - 1022.

[91] Fu KS. Learning control systems and intelligent control systems: an intersection of artificial intelligence and automatic control. IEEE Transactions on Automatic Control, 1971,16: 70 - 72.

[92] Furuya H, Haftka RT. Combining genetic and deterministic algorithms for locating actuators on space structures. Journal of Spacecraft and Rockets, 1996,33(3): 422 - 427.

[93] Gardiner CW. Handbook of Stochastic Methods for Physics, Chemistry and the Natural Sciences. 2nd Edition. Berlin: Springer, 1983.

[94] Gavin HP, Ortiz DS, Hanson RD. Testing and Modeling of a proto-type ER damper for seismic structural response control. Proceedings of International Workshop on Structural Control, Honolulu, USA, 1993, 166 - 180.

[95] Ghanem R, Spanos PD. Stochastic Finite Elements: A Spectral Approach. New York: Springer, 1991.

[96] Guo YQ, Chen WQ. Dynamic analysis of space structures with multiple tuned mass dampers. Engineering Structures, 2007,29: 3390 - 3403.

[97] Hinze JQ. Turbulence. New York: McGraw-Hill, 1975.

[98] Hiramoto K, Doki H, Obinata G. Optimal sensor actuator placement for active vibration control using explicit solution of algebraic Riccati equation. Journal of Sound and Vibration, 2000, 229 (5): 1057 - 1075.

[99] Ho CC, Ma CK. Active vibration control of structural systems by a combination of the linear quadratic Gaussian and input estimation approaches. Journal of Sound and Vibration, 2007,301: 429 - 449.

[100] Haskell NA. Total energy and energy spectral density of elastic wave radiation from propagating faults. Bulletin of the Seismological Society of America, 1964,54(6): 1811 - 1841.

[101] Haskell NA. Total energy and energy spectral density of elastic wave radiation from propagating faults. Part Ⅱ. A statistical source model. Bulletin of the Seismological Society of America, 1966,56(1): 125 - 140.

[102] Hogsberg J. The role of negative stiffness in semi-active control of magneto-rheological dampers. Structural Control & Health Monitoring, 2011,18(3): 289 - 304.

[103] Housner GW, Bergman LA, Caughey TK, et al. Structural control: past, present, and future. ASCE Journal of Engineering Mechanics, 1997,123(9): 897 - 971.

[104] Hotz A, Skelton RE. Covariance control theory. International Journal of Control, 1987,46(1): 13 - 32.

[105] Hrovat D, Barak P, Rabins M. Semi-active versus passive or active tuned mass dampers for structural control. ASCE Journal of Engineering Mechanics, 1983,109(3): 691 - 705.

[106] Ibidapo-Obe O. Optimal actuators placement for the active control of flexible structures. Journal of Mathematical Analysis and Applications, 1985,105(1): 12 - 25.

[107] Imaduddin F, Mazlan SA, Zamzuri H. A design and modelling review of rotary magnetorheological damper. Materials & Design, 2013,51: 575 - 591.

[108] Inaudi JA. Modulated homogeneous friction: a semi-active damping strategy. Earthquake Engineering and Structural Dynamics, 1997,26(3): 361 - 376.

[109] Iwan WD. The Dynamic Response of Bilinear Hysteretic System. California: California Institute of Technology, 1961.

[110] Jansen LM, Dyke SJ. Semi-active control strategies for MR dampers comparative study. ASCE Journal of Engineering Mechanics, 2000,126(8): 795-803.

[111] Jung HJ, Jang DD, Choi KM, et al. Vibration mitigation of highway isolated bridge using MR damper-based smart passive control system employing an electromagnetic induction part. Structural Control and Health Monitoring, 2009,16(6): 613-625.

[112] Jung HJ, Jang DD, Lee HJ, et al. Feasibility Test of Adaptive Passive Control System Using MR Fluid Damper with Electromagnetic Induction Part. Journal of Engineering Mechanics, 2010,136(2): 254-259.

[113] Kaimal JC, Finnigan JJ. Atmospheric Boundary Layer Flows: Their Structure and Measurement. New York: Oxford University Press, 1994.

[114] Kalman RE. On the general theory of control systems. Proceedings of 1st IFAC Moscow Congress, Butterworth Scientific Publications, 1960a.

[115] Kalman RE. A new approach to linear filtering and prediction problems. ASME Transactions Journal of Basic Engineering, 1960b,82: 35-45.

[116] Kamada T, Fujita T, Hatayama T, et al. Active vibration control of frame structures with smart structures using piezoelectric actuators (Vibration control by control of bending moments of columns). Smart Materials and Structures, 1997,6: 448-456.

[117] Kamat MP. Active control of structures in nonlinear response. Journal of Aerospace Engineering, 1988,1: 52-62.

[118] Kanai K. Semi-empirical formula for the seismic characteristics of the ground. Bulletin of the Earthquake Research Institute, University of Tokyo, Japan, 1957,35: 309-325.

[119] Karnopp DC, Crosby MJ, Harwood RA. Vibration control using semi-active force generators. Journal of Engineering for Industry, 1974,96(2): 619-626.

[120] Kawashima K, Unjoh S, Iida H, et al. Effectiveness of the variable damper for reducing seismic response of highway bridge. Proceedings of Second US-Japan Workshop on Earthquake Protective Systems for Bridges, PWRI, Tsukuba Science City, Japan, 1992,479-493.

[121] Kelly JM, Skinner RI, Heine AJ. Mechanisms of energy absorption in special devices for use in earthquake-resistant structures. Bulletin of the New Zealand National Society for Earthquake Engineering, 1972,5(3): 63-88.

[122] Khintchine H. Korrelationstheorie der stationären stochastischen Prozesse. Mathematische Annalen, 1934, 109(1): 604-615.

[123] Kim J, Choi H, Min KW. Performance-based design of added viscous dampers using capacity spectrum method. Journal of Earthquake Engineering, 2003,7(1):1-24.

[124] Kim HS, Roschke PN, Lin PY, et al. Neuro-fuzzy model of hybrid semi-active base isolation system with FPS bearings and an MR damper. Engineering Structures, 2006,28(7): 947-958.

[125] Kobori T. Past, present and future in seismic response control in civil engineering structures. Proceedings of 3rd World Conference on Structures Control, Wiley, New York, 2003,9-14.

[126] Kobori T, Takahashi M, Nasu T. Experimental study on active variable stiffness system-active seismic response controlled structure. Proceedings of 4th World Congress Council on Tall Buildings and Urban Habitat, Hong Kong, 1990,561-572.

[127] Kohiyama M, Yoshida M. LQG design scheme for multiple vibration controllers in a data center facility. Earthquakes and Structures, 2014,6(3): 281-300.

[128] Kolmogorov AN. Über die analytischen Methoden in der Wahrscheinlichkeitsrechnung. Mathematische Annalen, 1931,104: 415-458.

[129] Krishnan R, Nerves AC, Singh MP. Modeling, simulation and analysis of active control of structures with nonlinearity using neural networks. Proceedings of 10th Engineering Mechanics Specialty Conference, Vol.

2, ASCE, Boulder, Colorado, 1995,1054 - 1057.

[130] Kushner HJ. Optimal stochastic control. IRE Transactions on Automatic Control, 1962, AC - 7: 120 - 122.

[131] Lanczos C. The Variational Principles of Mechanics. 4th Edition. New York: Dover, 1970.

[132] Laskin RA. Aspects of the Dynamics and Controllability of Large Flexible Structures [D]. Columbia University, 1982.

[133] Lee HJ, Jung HJ, Cho SW, et al. An experimental study ofsemiactive modal neuro-control scheme using MR damper for building structure. Journal of Intelligent Material Systems and Structures, 2008,19(9): 1005 - 1015.

[134] Leondes CT, Salami MA. Algorithms for the weighting matrices in sampled-data linear time-invariant optimal regulator problems. Computers & Electrical Engineering, 1980,7: 11 - 23.

[135] Lewis FL, Syrmos VL. Optimal Control. New York: John Wiley & Sons, 1995.

[136] Li C. Performance of multiple tuned mass dampers for attenuating undesirable oscillations of structures under the ground acceleration. Earthquake Engineering and Structural Dynamics, 2000,29: 1405 - 1421.

[137] Li C, Reinhorn AM. Experimental and analytical investigation of seismic retrofit of structures with supplemental damping: part 2 - friction devices. NCEER Report 95 - 0009, State University of New York at Buffalo, Buffalo, New York, 1995.

[138] Li J, Chen JB. Probability density evolution method for dynamic response analysis of structures with uncertain parameters. Computational Mechanics, 2004,34: 400 - 409.

[139] Li J, Chen JB. Dynamic response and reliability analysis of structures with uncertain parameters. International Journal for Numerical Methods in Engineering, 2005,62: 289 - 315.

[140] Li J, Chen JB. The probability density evolution method for dynamic response analysis of non-linear stochastic structures. International Journal for Numerical Methods in Engineering, 2006a,65: 882 - 903.

[141] Li J, Chen JB. The dimension-reduction strategy via mapping for probability density evolution analysis of nonlinear stochastic systems. Probabilistic Engineering Mechanics, 2006b,21(4): 442 - 453.

[142] Li J, Chen JB. The number theoretical method in response analysis of nonlinear stochastic structures. Computational Mechanics, 2007,39(6): 693 - 708.

[143] Li J, Chen JB. The principle of preservation of probability and the generalized density evolution equation. Structural Safety, 2008,30: 65 - 77.

[144] Li J, Chen JB. Stochastic Dynamics of Structures. Singapore: John Wiley & Sons, 2009.

[145] Li J, Chen JB, Fan WL. The equivalent extreme-value event and evaluation of the structural system reliability. Structural Safety, 2007,29(2): 112 - 131.

[146] Li J, Chen JB, Sun WL, et al. Advances of the probability density evolution method for nonlinear stochastic systems. Probabilistic Engineering Mechanics, 2012,28: 132 - 142.

[147] Li J, Peng YB, Chen JB. A physical approach to structural stochastic optimal controls. Probabilistic Engineering Mechanics, 2010,25(1): 127 - 141.

[148] Li J, Peng YB, Chen JB. Probabilistic criteria of structural stochastic optimal controls. Probabilistic Engineering Mechanics, 2011a,26(2): 240 - 253.

[149] Li J, Peng YB, Chen JB. Nonlinear stochastic optimal control strategy of hysteretic structures. Structural Engineering and Mechanics, 2011b,38(1): 39 - 63.

[150] Li J, Peng YB, Yan Q. Modeling and simulation of fluctuating wind speeds using evolutionary phase spectrum. Probabilistic Engineering Mechanics, 2013,32: 48 - 55.

[151] Li QS, Zhang YH, Wu JR, et al. Seismic random vibration analysis of tall buildings. Engineering Mechanics, 2004,26: 1767 - 1778.

[152] Li R, Ghanem R. Adaptive polynomial chaos expansions applied to statistics of extremes in nonlinear

random vibration. Probabilistic Engineering Mechanics, 1998,13(2): 125 - 136.
[153] Liberzon D. Calculus of Variations and Optimal Control Theory: A Concise Introduction. Princeton: Princeton University Press, 2012.
[154] Lin JH, Zhao Y, Zhang YH. Accurate and highly efficient algorithms for structural stationary/non-stationary random responses. Computer Methods in Applied Mechanics and Engineering, 2001,191(1 -2): 103 - 111.
[155] Lin PY, Roschke PN, Loh CH. Hybrid base-isolation with magnetorheological damper and fuzzy control. Structural Control and Health Monitoring, 2007,14: 384 - 405.
[156] Lin YK. Probabilistic Theory of Structural Dynamics. New York: McGraw-Hill, 1967.
[157] Lin YK, Cai GQ. Probabilistic Structural Dynamics: Advanced Theory and Applications. New York: McGraw-Hill, 1995.
[158] Lindberg Jr. RE, Longman RW. On the number and placement of actuator for independent modal space control. Journal of Guidance, 1984,7(2): 215 - 221.
[159] Liu WK, Karpov EG, Park HS. Nano Mechanics and Materials: Theory, Multiscale Methods and Applications. New York: John Wiley & Sons, 2006.
[160] Liu ZJ, Liu W, Peng YB. Random function based spectral representation of stationary and non-stationary random processes. Probabilistic Engineering Mechanics, 2016,45:115 - 126.
[161] Loève M. Probability Theory Ⅰ. 4th Edition. New York: Springer, 1977.
[162] Loève M. Probability Theory Ⅱ. 4th Edition. New York: Springer, 1978.
[163] Ma F, Zhang H, Bochstedte A, et al. Parameter analysis of the differential model of hysteresis. Journal of Applied Mechanics, 2004,71: 342 - 349.
[164] Masri SF, Bekey GA, Caughey TK. On-linear control of nonlinear flexible structures. Journal of Applied Mechanics, 1981,49: 871 - 884.
[165] Mathews JH, Fink KD. Numerical Methods Using Matlab. 4th Edition. New Jersey: Prentice-Hall, 2004.
[166] May BS, Beck JL. Probabilistic control for the active mass driver benchmark structural model. Earthquake Engineering and Structural Dynamics, 1998,27: 1331 - 1346.
[167] McClamroch NH, Gavin HP. Closed loop structural control using electrorheological dampers. Proceedings of the American Control Conference, American Automatic Control Council, Washington, D. C., 1995, 4173 - 4177.
[168] McNamara RJ, Taylor DP. Fluid viscous dampers for high-rise buildings. Structure Design of Tall and Special Building, 2003,12: 145 - 154.
[169] Metered H, Bonello P, Oyadiji SO. The experimental identification of magnetorheological dampers and evaluation of their controllers. Mechanical Systems and Signal Processing, 2010,24(4): 976 - 994.
[170] Mizuno T, Kobori T, Hirai J, et al. Development of adjustable hydraulic damper for seismic response control of large structures. DOE Facilities Programs, Systems Interaction, and Active/Inactive Damping, ASME, New Orleans, LA, 1992,229: 163 - 170.
[171] Monin AS, Yaglom AM. Statistical Fluid Mechanics: Mechanics of Turbulence (Volume 1). Cambridge: The MIT Press, 1971.
[172] Murotsu Y, Okada H, Taguchi K, et al. Automatic generation of stochastically dominant failure modes of frame structures. Structural Safety, 1984,2(1): 17 - 25.
[173] Museros P, Martinez-Rodrigo MD. Vibration control of simply supported beams under moving loads using fluid viscous dampers. Journal of Sound and Vibration, 2007,300: 292 - 315.
[174] Nagarajaiah S. Fuzzy controller for structures with hybrid isolation system. Proceedings of 1st World Conference on Structural Control, TA2,1994: 67 - 76.
[175] Nagarajaiah S, Riley MA, Reinhorn AM. Hybrid control of sliding isolated bridge. ASCE Journal of

Engineering Mechanics, 1993,119(11): 2317 - 2332.

[176] Nagarajaiah S, Sahasrabudhe S, Iyer R. Seismic response of sliding isolated bridges with MR dampers. Proceedings of the American Control Conference, 2000,6: 4437 - 4441.

[177] Nagarajaiah S, Narasimhan S. Smart base-isolated benchmark building. Part II: phase I sample controllers for linear isolation systems. Structural Control & Health Monitoring, 2006,13(2 - 3): 589 - 604.

[178] Naidu DS. Optimal Control Systems. Boca Raton: CRC Press, 2003.

[179] Ni YQ, Chen Y, Ko JM, et al. Neuro-control of cable vibration using semi-active magneto-rheological dampers. Engineering Structures, 2002,24: 295 - 307.

[180] Nigam N. Introduction to Random Vibrations. Cambridge: The MIT Press, 1983.

[181] Niiya T, Ishimaru S, Koizumi T, et al. A hybrid system controlling large amplitude vibrations of high-rise buildings. Proceedings of 1st World Conference on Structural Control, FA2,1994: 43 - 52.

[182] Orabi II, Ahmadi G. A functional series expansion method for response analysis of non-linear systems subjected to random excitations. International Journal of Non-Linear Mechanics, 1987,22(6): 451 - 465.

[183] Pall AS, Marsh C. Response of friction damped braced frames. ASCE Journal of Structural Division, 1982,108(6): 1313 - 1323.

[184] Palmeri A, Ricciardelli F. Fatigue analyses of buildings with viscoelastic dampers. Journal of Wind Engineering and Industrial Aerodynamics, 2006,94: 377 - 395.

[185] Park KS, Koh HM, Hahm D. Integrated optimum design of viscoelastically damped structural systems. Engineering Structures, 2004,26: 581 - 591.

[186] Patten WN. New life for the Walnut Creek Bridge via semi-active vibration control. Newsletter of the International Association for Structural Control, 1997,2(1): 4 - 5.

[187] Patten WN, Mo C, Kuehn J, et al. A primer on design of semi-active vibration absorbers (SAVA). ASCE Journal of Engineering Mechanics, 1998,124(1): 61 - 68.

[188] Peng YB, Chen JB, Li J. Probability density evolution method and pseudo excitation method for random seismic response analysis. Proceedings of International Symposium on Innovation and Sustainability of Structures in Civil Engineering, Shanghai, China, 2007: 462 - 471.

[189] Peng YB, Chen JB, Li J. Nonlinear response of structures subjected to stochastic excitations via probability density evolution method. Advances in Structural Engineering, 2014a,17(6):801 - 816.

[190] Peng YB, Ghanem R, Li J. Polynomial chaos expansions for optimal control of nonlinear random oscillators. Journal of Sound and Vibration, 2010,329(18): 3660 - 3678.

[191] Peng YB, Ghanem R, Li J. Investigations of microstructured behaviors of magnetorheological suspensions. Journal of Intelligent Material Systems and Structures, 2012,23(12): 1349 - 1368.

[192] Peng YB, Ghanem R, Li J. Generalized optimal control policy for stochastic optimal control of structures. Structural Control and Health Monitoring, 2013,20(2): 187 - 209.

[193] Peng YB, Li J. Exceedance probability criterion based stochastic optimal polynomial control of Duffing oscillators. International Journal of Non-Linear Mechanics, 2011a,46(2): 457 - 469.

[194] Peng YB, Li J. Multiscale analysis of stochastic fluctuation of dynamic yield of magnetorheological fluids. International Journal for Multiscale Computational Engineering, 2011b,9(2): 175 - 191.

[195] Peng YB, Li J. A univariate phase spectrum model for simulation of nonstationary earthquake ground motions. Journal of Earthquake and Tsunami, 2013,7(3):1350025.

[196] Peng YB, Mei Z, Li J. Stochastic seismic response analysis and reliability assessment of passively damped structures. Journal of Vibration and Control, 2014,20(15): 2352 - 2365.

[197] Pierson Jr. WJ, Moskowitz L. A proposed spectral form for fully developed wind seas based on the similarity theory of S. A. Kitaigorodskii. Journal of Geophysical Research, 1964,69(24): 5181 - 5190.

[198] Planck M. Uber einen Satz der statistichen Dynamik und eine Erweiterung in der Quantumtheorie.

Sitzungberichte der Preussischen Akadademie der Wissenschaften, 1917: 324 - 341.
[199] Plimpton SJ. Fast parallel algorithms for short-range molecular dynamics. Journal of Computational Physics, 1995,117: 1 - 19, url: lammps. sandia. gov.
[200] Pontryagin LS. The mathematical theory of optimal processes. Translator: Trirogoff KN. New York: Interscience, 1962.
[201] Qu WL, Chen ZH, Xu YL. Dynamic analysis of wind-excited truss tower with friction dampers. Computers & Structures, 2001,79: 2817 - 2831.
[202] Rama Raju K, Ansu M, Iyer NR. A methodology of design for seismic performance enhancement of buildings using viscous fluid dampers. Structural Control and Health Monitoring, 2014,21(3):342 - 355.
[203] Rayleigh L. On the problem of random vibrations, and of random flights in one, two, or three dimensions. Philosophical Magazine, 1919,37: 321 - 347.
[204] Reinhorn AM, Li C, Constantinou MC. Experimental and analytical investigation of seismic retrofit of structures with supplemental damping: part 1 - fluid viscous damping devices. NCEER Report 95 - 0001, State University of New York at Buffalo, Buffalo, New York, 1995.
[205] Reinhorn AM, Riley MA. Control of bridge vibrations with hybrid devices. Proceedings of 1st World Conference on Structural Control, TA2,1994,50 - 59.
[206] Rice S. Mathematical analysis of random noise. Bell System Technical Journal, 1944,23(3): 282 - 332; 1945,24(1): 46 - 156, Reprinted in: N. Wax (Ed.), 1954. Selected Papers on Noise and Stochastic Process, Dover Publications, Inc., New York, 133 - 294.
[207] Roberts JB, Spanos PD. Random Vibration and Statistical Linearization. West Sussex: John Wiley & Sons, 1990.
[208] Rodellar J, Barbat AH, Molinares N. Response analysis of buildings with a new nonlinear base isolation system. Proceedings of 1st World Conference on Structural Control, TP1,1994,31 - 40.
[209] Rojas R. Neural Networks: a Systematic Introduction. Berlin Heidelberg: Springer-Verlag, 1996.
[210] Roorda J. Tendon Control in Tall Structures. Journal of Structural Division, 1975,101(3): 505 - 521.
[211] Roussis PC, Constantinou MC, Erdik M, et al. Assessment of performance of seismic isolation system of Bolu Viaduct. Journal of Bridge Engineering, 2003,8(4): 182 - 190.
[212] Sack RL, Patten W. Semi-active hydraulic structural control. Proceedings of International Workshop on Structural Control, University of Southern California, Los Angeles, 1994,417 - 431.
[213] Sain MK. Control of linear systems according to the minimal variance criterion-A new approach to the disturbance problem. Transactions on Automatic Control, IEEE, January, 1966,118 - 122.
[214] Sekar P, Narayanan S. Periodic and Chaotic Motions of a Square Prism in Cross-Flow. Journal of Sound and Vibration, 1994,170(1): 1 - 24.
[215] Seleemah AA, Constantinou MC. Investigation of Seismic Response of Buildings with Linear and Nonlinear Fluid Viscous Dampers. New York: State University of New York at Buffalo, 1997.
[216] Setareh M. Use of the doubly-tuned mass dampers for passive vibration control. Proceedings of 1st World Conference on Structural Control, 1994, Vol. 1, WP4 - 12 - WP4 - 21.
[217] Shampine LF, Reichelt MW. The matlab ode suite. SIAM Journal on Scientific Computing, 1997,18(1): 1 - 22.
[218] Shefer M, Breakwell JV. Estimation and control with cubic nonlinearities. Journal of Optimization Theory Applications, 1987,53: 1 - 7.
[219] Shen KL, Soong TT, Chang KC. Seismic behaviour of reinforced concrete frame with added viscoelastic dampers. Engineering Structures, 1995,17(5): 372 - 380.
[220] Shinozuka M. Monte Carlo simulation of structural dynamics. Computers & Structures, 1972, 2: 855 - 874.

[221] Shinozuka M, Ghanem R. Use of variable dampers for earthquake protection of bridges. Proceedings of Second US-Japan Workshop on Earthquake Protective Systems for Bridges, PWRI, Tsukuba Science City, Japan, 1992,507 – 516.

[222] Shinozuka M, Jan CM. Digital simulation of random processes and its applications. Journal of Sound and Vibration, 1972,25(1): 111 – 128.

[223] Shukla AK, Datta TK. Optimal use of viscoelastic dampers in building frames for seismic force. ASCE Journal of Structural Engineering, 1999,4: 401 – 409.

[224] Silvestri S, Trombetti T. Physical and numerical approaches for the optimal insertion of seismic viscous dampers in shear-type structures. Journal of Earthquake Engineering, 2007,11(5): 787 – 828.

[225] Singh MP, Moreschi LM. Optimal seismic response control with dampers. Earthquake Engineering and Structural Dynamics, 2001,30: 553 – 572.

[226] Singh MP, Moreschi LM. Optimal placement of dampers for passive response control. Earthquake Engineering & Structural Dynamics, 2002,31(4): 955 – 976.

[227] Skelton RE. Dynamic Systems Control: Linear Systems Analysis and Synthesis. New York: John Wiley & Sons, 1988.

[228] Skelton RE, Ikeda M. Covariance controllers for linear continuous time systems. International Journal of Control, 1989,49: 1773 – 1785.

[229] Skinner RI, Kelly JM, Heine AJ. Hysteresis dampers for earthquake-resistant structures. Earthquake Engineering and Structural Dynamics, 1975,3: 287 – 296.

[230] Sobczyk K. Stochastic Differential Equations: with Applications to Physics and Engineering. Dordrecht: Kluwer Academic Publishers, 1991.

[231] Soong TT. Active Structural Control: Theory and Practice. New York: Longman Scientific & Technical, 1990.

[232] Soong TT, Costantinou MC. Passive and Active Structural Vibration Control in Civil Engineering. New York: Springer-Verlag New York, 1994.

[233] Soong TT, Dargush GF. Passive Energy Dissipation Systems in Structural Engineering. New York: John Wiley & Sons, 1997.

[234] Soong TT, Reinhorn AM, Yang JN. Active response control of building structures under seismic excitation. Proceedings of 9th World Conference on Earthquake Engineering, Tokyo/Kyoto, Japan, 1988, 8: 453 – 458.

[235] Spencer Jr. BF, Bergman LA. On the numerical solution of the Fokker-Planck equation for nonlinear stochastic systems. Nonlinear Dynamics, 1993,4: 357 – 372.

[236] Spencer Jr. BF, Dyke SJ, Deoskar HS. Benchmark problems in structural control: part I-Active Mass Driver system. Earthquake engineering & Structural Dynamics, 1998a,27(11): 1127 – 1139.

[237] Spencer Jr. BF, Dyke SJ, Deoskar HS. Benchmark problems in structural control: part II-active tendon system. Earthquake engineering & Structural Dynamics, 1998b,27(11): 1141 – 1147.

[238] Spencer Jr. BF, Elishakoff I. Reliability of uncertain linear and nonlinear systems. Journal of Engineering Mechanics, 1988,114(1): 135 – 148.

[239] Spencer Jr. BF, Kaspari Jr. DC, Sain MK. Structural control design: a reliability-based approach. Proceedings of the American Control Conference, Baltimore, Maryland, 1994a, 1062 – 1066.

[240] Spencer Jr. BF, Nagarajaiah S. State of the art of structural control. Journal of Structural Engineering, Forum, 2003,845 – 856.

[241] Spencer Jr. BF, Sain MK, Carlson JD. Dynamical model of a magnetorheological damper. Proceedings of Structures Congress XIV, ASCE, Chicago, IL, USA, 1996,361 – 370.

[242] Spencer Jr. BF, Sain MK, Carlson JD. Phenomenological model of magnetorheological damper. ASCE

Journal of Engineering Mechanics, 1997,123(3): 230 - 238.

[243] Spencer Jr. BF, Sain MK, Kantor JC, et al. Probabilistic stability measures for controlled structures subject to real parameter uncertainties. Smart Material and Structures, 1992,1: 294 - 305.

[244] Spencer Jr. BF, Sain MK, Won CH, et al. Reliability-based measures of structural control robustness. Structural Safety, 1994b,15: 111 - 129.

[245] Sperb RP. Maximum Principles and Their Applications. Nwe York: Academic Press, 1981.

[246] Stavroulakis GE, Marinova DG, Hadjigeorgiou E, et al. Robust active control against wind-induced structural vibrations. Journal of Wind Engineering and Industrial Aerodynamics, 2006,94: 895 - 907.

[247] Stengel RF. Stochastic Optimal Control: Theory and Application. New York: John Wiley & Sons, 1986.

[248] Stengel RF. Optimal Control and Estimation. New York: Dover Publications, 1994.

[249] Stengel RF, Ray LR. Stochastic Robustness of linear time-invariant control systems. IEEE Transactions on Automatic Control, 1991,36(1): 82 - 87.

[250] Stengel RF, Ray LR, Marrison CI. Probabilistic evaluation of control system robustness. IMA Workshop on Control Systems Design for Advanced Engineering Systems: Complexity, Uncertainty, Information and Organization, Minneapolis, MN, 1992.

[251] Stratonovich RL. Topics in the Theory of Random Noise (2nd Vols). New York: Gordon and Breach, 1964.

[252] Suhardjo J. Frequency domain techniques for control of civil engineering structures with some robustness considerations. PhD Dissertation, Department of Civil Engineering, University of Notre Dame, Notre Dame, 1990.

[253] Suhardjo J, Spencer Jr. BF, Sain MK. Nonlinear optimal control of a Duffing system. International Journal of Non-linear Mechanics, 1992,27(2): 157 - 172.

[254] Sun JQ. Stochastic Dynamics and Control. Amsterdam: Elsevier, 2006.

[255] Swope WC, Andersen HC, Berens PH, et al. A computer simulation method for the calculation of equilibrium constrains for the formation of physical cluster of molecules: application to small water clusters. Journal of Chemical Physics, 1982,76(1): 637 - 649.

[256] Symans MD, Constantinou MC. Passive fluid viscous damping systems for seismic energy dissipation. Journal of Earthquake Technology, 1998,35(4): 185 - 206.

[257] Syski R. Stochastic differential equations. In: Saaty T L (ed). Modern Nonlinear Equations (Chapter 8). New York: McGraw-Hill, 1967.

[258] Taflanidis AA, Scruggs JT, Beck JL. Reliability-based performance objectives and probabilistic robustness in structural control applications. Journal of Engineering Mechanics, 2008,134(4): 291 - 301.

[259] Tait MJ, Isyumov N, El Damatty AA. Performance of tuned liquid dampers. ASCE Journal of Engineering Mechanics, 2008,134(5): 417 - 427.

[260] Tajimi H. A statistical method of determining the maximum response of a building structure during an earthquake. Proceedings of 2nd World Conference on Earthquake Engineering. Tokyo and Kyoto, Vol. 2, 1960,781 - 798.

[261] Takewaki I. Optimal damper placement for minimum transfer functions. Earthquake Engineering & Structural Dynamics, 1997,26(11): 1113 - 1124.

[262] Takewaki I, Yoshitani S, Uetani K, et al. Non-monotonic optimal damper placement via steepest direction search. Earthquake Engineering and Structural Dynamics, 1999,28: 655 - 670.

[263] Tamura Y, Fujii K, Ohtsuki T, et al. Effectiveness of tuned liquid dampers under wind excitations. Engineering Structures, 1995,17: 609 - 621.

[264] Tamura K, Shiba K, Inada Y, et al. Control gain scheduling of a hybrid mass damper system against wind response of tall buildings. Proceedings of 1st World Conference on Structural Control, FA2,1994,13 - 22.

[265] Tan P, Dyke SJ, Richardson A, et al. Integrated device placement and control design in civil structures using genetic algorithms. ASCEJournal of Structural Engineering, 2005,131(10): 1489-1496.

[266] Tanida K, Koike Y, Mutaguchi K, et al. Development of hybrid active-passive damper. ASME Active and Passive Damping, PVP-Vol. 1991,211: 21-26.

[267] Thomas JW. Numeral Partial Differential Equations: Finite Difference Methods. New York: Springer, 1995.

[268] Tsang HH, Su RKL, Chandler AM. Simplified inverse dynamics models for MR fluid dampers. Engineering Structures, 2006,28(3): 327-341.

[269] Tsay SC, Fong IK, Kuo TS. Robust linear quadratic optimal-control for systems with linear uncertainties. International Journal of Control, 1991,53(1): 81-96.

[270] Tse T, Chang CC. Shear-mode rotary magnetorheological damper for small-scale structural control experiments. Journal of Structural Engineering, 2004,130(6): 904-911.

[271] Tu JW, Liu J, Qu WL, et al. Design and Fabrication of 500-kN Large-scale MR Damper. Journal of Intelligent Material Systems and Structures, 2011,22(5): 475-487.

[272] Utkin VI. Variable structure systems with sliding modes. IEEE Transactions on Automatic Control, 1977, AC-22: 212-222.

[273] Utkin VI. Sliding Modes in Control Optimization. New York: Springer, 1992.

[274] VanderVelde WE, Carignan CR. Number and placement of control system components considering possible failures. Journal of Guidance, 1984,7(6): 703-709.

[275] Verlet L. Computer "experiments" on classical fluids I: thermodynamical properties of Lennard-Jones molecules. Physical Review, 1967,159(1): 98-103.

[276] Venini P, Wen YK. Hybrid vibration control of MDOF hysteretic structures with neural networks. Proceedings of 1st World Conference on Structural Control, TA3,1994,53-56.

[277] Villaverde R. Seismic control of structures with damped resonant appendages. Proceedings of 1st World Conference on Structural Control, 1994, Vol. 1, WP4-113-WP4-122.

[278] Wakahara T, Ohyama T, Fujii K. Suppression of wind-induced vibration of a tall building using tuned liquid damper. Journal of Wind Engineering and Industrial Aerodynamics, 1992,41-44: 1895-1906.

[279] Wang D, Li J. Physical random function model of ground motions for engineering purposes. Science China-Technological Sciences, 2011,54(1): 175-182.

[280] Wang YM, Dyke S. Modal-based LQG for smart base isolation system design in seismic response control. Structural Control & Health Monitoring, 2013,20(5): 753-768.

[281] Watakabe M, Tohdo M, Chiba O, et al. Response control performance of a hybrid mass damper applied to a tall building. Earthquake Engineering and Structural Dynamics, 2001,30: 1655-1676.

[282] Wen YK. Method for random vibration of hysteretic systems. ASCE Journal of the Engineering Mechanics Division, 1976,102(2): 249-263.

[283] Wiener N. Cybernetics: Or Control and Communication in the Animal and the Machine. Paris: The MIT Press, 1948.

[284] Wiener N. Extrapolation, Interpolation and Smoothing of Stationary Time Series, with Engineering Applications. Cambridge: The MIT Press, 1949.

[285] Wojtkiewicz SF, Spencer Jr. BF, Bergman LA. On the cumulant-neglect closure method in stochastic dynamics. International Journal of Non-Linear Mechanics, 1996,31(5): 657-684.

[286] Wong HL, Trifunac MD. Generation of artificial strong motion accelerograms. Earthquake Engineering and Structural Dynamics, 1979,77: 509-527.

[287] Wong Kevin KF, Johnson J. Seismic energy dissipation of inelastic structures with multiple tuned mass dampers. ASCE Journal of Engineering Mechanics, 2009,135(4): 265-275.

[288] Wonham WM. On separation theory of stochastic control. SIAM Journal of Control, 1968,2: 312 – 326.

[289] Wu B, Ou JP, Soong TT. Optimal placement of energy dissipation devices for three-dimensional structures. Engineering Structures, 1997,19(2): 113 – 125.

[290] Wu B, Wang QY, Shing B, et al. Equivalent force control method for generalized real-time substructure testing with implicit integration. Earthquake Engineering & Structural Dynamics, 2007,36: 1127 – 1149.

[291] Xu K, Warnitchai P, Igusa T. Optimal placement and gains of sensors and actuators for feedback-control. Journal of Guidance Control and Dynamics, 1994,17(5): 929 – 934.

[292] Xu LH, Li ZX. Semi-active multi-step predictive control of structures using MR dampers. Earthquake Engineering and Structural Dynamics, 2008,37: 1435 – 1448.

[293] Xu ZD. Earthquake mitigation study on viscoelastic dampers for reinforced concrete structures. Journal of Vibration and Control, 2007,13(1): 29 – 43.

[294] Xu ZD, Guo YQ. Neuro-fuzzy control strategy for earthquake-excited nonlinear magnetorheological structures. Soil Dynamics and Earthquake Engineering, 2008,28(9): 717 – 727.

[295] Xu ZD, Jia DH, Zhang XC. Performance tests and mathematical model considering magnetic saturation for magnetorheological damper. Journal of Intelligent Material Systems and Structures, 2012, 23(12): 1331 – 1349.

[296] Yan Q, Peng YB, Li J. Scheme and application of phase delay spectrum towards spatial stochastic wind fields. Wind and Structures, 2013,16(5): 433 – 455.

[297] Yan S, Zheng K, Zhao Q, et al. Optimal placement of active members for truss structure using genetic algorithm. Lecture Notes in Computer Science, Springer-Verlag, Berlin/Heidelberg, 2005, No. 3645, 386 – 395.

[298] Yang G, Spencer Jr. BF, Carlson JD, et al. Large-scale MR fluid dampers: modeling and dynamic performance considerations. Engineering Structures, 2002,24(3): 309 – 323.

[299] Yang JN. Application of optimal control theory to civil engineering structures. ASCE Journal of the Engineering Mechanics Division, 1975,101(EM6): 819 – 838.

[300] Yang JN, Agrawal AK, Chen S. Optimal polynomial control for seismically excited non-linear and hysteretic structures. Earthquake Engineering and Structural Dynamics, 1996,25: 1211 – 1230.

[301] Yang JN, Akbarpour A, Ghaemmaghami P. New optimal control algorithms for structural control. ASCE Journal of Engineering Mechanics, 1987,113(9): 1369 – 1386.

[302] Yang JN, Bobrow J, Jabbari F, et al. Full-scale experimental verification of resetable semi-active stiffness dampers. Earthquake Engineering and Structural Dynamics, 2007,36(9): 1255 – 1273.

[303] Yang JN, Li Z, Danielians A, et al. Hybrid control of nonlinear and hysteretic systems I. ASCE Journal of Engineering Mechanics, 1992a,118(7): 1423 – 1440.

[304] Yang JN, Li Z, Danielians A, et al. Hybrid control of nonlinear and hysteretic systems II. ASCE Journal of Engineering Mechanics, 1992b,118(7): 1441 – 1456.

[305] Yang JN, Li Z, Liu SC. Stable controllers for instantaneous optimal control. ASCE Journal of Engineering Mechanics, 1992c,118(8): 1612 – 1630.

[306] Yang JN, Li Z, Liu SC. Control of hysteretic system using velocity and acceleration feedbacks. ASCE Journal of Engineering Mechanics, 1992d,118(11): 2227 – 2245.

[307] Yang JN, Li Z, Vongchavalitkul S. Generalization of optimal control theory: linear and nonlinear control. ASCE Journal of Engineering Mechanics, 1994a,120(2): 266 – 283.

[308] Yang JN, Li Z, Vongchavalitkul S. Stochastic hybrid control of hysteretic structures. Probabilistic Engineering Mechanics, 1994b,9(1 – 2): 125 – 133.

[309] Yang MG, Li CY, Chen ZQ. A new simple non-linear hysteretic model for MR damper and verification of seismic response reduction experiment. Engineering Structures, 2013,52: 434 – 445.

[310] Yao James TP. Concept of structural control. ASCE Journal of Structural Division, 1972, 98(ST7): 1567－1574.

[311] Yasuda K, Kherat S, Skelton RE, et al. Covariance control and robustness of bilinear systems. Proceedings of 29th IEEE Conference on Decision and Control, 1990, 1421－1425.

[312] Ying ZG, Zhu WQ, Soong TT. A stochastic optimal semi-active control strategy for ER/MR dampers. Journal of Sound and Vibration, 2003, 259(1): 45－62.

[313] Ying ZG, Ni YQ, Ko JM. A semi-active stochastic optimal control strategy for nonlinear structural systems with MR dampers. Smart Structures and Systems, 2009, 5(1): 69－79.

[314] Yong JM, Zhou XY. Stochastic Controls: Hamiltonian Systems and HJB Equations. New York: Springer, 1999.

[315] Yoshioka H, Ramallo JC, Spencer Jr. BF. "Smart" base isolation strategies employing magnetorheological dampers. Journal of Engineering Mechanics, 2002, 128(5): 540－551.

[316] Yun HB, Tasbighoo F, Masri SF, et al. Comparison of modeling approaches for full-scale nonlinear viscous dampers. Journal of Vibration and Control, 2008, 14(1－2): 51－76.

[317] Zhang P, Song GB, Li HN, et al. Seismic Control of Power Transmission Tower Using Pounding TMD. Journal of Engineering Mechanics, 2013, 139(10): 1395－1406.

[318] Zhang RH, Soong TT. Seismic design of viscoelastic dampers for structural applications. ASCE Journal of Structural Engineering, 1992, 118(5): 1375－1391.

[319] Zhang RH, Soong TT, Mahmoodi P. Seismic response of steel frame structures with added viscoelastic dampers. Earthquake Engineering and Structural Dynamics, 1989, 18: 389－396.

[320] Zhang WS, Xu YL. Closed form solution for along-wind response of actively controlled tall buildings with LQG controllers. Journal of Wind Engineering and Industrial Aerodynamics, 2001, 89: 785－807.

[321] Zhou XY, Yu RF, Dong D. Complex mode superposition algorithm for seismic responses of non-classically damped linear MDOF system. Journal of Earthquake Engineering, 2004, 8(4): 597－641.

[322] Zhu WQ. Nonlinear stochastic dynamics and control in Hamiltonian formulation. ASME Transactions, 2006, 59: 230－248.

[323] Zhu WQ, Ying ZG, Ni YQ, et al. Optimal Nonlinear Stochastic Control of Hysteretic Systems. ASCE Journal of Engineering Mechanics, 2000, 126(10): 1027－1032.

[324] Zhu WQ, Ying ZG, Soong TT. An optimal nonlinear feedback control strategy for randomly excited structural systems. Nonlinear Dynamics, 2001, 24: 31－51.

[325] 安自辉,李杰. 强震地面运动的频域物理模型研究. 同济大学学报,2008,36(7): 869－873.

[326] 陈建兵,李杰. 结构随机响应概率密度演化分析的数论选点法. 力学学报,2006,38(1): 134－140.

[327] 陈建兵,彭勇波,李杰. 关于虚拟激励法的一个注记. 计算力学学报,2011,28(2): 163－167.

[328] 陈建兵,曾小树,彭勇波. 非线性粘滞阻尼器系统的刚性性质与动力时程分析. 工程力学,2016,33(7): 204－211.

[329] 陈政清. 工程结构的风致振动、稳定与控制. 北京: 科学出版社,2013.

[330] 方洋旺. 随机系统最优控制. 北京: 清华大学出版社,2005.

[331] 葛渭高,田玉,廉海荣. 应用常微分方程. 北京: 科学出版社,2010.

[332] 洪峰,江近仁,李玉亭. 地震地面运动的功率谱模型及其参数的确定. 地震工程与工程振动,1994,14(2): 46－51.

[333] 胡聿贤. 地震工程学. 第2版. 北京: 地震出版社,2006.

[334] 李国强,李杰. 工程结构动力检测理论与应用. 北京: 科学出版社,2002.

[335] 李杰. 随机结构系统——分析与建模. 北京: 科学出版社,1996.

[336] 李杰. 物理随机系统研究的若干基本观点. 上海: 同济大学,2005.

[337] 李杰. 结构工程研究中的关键科学问题. 上海: 同济大学,2006.

[338] 李杰,艾晓秋.基于物理的随机地震动模型研究.地震工程与工程振动,2006,26(5):21-26.

[339] 李杰,陈建兵.随机结构非线性动力响应的概率密度演化方法.力学学报,2003,35(6):716-722.

[340] 李杰,陈建兵.随机结构动力可靠度分析的概率密度演化方法.振动工程学报,2004,17(2):121-125.

[341] 李杰,陈建兵.随机动力系统中的广义密度演化方程.自然科学进展,2006,16(6):712-719.

[342] 李杰,陈建兵.随机动力系统中的概率密度演化方程及其研究进展.力学进展,2010,40(2):170-188.

[343] 李杰,李国强.地震工程学导论.北京:地震出版社,1992.

[344] 李杰,刘章军.基于标准正交基的随机过程展开法.同济大学学报,2006,34(10):1279-1283.

[345] 李杰,阎启.脉动风速随机 Fourier 波数谱研究.同济大学学报,2011,39(12):1725-1731.

[346] 李秀领,李宏男.框-剪偏心结构平-扭耦联反应半主动控制试验研究.大连理工大学学报,2008,48(5):691-697.

[347] 李忠献,姜南,徐龙河等.不同控制策略下安装磁流变阻尼器的模型结构振动台试验与分析.建筑结构学报,2004a,25(6):15-21.

[348] 李忠献,徐龙河,姜南等.基于 MRF-04K 阻尼器的结构减震控制模型试验研究.地震工程与工程振动,2004b,24(1):148-153.

[349] 廖振鹏.工程波动导论.第 2 版.北京:科学出版社,2002.

[350] 林家浩.随机地震响应功率谱快速算法.地震工程与工程振动,1990,10(4):38-46.

[351] 林家浩,张亚辉.随机振动的虚拟激励法.北京:科学出版社,2004.

[352] 刘章军,陈建兵.结构动力学.北京:中国水利水电出版社,2012.

[353] 欧进萍.结构振动控制　主动、半主动和智能控制.北京:科学出版社,2003.

[354] 欧进萍,关新春,吴斌等.智能型压电-摩擦耗能器.地震工程与工程振动,2000,20(1):81-86.

[355] 欧进萍,王光远.结构随机振动.北京:高等教育出版社,1998.

[356] 彭勇波,陈建兵,刘伟庆等.隔震结构的随机地震反应与抗震可靠度评价.同济大学学报,2008,36(11):1457-1461.

[357] 彭勇波,李杰.随机动力系统磁流变阻尼最优控制策略.同济大学学报,2010,38(2):164-169.

[358] 瞿伟廉,吴斌,李爱群.工程结构的振动控制理论及其应用.国家自然科学基金委员会工程与材料科学部.建筑、环境与土木工程学科发展战略研究报告(土木工程卷).北京:科学出版社,2006:456-487.

[359] 沈德建,吕西林.地震模拟振动台及模型试验研究进展.结构工程师,2006,22(6):55-58,63.

[360] 隋莉莉,王刚,欧进萍.基于加速度反馈的结构地震反应半主动 MR 阻尼控制试验.地震工程与工程振动,2002,22(6):89-95.

[361] 唐家祥,刘再华.建筑结构基础隔震.武汉:华中理工大学出版社,1993.

[362] 滕军.结构振动控制的理论、技术和方法.北京:科学出版社,2009.

[363] 杨飏,欧进萍.导管架式海洋平台磁流变阻尼隔震结构的模型试验.振动与冲击,2006,25(5):1-5.

[364] 俞载道,曹国敖.随机振动理论及其应用.上海:同济大学出版社,1986.

[365] 袁新鼎,费景高,刘德贵.刚性常微分方程初值问题的数值解法.北京:科学出版社,1987.

[366] 中国建筑技术研究院.高层民用建筑钢结构技术规程:JGJ 99—1998.北京:中国建筑工业出版社,1998.

[367] 中华人民共和国住房和城乡建设部.建筑结构荷载规范:GB 50009—2012.北京:中国建筑工业出版社,2012.

[368] 中华人民共和国住房和城乡建设部.建筑抗震设计规范:GB 50011—(2001)2010.北京:中国建筑工业出版社,(2001)2010.

[369] 钟万勰.结构动力方程的精细时程积分法.大连理工大学学报,1994,2:131-136.

[370] 朱位秋.随机振动.北京:科学出版社,1992.

[371] 朱位秋,非线性随机动力学与控制——Hamilton 理论体系框架.北京:科学出版社,2003.